21 世纪高等院校教材

数 值 分 析

首都师范大学数学系 组编

黄 铎 陈兰平 王 风 编著

科学出版社

北 京

内 容 简 介

本书是高等师范院校及一般理工科大学 70 学时左右的数值分析或计算方法课的教材. 主要包括误差、线性代数方程组的直接解法和迭代解法、矩阵特征值问题、插值逼近、最佳平方逼近与曲线拟合、数值积分与数值微分、非线性方程求根及常微分方程初值问题的数值解法.

本书试图用典型有效的方法说明构造数值方法的基本思想, 尽可能准确地叙述基本概念. 每章均附有上机实习的练习题, 循序渐进、宜于教学. 具有微积分和高等代数基础及常微分方程初步知识人员即可自学本书.

图书在版编目 (CIP) 数据

数值分析/黄铎, 陈兰平, 王风编著. —北京: 科学出版社, 2000. 8
(21 世纪高等院校教材)
ISBN 978-7-03-008502-3

Ⅰ. 数⋯ Ⅱ. ①黄⋯ ②陈⋯ ③王⋯ Ⅲ. 计算方法-高等学校-教材
Ⅳ. O241

中国版本图书馆 CIP 数据核字 (2000) 第 08572 号

责任编辑: 吕 虹 姚莉丽/责任校对: 邹慧卿
责任印制: 赵 博/封面设计: 黄华斌 槐寿明

科 学 出 版 社 出版
北京东黄城根北街 16 号
邮政编码: 100717
http://www.sciencep.com

北京华宇信诺印刷有限公司印刷
科学出版社发行 各地新华书店经销
*
2000 年 8 月第 一 版 开本: B5 (720×1000)
2025 年 1 月第二十次印刷 印张: 17 3/4
字数: 318 000
定价: 69.00 元
(如有印装质量问题, 我社负责调换)

前　　言

　　科学计算已成为与理论分析、科学实验并驾齐驱的科学研究方法，这不仅是不争的事实，而且还随着电子计算机的飞速发展日益深入地获得普及。今天，需要掌握和应用科学计算方法或数值分析方法的，已不再限于有关专业的学生和专门从事科学与工程计算的人员。大量从事力学、物理学、航空航天、信息传输、能源开发、土木工程、船舶机械、水文地质勘探、医药卫生、农业科研开发及人口资源预测等领域的科研人员和工程技术人员，甚至连金融和风险投资等领域内的有关人员，都把数值分析方法作为自己领域内的一种重要的研究手段与工具。

　　目前，国内几乎所有的理工科大学和师范院校都已开设了数值分析课或计算方法课，首都师范大学早在20世纪80年代初就开设了数值分析课，80年代末，又将其规定为必修课。近二十年的教学和科研经验，加之目前可供选择的70学时左右的数值分析教材比较稀缺的现状，促使我们在90年代中期就酝酿写一本内容比较全面、取材比较新颖的数值分析教材，这一想法从一开始就得到了系领导的首肯。本书便是这一想法的结晶。

　　本书是作为入门性质的教材而编写的，要求使用本书的学生应具有数学分析、高等代数的基础及常微分方程的初步知识，有高等数学基础的学生也能使用。按照我们的设想，讲授本教材约需70学时左右，因此它不可能也不必要包罗万象。但我们期望，本书在加强基础理论教学，强调实际计算能力培养、讲清思想方法源流，展示学科发展方向上能起一定作用。为此，在第一章内，我们简略地介绍了误差的基本概念，并指出防止误差传播、积累的若干基本办法。第二章～第四章包括了数值代数的入门材料，在这一部分内，我们不仅介绍了数值代数的基本内容，而且还介绍了理论基础尚不十分严密，但在实际应用中有较好效果的标度化列主元消去法、数值解的迭代校正法及加权迭代改善法。本书的第五章～第七章为数值逼近的基本内容，在插值逼近这一章内，我们强调了构造基函数的思想。教学实践表明，这种引进基函数的思想自然、易懂、节省学时，且对学生的进一步学习也有益处。在最佳平方逼近这一章内，我们不仅介绍了2-范数意义下的最佳平方逼近的基本内容，而且给出了判定最小二乘问题解的存在唯一性的充分必要条件。这在国内同类教材中尚未见到。在本书最末一章，我们在处理常微分方程初值问题的数值解法上，重点介绍了构造差分格式三种主要方法，然后不仅比较简明地介绍了常微分方程初值问题数值解法中的若干基本概念和基本理论，而且对诸如隐格式求解、外推法等实用技巧也给予较为详细地介绍．应该指出的是，从数值计算的角度来看，数值稳定性更为重要，为此我们在插值逼近、数值积分、常微分方程初值问题数值解法等三章内比较详细地介绍了数值方法稳定性的有关理论．总之，我们的目的是在一些基本概念及基本方法的解释与说明上都力求还原本色，着重说明为什么要这样，强调提出问题和解决问题的过程符合人们的认识规律．在习题的配置上，不仅设置了难度不等的书面练习题（B类），而且设置了一定数量的上机实习题目（A类），作者相信，通过这种训练，能加深对算法的理解．同时作者也期望，在完成上机实习的题目时，最好不要参阅市场上已有的很多算法手册或应用软件包．

本书的主要内容曾以讲义的形式进行过试教，全书内容的确定及表述形式又在讨论班上达成共识，其中第一、五、六章由王风执笔，第二、三、八章则由陈兰平编写，第四、七、九章由黄铎完成．教材的初稿又经过教研室老师们的认真审阅，特别是罗振东、刘胜利、李志伟、张桂芳等老师们的逐字逐句的推敲，使本书增色不少，为此作者们表示衷心的感谢．在广泛听取意见的基础上，由黄铎对个别章节进行修改、补写并统一全书．

作者衷心感谢校、系领导的亲切关怀、热情鼓励和大力支持．多年来，校、系领导一直对教材建设高度重视，可以说，倘若没有校、系领导的鼓励与支持，即或是这样一本不成熟的书也是不可能写出来的．

感谢方运加老师兄弟般的支持，正是这种支持使得本书能早日同读者见面．作者还要向潘容、赵波等同志致以谢意，由于她们在流火的七月里耐心细致的工作，使本书能及时供学生使用．

作者们还要对山东大学袁益让教授表示感谢，他不仅关心本书的编写，而且仔细地审阅了全部书稿．科学出版社的编辑为本书的出版付出了辛勤的劳动．作者向他们表示衷心感谢．

在编写本书的过程中，我们参阅了大量的文献，书后所附的主要参考文献仅为其中一小部分，在此向列入和未列入参考文献的作者们表示感谢．

由于我们的经验和水平所限，教材中肯定会有疏漏甚至谬误之处，我们衷心期望使用本书的师长和同学们不吝赐教，更欢迎来自专家学者们的批评．

作　者

1999.8

目　　录

第一章 误 差

§1.1 误差的来源

早在中学我们就接触过误差的概念,如在做热力学实验中,从温度计上读出的温度是 23.4 度,这 23.4 就不是一个精确的值,而是含有误差的近似值.事实上,误差在我们的日常生活中无处不在,无处不有.如量体裁衣,量与裁的结果都不是精确无误的,都含有误差.人们可能会问:如果使用计算机来解决问题,结果还会有误差吗? 下面我们通过考察用数学方法解决实际问题的主要过程来思考这个问题.

用数学方法解决一个具体的实际问题,首先要建立数学模型,这就要对实际问题进行抽象、简化,因而数学模型本身总含有误差,这种误差叫做模型误差.在数学模型中通常包含各种各样的参变量,如温度、长度、电压等,这些参数往往都是通过观测得到的,因此也带来了误差,这种误差叫做观测误差.当数学模型不能得到精确解时,通常要建立一套行之有效的数值方法求它的近似解,近似解与准确解之间的误差就称为截断误差或方法误差.由于在计算机中浮点数只能表示实数的近似值,因此用计算机进行实际计算时每一步都可能有误差,这种误差称为舍入误差.

例如,函数 $f(x)$ 用泰勒(Taylor)多项式

$$P_n(x) = f(0) + \frac{f'(0)}{1!}x + \frac{f''(0)}{2!}x^2 + \cdots + \frac{f^{(n)}(0)}{n!}x^n$$

近似代替,则数值方法的截断误差是

$$R_n(x) = f(x) - P_n(x) = \frac{f^{(n+1)}(\xi)}{(n+1)!}x^{n+1} \quad (\xi \text{ 介于 } 0 \text{ 与 } x \text{ 之间})$$

又如在计算时用 3.14159 近似代替 π,产生的误差 $R = \pi - 3.14159 = 0.0000026\cdots$ 就是舍入误差.

上述种种误差都会影响计算结果的准确性,因此需要了解与研究误差.在数值分析中将着重研究截断误差,舍入误差,并对它们的传播与积累作出分析.

§1.2 绝对误差、相对误差与有效数字

本节介绍误差的基本概念.

1.2.1 绝对误差与绝对误差限

定义 1.1 设 x 为准确值, x^* 为 x 的一个近似值, 称 $e^* = x^* - x$ 为近似值的绝对误差, 或误差.

通常我们无法知道准确值 x, 也不能算出误差的准确值 e^*, 只能根据测量或计算估计出误差的绝对值不超过某正数 ε^*, 即 $|x - x^*| \leqslant \varepsilon^*$, 则称 ε^* 为绝对误差限. 有了绝对误差限就可知道 x 的范围 $x^* - \varepsilon^* \leqslant x \leqslant x^* + \varepsilon^*$, 即 x 落在区间 $[x^* - \varepsilon^*, x^* + \varepsilon^*]$ 内.

例如用毫米测度尺测量一长度 x, 读出的长度为 23mm, 则有 $|23 - x| \leqslant 0.5$mm. 由此例也可以看到绝对误差是有量纲和单位的.

1.2.2 相对误差与相对误差限

只用绝对误差还不能说明数的近似程度, 例如甲打字时平均每百个字错一个, 乙打字时平均每千个字错一个, 他们的误差都是错一个, 但显然乙要准确些. 这就启发我们除了要看绝对误差大小外, 还必须顾及量的本身.

定义 1.2 把近似值的误差 e^* 与准确值 x 的比值

$$\frac{e^*}{x} = \frac{x^* - x}{x}$$

称为近似值 x^* 的相对误差, 记作 e_r^*.

实际计算时, 由于真值 x 通常是不知道的, 通常取 $e_r^* = \frac{e^*}{x^*}$. 相对误差也可正可负, 它的绝对值的上界叫做相对误差限. 记作 ε_r^*. 即 $\varepsilon_r^* = \frac{\varepsilon^*}{|x^*|}$. 根据定义, 甲打字时的相对误差 $|e_r^*| \leqslant \frac{1}{100} = 1\%$, 乙打字时的相对误差 $|e_r^*| \leqslant \frac{1}{1000} = 0.1\%$. 易知相对误差是一个无量纲量.

1.2.3 有效数字

当准确值 x 有多位时, 常常按四舍五入的原则得到 x 的前几位近似值 x^*, 例如

$$x = \pi = 3.14159265\cdots$$

取 3 位 $x_3^* = 3.14, \varepsilon_3^* \leqslant 0.002$;

取 5 位 $x_5^* = 3.1416, \varepsilon_5^* \leqslant 0.00005$;

它们的误差都不超过末位数字的半个单位,即

$$\left| \pi - 3.14 \right| \leqslant \frac{1}{2} \times 10^{-2}, \left| \pi - 3.1416 \right| \leqslant \frac{1}{2} \times 10^{-4}$$

现在我们将四舍五入抽象成数学语言,并引入一个新名词"有效数字"来描述它.

定义 1.3 若近似值 x^* 的误差限是某一位的半个单位,该位到 x^* 的第一位非零数字共有 n 位,我们就说 x^* 有 n 位有效数字.

如取 $x^* = 3.14$ 作 π 的近似值,x^* 就有 3 位有效数字;取 $x^* = 3.1416$ 作 π 的近似值,x^* 就有 5 位有效数字.

x^* 有 n 位有效数字可写成标准形式

$$x^* = \pm 10^m \times (a_1 + a_2 \times 10^{-1} + \cdots + a_n \times 10^{-(n-1)}) \tag{2.1}$$

其中,a_1 是 1 到 9 中的某一个数字,$a_2, a_3, \cdots, a_n$ 是 0 到 9 中的一个数字,m 为整数,且

$$\left| x - x^* \right| \leqslant \frac{1}{2} \times 10^{m-n+1} \tag{2.2}$$

例1 依四舍五入原则写出下列各数具有5位有效数字的近似数

913.95872, 39.1882, 0.0143254, 8.000033

解 按定义,上述各数具有 5 位有效数字的近似数分别为

913.96, 39.188, 0.014325, 8.0000

注意,8.000033 的 5 位有效数字的近似数是 8.0000 而不是 8,8 只有一位有效数字.从例 1 可以看出,有效位数与小数点后有多少位无直接关系.那么有效数字与绝对误差、相对误差有何关系呢? 有效数字位多好呢,还是少好呢?

不难看出,若由(2.1)给出某近似数有 n 位有效数字,则可从(2.2)求得这个近似数的绝对误差限

$$\varepsilon^* = \frac{1}{2} \times 10^{m-n+1}$$

因此在 m 相同的情况下,n 越大则 10^{m-n+1} 就越小,故有效数字位数越多,绝对误差限越小.

定理 1.1 用(2.1)表示的近似数 x^*,若 x^* 具有 n 位有效数字,则其相对误差限为

$$\varepsilon_r^* \leqslant \frac{1}{2a_1} \times 10^{-(n-1)}$$

反之,若 x^* 的相对误差限 $\varepsilon_r^* \leqslant \frac{1}{2(a_1+1)} \times 10^{-(n-1)}$,则 x^* 至少具有 n 位有

效数字.

证明 由(2.1),可得

$$a_1 \times 10^m \leqslant |x^*| \leqslant (a_1 + 1) \times 10^m$$

当 x^* 有 n 位有效数字时

$$\varepsilon_r^* = \frac{|x - x^*|}{|x^*|} \leqslant \frac{0.5 \times 10^{m-n+1}}{a_1 \times 10^m} = \frac{1}{2a_1} \times 10^{-n+1}$$

反之,由

$$|x - x^*| = |x^*| \varepsilon_r^* \leqslant (a_1 + 1) \times 10^m \times \frac{1}{2(a_1+1)} \times 10^{-(n-1)}$$

$$= 0.5 \times 10^{m-n+1}$$

故 x^* 至少有 n 位有效数字,证毕.

定理1.1说明,有效数字位数越多,相对误差限越小.

例2 要使 $\sqrt{20}$ 的近似值的相对误差限小于 0.1% ,要取几位有效数字?

解 由定理1.1,有 $\varepsilon_r^* \leqslant \frac{1}{2a_1} \times 10^{-(n-1)}$;由于 $\sqrt{20} = 4.\cdots$,知 $a_1 = 4$,令

$$\frac{1}{2 \times 4} \times 10^{-(n-1)} \leqslant 0.1\%$$

故取 $n = 4$ 即可满足.

1.2.4 数值运算的误差估计

一般情况,当自变量有误差时计算相应的函数值也会产生误差,其误差限可利用函数的泰勒展开式进行估计.

设 $f(x)$ 是一元函数,x 的近似值为 x^* ,以 $f(x^*)$ 近似 $f(x)$,其误差界记作 $\varepsilon(f(x^*))$,可用泰勒展开式

$$f(x) - f(x^*) = f'(x^*)(x - x^*) + \frac{f''(\xi)}{2}(x - x^*)^2$$

ξ 介于 x, x^* 之间,取绝对值得

$$|f(x) - f(x^*)| \leqslant |f'(x^*)| \varepsilon(x^*) + \frac{|f''(\xi)|}{2} \varepsilon^2(x^*)$$

假定 $f'(x^*)$ 与 $f''(x^*)$ 的比值不太大,可忽略 $\varepsilon(x^*)$ 的高阶项,于是可得计算函数值的误差限

$$\varepsilon(f(x^*)) \approx |f'(x^*)| \varepsilon(x^*)$$

当 f 为多元函数时,如计算 $A = f(x_1, x_2, \cdots, x_n)$.如果 $x_1, x_2, \cdots, x_n$ 的近似值为 $x_1^*, x_2^*, \cdots, x_n^*$,则 A 的近似值为 $A^* = f(x_1^*, x_2^*, \cdots, x_n^*)$,于是函数值 A^* 的误差 $e(A^*)$ 由泰勒展开得

$$e(A^*) = A^* - A = f(x_1^*, x_2^*, \cdots, x_n^*) - f(x_1, x_2, \cdots, x_n)$$

$$\approx \sum_{k=1}^{n} \left(\frac{\partial f(x_1^*, x_2^*, \cdots, x_n^*)}{\partial x_k} \right)(x_k^* - x_k)$$

$$\approx \sum_{k=1}^{n} \left(\frac{\partial f}{\partial x_k} \right)^* e_k^*$$

于是误差限

$$\varepsilon(A^*) \approx \sum_{k=1}^{n} \left| \left(\frac{\partial f}{\partial x_k} \right)^* \right| \varepsilon(x_k^*) \tag{2.3}$$

例3 已测得某场地长 l 的值为 $l^* = 110\text{m}$,宽 d 的值为 $d^* = 80\text{m}$,已知 $|l - l^*| \leqslant 0.2\text{m}, |d - d^*| \leqslant 0.1\text{m}$,试求面积的绝对误差限与相对误差限.

解 因 $s = ld, \dfrac{\partial s}{\partial l} = d, \dfrac{\partial s}{\partial d} = l$,那么

$$\varepsilon(s^*) \approx \left| \left(\frac{\partial s}{\partial l} \right)^* \right| \varepsilon(l^*) + \left| \left(\frac{\partial s}{\partial d} \right)^* \right| \varepsilon(d^*)$$

其中

$$\left(\frac{\partial s}{\partial l} \right)^* = d^* = 80\text{m}, \left(\frac{\partial s}{\partial l} \right)^* = l^* = 110\text{m}$$

$$\varepsilon(d^*) = 0.1\text{m}, \varepsilon(l^*) = 0.2\text{m}$$

于是绝对误差限

$$\varepsilon(s^*) \approx 80 \times 0.2 + 110 \times 0.1 = 27(\text{m}^2)$$

相对误差限

$$\varepsilon_r(s^*) = \frac{\varepsilon(s^*)}{|s^*|} = \frac{\varepsilon(s^*)}{l^* d^*} \approx \frac{27}{8800} = 0.31\%$$

§1.3 误差传播与若干防治办法

由前述可知,在数值计算中每步都可能产生误差.而一个问题的解决,往往要经过成千上万次运算,我们不可能每步都加以分析.下面,通过对误差的某些传播规律的简单分析,指出在数值计算中应注意的几个原则,它有助于鉴别计算结果的可靠性并防止误差危害现象的产生.

1.3.1 要避免两相近数相减

在数值运算中两相近数相减会使有效数字严重损失.例如 $x = 532.65$, $y = 532.52$ 都具有五位有效数字,但 $x - y = 0.13$ 只有两位有效数字,所以要尽量避免这类运算.

通常采用的方法是改变计算公式.例如当 x_1 与 x_2 很接近时,由于

$$\lg x_1 - \lg x_2 = \lg \frac{x_1}{x_2}$$

那么可用右端的公式代替左端的公式计算,有效数字就不会损失.当 x 很大时,

$$\sqrt{x+1} - \sqrt{x} = \frac{1}{\sqrt{x+1} + \sqrt{x}}$$

也可用右端来代替左端.一般情况,当 $f(x) \approx f(x^*)$ 时,可用泰勒展开

$$f(x) - f(x^*) = f'(x^*)(x - x^*) + \frac{f''(x^*)}{2}(x - x^*)^2 + \cdots$$

取右端的有限项近似左端.

如果计算公式不能改变,则可采用增加有效位数的方法.

1.3.2　要防止大数"吃掉"小数

若参加运算的数的数量级相差很大,而计算机的位数有限,如不注意运算次序,就可能出现大数"吃掉"小数的现象,影响计算结果.

例如在五位十进制计算机上,计算

$$A = 52492 + \sum_{i=1}^{1000} 0.1$$

写成规格化形式

$$A = 0.52492 \times 10^5 + \sum_{i=1}^{1000} 0.000001 \times 10^5$$

由于计算时要对阶,0.000001×10^5 在计算机中表示为 0,因此,计算出来 $A = 0.52492 \times 10^5$,结果严重失真!如果计算时,先将 $\sum_{i=1}^{1000} 0.1$ 计算出来,再与 52492 相加,就不会出现大数"吃掉"小数的现象了.

1.3.3　注意简化计算步骤,减少运算次数

同样一个计算问题,如果能减少运算次数,不但可节省计算机的计算时间,还能减少舍入误差.

例如,计算 x^{255} 的值,如果逐个相乘要用 254 次乘法,但若写成

$$x^{255} = x \cdot x^2 \cdot x^4 \cdot x^8 \cdot x^{16} \cdot x^{32} \cdot x^{64} \cdot x^{128}$$

只要做 14 次乘法运算即可.

1.3.4　绝对值太小的数不宜作除数

设 x 与 y 分别有近似值 x^* 与 y^*,$z = \frac{x}{y}$ 的近似值 $z^* = \frac{x^*}{y^*}$,则其绝对误差

$$|e^*(z)| \approx \left| \frac{1}{y^*} e^*(x) - \frac{x^*}{(y^*)^2} e^*(y) \right|$$

$$\leqslant \frac{1}{|y^*|}|e^*(x)| + \frac{|x^*|}{(y^*)^2}|e^*(y)|$$

显然,当 $|y^*|$ 很小时,近似值 z^* 的绝对误差 $e^*(z)$ 有可能很大.因此,不宜把绝对值太小的数作除数.

〖STHZ〗1.3.5　要注意计算过程中误差的传播与积累,防止误差被恶性放:

解决一个数学问题往往有多种数值方法.在选择数值方法时,一定要注意所用的数值方法不应将计算过程中难以避免的误差恶性放大,造成计算结果完全不可信.

例　求积分

$$I_n = \int_0^1 \frac{x^n}{x+10}\mathrm{d}x$$

若选择迭代公式

$$\begin{cases} I_{n+1} = \dfrac{1}{n+1} - 10I_n \\ I_0 = 0.0953102 \end{cases} \tag{3.1}$$

由上式,从 I_0 出发,可计算 I_1,再由 I_1 可计算 I_2,依此类推,则有下面数表:

I_0	0.0953102	I_9	0.0091673
I_1	0.0468982	I_{10}	0.00832705
I_2	0.0310180	I_{11}	0.00763864
I_3	0.0231535	I_{12}	0.0069473
I_4	0.0184647	I_{13}	0.0074503
I_5	0.0153529	I_{14}	-0.0030745
I_6	0.0131377	I_{15}	0.0974113
I_7	0.0114806	I_{16}	-0.911613
I_8	0.0101944		

注意到积分

$$I_{n+1} = \int_0^1 \frac{x^{n+1}}{x+10}\mathrm{d}x > 0$$

因此, I_{16} 显然是不正常的,其实不正常现象从 I_{13} 就已显露出来.因为 $I_{13} = \int_0^1 \frac{x^{13}}{x+10}\mathrm{d}x < \int_0^1 \frac{x^{12}}{x+10}\mathrm{d}x = I_{12}$. 但从上表上看 $I_{13} > I_{12}$,这是不可能的.原因何在? 我们在计算 I_0 时由于舍入原因,有误差 $\varepsilon_0 = I_0 - \tilde{I}_0$, $\tilde{I}_0$ 表示 I_0 的计算值.这里 $|\varepsilon_0| < \frac{1}{2} \times 10^{-7}$.为便于分析起见,设以后的计算完全准确.下述

的分析将使我们看到,仅仅 I_0 的计算有一个小小的误差 ε_0,会导致什么后果.

注意 $I_1 = 1 - 10 I_0$.

由于 I_0 计算有误差,故 I_1 的计算也会有误差.(此误差主要是由 I_0 的误差传播造成.)

设 I_1 的计算值为 $\tilde{I}_1$,则

$$\tilde{I}_1 = 1 - 10\tilde{I}_0$$

令 $\varepsilon_1 = I_1 - \tilde{I}_1$,则

$$\varepsilon_1 = -10\varepsilon_0$$

完全类似的推理,我们有

$$\varepsilon_{n+1} = -10\varepsilon_n = (-10)^2 \varepsilon_{n-1} = \cdots = (-10)^{n+1}\varepsilon_0$$

即初始误差 ε_0 被逐次放大,乃至于最后淹没真解,这就是问题的症结所在.在选择数值方法时,应该不使用类似于(3.1)这样的递推公式.

习　题

1.序列 $\{y_n\}$ 满足递推关系

$$y_{n+1} = 10 y_{n-1}$$

若 $y_0 = \sqrt{2} \approx 1.41$(三位有效数字),计算 y_{10} 时误差有多大?

2. $f(x) = \ln(x - \sqrt{x^2 - 1})$,求 $f(30)$ 的值,若开平方用 6 位函数表,求对数时误差有多大? 若改用另一等价公式

$$\ln(x - \sqrt{x^2 - 1}) = -\ln(x + \sqrt{x^2 - 1})$$

计算,求对数时误差有多大?

3.已知三角形面积 $S = \dfrac{1}{2} ab \sin C$,其中 C 为 a、b 两边的夹角.用弧度度量且 $0 < C < \dfrac{\pi}{2}$.若测量 a、b、C 时误差分别为 Δa、Δb、ΔC.证明面积的误差 ΔS 满足

$$\left| \frac{\Delta S}{S} \right| \leqslant \left| \frac{\Delta a}{a} \right| + \left| \frac{\Delta b}{b} \right| + \left| \frac{\Delta C}{C} \right|$$

4.设计一算法,使计算两复数相乘时仅用三次乘法.

5.对于下列各项运算,如何避免有效数字严重丢失?

①$e^x - e^{-x}$ 　　　　　　　　x 在 0 附近

②$\sin x - \cos x$ 　　　　　　　x 在 $\dfrac{\pi}{4}$ 附近

③$1 - \cos x$ 　　　　　　　　　x 在 0 附近

④$(\sqrt{1 + x^2} - \sqrt{1 - x^2})^{-1}$ 　　x 在 0 附近

6.$f(x) = \sqrt{x}$,用近似值 $\tilde{x}$ 代替 x,$x = \tilde{x} + \varepsilon$,$f(x)$ 用 $f(\tilde{x})$ 代替时误差是多少?

7.假如有一种算法求 $\sqrt{a}$ 可得到 6 位有效数字,为了使 $\sqrt{\pi}$ 有 4 位有效数字,π 应取几位有效数字?

第二章 线性方程组的直接解法

§2.1 引　言

在科技、工程、医学、经济等各个领域中,很多问题常常归结为解线性方程组.有些问题的数学模型虽不直接表现为求解线性方程组,但其数值解法中却需将该问题"离散化"或"线性化"为线性方程组.例如电学中的网络问题,经济学中的投入产出问题,用最小二乘法求实验数据的曲线拟合问题,工程中的三次样条函数的插值问题,用迭代法解非线性方程组的问题,用差分法或者有限元法解微分方程问题等都导致求解线性代数方程组.

n 阶线性方程组

$$\begin{cases} a_{11}x_1 + a_{12}x_2 + \cdots + a_{1n}x_n = b_1 \\ a_{21}x_1 + a_{22}x_2 + \cdots + a_{2n}x_n = b_2 \\ \vdots \\ a_{n1}x_1 + a_{n2}x_2 + \cdots + a_{nn}x_n = b_n \end{cases} \quad (1.1)$$

其中系数 $a_{ij}(i,j=1,2,\cdots,n)$ 和右端项 $b_i(i=1,2,\cdots,n)$ 均为实数,且 b_i 不全为零,方程组(1.1)可简记为矩阵形式

$$Ax = b \quad (1.2)$$

此时 A 是一个 $n \times n$ 方阵,x 和 b 是 n 维列向量.

关于线性方程组的解法一般分为两类:

1.直接法 即经过有限次的算术运算,可求得(1.1)的精确解(假定计算中没有舍入误差)的方法。如线性代数中的克拉默算法就是一种直接法,但该方法用于高阶方程组时计算量太大而不实用.实用的直接法中具有代表性的算法是高斯(Gauss)消去法,其它算法大都是它的变形.这类方法是解具有稠密矩阵或非结构矩阵(零元分布无规律)方程组的有效方法.

2.迭代法 就是用某种极限过程去逐步逼近线性方程组的精确解的方法.它将(1.1)变形为某种迭代公式,给出初始解 $x^{(0)}$,用迭代公式得到近似解的序列 $\{x^{(k)}\}$,$k=0,1,2,\cdots$,在一定的条件下 $x^{(k)} \to x^*$(精确解).迭代法具有需要计算机的存贮单元较少,程序设计简单,原始系数矩阵在计算过程中始终不变等优点,但显然存在一个收敛条件和收敛速度问题.迭代法是解大型稀

疏矩阵方程组的有效方法.

本章主要介绍求解线性方程组的直接法.

§2.2　高斯消去法

高斯消去法是一种古老的方法,基于高斯消去法的基本思想而改进、变形得到的主元素消去法、三角分解法仍是目前计算机上常用的有效算法.

2.2.1　高斯消去法的基本思想

例 1　解方程组

$$\begin{cases} x_1 + x_2 + x_3 = 6 & (2.1) \\ 4x_2 - x_3 = 5 & (2.2) \\ 2x_1 - 2x_2 + x_3 = 1 & (2.3) \end{cases}$$

下述过程实际是将我们中学学过的消元法标准化.

第一步　将方程(2.1)乘上 -2 加到方程(2.3)上去,消去(2.3)中的未知数 x_1,得到

$$\begin{cases} x_1 + x_2 + x_3 = 6 & (2.1) \\ 4x_2 - x_3 = 5 & (2.2) \\ -4x_2 - x_3 = -11 & (2.4) \end{cases}$$

第二步　将方程(2.2)加到方程(2.4)上去,消去方程(2.4)中的未知数 x_2,得到与原方程组等价的三角形方程组

$$\begin{cases} x_1 + x_2 + x_3 = 6 & (2.1) \\ 4x_2 - x_3 = 5 & (2.2) \\ -2x_3 = -6 & (2.5) \end{cases}$$

第三步　回代:解(2.5)得 x_3,将 x_3 代入(2.2)得 x_2,将 x_2、x_3 代入(2.1)得 x_1,从而求得到方程组的解

$$x^* = (1,2,3)^{\mathrm{T}}$$

上述消元过程相当于对增广矩阵 $[A \mid b]$ 作行变换,用 r_i 表示增广矩阵 $[A \mid b]$ 的第 i 行

$$[A \mid b] = \begin{bmatrix} 1 & 1 & 1 & \vdots & 6 \\ 0 & 4 & -1 & \vdots & 5 \\ 2 & -2 & 1 & \vdots & 1 \end{bmatrix} \xrightarrow{-2 \times r_1 + r_3 \to r_3} \begin{bmatrix} 1 & 1 & 1 & \vdots & 6 \\ 0 & 4 & -1 & \vdots & 5 \\ 0 & -4 & -1 & \vdots & -11 \end{bmatrix}$$

$$\xrightarrow{r_2 + r_3 \to r_3} \begin{bmatrix} 1 & 1 & 1 & \vdots & 6 \\ 0 & 4 & -1 & \vdots & 5 \\ 0 & 0 & -2 & \vdots & -6 \end{bmatrix}$$

由此看出,用消去法解方程组的基本思想是设法消去方程组的系数矩阵 A 的主对角线下的元素,而将 $Ax=b$ 化为等价的上三角形方程组,然后再通过回代过程便可获得方程组的解.这种求解线性代数方程组的方法,往往称之为高斯消去法,其实我国早在公元 250 年就有这种思想.

2.2.2 高斯消去法计算公式

下面我们来讨论一般的 n 阶方程的高斯消去法.

记 $Ax=b$ 为 $A^{(1)}x=b^{(1)}$,$A^{(1)}$ 和 $b^{(1)}$ 的元素分别记为 $a_{ij}^{(1)}$ 和 $b_i^{(1)}$,$i,j=1,2,\cdots,n$.

第一次消元 设 $a_{11}^{(1)}\neq 0$,将增广矩阵的第 i 行减去第 1 行的 $m_{i1}=a_{i1}^{(1)}/a_{11}^{(1)}(i=2,\cdots,n)$ 倍,目的是将增广矩阵的第一列内除第一个元素不变外,其余全部消为零.得到 $A^{(2)}x=b^{(2)}$,即

$$[A^{(1)}\mid b^{(1)}]=\begin{bmatrix} a_{11}^{(1)} & a_{12}^{(1)} & \cdots & a_{1n}^{(1)} & b_1^{(1)} \\ a_{21}^{(1)} & a_{22}^{(1)} & \cdots & a_{2n}^{(1)} & b_2^{(1)} \\ \vdots & \vdots & & \vdots & \vdots \\ a_{n1}^{(1)} & a_{n2}^{(1)} & \cdots & a_{nn}^{(1)} & b_n^{(1)} \end{bmatrix} \xrightarrow[\substack{i=2,3,\cdots,n}]{-m_{i1}\times r_1+r_i\to r_i} \begin{bmatrix} a_{11}^{(1)} & a_{12}^{(1)} & \cdots & a_{1n}^{(1)} & b_1^{(1)} \\ 0 & a_{22}^{(2)} & \cdots & a_{2n}^{(2)} & b_2^{(2)} \\ \vdots & \vdots & & \vdots & \vdots \\ 0 & a_{n2}^{(2)} & \cdots & a_{nn}^{(2)} & b_n^{(2)} \end{bmatrix}=[A^{(2)}\mid b^{(2)}]$$

其中

$$\begin{aligned} m_{i1} &= \frac{a_{i1}^{(1)}}{a_{11}^{(1)}}, & i &= 2,3,\cdots,n \\ a_{ij}^{(2)} &= a_{ij}^{(1)} - m_{i1}a_{1j}^{(1)}, & i,j &= 2,3,\cdots,n \\ a_{i1}^{(2)} &= 0, & i &= 2,3,\cdots,n \\ b_i^{(2)} &= b_i^{(1)} - m_{i1}b_1^{(1)}, & i &= 2,3,\cdots,n \end{aligned}$$

第 k 次消元($2\leqslant k\leqslant n-1$) 设第 $k-1$ 次消元已完成,且 $a_{kk}^{(k)}\neq 0$,此时增广矩阵如下:

$$[A^{(k)}\mid b^{(k)}]=\begin{bmatrix} a_{11}^{(1)} & a_{12}^{(1)} & \cdots & a_{1k}^{(1)} & \cdots & a_{1n}^{(1)} & b_1^{(1)} \\ & a_{22}^{(2)} & \cdots & a_{2k}^{(2)} & \cdots & a_{2n}^{(2)} & b_2^{(2)} \\ & & \ddots & \vdots & & \vdots & \vdots \\ & & & a_{kk}^{(k)} & \cdots & a_{kn}^{(k)} & b_k^{(k)} \\ & & & \vdots & & \vdots & \vdots \\ & & & a_{nk}^{(k)} & \cdots & a_{nn}^{(k)} & b_n^{(k)} \end{bmatrix}$$

类似于第 $k-1$ 次消元,但只改变矩阵 $[A^{(k)}\mid b^{(k)}]$ 的第 $k+1$ 行至第 n 行,方法是将矩阵 $[A^{(k)}\mid b^{(k)}]$ 的第 k 行的 $-m_{ik}=-\dfrac{a_{ik}^{(k)}}{a_{kk}^{(k)}}(i=k+1,\cdots,n)$ 倍加到第 i 行,目的是将该矩阵第 k 列中 $a_{kk}^{(k)}$ 以下的元素全部消为零,而 $a_{kk}^{(k)}$ 及

其以上的诸元素保持不变,计算公式如下:

$$m_{ik} = \frac{a_{ik}^{(k)}}{a_{kk}^{(k)}}, \qquad\qquad i = k+1, \cdots, n$$

$$a_{ij}^{(k+1)} = a_{ij}^{(k)} - m_{ik}a_{kj}^{(k)}, \qquad i, j = k+1, \cdots, n$$

$$a_{ik}^{(k+1)} = 0, \qquad\qquad i = k+1, \cdots, n$$

$$b_i^{(k+1)} = b_i^{(k)} - m_{ik}b_k^{(k)}, \qquad i = k+1, \cdots, n$$

只要 $a_{kk}^{(k)} \neq 0 (k = 1, 2, \cdots, n-1)$,消元过程就可以进行下去,直至经过 $n-1$ 次消元之后,消元过程便告结束,得

$$[A^{(n)} \mid b^{(n)}] = \begin{bmatrix} a_{11}^{(1)} & a_{12}^{(1)} & \cdots & a_{1n}^{(1)} & b_1^{(1)} \\ & a_{22}^{(2)} & \cdots & a_{2n}^{(2)} & b_2^{(2)} \\ & & \ddots & \vdots & \vdots \\ & & & a_{nn}^{(n)} & b_n^{(n)} \end{bmatrix} \qquad (2.6)$$

我们得到一个与原方程组等价的上三角形方程组.

称由(1.2)约化为(2.6)的过程为消元过程.

只要 $a_{nn}^{(n)} \neq 0$ 就可以回代求解:

$$\begin{cases} x_n = b_n^{(n)} / a_{nn}^{(n)} \\ x_i = (b_i^{(i)} - \sum_{j=i+1}^{n} a_{ij}^{(i)} x_j) / a_{ii}^{(i)} \quad (i = n-1, n-2, \cdots, 1) \end{cases} \qquad (2.7)$$

称(2.7)的求解过程为回代过程.

2.2.3 高斯消去法的条件

注意在高斯消元过程中,要求 $a_{ii}^{(i)} \neq 0 (i = 1, 2, \cdots, n-1)$,回代过程中则进一步要求 $a_{nn}^{(n)} \neq 0$. 然而 $a_{ii}^{(i)} \neq 0 (i = 1, 2, \cdots, n)$ 这一条件如何反映在原始矩阵 A 上呢? 换言之,矩阵 A 在什么条件下才能保证 $a_{ii}^{(i)} \neq 0 (i = 1, 2, \cdots, n)$ 呢?

注意到 A 的顺序主子式 $D_i (i = 1, 2, \cdots, n)$ 在消元过程中是不变的. 这是因为消元过程对矩阵 A 所作的变换是"将某行的若干倍加到另一行上"的初等变换,而此类初等变换不改变行列式的值,若高斯消去过程已进行了 $k-1$ 步(此时当然应有 $a_{ii}^{(i)} \neq 0, i \leqslant k-1$),这时计算 $A^{(k)}$ 的顺序主子式

$$D_1 = a_{11}^{(1)}$$

$$D_2 = a_{11}^{(1)} a_{22}^{(2)}$$

$$\cdots\cdots$$

$$D_{k-1} = a_{11}^{(1)} a_{22}^{(2)} \cdots a_{k-1,k-1}^{(k-1)}$$

$$D_k = a_{11}^{(1)} a_{22}^{(2)} \cdots a_{kk}^{(k)}$$

显然有递推关系:

$$D_1 = a_{11}^{(1)}$$
$$D_i = D_{i-1} \cdot a_{ii}^{(i)}, \quad i = 2, 3, \cdots, k$$

容易看出

$$D_i \neq 0 \iff a_{ii}^{(i)} \neq 0.$$

由此可知,若称方程组内依方程给定顺序进行消元为顺序消元,则顺序消元过程能进行到底的充要条件是 $D_i \neq 0, i = 1, 2, \cdots, n-1$;若要回代过程也能完成,还应加上条件 $D_n \neq 0$,即 $|A| \neq 0$.

若消元过程中允许变动方程组中方程的次序,即允许交换增广矩阵的任意两行,则消元能够进行到底的充要条件是 A 可逆,我们将证明留给读者.

定理 2.1　方程组 $Ax = b$ 能用顺序高斯消去法求解的充要条件是 A 的各阶顺序主子式均不为零. 若消元过程中允许对增广矩阵进行行交换,则方程组 $Ax = b$ 可用消元法求解的充要条件是 A 可逆.

2.2.4　高斯消去法的计算量

1. 消元过程的计算量:第一步计算 $m_{i1}(i = 2, 3, \cdots, n)$ 需要 $n-1$ 次除法运算;计算 $a_{ij}^{(2)}(i, j = 2, 3, \cdots, n)$ 需要 $(n-1)^2$ 次乘法运算及 $(n-1)^2$ 次加减法运算,以下依此类推.

一般可列表如下:

第 k 步	加减法次数	乘法次数	除法次数
1	$(n-1)^2$	$(n-1)^2$	$n-1$
2	$(n-2)^2$	$(n-2)^2$	$n-2$
$\vdots$	$\vdots$	$\vdots$	$\vdots$
$n-1$	1	1	1
合计	$n(n-1)(2n-1)/6$	$n(n-1)(2n-1)/6$	$n(n-1)/2$

这里利用了求和公式

$$\sum_{i=1}^{n} i = n(n+1)/2, \quad \sum_{i=1}^{n} i^2 = n(n+1)(2n+1)/6 \quad (n \geqslant 1)$$

消元过程所需的乘除法次数为:$n(n^2-1)/3$.

加减法次数为:$n(n-1)(2n-1)/6$.

2. 计算 $b^{(n)}$ 的计算量

乘除法次数：$(n-1)+(n-2)+\cdots+2+1=n(n-1)/2$

加减法次数：$n(n-1)/2$.

3.回代过程所需计算量,求 x_k 需 $n-k$ 次加减法和 $n-k$ 次乘法和 1 次除法,合计为

乘除法次数：$\displaystyle\sum_{k=1}^{n}(n-k+1)=n(n+1)/2$

加减法次数：$\displaystyle\sum_{k=1}^{n}(n-k)=n(n-1)/2$

总的运算次数为

乘除法　$\dfrac{n^3}{3}+n^2-\dfrac{n}{3}\approx\dfrac{n^3}{3}$（当 n 较大时）

加减法　$\dfrac{n(n-1)(2n+5)}{6}\approx\dfrac{n^3}{3}$（当 n 较大时）

因为乘除法运算比加减法占用机时多得多,一般只统计乘除法次数而称高斯消去法的运算量为 $\dfrac{n^3}{3}$ 次.

如果我们用克拉默法则解(1.1),就需计算 $n+1$ 个 n 阶行列式,若行列式计算是用子式展开,总共需要计算 $(n+1)!$ 次乘法.例如当 $n=10$ 时,高斯消去法需 430 次乘除法,而克拉默法则却需要 39916800 次乘法.由此可见克拉默法则解(1.1)工作量太大而不实用.

2.2.5　高斯主元消去法

在上节所介绍的算法中,我们逐次取主对角元素 $a_{kk}^{(k)}$ 作为主元,实现了消元过程,这种消元过程简便易行,但有两个问题不容回避:第一,若 $a_{kk}^{(k)}=0$ 则顺序消元过程将无法实现;第二,即使 $a_{kk}^{(k)}\neq 0$,但它与第 k 行到第 n 行的其它元素相比绝对值较小,由于此时须用它作除数产生 m_{ik},这为用有限位有效数字进行计算时舍入误差的恶性传播提供了机会,结果会使解严重失真!

例 2　试用高斯消去法解方程组

$$\begin{cases}0.00001x_1+x_2=0.6\\ x_1+x_2=1\end{cases}$$

用四位浮点数进行计算,精确解舍入到 4 位有效数字为

$$x^*=(0.4000,0.6000)^{\mathrm{T}}$$

现设使用的计算机为四位浮点数,方程组的有关数据输入计算机后成为

$$\begin{bmatrix}0.1000\times 10^{-4} & 0.1000\times 10 & 0.6000\times 10^{0}\\ 0.1000\times 10 & 0.1000\times 10 & 0.1000\times 10\end{bmatrix}$$

第一步消元:计算得乘子

$$m_{21} = \frac{0.1000 \times 10}{0.1000 \times 10^{-4}} = 0.1000 \times 10^6$$

操作: $r_2 - m_{21} \times r_1 \to r_2$ 得增广矩阵为

$$\begin{bmatrix} 0.1000 \times 10^{-4} & 0.1000 \times 10 & 0.6000 \times 10^0 \\ 0 & -0.1000 \times 10^6 & -0.6000 \times 10^5 \end{bmatrix}$$

回代: $x_2 = 0.6000 \times 10^0 = 0.6, x_1 = 0$

解严重失真!

若将 r_1 与 r_2 交换:

$$\begin{bmatrix} 0.1000 \times 10 & 0.1000 \times 10 & 0.1000 \times 10 \\ 0.1000 \times 10^{-4} & 0.1000 \times 10 & 0.6000 \times 10^0 \end{bmatrix}$$

消元: 计算得乘子

$$m_{21} = \frac{0.1000 \times 10^{-4}}{0.1000 \times 10} = 0.1000 \times 10^{-4}$$

操作: $r_2 - m_{21} \times r_1 \to r_2$ 得

$$\begin{bmatrix} 0.1000 \times 10 & 0.1000 \times 10 & 0.1000 \times 10 \\ 0 & 0.1000 \times 10 & 0.6000 \times 10^0 \end{bmatrix}$$

回代: $x_2 = 0.6, x_1 = 0.4$,得到准确解.

从上例可以看出,仅对方程组作简单的行交换就显著地改善了解的精度. 这是因为,上述行交换避免了绝对值非常小的数作主元,有效地防止了舍入误差的扩散.

在实际使用高斯消去法时,常结合使用"选主元"的技术以避免零主元或小主元出现,以便保证高斯消去法的正常进行或改善求解过程的数值稳定性.

一、列主元消去法

1. 按列选主元

设方程组 $Ax = b$ 的增广矩阵为

$$[A^{(1)} \mid b^{(1)}] = \begin{bmatrix} a_{11}^{(1)} & a_{12}^{(1)} & \cdots & a_{1n}^{(1)} & \vdots & b_1^{(1)} \\ a_{21}^{(1)} & a_{22}^{(1)} & \cdots & a_{2n}^{(1)} & \vdots & b_2^{(1)} \\ \vdots & \vdots & & \vdots & \vdots & \vdots \\ a_{n1}^{(1)} & a_{n2}^{(1)} & \cdots & a_{nn}^{(1)} & \vdots & b_n^{(1)} \end{bmatrix}$$

首先,在 $A^{(1)}$ 第一列中选取绝对值最大的元素作主元.

例如

$$|a_{i_1,1}^{(1)}| = \max_{1 \leqslant i \leqslant n} |a_{i1}| \neq 0$$

若 $i_1 \neq 1$,则交换增广矩阵的第一行与第 i_1 行.

经第一次消元计算得

$$[A^{(1)} \mid b^{(1)}] \rightarrow [A^{(2)} \mid b^{(2)}]$$

$$[A^{(2)} \mid b^{(2)}] = \begin{bmatrix} a_{11}^{(1)} & a_{12}^{(1)} & \cdots & a_{1n}^{(1)} & b_1^{(1)} \\ 0 & a_{22}^{(2)} & \cdots & a_{2n}^{(2)} & b_2^{(2)} \\ \vdots & \vdots & & \vdots & \vdots \\ 0 & a_{n2}^{(2)} & \cdots & a_{nn}^{(2)} & b_n^{(2)} \end{bmatrix}$$

重复上述过程,设已完成第 $k-1$ 次消元$(1 \leqslant k \leqslant n-1)$,此时原方程组变为 $A^{(k)} x = b^{(k)}$,其增广矩阵有如下形式:

$$[A^{(k)} \mid b^{(k)}] = \begin{bmatrix} a_{11}^{(1)} & a_{12}^{(1)} & & & \cdots & a_{1n}^{(1)} & b_1^{(1)} \\ & a_{22}^{(2)} & & & \cdots & a_{2n}^{(2)} & b_2^{(2)} \\ & & \ddots & & & \vdots & \vdots \\ & & & \boxed{\begin{matrix} a_{kk}^{(k)} \\ \vdots \\ a_{nk}^{(k)} \end{matrix}} & \cdots & \begin{matrix} a_{kn}^{(k)} \\ \\ a_{nn}^{(k)} \end{matrix} & \begin{matrix} b_k^{(k)} \\ \vdots \\ b_n^{(k)} \end{matrix} \end{bmatrix} \qquad (2.8)$$

在进行第 k 次消元前,先进行选主元及行交换操作:

在方框内的诸元素 $a_{ik}^{(k)}$ 中选出绝对值最大者,即确定 i_k,使

$$|a_{i_k,k}^{(k)}| = \max_{k \leqslant i \leqslant n} |a_{ik}^{(k)}| \neq 0$$

(若 $|a_{i_k,k}^{(k)}| = 0$,则说明方程 $Ax = b$ 无确定解,应给出信息后退出计算).

若 $i_k \neq k$,则交换第 i_k 行和第 k 行元素,即

$$a_{kj}^{(k)} \leftrightarrow a_{i_k,j}^{(k)} \qquad (k \leqslant j \leqslant n)$$

$$b_k^{(k)} \leftrightarrow b_{i_k}^{(k)}$$

然后进行消元,如此进行,直至 $k = n-1$ 为止.

回代过程则与按给定顺序消元的回代过程完全相同,此不赘述.

2. 算法实现

目的:解线性方程组 $Ax = b$,其中 $A = (a_{ij})_{n \times n}$,$b = (b_1, b_2, \cdots, b_n)^{\mathrm{T}}$,$x = (x_1, x_2, \cdots, x_n)^{\mathrm{T}}$.

组成:主要包括四个环节:

(1)选主元;(2)换行;(3)消元;(4)回代.

存贮方式:用二维数组 $A(n, n)$ 按行存放系数矩阵 A 的元素,用一维数组 $b(n)$ 存放常向量 b 的各元素.计算过程中,采用紧凑存贮方式以节省内存.在第 k 步消元时$(k = 1, 2, \cdots, n-1)$注意到计算 $m_{ik} = \dfrac{a_{ik}^{(k)}}{a_{kk}^{(k)}}$($i = k+1, \cdots, n$)后,$a_{ik}^{(k)}$ 已不必再保存.故将 m_{ik} 存入 $a_{ik}^{(k)}$ 内.同样理由,将 $a_{ij}^{(k+1)}$ 存入 $a_{ij}^{(k)}$,

$b_i^{(k+1)}$存入$b_i^{(k)}(i, j = k+1, \cdots, n)$. 回代时将$x_i$存入$b_i(i = n, n-1, \cdots, 1)$.

实现:对$k = 1, 2, \cdots, n-1$做到步5.

步1 按列选主元

$$\left| a_{i_k, k} \right| = \max_{k \leqslant i \leqslant n} \left| a_{ik} \right|$$

步2 若$a_{i_k, k} = 0$, 则输出('A为奇异);退出.

步3 若$i_k = k$, 则转步4;否则

换行:$a_{kj} \leftrightarrow a_{i_k, j}$ $(j = k, k+1, \cdots, n)$

$b_k \leftrightarrow b_{i_k}$

步4 计算乘子m_{ik}

$$a_{ik} \leftarrow m_{ik} = a_{ik}/a_{kk} \quad (i = k+1, \cdots, n)$$

步5 消元计算

$$a_{ij} \leftarrow a_{ij} - m_{ik} a_{kj} \quad (i, j = k+1, \cdots, n)$$

$$b_i \leftarrow b_i - m_{ik} b_k \quad (i = k+1, \cdots, n)$$

步6 回代求解

$$b_n \leftarrow b_n / a_{nn}$$

$$b_i \leftarrow (b_i - \sum_{j=i+1}^{n} a_{ij} b_j)/a_{ii} \quad (i = n-1, n-2, \cdots, 1)$$

二、全主元消去法

1.选主元过程

在(2.8)中,若每次选主元不局限于第k列的方框内,而在整个主子阵
$\begin{bmatrix} a_{kk}^{(k)} \cdots a_{kn}^{(k)} \\ a_{nk}^{(k)} \cdots a_{nn}^{(k)} \end{bmatrix}$中选取,便称相应的消去法为全主元消去法.

此时,与列主元消去法相比增加的步骤为

(1)确定i_k, j_k使

$$\left| a_{i_k j_k}^{(k)} \right| = \max_{k \leqslant i, j \leqslant n} \left| a_{ij}^{(k)} \right|$$

若$a_{i_k j_k} = 0$, 则给出A奇异的信息, 停止计算. 否则做(2)

(2)做如下行、列交换

行交换:$a_{kj}^{(k)} \leftrightarrow a_{i_k, j}^{(k)}$ $(k \leqslant j \leqslant n)$

$b_k^{(k)} \leftrightarrow b_{i_k}^{(k)}$

列交换:$a_{ik}^{(k)} \leftrightarrow a_{i, j_k}^{(k)}$ $(1 \leqslant i \leqslant n)$

值得注意的是,在全主元消去过程中,列交换已改变了x各分量的顺序.
因此,必须在每次列交换的同时,记录调换后未知数的排列次序.在本算法内

此项任务由一维数组 IZ 来完成.

2.算法实现

目的:同列主元消去法.

组成:主要包括五个环节:

(1)选主元;(2)交换行、列,记录未知数的次序;(3)消元;(4)回代;(5)调整未知数次序.

存贮方式:比列主元消去法多开辟一个一维数组 $IZ(n)$ 以记录未知数的次序.

实现:

步1 对 $i=1,2,\cdots,n$

$$IZ(i) \leftarrow i$$

对 $k=1,2,\cdots,n-1$ 做到步6.

步2 选主元

$$\left| a_{i_k j_k} \right| = \max_{k \leqslant i,j \leqslant n} \left| a_{ij} \right|$$

步3 若 $a_{i_k j_k}=0$,则输出"A 奇异"信息,退出.

步4 1)若 $i_k=k$,则转2);否则

换行: $a_{kj} \leftrightarrow a_{i_k j}$ $(j=k,k+1,\cdots,n)$

$b_k \leftrightarrow b_{i_k}$

2)若 $j_k=k$,则转步5,否则

换列: $a_{ik} \leftrightarrow a_{ij_k}$ $(i=1,2,\cdots,n)$

$IZ(k) \leftrightarrow IZ(j_k)$

步5 计算乘子

$$a_{ik} \leftarrow m_{ik} = a_{ik}/a_{kk} \quad (i=k+1,\cdots,n)$$

步6 消元计算

$$a_{ij} \leftarrow a_{ij} - m_{ik}a_{kj} \quad (i=k+1,\cdots,n;j=k+1,\cdots,n)$$

$$b_i \leftarrow b_i - m_{ik}b_k \quad (i=k+1,\cdots,n)$$

步7 回代求解

1)$b_n \leftarrow b_n/a_{nn}$;

2)$b_i \leftarrow (b_i - \sum_{j=i+1}^{n} a_{ij}b_j)/a_{ii} \quad (i=n-1,n-2,\cdots,1)$

步8 调整未知数次序

1)对 $i=1,2,\cdots,n$;

$$a_{1 IZ(i)} \leftarrow b_i$$

2)对 $i=1,2,\cdots,n$;

$$b_i \leftarrow a_{1i}$$

例3 用完全主元素消去法解下列方程组

$$\begin{cases} x_1 + 2x_2 + 3x_3 = 1 \\ 5x_1 + 4x_2 + 10x_3 = 0 \\ 3x_1 - 0.1x_2 + x_3 = 2 \end{cases}$$

解 $k=1$ 时,$i_k = 2$,$j_k = 3$,$IZ(1) = 1$,$IZ(3) = 3$,$IZ(1) \leftrightarrow IZ(3)$ 后,$IZ(1) = 3$,$IZ(3) = 1$.

$$
\begin{array}{cccc} x_1 & x_2 & x_3 & b \end{array}
\begin{bmatrix} 1 & 2 & 3 & 1 \\ 5 & 4 & \boxed{10} & 0 \\ 3 & -0.1 & 1 & 2 \end{bmatrix}
\xrightarrow[c_1 \leftrightarrow c_3]{\text{选主元 } r_1 \leftrightarrow r_2}
\begin{array}{cccc} x_3 & x_2 & x_1 & b \end{array}
\begin{bmatrix} \boxed{10} & 4 & 5 & 0 \\ 3 & 2 & 1 & 1 \\ 1 & -0.1 & 3 & 2 \end{bmatrix}
\xrightarrow{\text{消元}}
\begin{array}{cccc} x_3 & x_2 & x_1 & b \end{array}
\begin{bmatrix} \boxed{10} & 4 & 5 & 0 \\ 0 & 0.8 & -0.5 & 1 \\ 0 & -0.5 & \boxed{2.5} & 2 \end{bmatrix}
$$

$k=2$ 时,$i_k = 3$,$j_k = 3$,$IZ(2) = 2$,$IZ(3) = 1$

$IZ(2) \leftrightarrow IZ(3)$ 后,$IZ(2) = 1$,$IZ(3) = 2$

$$
\xrightarrow[c_3 \leftrightarrow c_2]{\text{选主元 } r_3 \leftrightarrow r_2}
\begin{array}{cccc} x_3 & x_1 & x_2 & b \end{array}
\begin{bmatrix} 10 & 5 & 4 & 0 \\ 0 & \boxed{2.5} & -0.5 & 2 \\ 0 & -0.5 & 0.8 & 1 \end{bmatrix}
\xrightarrow{\text{消元}}
\begin{array}{cccc} x_3 & x_1 & x_2 & b \end{array}
\begin{bmatrix} 10 & 5 & 4 & 0 \\ 0 & 2.5 & -0.5 & 2 \\ 0 & 0 & 0.7 & 1.4 \end{bmatrix}
$$

$$
\xrightarrow{\text{回代}}
\begin{array}{cccc} x_3 & x_1 & x_2 & b \end{array}
\begin{bmatrix} 1 & 0 & 0 & -1.4 \\ 0 & 1 & 0 & 1.2 \\ 0 & 0 & 1 & 2.0 \end{bmatrix}
\xrightarrow[b_i \rightarrow a_{1,IZ(i)}]{\text{调整未知数顺序}}
\begin{array}{ccc} x_1 & x_2 & x_3 \end{array}
\begin{bmatrix} 1.2 & 2.0 & -1.4 \end{bmatrix}
\xrightarrow{a_{1i} \rightarrow b_i}
\begin{bmatrix} 1.2 \\ 2.0 \\ -1.4 \end{bmatrix} \begin{array}{c} x_1 \\ x_2 \\ x_3 \end{array}
$$

高斯全主元消去法与列主元消去法相比,工作量要大一些,但全主元消去法的数值稳定性比列主元消去法更好一些.选主元素的高斯消去法是一种实用的算法,在实际中有广泛的应用.

§2.3 高斯-若尔当消去法

由 §2.1 和 §2.2 的讨论,高斯消去法的实质是线性方程组(1.1)的系数矩阵 A 经逐次初等变换约化为上三角矩阵.相应的方程组(1.1)约化为三角形方程组.从而为回代求解做好了准备.

若将高斯消元过程稍加改变,即第 $k(k=1,\cdots,n-1)$ 步消元时不仅消去与 $a_{kk}^{(k)}$ 同列位于其下的 $a_{ik}^{(k)}(i=k+1,\cdots,n)$,而且还同时消去位于其上的 $a_{ik}^{(k)}(i=k-1,\cdots,1)$,则可以把方程组

$$Ax = b$$

化为对角形 $Dx = b^*$ 的形式,其中 D 为对角矩阵,即

$$D = \text{diag}(d_1, d_2, \cdots, d_n)$$

此时求解就毋须回代. 这种无回代过程的消去法称为高斯-若尔当(Gauss-Jordan)消去法. 特别地,它还可以化为

$$\begin{bmatrix} 1 & & & \\ & 1 & & \\ & & \ddots & \\ & & & 1 \end{bmatrix} \begin{bmatrix} x_1 \\ x_2 \\ \vdots \\ x_n \end{bmatrix} = \begin{bmatrix} b_1^{(n)} \\ b_2^{(n)} \\ \vdots \\ b_n^{(n)} \end{bmatrix}$$

可见等号右端即为方程组的解.

容易知道,高斯-若尔当消去法的计算量较高斯消去法要大(约为 $\dfrac{n^3}{2}$ 次),因而与高斯消去法相比较并没有多少优越性可言,但若需同时求解几组系数相同而右端向量 b 不同的方程组时,用高斯-若尔当消去法就较为方便. 并由此可知高斯-若尔当消去法可用于求矩阵的逆.

实际上,它是用初等变换方法求逆矩阵的一种规范化算法.

用高斯-若尔当消去法求 n 阶方阵的逆.

方法(一)

存贮方式:分别用二维数组 $A(n, n)$,$X(n, n)$ 存放矩阵 A 的元素和 A^{-1} 的元素,$X(n, n)$ 初始状态为 n 阶单位阵.

算法实现:对 $k = 1, 2, \cdots, n$ 做到步6.

步1 按列选主元

$$|a_{i_k, k}| = \max_{k \leqslant i \leqslant n} |a_{ik}|$$

步2 若 $a_{i_k, k} = 0$,则停止(此时 $|A| = 0$).

步3 若 $i_k = k$,则转步4;否则换行:

$$a_{kj} \leftrightarrow a_{i_k, j} \qquad (j = k, k+1, \cdots, n)$$
$$x_{kj} \leftrightarrow x_{i_k, j} \qquad (j = 1, 2, \cdots, n)$$

步4 计算乘子

$$m_{ik} = -a_{ik}/a_{kk} \quad (i = 1, 2, \cdots, n \text{ 且 } i \neq k)$$
$$m_{kk} = 1/a_{kk}$$

步5 消元计算

$$a_{ij} \leftarrow a_{ij} + m_{ik}a_{kj} \quad (i = 1, 2, \cdots, n \text{ 且 } i \neq k, j = k+1, \cdots, n)$$
$$x_{ij} \leftarrow x_{ij} + m_{ik}x_{kj} \quad (i = 1, 2, \cdots, n \text{ 且 } i \neq k, j = 1, 2, \cdots, n)$$

步6 主行计算

$$a_{kj} \leftarrow a_{kj}m_{kk} \quad (j = k, k+1, \cdots, n)$$
$$x_{kj} \leftarrow x_{kj}m_{kk} \quad (j = 1, 2, \cdots, n)$$

结果: $A^{-1} = (x_{ij})_{n \times n}$

注意到,在上述算法中包含了选列主元的处理,它可增强求逆过程的数值稳定性.为更明显、直观地展示求逆过程,我们开辟了一个数组 X 以存储 A^{-1}.实际计算时这是不必要的,因计算结果可存放在存储矩阵 A 的数组中.还应该指出的是,若将全局主元消去技术施于求逆算法,则于消元过程完成后,还应改变所得矩阵的相应行的次序才能得到逆矩阵.无疑这会增加程序的复杂性而又对方法的数值稳定性改进不大,故而使用者寥寥.有鉴于此,我们将仅描述采用紧凑存储的列主元高斯-若尔当求逆算法.该方法已被广泛采用.

方法(二)

组成:本算法主要由四个环节组成:

(1)选主元;(2)换行;(3)约化;(4)换列.

存贮方式:用二维数组 $A(n, n)$ 存放矩阵 A,一维数组 $IZ(n)$ 记录主行号,约化过程中,运算结果冲掉数组 A 相应位置的元素,经调换列之后,即得到 A^{-1}.

实现:对于 $k = 1, 2, \cdots, n$ 做到步6.

步1 按列选主元
$$\left| a_{i_k, k} \right| = \max_{k \leqslant i \leqslant n} \left| a_{ik} \right|$$
$$C_0 \leftarrow a_{i_k, k}, \quad IZ(k) \leftarrow i_k$$

步2 若 $C_0 = 0$ 则停止计算(此时 A 为奇异阵).

步3 若 $i_k = k$,则转 4;否则换行:
$$a_{kj} \leftrightarrow a_{i_k, j} \quad (j = 1, 2, \cdots, n)$$

步4 计算主列 $h \leftarrow a_{kk} \leftarrow 1/C_0$
$$a_{ik} \leftarrow m_{ik} = -a_{ik} \cdot h \quad (i = 1, 2, \cdots, n, 且 i \neq k)$$

步5 约化非主行
$$a_{ij} \leftarrow a_{ij} + m_{ik}a_{kj} \quad (i, j = 1, 2, \cdots, n 且 i \neq k, j \neq k)$$

步6 计算主行
$$a_{kj} \leftarrow a_{kj} \cdot h \quad (j = 1, 2, \cdots, n 且 j \neq k)$$

步7 交换列

对 $k = n-1, n-2, \cdots, 2, 1,$ 做 1)~3)

1) $t = IZ(k)$;

2)若 $t = k$ 则转 3);否则

　　换列: $a_{ik} \leftrightarrow a_{it}$ 　　 $(i = 1, 2, \cdots, n)$

3)继续循环.

例4 用高斯-若尔当列主元素法求 A^{-1}.

$$A = \begin{bmatrix} 1 & 2 & 3 \\ 2 & 4 & 5 \\ 3 & 5 & 6 \end{bmatrix}$$

　　解 由算法约定 k ——约化步数, i_k ——主行号, $IZ(n)$ ——记录主行号的一维数组.

过程中数组 A 的变化过程如下:

$k = 1, i_1 = 3, IZ(1) = 3$

$$A = \begin{bmatrix} 1 & 2 & 3 \\ 2 & 4 & 5 \\ \boxed{3} & 5 & 6 \end{bmatrix} \xrightarrow{r_1 \leftrightarrow r_3} \begin{bmatrix} 3 & 5 & 6 \\ 2 & 4 & 5 \\ 1 & 2 & 3 \end{bmatrix} \xrightarrow{\text{算主列}} \begin{bmatrix} 1/3 & 5 & 6 \\ -2/3 & 4 & 5 \\ -1/3 & 2 & 3 \end{bmatrix}$$

$$\xrightarrow{\text{约化非主行}} \begin{bmatrix} 1/3 & 5 & 6 \\ -2/3 & 2/3 & 1 \\ -1/3 & 1/3 & 1 \end{bmatrix} \xrightarrow{\text{算主行}} \begin{bmatrix} 1/3 & 5/3 & 2 \\ -2/3 & \boxed{2/3} & 1 \\ -1/3 & 1/3 & 1 \end{bmatrix}$$

$k = 2, i_2 = 2, IZ(2) = 2$

$$\xrightarrow{\text{算主列}} \begin{bmatrix} 1/3 & -5/2 & 2 \\ -2/3 & 3/2 & 1 \\ -1/3 & -1/2 & 1 \end{bmatrix} \xrightarrow{\text{约化非主行}} \begin{bmatrix} 2 & -5/2 & -1/2 \\ -2/3 & 3/2 & 1 \\ 0 & -1/2 & 1/2 \end{bmatrix}$$

$$\xrightarrow{\text{算主行}} \begin{bmatrix} 2 & -5/2 & -1/2 \\ -1 & 3/2 & 3/2 \\ 0 & -1/2 & \boxed{1/2} \end{bmatrix}$$

$k = 3, i_3 = 3, IZ(3) = 3$

$$\xrightarrow{\text{算主列}} \begin{bmatrix} 2 & -5/2 & 1 \\ -1 & 3/2 & -3 \\ 0 & -1/2 & 2 \end{bmatrix} \xrightarrow{\text{约化非主行}} \begin{bmatrix} 2 & -3 & 1 \\ -1 & 3 & -3 \\ 0 & -1/2 & 2 \end{bmatrix}$$

$$\xrightarrow{\text{算主行}} \begin{bmatrix} 2 & -3 & 1 \\ -1 & 3 & -3 \\ 0 & -1 & 2 \end{bmatrix} \xrightarrow{\text{换列 } C_1 \leftrightarrow C_3} \begin{bmatrix} 1 & -3 & 2 \\ -3 & 3 & -1 \\ 2 & -1 & 0 \end{bmatrix} = A^{-1}$$

§2.4 高斯消去法的矩阵描述

在本节内,我们将给出高斯消去法的矩阵描述,进而指出高斯消去法的本质.为导出高斯消去法的种种变形作好准备,为便于叙述起见,我们引进下列概念:

称向量 $t_j = (m_{1j}, m_{2j}, \cdots, m_{j-1,j}, 0, m_{j+1,j}, \cdots, m_{nj})^T$ 为高斯向量.显然,向量 $l_j = (0, 0, \cdots, 0, m_{j+1,j}, \cdots, m_{nj})^T$ 为其特殊情形.

称矩阵

$$T_j = I - t_j e_j{}^T = \begin{bmatrix} 1 & \cdots & & -m_{1j} & & \\ & \ddots & & \vdots & & \\ & & & 1 & & \\ & & & \vdots & \ddots & \\ & & & -m_{nj} & & 1 \end{bmatrix}, \text{其中 } e_j = (0, \cdots, 0, \overset{j列}{1}, 0, \cdots, 0)^T$$

为高斯矩阵,显然,矩阵

$$L_j = I - l_j e_j{}^T = \begin{bmatrix} 1 & \cdots & & 0 & & \\ & \ddots & & \vdots & & \\ & & & 1 & & \\ & & & -m_{j+1,j} & & \\ & & & \vdots & \ddots & \\ & & & -m_{nj} & & 1 \end{bmatrix}$$

为其特殊情形.记

$$E(m_i) = \begin{bmatrix} 1 & & & & & \\ & \ddots & & & & \\ & & 1 & & & \\ & & & m_i & & \\ & & & & \ddots & \\ & & & & & 1 \end{bmatrix}$$

$$I_{ij} = \begin{bmatrix} 1 & & & & & & & \\ & \ddots & & & & & & \\ & & 1 & & & & & \\ & & & 0 & \cdots & & 1 & \\ & & & & 1 & & & \\ & & & & & \ddots & & \\ & & & & & & 1 & \\ & & & 1 & \cdots & & 0 & \\ & & & & & & & \ddots \\ & & & & & & & & 1 \end{bmatrix} \begin{matrix} \\ \\ \\ j \\ \\ \\ \\ i \\ \\ \end{matrix} \qquad i \geqslant j$$

I_{ij}为单位阵交换i行和j行的排列阵.

有了上述诸记号的说明之后,现在我们来给出高斯消去法的矩阵描述.

2.4.1 顺序消去法

若记$m_{ik}=\dfrac{a_{ik}^{(k)}}{a_{kk}^{(k)}}$,$k=1,2,\cdots,n-1$,$i=k+1,\cdots,n$,$a_{kk}^{(k)}$、$a_{ik}^{(k)}$分别为第$k$-1步消元之后$A^{(k)}$的第$k$列上第$k$、第$i$个元素.

设$l_k=(0,\cdots,0,m_{k+1,k},\cdots,m_{nk})^{\mathrm{T}}$,则$L_k=I-l_ke_k^{\mathrm{T}}$即为第$k$步消元的初等变换矩阵.顺序消去法实质上是对原线性方程组$Ax=b$的两边同时左乘以高斯矩阵$L_k(k=1,2,\cdots,n-1)$.即

$$L_{n-1}L_{n-2}\cdots L_1Ax=L_{n-1}L_{n-2}\cdots L_1b$$

而将矩阵A约化为

$$L_{n-1}L_{n-2}\cdots L_1A=U$$

于是 $A=L_1^{-1}L_2^{-1}\cdots L_{n-1}^{-1}U$.注意到

$$L_k^{-1}=(I-l_ke_k^{\mathrm{T}})^{-1}=I+l_ke_k^{\mathrm{T}}$$

记$L=L_1^{-1}L_2^{-1}\cdots L_{n-1}^{-1}=\displaystyle\prod_{k=1}^{n-1}(I+l_ke_k^{\mathrm{T}})=I+\sum_{k=1}^{n-1}l_ke_k^{\mathrm{T}}$.则显然$L$为单位下三角阵.从而

$$A=LU$$

这便是所谓的矩阵A的三角分解或LU分解,其中L为单位下三角矩阵,而U为上三角阵.在讨论顺序高斯消去法时,我们曾经指出:只要A的顺序主子式$A_1,A_2,\cdots,A_{n-1}$不为零,则顺序高斯消去过程就可以进行到底.即可进行矩阵A的LU分解.其实我们可以证明:

定理 2.2 n阶矩阵A有唯一LU分解式的充分必要条件是其顺序主子式$A_1,A_2,\cdots,A_{n-1}$非零.(注意L为单位下三角形矩阵).

2.4.2 选主元消去法

由顺序高斯消去法的讨论可知:其能进行到底的条件是矩阵A的顺序主子式$A_1,A_2,\cdots,A_{n-1}$不为零.但对方程组(1.1)而言.只要A非奇异,则解就存在且唯一.但众所周知,A非奇异尚不足以保证其顺序主子式$A_i(i=1,2,\cdots,n-1)$非零.因而顺序消去法未必能进行到底.究其原因,这主要是不允许交换矩阵的行所致.正如在§2.2内所述,只要允许交换矩阵A的行,在A可逆的假定下高斯消去法是能够进行到底的.

为了深入剖析主元消去过程,现给出列主元消去过程的矩阵描述,而对全主元消去过程,则只给结论而略去有关讨论.

先看列主元消去的第一步. 此时先在第 1 列内选主元. 不妨设其位于 i_1 行 $(i_1 \geq 1)$. 交换 i_1 行与第 1 行. 然后仿顺序主元消去过程进行第一步消元. 有

$$L_1 I_{i_1 1} A^{(1)} = A^{(2)}$$

第二步对 $A^{(2)}$ 进行消元, 在第 2 列主对角线元 $a_{22}^{(2)}$ 以下选主元. 不妨设其位于第 i_2 行 $(i_2 \geq 2)$. 交换 i_2 行与第 2 行. 然后再行消去手续有

$$L_2 I_{i_2 2} A^{(2)} = A^{(3)}$$

一般地, 设这种消去过程进行到 $n-1$ 步, 则有

$$L_{n-1} I_{i_{n-1} n-1} A^{(n-1)} = U$$

其中 $i_{n-1} \geq n-1$

U 为一上三角阵, 由于矩阵 A 可逆, 故保证每次所选之列主元不为零. 从而

$$L_{n-1} I_{i_{n-1} n-1} L_{n-2} \cdots L_1 I_{i_1 1} A = U$$

注意到在上表达式内 L_{n-2} 的左侧乘有 $I_{i_{n-1} n-1}$, 现在在其右边也乘以 $I_{i_{n-1} n-1}$ 于是可以将其写为

$$\widetilde{L}_{n-2} = I_{i_{n-1} n-1} L_{n-2} I_{i_{n-1} n-1}$$

仿此

$$\widetilde{L}_{n-3} = I_{i_{n-1} n-1} I_{i_{n-2} n-2} L_{n-3} I_{i_{n-2} n-2} I_{i_{n-1} n-1}$$

一般地

$$\widetilde{L}_k = I_{i_{n-1} n-1} \cdots I_{i_{k+1} k+1} L_k I_{i_{k+1} k+1} \cdots I_{i_{n-1} n-1}, \quad k = n-2, n-3, \cdots, 1$$

于是

$$L_{n-1} \widetilde{L}_{n-2} \widetilde{L}_{n-3} \cdots \widetilde{L}_1 I_{i_{n-1} n-1} I_{i_{n-2} n-2} \cdots I_{i_1 1} A = U$$

记 $P = I_{i_{n-1} n-1} I_{i_{n-2} n-2} \cdots I_{i_1 1}$ 为一个排列阵, 则

$$L_{n-1} \widetilde{L}_{n-2} \widetilde{L}_{n-3} \cdots \widetilde{L}_1 P A = U$$

再注意

$$
\begin{aligned}
\widetilde{L}_k &= I_{i_{n-1} n-1} \cdots I_{i_{k+1} k+1} L_k I_{i_{k+1} k+1} I_{i_{n-1} n-1} \\
&= I_{i_{n-1} n-1} \cdots I_{i_{k+1} k+1} (I - l_k e_k^{\mathrm{T}}) I_{i_{k+1} k+1} \cdots I_{i_{n-1} n-1} \\
&= I - I_{i_{n-1} n-1} \cdots I_{i_{k+1} k+1} l_k e_k^{\mathrm{T}} \quad (k = n-2, n-3, \cdots, 1)
\end{aligned}
$$

记 $\tilde{l}_k = I_{i_{n-1} n-1} \cdots I_{i_{k+1} k+1} l_k$, 则 $\tilde{l}_k$ 的最初 k 个分量完全与 l_k 相同而其后 $n-k$ 个分量则是 l_k 的第 $k+1$ 至第 n 个分量的重排, 其重排方式由 $I_{i_{n-1} n-1} \cdots I_{i_{k+1} k+1}$ 来确定. 故 $\widetilde{L}_k$ 为单位下三角阵且对角线下元素的绝对值不超过 1.

$$\widetilde{L}_k^{-1} = (I - \tilde{l}_k e_k^{\mathrm{T}})^{-1} = I + \tilde{l}_k e_k^{\mathrm{T}}$$

于是

$$PA = \tilde{L}_1^{-1}\tilde{L}_2^{-1}\cdots\tilde{L}_{n-2}^{-1} \cdot L_{n-1}^{-1}U$$

$$= \prod_{k=1}^{n-2}(I + \tilde{l}_k e_k^{\mathrm{T}})(I + l_{n-1}e_{n-1}^{\mathrm{T}})U$$

$$= (I + \tilde{l}_1 e_1^{\mathrm{T}} + \cdots + \tilde{l}_{n-2}e_{n-2}^{\mathrm{T}} + l_{n-1}e_{n-1}^{\mathrm{T}})U$$

$$= LU$$

其中 $L = I + \tilde{l}_1 e_1^{\mathrm{T}} + \cdots + \tilde{l}_{n-2}e_{n-2}^{\mathrm{T}} + l_{n-1}e_{n-1}^{\mathrm{T}}$ 为单位下三角阵且对角线下元素的绝对值不大于 1.

由上述列主元消去法的矩阵描述可知,列主元消去过程实际上就是将 A 按各次主元次序排好(此由左乘 P 体现),然后再对 PA 进行顺序三角分解. 由此,我们有

定理 2.3 对非奇异阵 A,存在排列阵 P 及元素绝对值不大于 1 的单位下三角阵 L 和非奇异上三角阵 U,使

$$PA = LU$$

对以非奇异矩阵为系数矩阵的线性代数方程组还可进行所谓的全主元高斯消去过程,全主元高斯消去过程与上述讨论类似,其实质相当于对矩阵进行行和列的重排之后,进行顺序高斯消去. 对此我们有如下定理.

定理 2.4 对非奇异矩阵 A,存在排列矩阵 P 和 Q 以及元素绝对值不大于 1 的单位下三角阵 L 和非奇异上三角阵 U,使

$$PAQ = LU$$

2.4.3 高斯-若尔当消去法求逆过程的矩阵描述

在 §2.3 内我们介绍了用列主元高斯-若尔当消去法求逆矩阵,现给出其矩阵描述. 从这种描述中,我们将会看到用紧凑存储方式实现该方法时何以尚须交换所得矩阵的列.

仿照列主元高斯消去过程,每经过一次行交换后,都重新排列行号,即如 $I_{i_1}A^{(1)}$ 意味将第 i_1 行与第 1 行对调,对调后第 i_1 行即成为第一行,原来的第一行即成为第 i_1 行. 有了这个说明之后,我们使用下述高斯向量与高斯矩阵来描述高斯-若尔当消去法.

$$m_{ik} = \begin{cases} \dfrac{a_{ik}^{(i)}}{a_{kk}^{(k)}}, & i = 1, 2, \cdots, k-1 \\ 0, & i = k \\ \dfrac{a_{ik}^{(k)}}{a_{kk}^{(k)}}, & i = k+1, \cdots, n \end{cases}$$

$$t_k = (m_{1k}, m_{2k}, \cdots, m_{k-1,k}, m_{kk}, m_{k+1,k}, \cdots, m_{nk})^{\mathrm{T}}$$

$$T_k = I - t_k e_k^{\mathrm{T}}$$

$$E_k = \begin{bmatrix} 1 & & & & & & 0 \\ & \ddots & & & & & \\ & & 1 & & & & \\ & & & \dfrac{1}{a_{kk}^{(k)}} & & & \\ & & & & \ddots & & \\ 0 & & & & & & 1 \end{bmatrix} \quad \text{为一倍法矩阵.(即第 } k \text{ 个对角线元素为 } 1/a_{kk}^{(k)})$$

则高斯-若尔当列主元求逆过程相当于求矩阵方程

$$AX = I$$

的解, 此时高斯-若尔当消去过程可描述为

$$E_n T_n E_{n-1} T_{n-1} I_{i_{n-1}n-1} E_{n-2} T_{n-2} I_{i_{n-2}n-2} \cdots E_1 T_1 I_{i_1 1} AX$$

$$= E_n T_n E_{n-1} T_{n-1} I_{i_{n-1}n-1} E_{n-2} T_{n-2} I_{i_{n-2}n-2} \cdots E_1 T_1 I_{i_1 1}$$

仍采用列主元高斯消去过程使用过的技术. 定义 $\widetilde{T}_k$:

$$\widetilde{T}_k = I_{i_{n-1}n-1} \cdots I_{i_{k+1}k+1} E_k T_k I_{i_{k+1}k+1} \cdots I_{i_{n-1}n-1} \quad (k = 1, 2, \cdots, n-2)$$

由于

$$I_{ij} E_k = E_k I_{ij} \quad (j = k+1, k+2, \cdots, n-1; k = 1, 2, \cdots, n-2)$$

于是

$$\widetilde{T}_k = E_k I_{i_{n-1}n-1} \cdots I_{i_{k+1}k+1} T_k \cdot I_{i_{k+1}k+1} \cdots I_{i_{n-1}n-1}$$

$$= E_k I_{i_{n-1}n-1} \cdots I_{i_{k+1}k+1} (I - t_k e_k^{\mathrm{T}}) I_{i_{k+1}k+1} \cdots I_{i_{n-1}n-1}$$

$$= E_k (I - I_{i_{n-1}n-1} \cdots I_{i_{k+1}k+1} t_k e_k^{\mathrm{T}})$$

记 $\tilde{t}_k = I_{i_{n-1}n-1} \cdots I_{i_{k+1}k+1} t_k$, $\tilde{t}_k$ 最初 k 个分量与 t_k 完全相同. 而第 $k+1$ 到第 n 个分量则为 t_k 的相应分量的重新排列. 于是高斯-若尔当列主元消去过程又可以写成

$$E_n T_n E_{n-1} T_{n-1} \widetilde{T}_{n-2} \cdots \widetilde{T}_1 PAX = E_n T_n E_{n-1} T_{n-1} I_{i_{n-1}n-1} E_{n-2} T_{n-2} \cdots E_1 T_1 I_{i_1 1}$$

其中 $P = I_{i_{n-1}n-1} I_{i_{n-2}n-2} \cdots I_{i_1 1}$.

高斯-若尔当列主元消去过程求逆, 实际上是将 A 矩阵逐次约化, 最终约化为单位矩阵, 而

$$E_n T_n E_{n-1} T_{n-1} \widetilde{T}_{n-2} \cdots \widetilde{T}_1 P = E_n T_n E_{n-1} T_{n-1} I_{i_{n-1}n-1} \cdots E_1 T_1 I_{i_1 1}$$

为矩阵 A 的逆矩阵. 现在为了得到 A^{-1}, 我们可以有两种办法, 一是再另开辟一个 $n \times n$ 数组, 开始时存储单位矩阵 I, 以后逐次对其执行高斯-若尔当消

去过程所需消去矩阵的相乘运算. 消去过程完毕即得 $E_n T_n E_{n-1} T_{n-1} I_{i_{n-1}n-1}$ $\cdots E_1 T_1 I_{i_1 1}$. 另一个则不必另开辟数组但需先将矩阵 A 按消元过程中列主元的次序排好. 即先由 A 生成 PA, 然后按照自然顺序, 即先将 A 的第一列约化为 e_1, 这通过 $\tilde{T}_1$ 即可实现. 但 A 的第一列约化为 e_1 后无需再存储, 于是将 $\tilde{T}_1$ 的第一列存于 A 的第一列内, 而 $\tilde{T}_1$ 的其余诸列与单位矩阵的其余列完全相同, 一般地, 若第 $k-1$ 步已执行完, 则可对存于 A 内的各列执行左乘 $\tilde{T}_k$ 运算. 在执行过程中将 $\tilde{T}_k$ 的第 k 列存于 A 的第 k 列, 如法炮制, 最终则将 PA 约化为单位矩阵, 且约化过程中将约化矩阵的积存于存储 A 的数组内, 于是有: 存于 A 的矩阵为

$$E_n T_n E_{n-1} T_{n-1} \tilde{T}_{n-2} \cdots \tilde{T}_1 = (PA)^{-1} = A^{-1} P^{-1}$$

故

$$A^{-1} = E_n T_n E_{n-1} T_{n-1} \tilde{T}_{n-2} \cdots \tilde{T}_1 P$$

若记 $E_n T_n E_{n-1} T_{n-1} \tilde{T}_{n-2} \cdots \tilde{T}_1 = B$, 则 B 已存在存储 A 的数组内, 且

$$A^{-1} = BP = BI_{i_{n-1}n-1} I_{i_{n-2}n-2} \cdots I_{i_1 1}$$

注意消元过程每一步都要重新编行号. 这就是为什么在 §2.3 内在进行完高斯-若尔当消去过程之后, 求逆矩阵还须换列, 且换列过程由 $n-1, n-2, \cdots$ 直到第 1 列上的原因.

§2.5 直接三角分解法

2.5.1 *LU* 分解法

由前节可知, 若 A 的顺序主子式皆不为零, 则 A 可以分解为一个单位下三角矩阵 L 与一非奇异上三角矩阵 U 的乘积: $A = LU$. 因此, 求解线性代数方程组 $Ax = b$ 就可转化为求解

$$LUx = b$$

若令 $Ux = y$, 则 $Ly = b$. 于是, 求解 $Ax = b$ 等价于求解 $Ly = b$, $Ux = y$ 的问题, 而求解 $Ly = b$ 和 $Ux = y$ 相当容易. 关键是如何确定矩阵 L 和 U. 在 §2.2 我们已经用高斯消去法构造性地给出了 L 和 U, 现在我们直接给出 L 和 U 的计算公式, 并由此给出解线性方程组的直接三角分解法.

设 $A = LU$, 其中

$$L = \begin{bmatrix} 1 & & & & \\ l_{21} & 1 & & & \\ l_{31} & l_{32} & 1 & & \\ \vdots & \vdots & & \ddots & \\ l_{n1} & l_{n2} & \cdots & l_{n,n-1} & 1 \end{bmatrix}, \qquad U = \begin{bmatrix} u_{11} & u_{12} & \cdots & u_{1n} \\ & u_{22} & \cdots & u_{2n} \\ & & \ddots & \vdots \\ & & & u_{nn} \end{bmatrix}$$

由矩阵乘法有

$$a_{1j} = u_{1j}, \qquad j = 1, 2, \cdots, n$$
$$a_{i1} = l_{i1}u_{11}, \qquad i = 2, \cdots, n$$

从而推出

$$u_{1j} = a_{1j}, \qquad j = 1, 2, \cdots, n \tag{5.1}$$
$$l_{i1} = a_{i1}/u_{11}, \qquad i = 2, \cdots, n \tag{5.2}$$

这样就求出了 U 的第一行和 L 的第一列元素(L 的对角线元为 1).

设已经求出 U 的第一行到第 $r-1$ 行元素与 L 的第一列到第 $r-1$ 列元素,利用矩阵乘法有

$$a_{ri} = \sum_{k=1}^{n} l_{rk}u_{ki} = \sum_{k=1}^{r-1} l_{rk}u_{ki} + u_{ri} \quad (\text{当 } r < k \text{ 时}, l_{rk} = 0)$$

故推出

$$u_{ri} = a_{ri} - \sum_{k=1}^{r-1} l_{rk}u_{ki} \quad (i = r, r+1, \cdots, n) \tag{5.3}$$

同样有

$$a_{ir} = \sum_{k=1}^{n} l_{ik}u_{kr} = \sum_{k=1}^{r-1} l_{ik}u_{kr} + l_{ir}u_{rr}$$

推得

$$l_{ir} = \left(a_{ir} - \sum_{k=1}^{r-1} l_{ik}u_{kr}\right)/u_{rr} \quad (i = r+1, \cdots, n, \text{且 } r \neq n) \tag{5.4}$$

至此,我们直接给出了矩阵 A 的 LU 分解式,其中 L 为单位下三角阵, U 为非奇异上三角阵,这种分解又称为 Doolittle 分解,用其求解方程组 $Ax = b$,具体算法如下:

步1 $u_{1i} = a_{1i} \quad (i = 1, 2, \cdots, n)$

$l_{i1} = a_{i1}/u_{11} \quad (i = 1, 2, 3, \cdots, n)$

步2 计算 U 的第 r 行, L 的第 r 列元素

对 $r = 2, 3, \cdots, n$

$$u_{ri} = a_{ri} - \sum_{k=1}^{r-1} l_{rk}u_{ki} \quad (i = r, r+1, \cdots, n)$$

$$l_{ir} = \left(a_{ir} - \sum_{k=1}^{r-1} l_{ik}u_{kr}\right)/u_{rr} \quad (i = r+1, \cdots, n, \text{且 } r \neq n)$$

步3 求解 $Ly = b$, $Ux = y$

$$(1) \quad \begin{cases} y_1 = b_1 \\ y_i = b_i - \sum_{k=1}^{i-1} l_{ik}y_k \quad (i = 2, 3, \cdots, n) \end{cases}$$

$$(2) \quad \begin{cases} x_n = y_n / u_{nn} \\ x_i = \left(y_i - \sum_{k=i+1}^{n} u_{ik} x_k \right) / u_{ii} \quad (i = n-1, n-2, \cdots, 1) \end{cases}$$

Doolittle 分解法大约需要 $\dfrac{n^3}{3}$ 次乘除法,和高斯消去法计算量基本相同. 但用这种直接分解法解具有相同系数而右端向量 b 不同的方程组 $Ax = B = (b_1, b_2, \cdots, b_m)$ 则是相当方便的. 每解一个方程组 $Ax = b_j$ 仅需要增加 n^2 次乘除运算. 而且用它很容易计算 A 矩阵行列式的值, 即只要将 U 阵的对角元相乘就可得到 A 的行列式值.

例5 用 Doolittle 分解法解方程组

$$\begin{bmatrix} 1 & 2 & 3 \\ 2 & 5 & 2 \\ 3 & 1 & 5 \end{bmatrix} \begin{bmatrix} x_1 \\ x_2 \\ x_3 \end{bmatrix} = \begin{bmatrix} 14 \\ 18 \\ 20 \end{bmatrix}$$

解 用分解公式(5.1)~(5.4)计算得

$$A = \begin{bmatrix} 1 & 0 & 0 \\ 2 & 1 & 0 \\ 3 & -5 & 1 \end{bmatrix} \begin{bmatrix} 1 & 2 & 3 \\ 0 & 1 & -4 \\ 0 & 0 & -24 \end{bmatrix} = LU$$

求解 $Ly = (14, 18, 20)^{\mathrm{T}}$ 得 $y = (14, -10, -72)^{\mathrm{T}}$; $Ux = (14, -10, -72)^{\mathrm{T}}$ 得 $x = (1, 2, 3)^{\mathrm{T}}$.

在 A 的顺序主子式皆不为零的假设下, 对矩阵 A 也可以进行另一种三角分解. 即 L 为非奇异下三角阵, 而 U 为单位上三角阵, 称这种分解 $A = LU$ 为 Crout 分解, 显然 Crout 分解法与 Doolittle 分解并没有本质上的区别. 关于如何对矩阵 A 进行 Crout 分解及用 Crout 分解求解线性代数方程组, 我们留给读者去完成.

2.5.2 平方根法

在许多应用中, 欲求解的线性方程组的系数矩阵 A 是对称正定的. 所谓平方根法, 就是利用对称正定矩阵的三角分解而得到的求解具有对称正定矩阵的方程组的一种有效方法. 为此, 我们先来证明如下定理:

定理 2.5 若 A 的各阶顺序主子式非零, 则 A 可以分解为 $A = LDU$, 其中 L 是单位下三角阵, U 是单位上三角阵, D 是对角阵, 且这种分解是唯一的.

证明 由条件, 有

$$A = L\widetilde{U}$$

由假设知 $\widetilde{U}$ 的对角元

$$\tilde{u}_{ii} \neq 0, i = 1, 2, \cdots, n$$

取 $d_i = \tilde{u}_{ii}, i = 1, 2, \cdots, n$，记

$$D = \mathrm{diag}(d_1, d_2, \cdots, d_n)$$

$$u_{kj} = \frac{\tilde{u}_{kj}}{d_k}, \qquad k = 1, 2, \cdots, n; j = k, k+1, \cdots, n$$

$$U = (u_{ij})_{n \times n}$$

则

$$\tilde{U} = DU$$

于是　$A = L\tilde{U} = LDU$，其中 L、D、U 均符合定理要求，显然这种分解是唯一的.

定理 2.6　设 A 为对称正定矩阵，则存在三角分解 $A = LL^\mathrm{T}$，其中 L 是非奇异下三角形矩阵，且当限定 L 的对角线元素为正时，这种分解是唯一的.

证明　因 A 对称正定，所以 A 的各阶顺序主子式均为正，由定理 2.5 有

$$A = \tilde{L}DU$$

则

$$A^\mathrm{T} = U^\mathrm{T}D\tilde{L}^\mathrm{T} = A = \tilde{L}DU$$

由 A 的分解的唯一性知

$$U^\mathrm{T} = \tilde{L}, U = \tilde{L}^\mathrm{T}$$

所以

$$A = \tilde{L}D\tilde{L}^\mathrm{T}$$

此即所谓正定对称矩阵 A 的 LDL^T 分解.

由于 $\tilde{L}$ 是单位下三角形矩阵，所以 $|\tilde{L}| = 1$. 故对 $\forall y \neq 0, \exists x \neq 0$，使

$$y = \tilde{L}^\mathrm{T}x$$

则

$$y^\mathrm{T}Dy = x^\mathrm{T}\tilde{L}D\tilde{L}^\mathrm{T}x = x^\mathrm{T}Ax > 0$$

故知 D 为对称正定矩阵. 又因 D 为对角阵，所以 $d_i > 0$.

记

$$D^{\frac{1}{2}} = \mathrm{diag}(\sqrt{d_1}, \sqrt{d_2}, \cdots, \sqrt{d_n})$$

则

$$A = \tilde{L}D\tilde{L}^\mathrm{T} = (\tilde{L}D^{\frac{1}{2}})(D^{\frac{1}{2}}\tilde{L}^\mathrm{T}) = LL^\mathrm{T}$$

此处 L 为非奇异下三角形矩阵. 从证明过程易知，若限定 L 的主对角元均为正时，这种分解是唯一的.

称对称正定矩阵 $A = LL^\mathrm{T}$ 为楚列斯基(Cholesky)分解.

现将对称正定矩阵的楚列斯基分解用于解具有对称正定系数矩阵的线性

代数方程组 $Ax = b$. 此即所谓的平方根法, 具体算法如下:

由矩阵乘法及 $l_{jk} = 0$(当 $j < k$ 时)容易推出 L 的元素 l_{ij} 的计算形式:

1. 对 $j = 1, 2, \cdots, n$, 计算

$$l_{jj} = \left(a_{jj} - \sum_{k=1}^{j-1} l_{jk}^2\right)^{\frac{1}{2}} \tag{5.5}$$

$$l_{ij} = \frac{a_{ij} - \sum_{k=1}^{j-1} l_{ik}l_{jk}}{l_{jj}}, \qquad i = j+1, \cdots, n \tag{5.6}$$

2. 求解方程组 $Ax = b$ 等价于求解

$$\begin{cases} Ly = b \\ L^{\mathrm{T}}x = y \end{cases}$$

计算

$$y_i = \frac{b_i - \sum_{k=1}^{i-1} l_{ik}y_k}{l_{ii}}, \qquad i = 1, 2, \cdots, n \tag{5.7}$$

$$x_i = \frac{y_i - \sum_{k=i+1}^{n} l_{ki}x_k}{l_{ii}}, \qquad i = n, n-1, \cdots, 2, 1 \tag{5.8}$$

上述就是解对称正定方程组 $Ax = b$ 的平方根法. 它的运算量(以乘除法计)是 $\frac{n^3}{6}$ 左右, 是高斯消去法的一半.

平方根法毋须考虑选主元, 这是它的优点. 但它的缺点是要计算 n 次开平方, 为避免开平方运算, 现介绍**平方根法的改进形式**, 与平方根法相比, 它的乘除法运算是显然略有增加, 但它避免了开平方运算. 平方根法基于对称正定矩阵 A 的 LL^{T} 分解, 改进的平方根法则基于对称正定矩阵的 LDL^{T} 分解, 其中 L 是单位下三角阵, D 为对角线元为正的对角矩阵. 具体分析如下:

由 $A = LDL^{\mathrm{T}}$ 确定矩阵 L 和 D.

由矩阵乘法, 并注意到 $l_{jj} = 1, l_{jk} = 0(j < k)$, 得

$$a_{ij} = \sum_{k=1}^{n} (LD)_{ik}(L^{\mathrm{T}})_{kj} = \sum_{k=1}^{n} l_{ik}d_k l_{jk} = \sum_{k=1}^{j-1} l_{ik}d_k l_{jk} + l_{ij}d_j l_{jj}$$

按行计算 L 的元素 l_{ij} 及 D 的对角元 d_i:

对于 $i = 1, 2, \cdots, n$, 计算

$$l_{ij} = \frac{a_{ij} - \sum_{k=1}^{j-1} l_{ik}d_k l_{jk}}{d_j}, \quad j = 1, 2, \cdots, i-1 \tag{5.9}$$

$$d_i = a_{ii} - \sum_{k=1}^{i-1} l_{ik}^2 d_k \qquad (5.10)$$

为减少乘除法运算次数,我们将(5.9)式改写成

对于 $i = 1, 2, \cdots, n$

$$l_{ij}d_j = a_{ij} - \sum_{k=1}^{j-1} l_{ik}d_k l_{jk}, \qquad j = 1, \cdots, i-1 \qquad (5.11)$$

令 $t_{ij} = l_{ij}d_j$,则(5.11),(5.10)可分别写成

$$t_{ij} = a_{ij} - \sum_{k=1}^{j-1} t_{ik}l_{jk}, \quad j = 1, \cdots, i-1$$

$$d_i = a_{ii} - \sum_{k=1}^{i-1} t_{ik}l_{ik}$$

由此得到解对称正定方程组 $Ax = b$ 的改进平方根法:

步1 $d_1 = a_{11}$

步2 对 $i = 2, \cdots, n$ 计算

$$t_{ij} = a_{ij} - \sum_{k=1}^{j-1} t_{ik}l_{jk} \qquad (j = 1, \cdots, i-1)$$

$$a_k = \frac{t_{ik}}{d_k} \qquad (k = 1, 2, \cdots, i-1)$$

$$d_i = a_{ii} - \sum_{k=1}^{i-1} t_{ik}a_k$$

$$t_{ik} = a_k \quad (k = 1, 2, \cdots, i-1)$$

步3 $y_i = b_i - \sum_{k=1}^{i-1} l_{ik}y_k \qquad (i = 1, 2, \cdots, n)$

步4 $x_i = \dfrac{y_i}{d_i} - \sum_{k=i+1}^{n} l_{ki}x_k \qquad (i = n, n-1, \cdots, 1)$

在编写具体程序时,可设定 a_k 为一变量,将先后计算出的 t_{ij}、$l_{ij}(j = 1, 2, \cdots, i-1)$ 及 d_i 均存于 A 的相应位置. 由于 A 对称,故可只存下三角部分,例如

$$A = \begin{bmatrix} a_{11} & & & \\ a_{21} & a_{22} & & \\ \vdots & & \ddots & \\ a_{n1} & & & a_{nn} \end{bmatrix} \rightarrow \begin{bmatrix} d_1 & & & & \\ l_{21} & d_2 & & & \\ l_{31} & l_{32} & d_3 & & \\ \vdots & \vdots & & \ddots & \\ t_{n1} & t_{n2} & \cdots & t_{n,n-1} & a_{nn} \end{bmatrix} \rightarrow \begin{bmatrix} d_1 & & & & \\ l_{21} & d_2 & & & \\ l_{31} & l_{32} & d_3 & & \\ \vdots & \vdots & & \ddots & \\ l_{n1} & l_{n2} & \cdots & l_{n,n-1} & d_n \end{bmatrix}$$

也可用一维数组存储,此时 A 的元素 a_{ij} 与一维数组元素 $A\left[\dfrac{i(i-1)}{2} + j\right]$ 对应.

改进的平方根法,乘除法的计算量略大于 $\dfrac{n^3}{6}$,但回避了开方计算.平方根法和改进的平方根法都是求解具有对称正定系数矩阵的线性代数方程组数值稳定的计算方法,在实际中已得到广泛应用.

2.5.3 带状矩阵的消元技术

一、带状矩阵

若矩阵的非零元素有规律的分布在对角线元素两侧,例如,对角线下侧的 m_1 条次对角线有非零元素,而对角线上侧,仅有 m_2 条次对角线有非零元素,矩阵其它次对角线上元素均为零元素,这样的矩阵,我们称之为带宽为 $m_1 + m_2 + 1$ 的带状矩阵,其下带宽为 $m_1 + 1$,上带宽为 $m_2 + 1$.连续问题经离散化后得到的线性方程组,其系数矩阵往往是带状的.

可以证明,若带状矩阵的各阶主子式不为零,带宽为 $m_1 + m_2 + 1$ 的矩阵 A 可分解为带宽分别为 $m_1 + 1$ 及 $m_2 + 1$ 的下三角形矩阵 L 与上三角形矩阵 U 的乘积.带状矩阵 A 的 LDU 分解中的三角因子亦仍保持带状.

三对角线矩阵是最简单然而又是实际问题中经常遇到的带状矩阵,例如在第五章样条插值函数中我们就需要系数矩阵为三对角矩阵的线性方程组.

这里我们主要讨论具有对角占优的三对角矩阵的方程组的解法.

所谓对角占优的三对角矩阵是指:

若矩阵 $A = (a_{ij})_{n \times n}$.当 $|i-j| > 1$ 时,$a_{ij} = 0$.且满足如下的对角占优条件:

(1) $|a_{11}| > |a_{12}| > 0$;

(2) $|a_{ii}| \geqslant |a_{i,i-1}| + |a_{i,i+1}|$.
且 $a_{i,i-1}a_{i,i+1} \neq 0$, $i = 2, 3, \cdots, n-1$

(3) $|a_{nn}| > |a_{n,n-1}| > 0$.

可以证明:对角占优的三对角矩阵的各阶顺序主子式皆不为零.

设 A 为三对角占优矩阵,根据前述有关带状矩阵分解的结论,可对 A 作 Crout 分解,即

$$A = \begin{bmatrix} b_1 & c_1 & & & \\ a_2 & b_2 & c_2 & & \\ & \ddots & \ddots & \ddots & \\ & & a_{n-1} & b_{n-1} & c_{n-1} \\ & & & a_n & b_n \end{bmatrix} = \begin{bmatrix} \alpha_1 & & & \\ \gamma_2 & \alpha_2 & & \\ & \ddots & \ddots & \\ & & \gamma_n & \alpha_n \end{bmatrix} \begin{bmatrix} 1 & \beta_1 & & & \\ & 1 & \beta_2 & & \\ & & \ddots & \ddots & \\ & & & & \beta_{n-1} \\ & & & & 1 \end{bmatrix}$$

其中 α_i、β_i、γ_i 待定.由矩阵乘法,比较之得

$$b_1 = \alpha_1, c_1 = \alpha_1\beta_1$$

$$a_i = \gamma_i, b_i = \gamma_i\beta_{i-1} + \alpha_i, \quad i = 2, 3, \cdots, n$$

$$c_i = \alpha_i\beta_i, \quad i = 2, 3, \cdots, n-1$$

解之得

$$\gamma_i = a_i, \quad i = 2, 3, \cdots, n$$

$$\alpha_1 = b_1, \beta_1 = \frac{c_1}{\alpha_1}$$

$$\alpha_i = b_i - a_i\beta_{i-1}, \quad i = 2, 3, \cdots, n$$

$$\beta_i = \frac{c_i}{\alpha_i}, \quad i = 2, 3, \cdots, n-1$$

二、追赶法

设 A 为三对角占优阵,且已做 Crout 分解为 $A = LU$. 于是 $Ax = f$ 可改写为 $LUx = f$,等价于如下两方程组:

$$\begin{cases} Ly = f \\ Ux = y \end{cases}$$

由此给出解三对角线方程组的追赶法公式:

步1　计算 α_i, β_i

$$\begin{cases} \alpha_1 = b_1, \beta_1 = \dfrac{c_1}{b_1} \\ \alpha_i = b_i - a_i\beta_{i-1}, \quad i = 2, 3, \cdots, n \\ \beta_i = \dfrac{c_i}{\alpha_i}, \qquad\quad i = 2, 3, \cdots, n-1 \end{cases}$$

步2　解　$Ly = f$

$$\begin{cases} y_1 = \dfrac{f_1}{b_1} \\ y_i = \dfrac{f_i - a_iy_{i-1}}{\alpha_i}, \quad i = 2, 3, \cdots, n \end{cases}$$

步3　解　$Ux = y$

$$\begin{cases} x_n = y_n \\ x_i = y_i - \beta_ix_{i+1}, \quad i = n-1, n-2, \cdots, 2, 1 \end{cases}$$

我们将计算 $\beta_1 \to \beta_2 \to \cdots \to \beta_{n-1}$ 及 $y_1 \to y_2 \to \cdots \to y_n$ 过程称为追过程;将计算方程组解 $x_n \to x_{n-1} \to \cdots \to x_1$ 的过程称为赶过程.

追赶法公式实际上就是把高斯消去法用到求解三对角线方程组上去的结

果.这时由于 A 的特殊形式,因此使得求解的计算公式非常简单,计算量仅为 $5n-4$ 次乘除法.追赶法也是数值稳定的.

在实际计算中,$Ax=f$ 的阶数往往很高,应注意存储技术.已知数据 $\{a_i\}$,$\{b_i\}$,$\{c_i\}$,$\{f_i\}$ 可各占一个一维数组,而 $\{\alpha_i\}$,$\{\beta_i\}$ 可占用 $\{b_i\}$,$\{c_i\}$ 的位置,$\{y_i\}$,$\{x_i\}$ 则可放在 $\{f_i\}$ 的位置.整个运算可在 4 个一维数组中进行.

§2.6 向量和矩阵范数

为了度量线性方程组近似解的准确程度及研究迭代法的收敛性,我们需要对 R^n(或 C^n)中向量及 $R^{n\times n}$(或 $C^{n\times n}$)中矩阵的"大小"引进某种度量,即向量和矩阵的范数.

2.6.1 向量范数

一、向量范数的概念

定义2.1 对任何 $x,y\in R^n$(或 C^n),如果定义于 R^n(或 C^n)中的某实值函数 $N(x)=\|x\|$,满足条件

(1)非负性:$\|x\|\geqslant 0$,当且仅当 $x=0$ 时,$\|x\|=0$,

(2)正齐次性:$\|kx\|=|k|\|x\|$,$k\in R$(或 C),

(3)三角不等式:$\|x+y\|\leqslant\|x\|+\|y\|$,

则称 $N(x)$ 为 R^n(或 C^n)上的一个向量范数.

容易看出,实数的绝对值,复数的模,三维向量的长度等都满足以上三个条件.其实,n 维向量的范数概念是它们的自然推广.我们可以定义各种具体的范数,只要它满足范数的上述三个条件.

常用的向量范数有三种:

设 $x\in R^n$,$x=(x_1,x_2,\cdots,x_n)^{\mathrm{T}}$

$$\|x\|_1=\sum_{i=1}^n|x_i|$$

$$\|x\|_2=\Big(\sum_{i=1}^n x_i{}^2\Big)^{\frac{1}{2}}\quad(\text{当 } x\in C^n \text{ 时},\ \|x\|_2=\Big(\sum_{i=1}^n|x_i|^2\Big)^{\frac{1}{2}})$$

$$\|x\|_\infty=\max_{1\leqslant i\leqslant n}|x_i|$$

容易验证,它们都满足范数的三个条件.其实,以上三种范数都是更一般的赫尔德(Hölder)范数(或所谓 p-范数)的特例:

$$\|x\|_p = \Big(\sum_{i=1}^n |x_i|^p\Big)^{1/p}$$

二、向量范数的性质

在讨论向量范数的连续性和等价性之前先给出向量序列收敛的定义.

定义 2.2 设 $\{x^{(k)}\}$ 为 R^n(或 C^n)中一向量序列,$x^* \in R^n$(或 C^n),记 $x^{(k)} = (x_1^{(k)}, x_2^{(k)}, \cdots, x_n^{(k)})^\mathrm{T}$, $x^* = (x_1^*, \cdots, x_n^*)^\mathrm{T}$. 如果 $\lim\limits_{k \to \infty} x_i^{(k)} = x_i^*$ ($i = 1, 2, \cdots, n$),则称 $\{x^{(k)}\}$ 收敛于向量 x^*,记作 $\lim\limits_{k \to \infty} x^{(k)} = x^*$.

定理 2.7 设非负函数 $N(x) = \|x\|$ 为 R^n(或 C^n)上的任一向量范数,$\{e_1, e_2, \cdots, e_n\}$ 是 R^n(或 C^n)上的任意一组基,则 $N(x)$ 是 x 在此基底下的坐标 $x_1, x_2, \cdots, x_n$ 的连续函数.

证明 设 $x = \sum\limits_{i=1}^n x_i e_i, y = \sum\limits_{i=1}^n y_i e_i$,只须证明当 $x \to y$ 时 $N(x) \to N(y)$ 即可.事实上,

$$\big| N(x) - N(y) \big| = \big| \|x\| - \|y\| \big|$$

又由向量范数定义中的条件(3)可推知 $\big| \|x\| - \|y\| \big| \leqslant \|x - y\|$. 所以

$$\big| N(x) - N(y) \big| \leqslant \|x - y\| = \Big\| \sum_{i=1}^n (x_i - y_i) e_i \Big\|$$

$$\leqslant \sum_{i=1}^n |x_i - y_i| \|e_i\|$$

$$\leqslant \max_{1 \leqslant i \leqslant n} |x_i - y_i| \sum_{i=1}^n \|e_i\|$$

即

$$\big| N(x) - N(y) \big| \leqslant k \cdot \max_{1 \leqslant i \leqslant n} |x_i - y_i| \to 0 (当 x \to y 时)$$

其中

$$k = \sum_{i=1}^n \|e_i\|$$

定理2.8(向量范数的等价性) 设 $\|x\|_s$、$\|x\|_t$ 为 R^n(或 C^n)上向量的任意两种范数,则存在常数 $C_1, C_2 > 0$,使得

$$C_1 \|x\|_s \leqslant \|x\|_t \leqslant C_2 \|x\|_s, \forall x \in R^n(或 C^n) \tag{6.1}$$

证明 注意到不等式(6.1)等价于存在正常数 $C_3, C_4 \in R$,使得

$$C_3 \|x\|_t \leqslant \|x\|_s \leqslant C_4 \|x\|_t, \forall x \in R^n(或 C^n)$$

因此只要证明对任意一种范数和某一种选定的范数,不等式(6.1)成立即可.

现在,我们证明任意一种范数 $\|x\|_t$ 和 $\|x\|_\infty$ 满足不等式(6.1).为此,

让我们先来证明：$\forall x \in R^n$（或 C^n），且 $x \neq \theta$，存在常数 $C_1, C_2 > 0$，使

$$C_1 \leqslant \frac{\| x \|_t}{\| x \|_\infty} \leqslant C_2$$

考虑非负实值函数

$$f(x) = \| x \|_t \geqslant 0, x \in R^n（或 C^n）$$

记 $S = \{ x \mid \| x \|_\infty = 1, x \in R^n（或 C^n）\}$，则 S 是一个有界闭集，由定理 2.7 可知 $f(x)$ 为 S 上的连续函数，所以 $f(x)$ 必在 S 上达到最小、最大值，分别记为 C_1, C_2. 即 $\exists x', x'' \in S$，使 $f(x') = C_1, f(x'') = C_2$，由 S 的定义知 $\theta \overline{\in} S$，从而 $C_1, C_2 > 0$. 由于 $x \neq \theta$，则 $\frac{x}{\| x \|_\infty} \in S$，从而有

$$C_1 \leqslant f\left(\frac{x}{\| x \|_\infty} \right) \leqslant C_2$$

即

$$C_1 \leqslant \left\| \frac{x}{\| x \|_\infty} \right\|_t \leqslant C_2$$

由此即可推出：若 $x \neq \theta$，则 $C_1 \| x \|_\infty \leqslant \| x \|_t \leqslant C_2 \| x \|_\infty$，当 $x = \theta$ 时，上式显然成立. 于是，我们证明了

$$C_1 \| x \|_\infty \leqslant \| x \|_t \leqslant C_2 \| x \|_\infty, \forall x \in R^n（或 C^n）$$

若存在范数 $\| \cdot \|$，使向量序列 $\{x^{(k)}\}$ 与向量 x^* 之间满足 $\| x^{(k)} - x^* \| \to 0(k \to \infty)$，则称向量序列 $x^{(k)}$ 在此范数意义下收敛于 x^*，或称 $x^{(k)}$ 依此范数收敛于 x^*.

由定理 2.8 可得结论，在有限维空间 R^n（或 C^n）内，如果在某种范数意义下向量序列 $x^{(k)}$ 收敛于 x^*，则在任何一种范数意义下该向量序列 $x^{(k)}$ 也收敛于 x^*. 这便是有限维空间内向量范数等价性的意义所在.

在定义 2.2 内我们曾给出了向量序列收敛的定义，上面我们又给出了向量序列依范数收敛的定义，这两个定义之间有什么关系呢？

定理 2.9 设 $\{x^{(k)}\}$ 为 R^n（或 C^n）中的一向量序列，$x^* \in R^n$（或 C^n），则 $\lim\limits_{k \to \infty} x^{(k)} = x^* \Leftrightarrow \| x^{(k)} - x^* \| \to 0(k \to \infty)$. 其中 $\| \cdot \|$ 为向量的任何一种范数.

证明 由向量范数的等价性，我们只须证

$$\lim_{k \to \infty} x^{(k)} = x^* \Leftrightarrow \| x^{(k)} - x^* \|_\infty \to 0(k \to \infty)$$

根据定理 2.8，存在常数 $C_1, C_2 > 0$，使

$$C_1 \| x^{(k)} - x^* \|_\infty \leqslant \| x^{(k)} - x^* \| \leqslant C_2 \| x^{(k)} - x^* \|_\infty$$

于是有

$$\| x^{(k)} - x^* \|_\infty \to 0 \Leftrightarrow \| x^{(k)} - x^* \| \to 0(k \to \infty)$$

而由向量序列收敛定义易证
$$\lim_{k \to \infty} x^{(k)} = x^* \Leftrightarrow \| x^{(k)} - x^* \|_\infty \to 0 (k \to \infty)$$
定理证毕.

由此定理可知,若想证明向量序列的收敛性,我们只要选择一种便于利用的向量范数,证明该向量序列依此范数收敛即可.

2.6.2　矩阵范数

一、矩阵范数的概念

定义2.3　对任何 $A, B \in R^{n \times n}$(或 $C^{n \times n}$),如果定义于 $R^{n \times n}$(或 $C^{n \times n}$)中的某实值函数 $N(A) = \| A \|$,满足条件

(1)非负性:$\| A \| \geqslant 0$,当且仅当 A 是零矩阵时,$\| A \| = 0$,

(2)正齐次性:$\| kA \| = | k | \| A \|$,$k \in R$(或 $k \in C$),

(3)三角不等式:$\| A + B \| \leqslant \| A \| + \| B \|$,

(4)相容性:$\| AB \| \leqslant \| A \| \| B \|$,

则称 $N(A)$ 是 $R^{n \times n}$(或 $C^{n \times n}$)上的一个矩阵范数.

可以验证　$F(A) = \| A \|_F = (\sum_{i,j=1}^{n} a_{ij}^2)^{\frac{1}{2}}$ 是 $R^{n \times n}$ 上的一个矩阵范数.称此范数为 A 的弗罗贝尼乌斯(Frobenius)范数.

在分析线性方程组数值解误差及迭代法的收敛性时,矩阵和向量须同时参与讨论.因此希望引进一种矩阵范数,它不仅与向量范数相联系而且和向量范数有所谓的相容性关系:对 $\forall x \in R^n$(或 C^n),$\forall A \in R^{n \times n}$(或 $C^{n \times n}$)都有
$$\| Ax \| \leqslant \| A \| \| x \| \tag{6.2}$$
为此我们引进一种从属于某种向量范数的矩阵范数.

定义 2.4(矩阵的算子范数亦称矩阵诱导范数或从属范数)　设 $x \in R^n$(或 C^n),$A \in R^{n \times n}$(或 $C^{n \times n}$),给定某种向量范数 $\| x \|$,相应地定义一个矩阵的非负函数
$$\| A \| = \max_{x \neq 0} \frac{\| Ax \|}{\| x \|} \tag{6.3}$$
可以验证 $\| A \|$ 满足矩阵范数的 4 个条件,且满足相容性条件 $\| Ax \| \leqslant \| A \| \| x \|$.称 $\| A \|$ 为 $R^{n \times n}$(或 $C^{n \times n}$)上 A 的算子范数(或从属范数).

可以证明定义中的(6.3)式等价于
$$\| A \| = \max_{\| x \| = 1} \| Ax \| \tag{6.4}$$
由此不难看出 $\| I \| = 1$ 是矩阵范数 $\| \cdot \|$ 为算子范数的必要条件.

显然,矩阵的算子范数 $\| A \|_v$ 依赖于向量范数 $\| x \|_v$,即当给出一种具

体的向量范数 $\|x\|_v$ 时,相应地就确定了一种矩阵范数 $\|A\|_v$,为此给出下述定理:

定理 2.10 设 $x \in R^n$(或 C^n),$A \in R^{n \times n}$(或 $C^{n \times n}$),则

1. $\|A\|_\infty = \max\limits_{1 \leqslant i \leqslant n} \sum\limits_{j=1}^n |a_{ij}|$(称为 A 的行范数);

2. $\|A\|_1 = \max\limits_{1 \leqslant j \leqslant n} \sum\limits_{i=1}^n |a_{ij}|$(称为 A 的列范数);

3. $\|A\|_2 = \sqrt{\lambda_{\max}(A^{\mathrm{T}}A)}$(称为 A 的 2-范数).

其中 $\lambda_{\max}(A^{\mathrm{T}}A)$ 为 $A^{\mathrm{T}}A$ 的最大特征值(若 $A \in C^{n \times n}$,则 $\|A\|_2 = \sqrt{\lambda_{\max}(A^H A)}$).

证明 仅就实向量空间情形给出 1 和 3 的证明.

1.设 $x = (x_1, x_2, \cdots, x_n)^{\mathrm{T}}$ 为非零向量,且不妨设 $A \neq 0$,记

$$t = \max_{1 \leqslant i \leqslant n} |x_i|, \qquad \mu = \max_{1 \leqslant i \leqslant n} \sum_{j=1}^n |a_{ij}|$$

于是

$$\|Ax\|_\infty = \max_{1 \leqslant i \leqslant n} \left| \sum_{j=1}^n a_{ij} x_j \right| \leqslant \max_{1 \leqslant i \leqslant n} \sum_{j=1}^n |a_{ij}| |x_j| \leqslant t \cdot \max_{1 \leqslant i \leqslant n} \sum_{j=1}^n |a_{ij}|$$

上式说明,对任何非零向量 $x \in R^n$,有

$$\frac{\|Ax\|_\infty}{\|x\|_\infty} \leqslant \mu$$

下面来说明存在非零向量 x_0,使比值

$$\frac{\|Ax_0\|_\infty}{\|x_0\|_\infty} = \mu \tag{6.5}$$

设 $\mu = \sum\limits_{j=1}^n |a_{i_0 j}|$ $(1 \leqslant i_0 \leqslant n)$. 选取向量 $x_0 = (x_1, \cdots, x_n)^{\mathrm{T}}$,其中

$$x_j = \begin{cases} 1, & \text{当 } a_{i_0 j} \geqslant 0 \text{ 时} \\ -1, & \text{当 } a_{i_0 j} < 0 \text{ 时} \end{cases}$$

显然 $\|x_0\|_\infty = 1$,且 $a_{i_0 j} x_j = |a_{i_0 j}|$ $(j = 1, 2, \cdots, n)$,从而 Ax_0 的第 i_0 个分量为

$$\sum_{j=1}^n a_{i_0 j} x_j = \sum_{j=1}^n |a_{i_0 j}|$$

因此 $\|Ax_0\|_\infty = \max\limits_i \left| \sum\limits_{j=1}^n a_{ij} x_j \right| = \sum\limits_{j=1}^n |a_{i_0 j}| = \mu$,即(6.5)成立.

结论 1 证毕.

3. 显然 $A^{\mathrm{T}}A$ 为对称矩阵,于是 $A^{\mathrm{T}}A$ 的特征值均为实数.下面来说明

$A^{\mathrm{T}}A$ 的特征值都是非负实数. 设 $A^{\mathrm{T}}Ax = \lambda x, x \neq 0$, 则 $(A^{\mathrm{T}}Ax, x) = \lambda(x, x)$. 故

$$\lambda = \frac{\|Ax\|_2^2}{\|x\|_2^2} \geqslant 0$$

记 $A^{\mathrm{T}}A$ 的特征值为

$$\lambda_1 \geqslant \lambda_2 \geqslant \cdots \geqslant \lambda_n \geqslant 0 \qquad (6.6)$$

由 $A^{\mathrm{T}}A$ 为实对称矩阵, 所以存在 n 个互相正交的标准特征向量(对应于 (6.6)). 设为 $u_1, u_2, \cdots, u_n$, 且满足 $(u_i, u_j) = \delta_{ij}$. 又设 $x \in R^n$ 为任一非零向量, 于是有

$$x = \sum_{j=1}^n c_i u_i$$

c_i 为组合系数. 则

$$\frac{\|Ax\|_2^2}{\|x\|_2^2} = \frac{(A^{\mathrm{T}}Ax, x)}{(x, x)} \leqslant \frac{\sum_{i=1}^n c_i^2 \lambda_1}{\sum_{i=1}^n c_i^2} = \lambda_1$$

另一方面, 取 $x = u_1$, 则上式等号成立. 故

$$\|A\|_2 = \max_{x \neq 0} \frac{\|Ax\|_2}{\|x\|_2} = \sqrt{\lambda_1} = \sqrt{\lambda_{\max}(A^{\mathrm{T}}A)}$$

结论 3 证毕. (结论 2 的证明留给读者)

给定一种向量范数就可定义相应的矩阵算子范数, 但并不是任一种的矩阵范数都从属于某种向量范数. 例如弗罗贝尼乌斯范数

$$\|A\|_F = \left(\sum_{i,j=1}^n |a_{ij}|^2\right)^{\frac{1}{2}}$$

由于 $\|I\|_F = \sqrt{n}$, 因此, 当 $n > 1$ 时, 该范数不从属于任何向量, 所以它不是矩阵算子范数.

以下如不特别说明, 凡说矩阵范数时均指矩阵的算子范数.

二、矩阵范数的性质

定理2.11(矩阵范数的等价性) 设 $\|A\|_s$、$\|A\|_t$ 为 $R^{n \times n}$ 上任意两种矩阵算子范数, 则存在常数 c_1、$c_2 > 0$, 使对 $\forall A \in R^{n \times n}$ 满足不等式

$$c_1 \|A\|_s \leqslant \|A\|_t \leqslant c_2 \|A\|_s$$

证明 对 $\forall x \in R^n$, 由向量范数等价性知, 存在常数 c'_1、$c'_2 > 0$, 使

$$c'_1 \|Ax\|_s \leqslant \|Ax\|_t \leqslant c'_2 \|Ax\|_s$$

成立. 同理亦存在 c''_1、$c''_2 > 0$, 使

$$c''_2 \parallel x \parallel_s \leqslant \parallel x \parallel_t \leqslant c'_1 \parallel x \parallel_s$$

成立. 于是若 $x \neq 0$, 则有

$$\frac{c'_1}{c''_1} \frac{\parallel Ax \parallel_s}{\parallel x \parallel_s} \leqslant \frac{\parallel Ax \parallel_t}{\parallel x \parallel_t} \leqslant \frac{c'_2}{c''_2} \frac{\parallel Ax \parallel_s}{\parallel x \parallel_s}$$

记 $c_1 = \dfrac{c'_1}{c''_1}, c_2 = \dfrac{c'_2}{c''_2}$, 显然 $c_1 \ c_2 > 0$.

有

$$c_1 \max_{x \neq 0} \frac{\parallel Ax \parallel_s}{\parallel x \parallel_s} \leqslant \max_{x \neq 0} \frac{\parallel Ax \parallel_t}{\parallel x \parallel_t} \leqslant c_2 \max_{x \neq 0} \frac{\parallel Ax \parallel_s}{\parallel x \parallel_s}$$

即 $c_1 \parallel A \parallel_s \leqslant \parallel A \parallel_t \leqslant c_2 \parallel A \parallel_s$. 证毕.

定义2.5 设 $\{A^{(k)}\}$ 为 $R^{n \times n}$ 中一矩阵序列, $A = (a_{ij})_{n \times n} \in R^{n \times n}$.

如果 $\lim\limits_{k \to \infty} a_{ij}^{(k)} = a_{ij} (i, j = 1, 2, \cdots, n)$, 则称 $\{A^{(k)}\}$ 收敛于矩阵 A. 记作 $\lim\limits_{k \to \infty} A^{(k)} = A$.

定理2.12 设 $\{A^{(k)}\}$ 为 $R^{n \times n}$ 中一矩阵序列, $A \in R^{n \times n}$, 则 $\lim\limits_{k \to \infty} A^{(k)} = A$ $\Leftrightarrow \parallel A^{(k)} - A \parallel \to 0 (k \to \infty)$. 其中 $\parallel \cdot \parallel$ 为矩阵的任何一种算子范数.

证明 选用 $\parallel \cdot \parallel_\infty$. 再根据定理2.11和定义2.5, 上述定理显然成立.

从等价性定理可以看出, 当矩阵序列的某一种范数趋于零时, 该矩阵序列的任一种范数便都趋于零. 因此, 在讨论矩阵序列收敛时, 只须就某种便于利用的范数证明该序列的收敛性, 便可获得该矩阵序列在任何一种范数下的收敛性证明.

现在, 我们引入数值分析中一个非常重要的概念:

定义2.6 设 $n \times n$ 矩阵 A 的特征值为 $\lambda_i (i = 1, 2, \cdots, n)$, 称 $\rho(A) = \max\limits_{1 \leqslant i \leqslant n} |\lambda_i|$ 为 A 的谱半径.

定理2.13 设 $A \in C^{n \times n}$, 则 $\rho(A) \leqslant \parallel A \parallel$. 即 A 的谱半径不超过 A 的任何一种算子范数.

证明 设 λ 是 A 的任一特征值, x 为对应的特征向量, 则 $Ax = \lambda x$, 故有

$$\parallel Ax \parallel = \parallel \lambda x \parallel = |\lambda| \cdot \parallel x \parallel$$

由相容性条件: $\parallel Ax \parallel \leqslant \parallel A \parallel \cdot \parallel x \parallel$ 可推出

$$|\lambda| \parallel x \parallel \leqslant \parallel A \parallel \parallel x \parallel. \quad 即 |\lambda| \leqslant \parallel A \parallel$$

由 λ 的任意性, 故有 $\rho(A) \leqslant \parallel A \parallel$. 证毕.

特别地, 若 $A \in R^{n \times n}$ 为对称矩阵, 则 $\parallel A \parallel_2 = \rho(A)$.

§2.7 误差分析

线性方程组 $Ax = b$ 的解是由系数矩阵 A 及右端向量 b 决定的. 而在实际问题中得到的矩阵 A 和右端向量 b 这类初始数据总不可避免地带有误差 (如测量误差、计算误差等). 因此必然对解向量 x 产生影响.

例如方程组

$$\begin{pmatrix} 7 & 10 \\ 5 & 7 \end{pmatrix} \begin{pmatrix} x_1 \\ x_2 \end{pmatrix} = \begin{pmatrix} 1 \\ 0.7 \end{pmatrix} \tag{7.1}$$

其精确解为 $x^* = (0, 0.1)^{\mathrm{T}}$, 现在设右端向量 $b = (1, 0.7)^{\mathrm{T}}$ 有一个微小的扰动 $\delta b = (0.01, -0.01)^{\mathrm{T}}$, 此时相当于解方程组

$$\begin{pmatrix} 7 & 10 \\ 5 & 7 \end{pmatrix} \begin{pmatrix} \tilde{x}_1 \\ \tilde{x}_2 \end{pmatrix} = \begin{pmatrix} 1.01 \\ 0.69 \end{pmatrix} \tag{7.2}$$

(7.2) 的解为 $\tilde{x} = (-0.17, 0.22)^{\mathrm{T}}$, 相应解的变化为 $\delta x = (-0.17, 0.12)^{\mathrm{T}}$. 由此可以看出, 当 (7.1) 的右端项 b 有一个微小扰动 δb 时, 解却产生了较大的扰动.

这个例子表明, (7.1) 的解对右端向量的扰动很敏感.

又如我们在用 LU 分解法求解方程组 $Ax = b$ 的过程中, 系数矩阵 A 分解成 $A = LU$, 其中 L 为单位下三角阵, U 为上三角阵. 实际上, 在消元过程中难免有误差, 即算得的 L 和 U 相乘结果不会准确等于 A, 而是

$$LU = A + \delta A$$

δA 可以看作 A 的一个扰动矩阵. 因此我们实际上解的方程组是

$$(A + \delta A)(x + \delta x) = b$$

而不是原方程组 $Ax = b$.

由此就提出如下问题: 当 A 有误差 δA 或 b 有误差 δb (或 A 和 b 同时有误差) 时, 解向量 x 的误差 δx 有多大? 在什么情况下, 解对系数矩阵或右端的扰动会很敏感? 这种敏感的原因是什么?

在以下的讨论中, 设 $Ax = b$ 中的 A 非奇异, $b \neq 0$.

1. 现设 A 是精确的, b 有误差 δb, 解为 $x + \delta x$, 则

$$A(x + \delta x) = b + \delta b$$

注意到 $Ax = b$. 则有 $A\delta x = \delta b$, 即

$$\delta x = A^{-1}\delta b$$

所以

$$\| \delta x \| \leqslant \| A^{-1} \| \, \| \delta b \| \tag{7.3}$$

又因为
$$\| b \| = \| Ax \| \leqslant \| A \| \| x \|$$
所以
$$\| x \| \geqslant \frac{\| b \|}{\| A \|} \tag{7.4}$$
由(7.3),(7.4)得
$$\frac{\| \delta x \|}{\| x \|} \leqslant \| A \| \| A^{-1} \| \frac{\| \delta b \|}{\| b \|} \tag{7.5}$$
于是有

定理 2.14 设 A 是非奇异阵,$Ax = b \neq 0$,且
$$A(x + \delta x) = b + \delta b$$
则
$$\frac{\| \delta x \|}{\| x \|} \leqslant \| A \| \| A^{-1} \| \frac{\| \delta b \|}{\| b \|}$$

上式给出了解的相对误差的上界,右端向量 b 的相对误差在解中可能被放大 $\| A \| \| A^{-1} \|$ 倍.

2.设 b 是精确的,A 有微小误差 δA,相应地解 x 也会产生误差 δx,即此时求解的是 $(A + \delta A)(x + \delta x) = b$.为保证方程组 $(A + \delta A)(x + \delta x) = b$ 的解唯一起见,我们假定 $\| A^{-1} \delta A \| < 1$.由于 $\| A^{-1} \delta A \| \leqslant \| A^{-1} \| \| \delta A \|$,故我们假定 $\| A^{-1} \| \| \delta A \| < 1$.由
$$(A + \delta A)(x + \delta x) = b$$
注意到 $Ax = b$,则有
$$\delta x = - A^{-1} \delta A \delta x - A^{-1} \delta A x$$
则
$$\| \delta x \| \leqslant \| A^{-1} \| \| \delta A \| \| \delta x \| + \| A^{-1} \| \| \delta A \| \| x \|$$
所以
$$\frac{\| \delta x \|}{\| x \|} \leqslant \| A^{-1} \| \| \delta A \| \frac{\| \delta x \|}{\| x \|} + \| A^{-1} \| \| \delta A \|$$
$$(1 - \| A^{-1} \| \| \delta A \|) \frac{\| \delta x \|}{\| x \|} \leqslant \| A^{-1} \| \| \delta A \|$$
从而有
$$\frac{\| \delta x \|}{\| x \|} \leqslant \frac{\| A^{-1} \| \| \delta A \|}{1 - \| A^{-1} \| \| \delta A \|} = \frac{\| A \| \| A^{-1} \| \frac{\| \delta A \|}{\| A \|}}{1 - \| A \| \| A^{-1} \| \frac{\| \delta A \|}{\| A \|}} \tag{7.6}$$

由以上分析得结论

定理 2.15 设 A 为非奇异矩阵,$Ax = b \neq 0$,且

$$(A + \delta A)(x + \delta x) = b$$

若$\|A^{-1}\|\|\delta A\| < 1$,则(7.6)式成立.

(7.6)式反映了x的相对误差和A的相对误差的关系,由此不难看出,在$\|A^{-1}\|\|\delta A\| < 1$的假定下,矩阵$A$的相对误差$\dfrac{\|\delta A\|}{\|A\|}$在解中可能被放大$\|A\|\|A^{-1}\|$倍.

其实我们还可以证明如下更为一般的结论:

设$A \in R^{n \times n}$为非奇异矩阵,$b \in R^n$为非零向量.又有$\delta A \in R^{n \times n}$并且满足$\|A^{-1}\|\|\delta A\| < 1$.若$x$和$x + \delta x$分别是方程组

$$Ax = b \quad 及 \quad (A + \delta A)(x + \delta x) = b + \delta b$$

的解,则

$$\frac{\|\delta x\|}{\|x\|} \leqslant \frac{\|A\|\|A^{-1}\|}{1 - \|A\|\|A^{-1}\|\dfrac{\|\delta A\|}{\|A\|}}\left(\frac{\|\delta A\|}{\|A\|} + \frac{\|\delta b\|}{\|b\|}\right)$$

由以上分析可以看出,量$\|A\|\|A^{-1}\|$的大小,在一定程度上反映了线性方程组求解时解对扰动的敏感程度:$\|A\|\|A^{-1}\|$越大时,解的相对误差就可能越大.所以量$\|A\|\|A^{-1}\|$实际上起到了刻画解对原始数据变化的敏感程度的作用.

定义2.7 设A为非奇异矩阵,则称量$\|A\|\|A^{-1}\|$为矩阵A关于所用范数的条件数,记作$\mathrm{Cond}(A)$,即

$$\mathrm{Cond}(A) = \|A\|\|A^{-1}\|$$

一个线性方程组的系数矩阵的条件数很大时,通常称该方程组为"病态"方程组.否则就说是"良态"的.

由于选用的范数不同,条件数也不同,常用的条件数有

$$\mathrm{Cond}(A)_p = \|A\|_p\|A^{-1}\|_p \qquad (p = 1, 2, \infty)$$

但是,由范数等价性定理,可以推得:存在正常数C_1和C_2使

$$C_1\mathrm{Cond}(A)_t \leqslant \mathrm{Cond}(A)_s \leqslant C_2\mathrm{Cond}(A)_t$$

由此便知:若在一种范数度量下方程组为病态的,则在另一种范数度量下方程组也是病态的.即方程组是否为病态是不依赖于具体范数的选择的.

3. 标度化列主元消去法

方程组的病态越严重,也就越难于求得方程组的比较准确的解.即使用主元消去法也不能解决病态问题.

例6 用列主元消去法解方程组

$$\begin{cases} 30.00x_1 + 591400x_2 = 591700 \\ 5.291x_1 - 6.130x_2 = 46.78 \end{cases}$$

方程的精确解为 $x = (10.00, 1.000)^{\mathrm{T}}$

解 用列主元消去法求解(用 4 位浮点数进行计算)

$$m_{21} = \frac{5.291}{30.00} = 0.1764$$

消元得

$$30.00x_1 + 591400x_2 = 591700$$
$$-104300x_2 = -104400$$

求得解为

$$x_2 = 1.001, \quad x_1 = -10.00$$

解严重失真.

实际计算表明,当系数矩阵 A 中的元素依绝对值在数量级上相差很大时,方程可能为病态,由于在计算过程中会引起误差,特别是舍入误差的恶性传播,导致解的误差太大而不能用.为避免这个问题,可用适当的常数乘矩阵 A 的行和列,将矩阵元素大体均衡一下.

例如,对每一行定义

$$S_i = \max_{1 \leqslant j \leqslant n} |a_{ij}| \quad (i = 1, 2, \cdots, n)$$

且用 $\dfrac{1}{S_i}$ 乘 $Ax = b$ 的第 i 个方程 $(i = 1, 2, \cdots, n)$,于是得到等价的方程组 $\widetilde{A}x = \tilde{b}$,其中

$$\widetilde{A} = (\tilde{a}_{ij}), \tilde{a}_{ij} = \frac{a_{ij}}{S_i} \quad (i = 1, 2, \cdots, n)$$

$$\tilde{b} = (\tilde{b}_1, \cdots, \tilde{b}_n)^{\mathrm{T}}, \tilde{b}_i = \frac{b_i}{S_i} \quad (i = 1, 2, \cdots, n)$$

称矩阵 $\widetilde{A}$ 是矩阵 A 的标度化的结果,且有

$$\max_{1 \leqslant j \leqslant n} |\tilde{a}_{ij}| = 1 \quad (i = 1, 2, \cdots, n)$$

这样就将方程组 $Ax = b$ 转化为方程组 $\widetilde{A}x = \tilde{b}$,即求解方程组 $D^{-1}Ax = D^{-1}b$,其中 $D^{-1} = \mathrm{diag}[S_1^{-1}, \cdots, S_n^{-1}]$.这样做将引起另外的舍入误差,然而由于使用标度化方法仅改变主元素的选取(当用选主元素的高斯消去法时),因此在这种标度化列主元消去法中,依旧使用矩阵 A.同时,第 k 步计算中选主元应修改为:

(1)部分选主元素

$$C_k \leftarrow \frac{|a_{i_k, k}^{(k)}|}{S_{i_k}} = \max_{k \leqslant i \leqslant n} \frac{|a_{ik}^{(k)}|}{S_i}$$

(2)如果 $i_k \neq k$,则交换 $[A^{(k)} | b^{(k)}]$ 第 k 行与第 i_k 行元素.

标度化列主元消去法计算步骤如下:

求解 $Ax = b, A \in R^{n \times n}$.

步1 对 $i = 1, 2, \cdots, n$, 做

$$S_i = \max_{1 \leqslant j \leqslant n} |a_{ij}|$$

如果 $S_i = 0$, 则方程组无唯一解.

步2 对 $k = 1, 2, \cdots, n-1$, 做

(1) 按列选主元

$$C_k = \frac{|a_{pk}|}{S_p} = \max_{k \leqslant i \leqslant n} \frac{|a_{ik}|}{S_i}, \qquad k \leqslant p \leqslant n$$

若 $C_k = 0$, 则方程组无唯一解.

(2) 若 $p = k$, 则转(3); 否则 $S_p \leftrightarrow S_k$ 并做行交换:

$$a_{kj} \leftrightarrow a_{pj}, \quad j = k, k+1, \cdots, n$$

$$b_k \leftrightarrow b_p$$

(3) 消元计算

$$a_{ik} \leftarrow m_{ik} = \frac{a_{ik}}{a_{kk}}, \qquad i = k+1, \cdots, n$$

$$a_{ij} \leftarrow a_{ij} - m_{ik}a_{kj}, \qquad i, j = k+1, \cdots, n$$

$$b_i \leftarrow b_i - m_{ik}b_k, \qquad i = k+1, \cdots, n$$

步3 回代求解

$$b_n \leftarrow x_n = \frac{b_n}{a_{nn}}$$

$$b_i \leftarrow x_i = \frac{b_i - \sum_{j=i+1}^{n} a_{ij}b_j}{a_{ii}}, \quad i = n-1, \cdots, 2, 1$$

用标度化列主元消去法解上例.

$$S_1 = 591400, \quad S_2 = 6.130$$

按列选主元

$$C_1 = \max\left(\frac{30.00}{591400}, \frac{5.291}{6.130}\right) = 0.8631$$

且 $p = 2$

$$[A \mid b] = \begin{bmatrix} 30.00 & 591400 & 591700 \\ 5.291 & -6.130 & 46.78 \end{bmatrix}$$

$$\xrightarrow{r_1 \leftrightarrow r_2} \begin{bmatrix} 5.291 & -6.130 & 46.78 \\ 30.00 & 591400 & 591700 \end{bmatrix} \xrightarrow{\text{消元计算}} \begin{bmatrix} 5.291 & -6.130 & 46.78 \\ 0 & 591400 & 591400 \end{bmatrix}$$

由此得到 $x_2 = 1.000, x_1 = 10.00$, 这是一组非常满意的解.

标度化列主元消去法对于解这种特殊的病态方程组是一种非常有效的方法.

高斯顺序消去法是解线性方程组直接方法的思想基础.将线性方程组约化为等价的三角形方程组再求解是直接法的基本做法.在约化过程中,引进选主元素的技巧是为了保证方法的数值稳定性所采取的必要措施.一般对于系数矩阵是中等规模的 n 阶"良态"稠密矩阵的方程组,采用选主元素消去法来解是比较有效的.而高斯-若当消去法更适合于求 n 阶方阵的逆矩阵.

直接三角分解法是高斯消去法的变形.从代数上看,直接三角分解法和高斯消去法本质上一样.但从实际应用效果来看是有差异的.用杜列特尔(Doolittle)分解法解具有相同系数矩阵而右端向量不同的方程组 $Ax = B = (b_1, b_2, \cdots, b_m)$ 是相当便利的,每解一个方程组 $Ax = b_i$ 仅需增加 n^2 次乘除法运算.对于特殊的系数矩阵,如对称正定矩阵和对角占优的三对角矩阵,我们利用更简单的矩阵分解形式就得到了数值稳定的平方根法(或改进的平方根法)及追赶法.

对上述各种算法的分析,立足点是在计算机上实现.因此,我们对于方法的掌握不能只局限于单纯的数学推导和计算公式,而应当深入思考方法的计算机实现过程,以加深对寻求数值稳定的计算方法重要性的认识和理解.

习 题

A.

1.编写列主元消去法的标准程序,并求下列方程组的解:

$$\begin{cases} 0.832x_1 + 0.448x_2 + 0.193x_3 = 1.00 \\ 0.784x_1 + 0.421x_2 + 0.207x_3 = 0.00 \\ 0.784x_1 - 0.421x_2 + 0.293x_3 = 0.00 \end{cases}$$

2.编写直接分解算法标准程序,并求解方程组

$$\begin{cases} 3.3330x_1 + 15920x_2 - 10.333x_3 = 15913 \\ 2.2220x_1 + 16.710x_2 + 9.6120x_3 = 28.544 \\ 1.5611x_1 + 5.1791x_2 + 1.6852x_3 = 8.4254 \end{cases}$$

3.用改进平方根法求解方程组

$$\begin{cases} 6x_1 + 2x_2 + x_3 - x_4 = -1 \\ 2x_1 + 4x_2 + x_3 = 2 \\ x_1 + x_2 + 4x_3 - x_4 = 1 \\ -x_1 - x_3 + 3x_4 = 3 \end{cases}$$

4.用追赶法求解方程组

$$\begin{cases} 3x_1 + 2x_2 \quad\quad = -1 \\ 2x_1 + 4x_2 + x_3 = -7 \\ \quad\quad 2x_2 + 5x_3 = 9 \end{cases}$$

B.

1. 试推导矩阵 A 的 Crout 分解 $A = LU$ 的计算公式,其中 L 为下三角阵,U 为单位上三角阵,并计算用 Crout 分解法解 n 阶线性方程组的乘除法运算总次数.

2. 设 A 是对称正定矩阵,经高斯消去法一步后,将 A 约化为

$$\begin{bmatrix} a_{11} & \alpha^{\mathrm{T}} \\ 0 & A_2 \end{bmatrix}$$

其中 $A = (a_{ij})_{n \times n}$,$A_2 = (a_{pq}^{(2)})_{(n-1) \times (n-1)}$,$\quad i, j = 1, 2, \cdots, n \quad p, q = 2, 3, \cdots, n$

证明:(1) $a_{ii} > 0$;

$\quad\quad$ (2) $|a_{ij}| \leqslant (a_{ii} a_{jj})^{\frac{1}{2}}$,$|a_{ij}| \leqslant \dfrac{a_{ii} + a_{jj}}{2}$;

$\quad\quad$ (3) A 的绝对值最大元必在对角线上;

$\quad\quad$ (4) A_2 是对称正定阵;

$\quad\quad$ (5) $a_{ii}^{(2)} \leqslant a_{ii} (i = 2, 3, \cdots, n)$;

$\quad\quad$ (6) $\max\limits_{2 \leqslant i, j \leqslant n} |a_{ij}^{(2)}| \leqslant \max\limits_{2 \leqslant i, j \leqslant n} |a_{ij}|$.

3. 设 $A \in R^{n \times n}$,则 A 可进行唯一 LU 分解的充分必要条件是 A 的顺序主子阵 A_1,$A_2, \cdots, A_{n-1}$ 非奇异,其中 L 为单位下三角阵,U 为上三角阵.

4. 证明:若线性方程组 $Ax = b$ 的系数矩阵主对角元素严格占优,即

$$\sum_{\substack{j=1 \\ j \neq i}}^{n} |a_{ij}| < |a_{ii}|, \quad i = 1, 2, \cdots, n$$

则用不带行或列交换的高斯消去法可以求到方程组唯一解.

5. 若矩阵 A 为三对角阵

$$A = \begin{bmatrix} a_1 & c_1 & & \\ b_2 & \ddots & \ddots & \\ & \ddots & \ddots & c_{n-1} \\ & & b_n & a_n \end{bmatrix}$$

且满足

$$|a_i| \geqslant |b_i| + |c_i|, \quad i = 2, \cdots, n-1$$
$$|a_1| > |c_1|$$
$$|a_n| > |b_n| \quad\quad (c_i, b_i \neq 0)$$

证明:A 的顺序主子式皆不为零.

6. 若 $A^{\mathrm{T}} = -A$,则称 A 为反对称阵,证明反对称阵不能进行 LDR 分解,其中 L 为单位下三角矩阵,R 为单位上三角矩阵,D 为对角矩阵.

7. 如果方阵 A 有 $a_{ij} = 0 (|i - j| > t)$,则称 A 为带宽 $2t + 1$ 的带状矩阵.设 A 满足三角分解条件,试推导 $A = LU$ 的计算公式(Doolittle 分解):对 $r = 1, 2, \cdots, n$

(1) $u_{ri} = a_{ri} - \sum\limits_{k=\max(1,i-t)}^{n-1} l_{rk} u_{ki} \quad (i = r, r+1, \cdots, \min(n, r+t))$;

(2) $l_{ir} = (a_{ir} - \sum\limits_{k=\max(1,i-t)}^{r-1} l_{ik} u_{kr})/u_{rr} \quad (i = r+1, \cdots, \min(n, r+t))$.

8. 证明下列各题:

(1) $\| AB \|_F \leqslant \| A \|_F \| B \|_F$;

(2) $\| Ax \|_2 \leqslant \| A \|_F \| x \|_2$;

(3) 对 $R^{n \times n}$ 上的任一矩阵范数,必存在 R^n 上的与它相容的向量范数;

(4) 设 $\| \cdot \|_t$ 是 R^n 上的向量范数,$\| \cdot \|$ 是 $R^{n \times n}$ 上从属于 $\| \cdot \|_t$ 的矩阵范数,证明
$$\| A \| \leqslant \| A \|', \quad \forall A \in R^{n \times n}$$
$\| \cdot \|'$ 表示任一与 $\| \cdot \|_t$ 相容的矩阵范数.

9. 对 $\forall x \in R^n$,证明
$$\| x \|_\infty = \max_{1 \leqslant i \leqslant n} | x_i | = \lim_{p \to \infty} \Big(\sum_{i=1}^n | x_i |^p \Big)^{\frac{1}{p}}$$

10. 对 $\forall x \in R^n$,定义 $\| x \| = \sqrt{x^T A x}$,其中 A 是正定对称矩阵,证明 $\| x \|$ 是 R^n 上的一个范数.

11. 对 $\forall x \in R^n$,证明

(1) $\| x \|_\infty \leqslant \| x \|_2 \leqslant \sqrt{n} \| x \|_\infty$;

(2) $\| x \|_\infty \leqslant \| x \|_1 \leqslant n \| x \|_\infty$;

(3) $\| x \|_2 \leqslant \| x \|_1 \leqslant \sqrt{n} \| x \|_2$.

12. 证明矩阵范数 $\| A \|_F = (\sum\limits_i \sum\limits_j | a_{ij} |^2)^{\frac{1}{2}}$ 不从属于任何向量范数.

13. 对任意 $A \in R^{n \times n}$,若定义
$$\| A \|_① = \sum_{i=1}^n \sum_{j=1}^n | a_{ij} |$$
求证 $\| A \|_①$ 是矩阵范数.

14. 设 $A \in C^{n \times n}$,$\rho(A)$ 为矩阵 A 的谱半径,则

(1) $\rho(A)$ 不是矩阵 A 的范数;

(2) 对任何一种矩阵范数,均有
$$\rho(A) \leqslant \| A \| \quad (\| \cdot \| \text{ 未必为算子范数})$$

(3) $\forall \varepsilon > 0$,存在矩阵范数 $\| \cdot \|$,使
$$\| A \| \leqslant \rho(A) + \varepsilon$$
从而 $\rho(A) = \inf\limits_{\| \cdot \|} \Big\{ \| A \| \Big| A \in C^{n \times n}, \| \cdot \| \text{ 为 } C^{n \times n} \text{ 上的任一种矩阵范数} \Big\}$;

(4) 若 $\| \cdot \|$ 是 $C^{n \times n}$ 上的任一种范数,则
$$\rho(A) \leqslant \sqrt[k]{\| A^k \|}, k \text{ 为任意自然数}.$$

15. 设 $\| A \|_s$,$\| A \|_t$ 为 $R^{n \times n}$ 上任意两种矩阵算子范数,证明存在常数 $C_1, C_2 > 0$,使对一切 $A \in R^{n \times n}$ 满足
$$c_1 \| A \|_s \leqslant \| A \|_t \leqslant c_2 \| A \|_s$$

16. 设 A 是对称正定阵,求证 $\| A \|_2 = \rho(A)$.

17. 设 A 是正交矩阵, 求证 $\mathrm{Cond}(A)_2 = 1$.

18. 设 A 为非奇异矩阵, 且 $\|A^{-1}\| \|\delta A\| < 1$, 证明 $(A + \delta A)^{-1}$ 存在且有下列关系式:

$$\frac{\|A^{-1} - (A + \delta A)^{-1}\|}{\|A^{-1}\|} \leqslant \frac{\mathrm{Cond}(A) \dfrac{\|\delta A\|}{\|A\|}}{1 - \mathrm{Cond}(A) \dfrac{\|\delta A\|}{\|A\|}}$$

19. 设 A 为非奇异, δA 和 δb 分别为矩阵 A 和向量 $b(b \neq 0)$ 的微小扰动, 且 $\|\delta A\| \cdot \|A^{-1}\| < 1$, x 和 $\tilde{x}$ 分别是 $Ax = b$ 及 $(A + \delta A)\tilde{x} = b + \delta b$ 的解. 试证

$$\frac{\|x - \tilde{x}\|}{\|x\|} \leqslant \frac{\|A\| \|A^{-1}\|}{1 - \|A\| \|A^{-1}\| \cdot \dfrac{\|\delta A\|}{\|A\|}} \left(\frac{\|\delta A\|}{\|A\|} + \frac{\|\delta b\|}{\|b\|} \right)$$

20. 设 A 非奇异, x 是方程组 $Ax = b(b \neq 0)$ 的精确解, 若 $\tilde{x}$ 是方程组的一个近似解, 其剩余向量 $r = b - A\tilde{x}$, 则有误差估计式

$$\frac{\|x - \tilde{x}\|}{\|x\|} \leqslant \mathrm{Cond}(A) \frac{\|r\|}{\|b\|}$$

第三章　解线性方程组的迭代法

随着计算机存贮量的日益增大和计算速度的迅速提高,使得求解线性代数方程组的直接法如高斯消去法等在计算机上可以用来解决大规模线性代数方程组,并且由于处理稀疏矩阵存贮和计算技术的飞速发展,加之直接方法理论的日臻完善,都进一步断定了直接方法的巨大实用价值和可靠性.因而在近三十年来直接法被广泛地采用.

线性代数方程组的迭代解法与直接方法不同,它不能通过有限次的算术运算求得方程组的精确解,而是通过迭代逐步逼近它.因此,凡是迭代解法都有一个收敛性问题.但是,迭代解法具有程序设计简单,适于自动计算,还可以充分利用系数矩阵的稀疏性减少存贮.加之一个好的迭代法常可用较直接法更少的计算量而获得满意的解.因此,迭代法亦是求解线性方程组,尤其是求解具有大型稀疏系数矩阵的线性方程组的重要方法之一.

§3.1　迭代法的一般形式

设 $A \in R^{n \times n}$ 为非奇异矩阵,$b \in R^n$,则线性代数方程组

$$Ax = b \tag{1.1}$$

有唯一解 $x = A^{-1}b$.

现将矩阵 A 分裂为矩阵 N 与 P 的差:

$$A = N - P$$

其中 N 为非奇异矩阵.于是方程组(1.1)可以表为

$$Nx = Px + b \tag{1.2}$$

即

$$x = N^{-1}Px + N^{-1}b$$

若记

$$B = N^{-1}P, \qquad f = N^{-1}b$$

则(1.1)可以写为等价形式:

$$x = Bx + f \tag{1.3}$$

据此,我们便可以写出单步定常线性迭代格式:

$$x^{(k+1)} = Bx^{(k)} + f \quad (k = 0, 1, \cdots) \tag{1.4}$$

其中称矩阵 B 为迭代矩阵.之所以称其为单步是指计算 $x^{(k+1)}$ 时仅用到 $x^{(k)}$.定常是指 B 和 f 均与 k 无关,线性是指 $Bx + f$ 为 x 的线性映射.

在本章内我们将主要研究形如(1.4)的迭代法.

对于任意给定的迭代初值 $x^{(0)}$,则由(1.4)便可生成一向量序列 $\{x^{(k)}\}$,我们的目的是求方程组(1.1)的解 x^*,因此我们希望

$$\lim_{k \to \infty} x^{(k)} = x^*$$

为此,我们引入下述定义:

定义 3.1　若存在 $x^* \in R^n$,使得对任意的近似向量 $x^{(0)} \in R^n$,由迭代格式(1.4)产生的序列 $\{x^{(k)}\}$ 都收敛到 $x^*(k \to \infty)$,即

$$\lim_{k \to \infty} x^{(k)} = x^*$$

则称迭代格式(1.4)是收敛的,否则称之为发散的.

显然,若迭代格式收敛,即 $x^{(k)} \to x^*(k \to \infty)$,则 x^* 为(1.3)的解.

由此看来,用迭代法解线性方程组(1.1),需解决如下三个问题:

(1)迭代格式的构造;

(2)迭代格式的判敛;

(3)迭代格式的收敛速度估计.

在§3.2和§3.3内,我们集中介绍常用的迭代格式的构造方法,而将迭代格式的判敛及敛速估计放在§3.4内处理.

§3.2　雅可比迭代法和高斯-赛德尔迭代法

3.2.1　雅可比(Jacobi)迭代法

设线性方程组

$$Ax = b$$

的系数矩阵 A 非奇异,且主对角元素 $a_{ii} \neq 0 (i = 1, 2, \cdots, n)$,将矩阵 A 分裂成

$$A = \begin{bmatrix} 0 & & & & \\ a_{21} & 0 & & & \\ a_{31} & a_{32} & 0 & & \\ \vdots & \vdots & & \ddots & \\ a_{n1} & a_{n2} & \cdots & a_{n,n-1} & 0 \end{bmatrix} + \begin{bmatrix} a_{11} & & & & \\ & a_{22} & & & \\ & & \ddots & & \\ & & & & a_{nn} \end{bmatrix} + \begin{bmatrix} 0 & a_{12} & \cdots & & a_{1n} \\ & 0 & a_{23} & \cdots & a_{2n} \\ & & \ddots & & \vdots \\ & & & & a_{n-1,n} \\ & & & & 0 \end{bmatrix}$$

记作

$$A = L + D + U$$

则 $Ax = b$ 等价于

$$(L + D + U)x = b$$

即可写成

$$Dx = -(L + U)x + b$$

由 $a_{ii} \neq 0 (i = 1, 2, \cdots, n)$,则

$$x = -D^{-1}(L + U)x + D^{-1}b$$

这样,便得到一个迭代公式:

$$x^{(k+1)} = -D^{-1}(L + U)x^{(k)} + D^{-1}b \tag{2.1}$$

令

$$J = -D^{-1}(L + U), f = D^{-1}b$$

则有

$$x^{(k+1)} = Jx^{(k)} + f \quad (k = 1, 2, \cdots) \tag{2.2}$$

我们称(2.2)为雅可比迭代公式,其中矩阵 J 称之为雅可比迭代矩阵.

这种迭代法的矩阵表示,主要用来讨论其收敛性,实际计算中,要用公式的分量形式.

展开方程组 $Ax = b$ 即为

$$\sum_{j=1}^{n} a_{ij}x_j = b_i, \qquad i = 1, 2, \cdots, n \tag{2.3}$$

由于设 $a_{ii} \neq 0 (i = 1, 2, \cdots, n)$,从第 i 个方程解出 x_i 得等价方程组:

$$x_i = \frac{b_i - \sum_{\substack{j=1 \\ j \neq i}}^{n} a_{ij}x_j}{a_{ii}}, \qquad i = 1, 2, \cdots, n$$

故迭代公式为

$$x_i^{(k+1)} = \frac{b_i - \sum_{\substack{j=1 \\ j \neq i}}^{n} a_{ij}x_j^{(k)}}{a_{ii}}, \qquad i = 1, 2, \cdots, n; k = 0, 1, 2, \cdots \tag{2.4}$$

(2.4)式即为雅可比迭代法的分量计算形式.

例1 用雅可比迭代法求解方程组

$$\begin{cases} 8x_1 - 3x_2 + 2x_3 = 20 \\ 4x_1 + 11x_2 - x_3 = 33 \\ 6x_1 + 3x_2 + 12x_3 = 36 \end{cases} \tag{2.5}$$

(精确解为 $x = (3, 2, 1)^{\mathrm{T}}$.)

解 原方程组化为

$$\begin{cases} x_1 = \dfrac{1}{8}(3x_2 - 2x_3 + 20) \\[2mm] x_2 = \dfrac{1}{11}(-4x_1 + x_3 + 33) \\[2mm] x_3 = \dfrac{1}{12}(-6x_1 - 3x_2 + 36) \end{cases}$$

按迭代过程

$$\begin{cases} x_1^{(k+1)} = \dfrac{1}{8}(3x_2^{(k)} - 2x_3^{(k)} + 20) \\[2mm] x_2^{(k+1)} = \dfrac{1}{11}(-4x_1^{(k)} + x_3^{(k)} + 33) \\[2mm] x_3^{(k+1)} = \dfrac{1}{12}(-6x_1^{(k)} - 3x_2^{(k)} + 36), \quad k = 0, 1, 2, \cdots \end{cases} \tag{2.6}$$

取初始向量

$$x^{(0)} = (0, 0, 0)^{\mathrm{T}}$$

迭代到第 10 次有

$$x^{(10)} = (3.000032, 1.999838, 0.9998813)^{\mathrm{T}}$$

实际计算结果表明此迭代过程收敛于精确解.

雅可比迭代法逻辑简单,计算方便.下面给出算法实现步骤:

步1 输入方程组的阶数 n, A 的元素 $a_{ij}(i, j = 1, 2, \cdots, n)$ 及 b 的分量 $b_i(i = 1, 2, \cdots, n)$,初始向量 $x^{(0)}$ 的分量 $x_i^{(0)}(i = 1, 2, \cdots, n)$,误差限 ε 及最大迭代次数 M.

步2 对 $k = 1, 2, \cdots, M$ 做到步 5.

步3 对 $i = 1, \cdots, n$ 做

$$x_i \leftarrow \dfrac{b_i - \displaystyle\sum_{\substack{j=1 \\ j \neq i}}^{n} a_{ij} x_j^{(0)}}{a_{ii}}$$

步4 若 $\| x - x^{(0)} \| < \varepsilon$,则输出 $(x_1, \cdots, x_n)$,退出.

步5 对 $i = 1, \cdots, n$,做

$$x_i^{(0)} \leftarrow x_i$$

步6 输出"超过最大迭代步数",退出.

注 在步 4 中的迭代终止准则,也可用

$$\dfrac{\| x - x^{(0)} \|}{\| x \|} < \varepsilon$$

所用的向量范数可以是任何一种.最常用的是 $\| \cdot \|_{\infty}$ 范数.

3.2.2 高斯-赛德尔(Gauss-Seidel)迭代法

在雅可比迭代过程中,其每一步计算是用 $x^{(k)}$ 来计算 $x^{(k+1)}$ 的.注意到,在计算 $x^{(k+1)}$ 的第 i 个分量 $x_i^{(k+1)}$ 时 ($i > 1$), $x^{(k+1)}$ 的前 $i-1$ 个分量 $x_1^{(k+1)}, x_2^{(k+1)}, \cdots, x_{i-1}^{(k+1)}$ 是已算出了的.倘若迭代方法收敛的话,这些新算出的分量值应该比 $x^{(k)}$ 相应的分量值更接近于精确解的对应分量值.因此,充分利用新得到的计算结果,按理会加快收敛速度.这就是高斯-赛德尔迭代的基本思想.

高斯-赛德尔迭代法计算公式:

$$x_i^{(k+1)} = \frac{1}{a_{ii}} \Big(b_i - \sum_{j=1}^{i-1} a_{ij} x_j^{(k+1)} - \sum_{j=i+1}^{n} a_{ij} x_j^{(k)} \Big)$$

$$i = 1, 2, \cdots, n; k = 0, 1, 2, \cdots \tag{2.7}$$

$x_i^{(0)}$ 为初始向量 $x^{(0)}$ 的第 i 个分量.为便于讨论迭代法的收敛性,将 (2.7)写成矩阵形式:

由 $A = L + D + U$,则 $Ax = b$ 等价于

$$(L + D + U)x = b$$

于是 $Dx = -Lx - Ux + b$,于是有高斯-赛德尔迭代过程

$$Dx^{(k+1)} = -Lx^{(k+1)} - Ux^{(k)} + b$$

因为 $|D| \neq 0$,所以

$$|D + L| = |D| \neq 0$$

故

$$x^{(k+1)} = -(D+L)^{-1} U x^{(k)} + (D+L)^{-1} b$$

写成一般迭代形式:

$$x^{(k+1)} = G x^{(k)} + f$$

其中 $G = -(D+L)^{-1} U, f = (D+L)^{-1} b$.矩阵 G 为高斯-赛德尔迭代法的迭代矩阵.

例 2 用高斯-赛德尔迭代法解例1 的方程组.

其迭代公式为

$$x_1^{(k+1)} = \frac{1}{8}(3 x_2^{(k)} - 2 x_3^{(k)} + 20)$$

$$x_2^{(k+1)} = \frac{1}{11}(-4 x_1^{(k+1)} + x_3^{(k)} + 33)$$

$$x_3^{(k+1)} = \frac{1}{12}(-6 x_1^{(k+1)} - 3 x_2^{(k+1)} + 36)$$

仍取初始向量 $x^{(0)} = (0, 0, 0)^{\mathrm{T}}$,迭代 5 次即得 $x^{(5)} = (2.999843, 2.00072, 1.000061)^{\mathrm{T}}$,与雅可比迭代 10 次的精度相同.

上例表明:高斯-赛德尔迭代法比雅可比迭代法收敛得快一些(达到相同精度所需迭代次数较少),但这个结论在一般情况下却未必成立,甚至有那样的方程组(见习题9),雅可比迭代法收敛,而高斯-赛德尔迭代法却是发散的.

应该注意的是,高斯-赛德尔迭代法较雅可比迭代法有一个明显的优点,就是在编程计算时,只需用一套存储单元存放近似解,而不是雅可比迭代法所需要的两套存储单元.

应用高斯-赛德尔迭代法解线性方程组算法如下:

步1 输入方程组的阶数 n,A 的元素 $a_{ij}(i,j=1,\cdots,n)$,及右端项 $b_i(i=1,\cdots,n)$,初始向量 x 的分量 $x_i(i=1,\cdots,n)$,误差限 ε 及最大迭代次数 M.

步2 对 $k=1,\cdots,M$,做到步4.

步3 对 $i=1,\cdots,n$ 做

$$\text{temp} \leftarrow \frac{b_i - \sum_{j=1}^{i-1} a_{ij}x_j - \sum_{j=i+1}^{n} a_{ij}x_j}{a_{ii}}$$

$$\text{error} = \max_{1\leqslant i\leqslant n} |\text{temp} - x_i|, \quad x_i \leftarrow \text{temp}$$

步4 若 error$<\varepsilon$,则输出 $(x_1,\cdots,x_n)$;退出.

步5 输出"超过最大迭代次数",退出,否则转步3.

§3.3 逐次超松弛迭代法(SOR 方法)

逐次超松弛迭代法(successive over relaxation method)可以看作是带参数的高斯-赛德尔迭代法.是解大型稀疏矩阵方程组的有效方法之一.其构造思想如下:

首先用高斯-赛德尔迭代法的(2.7)式定义辅助量 $\tilde{x}_i^{(k+1)}$

$$\tilde{x}_i^{(k+1)} = \frac{1}{a_{ii}}\Big(b_i - \sum_{j=1}^{i-1} a_{ij}x_j^{(k+1)} - \sum_{j=i+1}^{n} a_{ij}x_j^{(k)}\Big), \quad i=1,2,\cdots,n \quad (3.1)$$

再把 $x_i^{(k+1)}$ 取为 $x_i^{(k)}$ 与 $\tilde{x}_i^{(k+1)}$ 的加权平均,即

$$x_i^{(k+1)} = (1-\omega)x_i^{(k)} + \omega\tilde{x}_i^{(k+1)}$$
$$= x_i^{(k)} + \omega(\tilde{x}_i^{(k+1)} - x_i^{(k)}) \quad (3.2)$$

其中 ω 称为松弛因子.

用(3.1)式代入(3.2)式,就得到解方程组 $Ax=b$ 的逐次超松弛迭代公式:

$$\begin{cases} x_i^{(k+1)} = x_i^{(k)} + \Delta x_i \\ \Delta x_i = \dfrac{\omega}{a_{ii}} \Big(b_i - \sum_{j=1}^{i-1} a_{ij} x_j^{(k+1)} - \sum_{j=i}^{n} a_{ij} x_j^{(k)} \Big), k = 0, 1, \cdots; i = 1, 2, \cdots, n \end{cases}$$

$$(3.3)$$

显然,当 $\omega = 1$ 时,解方程组 $Ax = b$ 的 SOR 方法就是高斯-赛德尔迭代法.

由(3.2)式不难推出 SOR 方法的矩阵迭代形式:

$$x^{(k+1)} = (1 - \omega) x^{(k)} + \omega D^{-1} (b - L x^{(k+1)} - U x^{(k)})$$

即

$$D x^{(k+1)} = (1 - \omega) D x^{(k)} + \omega (b - L x^{(k+1)} - U x^{(k)})$$

故

$$(D + \omega L) x^{(k+1)} = [(1 - \omega) D - \omega U] x^{(k)} + \omega b$$

显然对任何一个 ω 值,$(D + \omega L)$ 非奇异(因为假设 $a_{ii} \neq 0, i = 1, 2, \cdots, n$).于是 SOR 方法的迭代公式为

$$x^{(k+1)} = (D + \omega L)^{-1} [(1 - \omega) D - \omega U] x^{(k)} + \omega (D - \omega L)^{-1} b \quad (3.4)$$

令

$$L_\omega = (D + \omega L)^{-1} [(1 - \omega) D - \omega U]$$

$$f = \omega (D + \omega L)^{-1} b$$

则 SOR 方法的迭代公式可写成

$$x^{(k+1)} = L_\omega x^{(k)} + f \quad (3.5)$$

L_ω 为 SOR 方法的迭代矩阵.

例 3 分别用高斯-赛德尔迭代法和逐次超松弛迭代法(取 $\omega = 1.45$)求解下列方程组:

$$\begin{cases} 4x_1 - 2x_2 - x_3 = 0 \\ -2x_1 + 4x_2 - 2x_3 = -2 \\ -x_1 - 2x_2 + 3x_3 = 3 \end{cases}$$

当 $\max\limits_{i=1,2,3} | x_i^{(k+1)} - x_i^{(k)} | < 10^{-7}$ 时停止迭代.

取初始值

$$x^{(0)} = (1, 1, 1)^{\mathrm{T}}$$

高斯-赛德尔迭代法须迭代 72 次得

$$x^{(72)} = (0.9999952, 0.9999945, 1.999995)^{\mathrm{T}}$$

而逐次超松弛迭代法(取 $\omega = 1.45$)只须迭代 25 次即得

$$x^{(25)} = (0.9999994, 0.9999998, 2.000000)^{\mathrm{T}}$$

可见,适当地选择 ω,逐次超松弛迭代具有明显的加速收敛效果.

§3.4 迭代法的收敛性

在§3.2和§3.3我们分别讨论了雅可比法、高斯-赛德尔法和SOR方法的构造.现在我们来分析它们的收敛性.为此先从一般情形入手.

3.4.1 一般迭代法的收敛准则

设要求解的线性代数方程组为

$$Ax = b \tag{1.1}$$

其中 $A \in R^{n \times n}$ 为非奇异矩阵, $b \in R^n$ 为右端向量.

此方程组有唯一解为 $x^* = A^{-1}b$.

如§3.1所述,将(1.1)进行同解变换:

$$x = Bx + f \tag{1.3}$$

则可构造一般迭代格式如下:

$$x^{(k+1)} = Bx^{(k)} + f \quad (k = 0, 1, \cdots) \tag{1.4}$$

现在来研究在什么条件下,迭代序列 $\{x^{(k)}\}$ 收敛.

由于 x^* 为方程组(1.3)的唯一解,故

$$x^* = Bx^* + f \tag{4.1}$$

将(1.4)的两边分别减去(4.1)的两边,并记 $\varepsilon^{(k)} = x^{(k)} - x^*$,得

$$\varepsilon^{(k+1)} = B\varepsilon^{(k)} \quad (k = 0, 1, \cdots) \tag{4.2}$$

累次应用(4.2),则有

$$\varepsilon^{(k)} = B\varepsilon^{(k-1)} = \cdots = B^k \varepsilon^{(0)}$$

于是迭代法(1.4)收敛的充要条件是 $\varepsilon^{(k)} \to 0 (k \to \infty)$,也就是对于任何初始误差向量 $\varepsilon^{(0)}$, $B^k \varepsilon^{(0)} \to 0$.于是我们有

定理 3.1 迭代法(1.4)收敛的充分必要条件是 $B^k \to 0 (k \to \infty)$.

利用线性代数中若尔当标准型的知识或向量及矩阵范数的知识,我们可以证明:

定理 3.2 迭代法(1.4)收敛的充分必要条件是 $\rho(B) < 1$,其中 $\rho(B)$ 为迭代矩阵 B 的谱半径.

定理3.2是线性代数方程组迭代解法收敛性分析的基本定理,然而由于 $\rho(B)$ 的计算往往比较困难,尽管有各种办法估计 $\rho(B)$ 的上界,但往往偏大而不实用,由此导致定理3.2的理论价值胜过实用价值.为满足实际判敛的需要,注意到第二章的定理2.13:

$$\rho(B) \leqslant \|B\|$$

所以,当 $\|B\| < 1$ 时,必有 $\rho(B) < 1$.于是得到

定理 3.3　如果求解方程组 $Ax = b$ 的迭代公式为 $x^{(k+1)} = Bx^{(k)} + f$（$x^{(0)}$ 为任意初始向量），且迭代矩阵的某一种范数 $\|B\|_v = q < 1$，则

1）迭代法收敛；

$$2)\ \|x^* - x^{(k)}\|_v \leqslant \frac{q}{1-q} \|x^{(k)} - x^{(k-1)}\|_v \tag{4.3}$$

证明　利用定理 3.2，1）是显然的．现证 2）．

由迭代公式，且注意 x^* 是方程组的解，显然有

$$x^* - x^{(k+1)} = B(x^* - x^{(k)})$$
$$\|x^{(k+1)} - x^{(k)}\|_v \leqslant q \|x^{(k)} - x^{(k-1)}\|_v \quad (k = 1,2,\cdots)$$
$$\|x^* - x^{(k+1)}\|_v \leqslant q \|x^* - x^{(k)}\|_v$$

于是有

$$\|x^{(k+1)} - x^{(k)}\|_v = \|x^* - x^{(k)} - (x^* - x^{(k+1)})\|_v$$
$$\geqslant \|x^* - x^{(k)}\|_v - \|(x^* - x^{(k+1)})\|_v$$
$$\geqslant (1 - q) \|x^* - x^{(k)}\|_v$$

即

$$\|x^* - x^{(k)}\|_v$$
$$\leqslant \frac{1}{1-q} \|x^{(k+1)} - x^{(k)}\|_v$$
$$\leqslant \frac{q}{1-q} \|x^{(k)} - x^{(k-1)}\|_v \quad (k = 1,2,\cdots)$$

由定理 3.3 可知，$\|B\| = q < 1$ 越小，迭代法收敛越快．定理中（4.3）式告诉我们，可用 $\|x^{(k)} - x^{(k-1)}\| < \varepsilon$（$\varepsilon$ 为给定精度要求）来作为控制迭代的终止条件．

例 4　就例 3 中的系数矩阵 A

$$A = \begin{bmatrix} 4 & -2 & -1 \\ -2 & 4 & -2 \\ -1 & -2 & 3 \end{bmatrix}$$

讨论雅可比迭代法和高斯-赛德尔迭代法的收敛性．

解　1）雅可比迭代法

$$B = -D^{-1}(L + U) = \begin{bmatrix} 0 & \dfrac{1}{2} & \dfrac{1}{4} \\ \dfrac{1}{2} & 0 & \dfrac{1}{2} \\ \dfrac{1}{3} & \dfrac{2}{3} & 0 \end{bmatrix}$$

用定理 3.3 判断有一定困难，现计算 $\rho(B)$．

$$| \lambda I - B | = \begin{vmatrix} \lambda & -\dfrac{1}{2} & -\dfrac{1}{4} \\ -\dfrac{1}{2} & \lambda & -\dfrac{1}{2} \\ -\dfrac{1}{3} & -\dfrac{2}{3} & \lambda \end{vmatrix} = \lambda^3 - \dfrac{2}{3}\lambda - \dfrac{1}{6} = 0$$

解得

$$\lambda_1 = 0.9207, \lambda_2 = -0.2846, \lambda_3 = -0.6361$$

所以 $\rho(B) = 0.9207 < 1$. 故雅可比迭代法收敛.

2)高斯-赛德尔迭代法

$$G = -(D+L)^{-1}U = \begin{bmatrix} 4 & 0 & 0 \\ -2 & 4 & 0 \\ -1 & -2 & 3 \end{bmatrix}^{-1} \begin{bmatrix} 0 & 2 & 1 \\ 0 & 0 & 2 \\ 0 & 0 & 0 \end{bmatrix} = \begin{bmatrix} 0 & \dfrac{1}{2} & \dfrac{1}{4} \\ 0 & \dfrac{1}{4} & \dfrac{5}{8} \\ 0 & \dfrac{1}{3} & \dfrac{1}{2} \end{bmatrix}$$

因为 $\| G \|_\infty = 0.875$, 故高斯-赛德尔迭代法收敛.

对于超松弛迭代法, 其迭代矩阵中包含有松弛因子 ω, 下面的定理告诉我们, 若 ω 为实数, 则须取 $0 < \omega < 2$, 才可能使超松弛迭代法收敛.

定理 3.4 $\forall \omega \in R$, 逐次超松弛迭代法收敛的必要条件是 $0 < \omega < 2$.

证明 因逐次超松弛迭代法收敛, 所以 $\rho(L_\omega) < 1$. 设 L_ω 的特征值为 λ_1, $\lambda_2, \cdots, \lambda_n$, 则

$$| \det(L_\omega) | = | \lambda_1 \lambda_2 \cdots \lambda_n | \leqslant [\rho(L_\omega)]^n < 1$$

而

$$\begin{aligned} \det(L_\omega) &= \det[(D+\omega L)^{-1}]\det[(1-\omega)D - \omega U] \\ &= [\det(D)]^{-1} \cdot \det(D) \cdot \det[(1-\omega)I - \omega D^{-1}U] \\ &= (1-\omega)^n \end{aligned}$$

所以 $|1-\omega|^n < 1$, 即有 $-1 < 1-\omega < 1$, 故 $0 < \omega < 2$.

一般说来, 若取 $0 < \omega \leqslant 1$ 则称为低松弛法. 若 $1 < \omega < 2$ 则称为超松弛法.

3.4.2 从方程组的系数矩阵 A 判断迭代收敛性

实际中要求解的某些线性方程组, 其系数矩阵往往具有某些特点, 如系数矩阵为对称正定, 对角元素占优势等. 由这些方程组系数矩阵的特殊性, 使得我们可以直接从方程组的系数矩阵 A 入手来讨论迭代法的收敛性条件.

定义 3.2 设 $A = (a_{ij})_{n \times n} \in R^{n \times n}$, 满足

$$|a_{ii}| \geqslant \sum_{\substack{j=1 \\ j \neq i}}^{n} |a_{ij}|, \qquad i = 1, 2, \cdots, n \qquad (4.4)$$

且至少有一个 i 值,使

$$|a_{ii}| > \sum_{\substack{j=1 \\ j \neq i}}^{n} |a_{ij}|$$

成立,则称 A 为对角优势矩阵;若

$$|a_{ii}| > \sum_{\substack{j=1 \\ j \neq i}}^{n} |a_{ij}|, \qquad i = 1, 2, \cdots, n,$$

则称 A 为严格对角优势矩阵.

定义 3.3   如果矩阵 $A = (a_{ij})_{n \times n} \in R^{n \times n}$ 能通过行对换和同时进行相应的列对换变成 $\begin{bmatrix} A_{11} & A_{12} \\ 0 & A_{22} \end{bmatrix}$ 的形式,其中 A_{11} 和 A_{22} 为方阵,则称 A 为可约矩阵,反之称 A 为不可约矩阵.

显然,A 为可约矩阵的充分且必要条件是存在一个子集 $J \subset \{1, 2, \cdots, n\}$,当 $k \in J, j \notin J$ 时,就有 $a_{kj} = 0$.

定理 3.5   如果 $A = (a_{ij})_{n \times n} \in R^{n \times n}$ 为严格对角优势矩阵或为不可约对角优势矩阵,则 A 是非奇异矩阵.

证明   首先设 A 为严格对角优势矩阵,采用反证法.若 $\det(A) = 0$ 则 $Ax = 0$ 有非零解,记为

$$x = (x_1, x_2, \cdots, x_n)^{\mathrm{T}}, \text{又记} |x_k| = \max_{1 \leqslant i \leqslant n} |x_i|$$

由齐次方程组的第 k 个方程

$$\sum_{j=1}^{n} a_{kj} x_j = 0$$

得

$$|a_{kk} x_k| = \left| \sum_{\substack{j=1 \\ j \neq k}}^{n} a_{kj} x_j \right| \leqslant \sum_{\substack{j=1 \\ j \neq k}}^{n} |a_{kj}| |x_j| \leqslant |x_k| \sum_{\substack{j=1 \\ j \neq k}}^{n} |a_{kj}| \qquad (4.5)$$

即

$$|a_{kk}| \leqslant \sum_{\substack{j=1 \\ j \neq k}}^{n} |a_{ij}|$$

这与假设矛盾,故 $\det(A) \neq 0$,即 A 非奇异.

类似地,如果 A 是不可约对角优势矩阵,我们仍采用反证法.假设存在 $x \neq 0$,记 $x = (x_1, x_2, \cdots, x_n)^{\mathrm{T}}$,使 $Ax = 0$,并令 m 使

$$|a_{mm}| > \sum_{\substack{j=1 \\ j \neq m}}^{n} |a_{mj}| \qquad (4.6)$$

成立. 现定义下标集合

$$J = \{k \mid |x_k| \geqslant |x_i|, i = 1, \cdots, n; |x_k| > |x_j| \text{ 对某个 } j\}$$

显然, J 是非空的, 否则, 若 J 是空的, 就有 $|x_1| = |x_2| = \cdots = |x_n| \neq 0$. 因此在不等式 (4.5) 中取 $k = m$, 将与 (4.6) 矛盾. 而对任意的 $k \in J$, 有

$$|a_{kk}| \leqslant \sum_{j \neq k} |a_{kj}| |x_j| / |x_k|$$

由此可见当 $|x_k| > |x_j|$ 时, 有 $a_{kj} = 0$, 否则上式就与 A 为对角优势矩阵相矛盾. 但对任意的 $k \in J$ 和 $j \notin J$, 必有 $|x_k| > |x_j|$, 因而

$$a_{kj} = 0, \text{ 当 } k \in J, j \notin J$$

于是 A 为可约矩阵, 与假设矛盾.

定理 3.6 如果 $A = (a_{ij})_{n \times n} \in R^{n \times n}$ 为严格对角优势矩阵或为不可约对角优势矩阵, 则对任意的 $x^{(0)}$, 解方程组 $Ax = b$ 的雅可比迭代法, 高斯-赛德尔迭代法均收敛.

证明 本定理实际包含有四个结论, 现只证其中的两个, 其余两个证明类似.

1) 设 A 为严格对角优势矩阵, 现证雅可比迭代法收敛, 只须证 $\|B\|_\infty < 1$. 因为

$$|a_{ii}| > \sum_{\substack{j=1 \\ j \neq i}}^{n} |a_{ij}|, \quad i = 1, 2, \cdots, n$$

故 $a_{ii} \neq 0$, 则 D^{-1} 存在, 所以

$$\|B\|_\infty = \|D^{-1}(L + U)\|_\infty = \max_{1 \leqslant i \leqslant n} \left(\frac{1}{|a_{ii}|} \sum_{j \neq i} |a_{ij}| \right) < 1$$

2) 设 A 为不可约对角优势矩阵, 现证雅可比迭代法收敛. 为此, 只须证明 $\rho(B) < 1$.

因 A 非奇异, 又

$$|a_{ii}| \geqslant \sum_{\substack{j=1 \\ j \neq i}}^{n} |a_{ij}|$$

所以 $a_{ii} \neq 0$. 故 $B = -D^{-1}(L + U)$ 存在.

以下用反证法. 设 B 有按模大于 1 的特征值, 由于

$$\lambda I - B = \lambda I + D^{-1}(L + U) = D^{-1}(\lambda D + L + D)$$

故

$$|\lambda I - B| = |D^{-1}| |\lambda D + L + U| = 0$$

但 $|D^{-1}| \neq 0$, 所以

$$|\lambda D + L + U| = 0 \tag{4.7}$$

这里

$$\lambda D + L + U = \begin{bmatrix} \lambda a_{11} & a_{12} & \cdots & a_{1n} \\ a_{21} & \lambda a_{22} & \cdots & a_{2n} \\ \vdots & \vdots & & \vdots \\ a_{n1} & \cdots & \cdots & \lambda a_{nn} \end{bmatrix} \qquad (4.8)$$

注意 $\lambda D + L + U$ 中非零元素的位置与 A 中非零元素的位置完全相同. 而 A 不可约, 所以 $\lambda D + L + U$ 也不可约.

再注意 A 为对角优势矩阵, 且 $|\lambda| \geqslant 1$, 从而 $\lambda D + L + U$ 也为对角优势矩阵.

故 $\lambda D + L + U$ 是一个不可约对角优势矩阵, 它必非奇异, 这和 $\mathrm{Det}(\lambda D + L + U) = 0$ 矛盾.

所以 $\rho(B) < 1$.

仿照 2) 的证明, 可以证明其它两个结论.

定理 3.7 如果 $A \in R^{n \times n}$ 对称正定, 且 $0 < \omega < 2$, 则逐次超松弛法 (3.5) 收敛.

证明 设 λ 为 L_ω 的任一特征值, 只须证 $|\lambda| < 1$.

设 y 为 λ 对应的特征向量, $y = (y_1, y_2, \cdots, y_n)^{\mathrm{T}} \neq 0$, 则 $L_\omega y = \lambda y$, 即

$$(D + \omega L)^{-1} [(1 - \omega)D - \omega U]y = \lambda y$$

亦即

$$[(1 - \omega)D - \omega U]y = \lambda(D + \omega L)y$$
$$Dy - \omega Dy - \omega Uy = \lambda Dy + \lambda \omega Ly$$

为找出 λ 的表达式, 考虑数量积

$$(Dy - \omega Dy - \omega Uy, y) = \lambda(Dy + \omega Ly, y)$$

则

$$\lambda = \frac{(Dy, y) - \omega(Dy, y) - \omega(Uy, y)}{(Dy, y) + \omega(Ly, y)}$$

因 A 正定, 所以 $a_{ii} > 0$, 故 D 正定, 所以

$$(Dy, y) = \sigma > 0 \qquad \text{即} \quad y^{\mathrm{T}} Dy > 0 \qquad (4.9)$$

记 $(Ly, y) = \alpha + \mathrm{i}\beta$, 即 $y^{\mathrm{T}} Ly = \alpha + \mathrm{i}\beta$.

注意 $U = L^{\mathrm{T}}$, 所以

$$(Uy, y) = (y, Ly) = \overline{(Ly, y)} = \alpha - \mathrm{i}\beta$$

则

$$y^{\mathrm{T}} Ay = ((D + L + U)y, y) = \sigma + 2\alpha > 0 \qquad (4.10)$$

所以

$$\lambda = \frac{(\sigma - \omega\sigma - \alpha\omega) + i\omega\beta}{(\sigma + \alpha\omega) + i\omega\beta}$$

从而

$$|\lambda|^2 = \frac{(\sigma - \omega\sigma - \alpha\omega)^2 + \omega^2\beta^2}{(\sigma + \alpha\omega)^2 + \omega^2\beta^2}$$

当 $0 < \omega < 2$ 时,利用 (4.9),(4.10) 式有

$$(\sigma - \omega\sigma - \alpha\omega)^2 - (\sigma + \alpha\omega)^2 = \omega\sigma(\sigma + 2\alpha)(\omega - 2) < 0$$

所以 $|\lambda|^2 < 1$. 故 $|\lambda| < 1$,因此 $\rho(L_\omega) < 1$.

推论 当 $A \in R^{n \times n}$ 对称正定时,对 $Ax = b$ 使用高斯-赛德尔迭代法收敛.

在上述定理中令 $\omega = 1$ 即得.

应该指出的是,若 A 为对称正定矩阵,求解 $Ax = b$ 的雅可比法收敛的充分必要条件是 $2D - A$ 也是正定矩阵.

例 5 方程组

$$\begin{cases} x_1 + 0.8x_2 + 0.8x_3 = 2.6 \\ 0.8x_1 + x_2 + 0.8x_3 = 2.6 \\ 0.8x_1 + 0.8x_2 + x_3 = 2.6 \end{cases}$$

有精确解 $x = (1,1,1)^{\mathrm{T}}$. 其系数矩阵

$$A = \begin{bmatrix} 1 & 0.8 & 0.8 \\ 0.8 & 1 & 0.8 \\ 0.8 & 0.8 & 1 \end{bmatrix}$$

对称正定. 因此高斯-赛德尔迭代法收敛;用超松弛迭代法亦收敛(只要取 $0 < \omega < 2$);但雅可比迭代法发散(因 $\rho(B) = 1.6 > 1$).

应该指出的是,迭代法的收敛速度是与迭代矩阵的谱半径的大小密切相关的,谱半径越小,收敛的越快. 因此,如何选取松弛因子 ω,使 $\rho(L_\omega)$ 最小,称为最佳松弛因子问题,由于该问题须较多篇幅介绍,请有兴趣的读者参阅有关文献.

§3.5 数值解的精度改善

众所周知,由于计算机的字长位数有限,因而在方程组求解过程中,会产生误差且可引起误差传播与积累,从而直接影响数值解的精确度. 为减小误差对计算结果的影响,除了采用双精度(即增加字长)求解外,还可在算法上加以改进. 在此我们仅介绍迭代校正法和加权迭代法.

3.5.1 数值解的迭代校正法

由于计算中有舍入误差,故由直接解法得到的方程组的解也只能是近似

解.

设 $x^{(1)}$ 是方程组 $Ax=b$ 的一个近似解,假定它是用三角分解法得到的. 又设

$$r^{(1)} = b - Ax^{(1)} \qquad (5.1)$$

是对应于 $x^{(1)}$ 的余量,此步用双倍字长计算,然后舍入到单倍字长.

解下列方程组

$$Ad^{(1)} = r^{(1)} \qquad (5.2)$$

并计算

$$x^{(2)} = x^{(1)} + d^{(1)} \qquad (5.3)$$

从而得到

$$\begin{aligned} x^{(2)} &= x^{(1)} + A^{-1}r^{(1)} = x^{(1)} + A^{-1}(b - Ax^{(1)}) \\ &= x^{(1)} + A^{-1}b - x^{(1)} = A^{-1}b = x^* \end{aligned}$$

因此 $x^{(2)}$ 是精确解. 求解 $x^{(2)}$ 是十分方便的,因为 $x^{(1)}$ 是通过分解矩阵 A 而算得的,那么要求(5.2)的解时就不再需要分解矩阵 A 了. 由于余量的计算只需 n^2 次乘法,所以整个过用 $2n^2$ 次乘法就能实现.

但在实际计算中,由于有舍入误差,因而 $x^{(2)}$ 不会是精确解,重复(5.1)～(5.3)的过程,就得到一个近似解序列 $\{x^{(k)}\}$. 一般地讲,重复次数不宜过多.

只要方程组不是过分病态,通过这一方法总可以得到相应方程组精确解的一个较好的近似值,当 A 过分病态时,$x^{(k)}$ 有可能不收敛于 x^*.

例 6 设有线性方程组

$$\begin{bmatrix} 3.3330 & 15920 & -10.333 \\ 2.2220 & 16.710 & 9.6120 \\ 1.5611 & 5.1791 & 1.6852 \end{bmatrix} \begin{bmatrix} x_1 \\ x_2 \\ x_3 \end{bmatrix} = \begin{bmatrix} 15913 \\ 28.544 \\ 8.4254 \end{bmatrix}$$

其精确解为 $x^* = (1,1,1)^{\mathrm{T}}$.

用 LU 分解法解上述方程组,得近似解 $x^{(1)}$(用 5 位浮点数运算).

$$x^{(1)} = (1.2001, 0.99991, 0.92538)^{\mathrm{T}}.$$

试用迭代校正法改善 $x^{(1)}$ 的精度.

解 经计算可得

(1)计算 $r^{(1)} = b - Ax^{(1)} = (-0.00518, 0.27413, -0.18616)^{\mathrm{T}}$

用 LU 分解法解 $Ad^{(1)} = r^{(1)}$ 得到

$$d^{(1)} = (-0.20008, 8.9987 \times 10^{-5}, 0.074607)^{\mathrm{T}}$$

于是

$$x^{(2)} = x^{(1)} + d^{(1)} = (1.0000, 1.0000, 0.99999)^{\mathrm{T}}$$

且

$$\frac{\|d^{(1)}\|_\infty}{\|x^{(2)}\|_\infty} = 0.2$$

(2)计算 $r^{(2)} = b - Ax^{(2)}$,且用 LU 分解法解 $Ad^{(2)} = r^{(2)}$,得

$$d^{(2)} = (1.5002 \times 10^{-9}, 2.0951 \times 10^{-10}, 1.0000 \times 10^{-5})^\mathrm{T}$$

于是

$$x^{(3)} = x^{(2)} + d^{(2)} = (1.0000, 1.0000, 1.0000)^\mathrm{T}$$

此时 $\dfrac{\|d^{(2)}\|_\infty}{\|x^{(3)}\|_\infty} \leqslant 10^{-5}$ 已接近 0.

下面给出迭代改善算法的实现过程:

步1 用三角分解法解 $Ax = b$,

步2 对于 $k = 1, 2, \cdots, M$,做到步 7.

步3 用双精度计算 r: $r_i = b_i - \sum\limits_{j=1}^{n} a_{ij}x_j$ ($i = 1, 2, \cdots, n$),并且舍入到单精度.

步4 用三角分解法解 $Ad = r$.

步5 对 $i = 1, 2, \cdots, n$ 做

$$x_i \leftarrow x_i + d_i$$

步6 若 $\dfrac{\|d\|_\infty}{\|x\|_\infty} < \varepsilon$,则输出近似解 x,退出.

步7 继续迭代,转步 3.

步8 输出"超过最大迭代次数!",退出.

3.5.2 数值解的加权迭代改善

有时我们会遇到矩阵过分病态的情况. 如希尔伯特(Hilbert)矩阵 $H_n = (h_{ij})_n$,$\left(h_{ij} = \dfrac{1}{i+j}, i, j = 1, 2, \cdots, n\right)$,$\mathrm{Cond}(H_6)_\infty = 2.9 \times 10^6$,若系数矩阵是 10 阶的希尔伯特矩阵,即使利用全主元消去法对其进行解算,连一位准确的数值解也得不到. 为能解算过分病态矩阵并保持矩阵的稀疏性,我们从改善矩阵条件数的目标着手,讨论较有实效的主元加权迭代改善算法.

对方程 $Ax = b$,构造一个迭代过程:

$$(A + aI)x^{(k+1)} = b + ax^{(k)} \tag{5.4}$$

对 $\forall x^{(0)} \in R^n$,用 $x^{(1)}$ 表示第一次算出的解. 将 $x^{(1)}$ 代入迭代过程,得

$$(A + aI)x^{(2)} = b + ax^{(1)}$$

为找出 $x^{(2)}$ 与 $x^{(1)}$ 的迭代关系. 令

$$x^{(2)} = x^{(1)} + e^{(1)}$$

则有

$$(A + \alpha I)(x^{(1)} + e^{(1)}) = b + \alpha x^{(1)}$$

即

$$(A + \alpha I)x^{(1)} + (A + \alpha I)e^{(1)} = b + \alpha x^{(1)}$$

显然,要使 $x^{(2)}$ 为精确解,只须确定 $e^{(1)}$

$$(A + \alpha I)e^{(1)} = b - Ax^{(1)}$$

若记

$$r^{(1)} = b - Ax^{(1)} \tag{5.5}$$

则有

$$(A + \alpha I)e^{(1)} = r^{(1)} \tag{5.6}$$

解(5.6)即可求出 $e^{(1)}$.

注意在解方程组(5.6)时,并不需要再对矩阵 $A + \alpha I$ 重新分解.因在计算 $x^{(1)}$ 时,已将三角分解的中间结果保存起来了.所以并不增加很大计算量,但由于实际计算中误差的存在,$x^{(2)}$ 不一定是一个准确解.因此可用 $x^{(2)}$ 代入 (5.5)算出 $r^{(2)}$,再代入(5.6)式解出 $e^{(2)}$,从而又得到进一步近似解

$$x^{(3)} = x^{(2)} + e^{(2)}$$

重复如此过程,直到精度满足为止.

应当提出,权因子 α 值的选取,将对收敛速度具有较大影响.若 α 值选得非常小,那么原来矩阵 A 的条件数没有得到适当的改善,也就是说原方程组仍是严重病态的,因而求出的解精度是不好的;若将 α 值选取得太大,又使($A + \alpha I$)不能保持是矩阵 A 的一个好的近似,从而发生收敛速度缓慢,甚至得不到正确解.在此,我们给出经验估值公式:

$$\frac{\alpha}{\alpha + \delta^2} \leqslant 0.1 \quad (\alpha > 0)$$

式中 δ 是矩阵 A 中最小非零元素值的下界.

综上所述,将加权迭代改善算法描述如下:

步1 用三角分解法解($A + \alpha I)x^{(1)} = b + \alpha x^{(0)}$,得 $x^{(1)}$.

步2 对 $k = 1, 2, \cdots, M$ 做到步 7.

步3 计算余量 $r^{(k)} = b - Ax^{(k)}$.

步4 用三角分解法解方程组($A + \alpha I)e^{(k)} = r^{(k)}$.

步5 计算 $x^{(k+1)} = x^{(k)} + e^{(k)}$.

步6 若 $\dfrac{\| e^{(k)} \|}{\| x^{(k)} \|} < \varepsilon$,则输出近似解 $x^{(k)}$,退出.

步7 继续迭代,转步 3.

步8 输出"超出迭代最大次数!",退出.

上述方法的优点是,不必选主元且保持矩阵的稀疏性,通过权因子 α 的

选取来改善矩阵的条件数,从而得到较为满意的计算结果,同时由于矩阵 A 分解的中间结果能够保持下来,因此每迭代一次,所花费的运算时间是很少的,对以希尔伯特矩阵为系数矩阵的线性代数方程组,实际计算结果表明,效果很好.

例 7 求解线性方程组

$$Hx = b$$

其中 H 为希尔伯特矩阵,其元素

$$h_{ij} = \frac{1}{i+j}, \quad i,j = 1,2,\cdots,n$$

右端向量 b 的分量

$$b_i = \sum_{j=1}^{n} h_{ij}, \quad i = 1,2,\cdots,n$$

方程组的解向量明显是 $x = (1,1,\cdots,1)^{\mathrm{T}}$.

现取初值 $x^{(0)} = (0,0,\cdots,0)^{\mathrm{T}}$,对各种不同阶的方程组计算情况列入下表:

矩阵阶	解的有效数字位数	余量 $r^{(k)}$	迭代次数	α 值
5	7	$0.18189894 \times 10^{-11}$	3	0.00016
10	5	$0.63664629 \times 10^{-11}$	5	0.00011
20	4	$0.26116140 \times 10^{-11}$	14	0.00005
50	4	$0.16549961 \times 10^{-10}$	17	0.00001
100	4	$0.51068838 \times 10^{-10}$	8	0.000025
140	4	$0.14239276 \times 10^{-10}$	4	0.000001
240	4	$0.75509376 \times 10^{-10}$	3	0.0000004

当阶数继续增高时,仍能得到 3~4 位有效数字的解.

本章主要介绍了解线性方程组 $Ax = b$ 迭代法的一些基本理论和具体方法.迭代法是一种逐次逼近方法,注意到在使用迭代法 $x^{(k+1)} = Bx^{(k)} + f$ 解方程组时,其迭代矩阵 B 和迭代向量 f 在计算过程中始终不变,迭代法具有循环的计算公式,方法简单,适宜解具有大型稀疏系数矩阵的方程组.

本章所介绍的雅可比方法,高斯-赛德尔迭代法及超松弛迭代法都是单步定常迭代法,在使用迭代法时,应注意收敛性及收敛速度问题,针对不同的实际问题,采用适当的数值算法.

习　题

A.

1. 编写用雅可比迭代法和高斯-赛德尔迭代法解线性方程组的标准程序.并求解下列方程组：

$$(1)\begin{cases}8x_1 - x_2 + x_3 = 1 \\ 2x_1 + 10x_2 - x_3 = 4 \\ x_1 + x_2 - 5x_3 = 3\end{cases} \qquad (2)\begin{cases}5x_1 + 2x_2 + x_3 = -12 \\ -x_1 + 4x_2 + 2x_3 = 20 \\ 2x_1 - 3x_2 + 10x_3 = 3\end{cases}$$

取初始向量 $x^{(0)} = (0,0,0)^{\mathrm{T}}$,满足 $\| x^{(k+1)} - x^{(k)} \|_\infty < 10^{-4}$ 时停止迭代.

2. 编写超松弛迭代法标准程序并求解下列方程组：

$$\begin{cases}4x_1 + 3x_2 \quad\quad = 24 \\ 3x_1 + 4x_2 - x_3 = 30 \\ \quad\quad -x_2 + 4x_3 = -24\end{cases}$$

取初始向量 $x^{(0)} = (1,1,1)^{\mathrm{T}}$,使满足 $\| x^{(k+1)} - x^{(k)} \|_\infty < 10^{-7}$ 时停止迭代,并比较取 $\omega = 1.25, \omega = 1$ 时所需迭代次数.

3. 对下列方程组

$$\begin{cases}3.02x_1 - 1.05x_2 + 2.53x_3 = -1.61 \\ 4.33x_1 + 0.56x_2 - 1.78x_3 = 7.23 \\ -0.83x_1 - 0.54x_2 + 1.47x_3 = -3.38\end{cases}$$

(1) 计算 $\mathrm{Cond}(A)_\infty$

(2) 用高斯消去法和迭代校正法求解精确到 4 位有效数字的解.

B.

1. 对下列线性方程组

$$(1)\begin{cases}x_1 + 2x_2 - 2x_3 = 6 \\ x_1 + x_2 + x_3 = 4 \\ 2x_1 + 2x_2 + x_3 = 1\end{cases} \qquad (2)\begin{cases}x_1 + \dfrac{2}{5}x_2 + \dfrac{2}{5}x_3 = 0 \\ \dfrac{2}{5}x_1 + x_2 + \dfrac{4}{5}x_3 = 4 \\ \dfrac{2}{5}x_1 + \dfrac{4}{5}x_2 + x_3 = 3\end{cases}$$

判断用雅可比迭代法和高斯-赛德尔迭代法解此方程组的收敛性.

2. 设方程组 $Ax = b$,其中

$$A = \begin{bmatrix} 1 & a & a \\ a & 1 & a \\ a & a & 1 \end{bmatrix}$$

(1) a 取何值时, A 为正定阵?

(2) a 取何值时,雅可比迭代法收敛?

3. 求证 $\lim_{k \to \infty} A_k = A$ 的充要条件是对任何向量 x 都有

$$\lim_{k \to \infty} A_k x = Ax$$

4. 设有方程组 $Ax = b$,其中 A 为对称正定阵,迭代公式

$$x^{(k+1)} = x^{(k)} + \omega(b - Ax^{(k)}), \quad k = 0,1,2,\cdots$$

证明当 $0 < \omega < \dfrac{2}{\beta}$ 时上述迭代过程收敛(其中 $0 < \alpha \leqslant \lambda(A) \leqslant \beta$).

5.设 A 为严格对角占优矩阵,则解方程组 $Ax = b$ 的高斯-赛德尔迭代法收敛.

6.设 A 是二阶方阵,且 $a_{ii} \neq 0$,证明对方程组 $Ax = b$,雅可比方法和高斯-赛德尔方法同时收敛和发散.

7.证明解方程组 $Ax = b$ 迭代程序
$$x^{(k+1)} = (I - B^{-1}A)x^{(k)} - B^{-1}b$$
当 $(A - B)(A - B)^{\mathrm{T}}$ 的最大特征值小于 BB^{T} 的最小特征值时收敛.

8.若存在对称正定阵 P,使
$$B = P - H^{\mathrm{T}}PH$$
为对称正定阵.试证迭代法
$$x^{(k+1)} = Hx^{(k)} + b \quad (k = 0,1,2,\cdots)$$
收敛.

9.试证明求解方程组
$$\begin{cases} x_1 + 2x_2 - 2x_3 = 1 \\ x_1 + x_2 + x_3 = 1 \\ 2x_1 + 2x_2 + x_3 = 1 \end{cases}$$
的雅可比迭代法收敛而高斯-赛德尔迭代法发散.

10.设 A、B 是 n 阶矩阵,A 非奇异.考虑如下方程组
$$\begin{cases} Ax + By = b_1 \\ Bx + Ay = b_2 \end{cases}$$

其中 b_1、$b_2 \in R^n$ 是已知向量,x、$y \in R^n$ 是未知向量.求证:如果 $A^{-1}B$ 的谱半径 $\rho(A^{-1}B) < 1$,则下列迭代格式
$$\begin{cases} Ax^{(k+1)} = -By^{(k)} + b_1 \\ Ay^{(k+1)} = -By^{(k)} + b_2, \quad k = 0,1,2,\cdots \end{cases}$$
必收敛.

第四章　矩阵特征值问题

科学技术中的许多问题,往往归化为求矩阵的特征值和相应的特征向量,即对给定的矩阵 $A \in C^{n \times n}$,求非零向量 $x \in C^n$ 及常数 $\lambda \in C$ 使

$$Ax = \lambda x$$

称 λ 为矩阵 A 的特征值,非零向量 x 为相应于 λ 的特征向量.

如何确定特征值 λ 及相应的特征向量 x 呢? 通常有如下两条途径:

1. 设法求出矩阵 A 的特征多项式 $\mathrm{Det}(\lambda I - A)$,其零点即为该矩阵的特征值,进而再求出与之相应的特征向量.克雷洛夫方法是这类方法中的一个代表,但由于特征值往往对特征多项式的系数很"敏感",即当特征多项式的系数有稍许误差时,常常导致特征值有较大的偏离.正因如此,除对少数特殊类型的矩阵,一般都不采用求特征多项式的办法来求矩阵的特征值.

2. 根据问题的特点和要求,对矩阵实施某种运算或变换(如乘幂、相似变换等)达到求得矩阵的部分特征值或全部特征值的目的.由于计算机在运算速度和存储量方面的飞速发展,这类方法无论从理论上还是从实践上都取得了迅猛的进展,目前已成为矩阵特征值问题求解方法的主流.本章将主要介绍这类方法.

在求解矩阵特征值问题时,要特别注意问题的要求和特点,比如:

1. 是要求矩阵的全部特征值还是只求一部分特征值(如按模最大或最小特征值)?

2. 在求解过程中是保存原始矩阵不受破坏还是在对其逐次实施相似变换或某种分解而破坏了原始矩阵?

3. 矩阵是否为实对称矩阵(或埃尔米特矩阵)?

在解决矩阵特征值问题的历史进程中,针对问题的不同要求或特点各自发展了一套行之有效的方法,应该指出的是尽管这些方法表面上千差万别,但本质上却是相同的,即它们都是某种形式的迭代法.

在本章 §4.1 内将集中介绍以后各节频繁使用的一些基本概念、定理及一些变换方法.§4.2 着重讨论求解矩阵部分特征值、特征向量的乘幂法.由于一些求解矩阵特征值问题的有效方法本质上都是乘幂法,因此,我们应对乘幂法给予特殊的注意.§4.3 研究如何求解实对称矩阵全部特征值的雅可比

方法,在最后一节则简要介绍求解矩阵特征值问题的 *QR* 方法.

§4.1 若干基本概念与定理

4.1.1 两种常用的变换

求解矩阵特征值问题的一个基本途径是设法对矩阵实施一系列(有限或无限)的相似变换.从而把一个较为复杂的问题转化为一个简单的、易于求解的特征值问题.而完成这种转化的工具,通常采用如下两种变换:豪斯霍尔德(Householder)变换和吉文斯(Givens)变换.

一、豪斯霍尔德变换

先考虑实 n 维空间情形,设 $\omega \in R^n$,且 $\|\omega\|_2 = 1$,称形如

$$H = I - 2\omega\omega^T \tag{1.1}$$

的 $n \times n$ 实方阵 H 为豪斯霍尔德变换.文献上也称其为豪斯霍尔德矩阵、镜像变换或反射矩阵.

豪斯霍尔德变换的许多重要应用都基于它的下列基本性质:

定理 4.1 设 H 是豪斯霍尔德变换,则

(1)H 是实对称的正交变换,即 $H^T = H$;$H^T H = HH^T = I$;$H^{-1} = H^T = H$;

(2)H 仅有两个互异特征值:-1 和 1,其中 -1 为单重特征值,相应的特征子空间为 $\text{Span}\{\omega\}$,1 是 H 的 $n-1$ 重特征值,与其相对应的特征子空间为 $(\text{Span}\{\omega\})^\perp$,即 $\text{Span}\{\omega\}$ 的正交补;

(3)$\det(H) = -1$;

(4)对 $\forall x \in R^n$,x 都可表示为 $x = u + \alpha\omega$,其中 $u \in (\text{Span}\{\omega\})^\perp$,$\alpha \in R$,于是有 $Hx = H(u + \alpha\omega) = Hu + \alpha H\omega = u - \alpha\omega$,且 $\|x\|_2 = \|Hx\|_2$,即 H 是关于超平面 $\omega^T v = 0(v \in R^n$ 为任一向量)的反射变换:

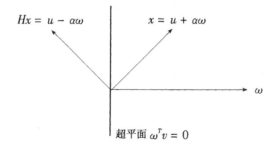

由(4),若 $\|x\|_2 = \|y\|_2$, x、$y \in R^n$,则可以构造一个豪斯霍尔德变换 H,使 $Hx = y$.办法如下:欲构造 H,关键在于确定 ω,假设 ω 已知,则可设 $x = u + \alpha\omega$,则 $y = Hx = u - \alpha\omega$ $u \in (\mathrm{Span}\{\omega\})^{\perp}$.那么 $x - y = 2\alpha\omega$.这提示我们 $x - y$ 就在 ω 的方向上,因此,若 $x = y$,则取 $H = I$,若 $x \neq y$,则取 $\omega = \dfrac{x - y}{\pm\|x - y\|_2}$ 即可.

在实际计算中,我们常常希望:若 $x \neq \theta \in R^n$,经由豪斯霍尔德变换 H 将其变为 $\pm\|x\|_2 e_1$.其中 $e_1 = (1, 0, \cdots, 0)^{\mathrm{T}}$,由上面讨论,我们立刻可得

$$H = I - 2\omega\omega^{\mathrm{T}}$$

其中 $\omega = \dfrac{x \pm \|x\|_2 e_1}{\|x \pm \|x\|_2 e_1\|_2}$.

如何确定上式 $\|x\|_2$ 前的正负号以使 ω 唯一? 由于 $\|x \pm \|x\|_2 e_1\|_2$ 须作除数,加之舍入误差的存在,我们不希望 x 与 $\|x\|_2 e_1$ 的第一分量符号相反而导致计算 $\|x \pm \|x\|_2 e_1\|_2$ 时其值变小,故而 $\|x\|_2 e_1$ 前的正负号可以这样来选取,使 $\|x\|_2 e_1$ 的第一分量的符号恒和 x 的第一分量 x_1 的符号相同.此时

$$\omega = \frac{x + \mathrm{sign}(x_1)\|x\|_2 e_1}{\|x + \mathrm{sign}(x_1)\|x\|_2 e_1\|_2} \tag{1.2}$$

余下来的问题是如何防止 $\|x\|_2$ 过大(上溢)或过小(下溢).这比较容易处理,只须用 $\dfrac{x}{\|x\|_\infty}$ 来代替(1.2)中的 x 就可以了.以后但凡用到此种变换,我们都假定施行过与此类似的手续,以防溢出现象发生.

至此,我们得到了:

定理 4.2 设 $x \in R^n$ 是任一非零向量,则可令

$$\omega = \frac{x + \mathrm{sign}(x_1)\|x\|_2 e_1}{\|x + \mathrm{sign}(x_1)\|x\|_2 e_1\|_2}$$

从而构造出

$$H = I - 2\omega\omega^{\mathrm{T}}$$

使

$$Hx = (I - 2\omega\omega^{\mathrm{T}})x = -\mathrm{sign}(x_1)\|x\|_2 e_1$$

在实际构造豪斯霍尔德变换 H 时,并不要将 $u = x + \mathrm{sign}(x_1)\|x\|_2 e_1$ 明确单位化,由于

$$H = I - 2\omega\omega^{\mathrm{T}} = I - \frac{2}{\|u\|_2^2}uu^{\mathrm{T}} = I - \rho uu^{\mathrm{T}} \tag{1.3}$$

故在描述定理 4.2 的算法中,只需计算出 $\rho = \dfrac{2}{\|u\|_2^2}$, $\sigma = \mathrm{sign}(x_1)$

$\|x\|_2$ 及 $u = x + \sigma e_1$ 即可. 且将 u 存于 x 内, 而无须计算出 H 的具体形式.
算法描述如下:

(1) 输入 $x = (x_1, x_2, \cdots, x_n)^{\mathrm{T}}$;

(2) $\eta = \max\limits_{1 \leqslant i \leqslant n} |x_i|$;

(3) 若 $\eta = 0$, 则 $\rho = 0$ 转 (7);

(4) $\dfrac{x_i}{\eta} \to x_i (i = 1, 2, \cdots, n)$; $\left(\sum x_i^2 \right)^{\frac{1}{2}} \to \sigma$;

(5) 若 $x_1 < 0$, 则 $-\sigma \to \sigma$;

(6) $x_1 + \sigma \to x_1, \rho = \dfrac{1}{\sigma x_1}, \eta \rho \to \sigma$;

(7) 输出有关信息: η, x, ρ, σ.

上述算法在构造豪斯霍尔德变换 $H = I - \rho u u^{\mathrm{T}}$ 时, 并没有明显地计算出 H, 而只计算出 u 并将其存于 x. 易于算出该算法须乘法 $n + 2$ 次, 除法 $n + 1$ 次, 开平方 1 次.

下面讨论用豪斯霍尔德变换来约化矩阵 A. 由前可知:

$$HA = (I - \rho u u^{\mathrm{T}})A = A - \rho u (A^{\mathrm{T}} u)^{\mathrm{T}} \tag{1.4}$$

若 $A = (a_1, a_2, \cdots, a_n)$, 其中 $a_i = (a_{1i}, a_{2i}, \cdots, a_{ni})^{\mathrm{T}}$ 为矩阵 A 的第 i 列, 则

$$HA = (Ha_1, Ha_2, \cdots, Ha_n)$$
$$Ha_i = a_i - \rho(u^{\mathrm{T}} a_i u) \quad (i = 1, 2, \cdots, n) \tag{1.5}$$

(1.5) 式说明了为什么不构造具体的 H 而仅构造 u 的理由. 即在使用豪斯霍尔德变换约化矩阵 A 时, 根据问题的要求生成 ρ 和 u 之后, 无须计算和存储 H, 而直接计算 (1.5) 并存于 a_i, 这样做既节省了运算量又节省了存储量, 但破坏了原始矩阵 A.

关于用豪斯霍尔德变换约化矩阵 A 的计算量留给读者去计算.

关于用豪斯霍尔德变换右乘矩阵 A 来约化 A 的算法, 与此类似, 读者自己总结.

二、吉文斯变换

仿照二维平面上的坐标旋转变换:

$$G(\theta) = \begin{bmatrix} \cos\theta & \sin\theta \\ -\sin\theta & \cos\theta \end{bmatrix} \tag{1.6}$$

定义吉文斯变换如下:

$$G(i,j,\theta) = \begin{bmatrix} 1 & & & & & & \\ & \ddots & & & & & \\ & & 1 & & & & \\ & & & C & \cdots & S & \\ & & & \vdots & 1 & \vdots & \\ & & & & \ddots & & \\ & & & & 1 & & \\ & & & -S & \cdots & C & \\ & & & & & & 1 \\ & & & & & & & \ddots \\ & & & & & & & & 1 \end{bmatrix} \begin{matrix} \\ \\ \\ i \\ \\ \\ \\ j \\ \\ \\ \end{matrix} \tag{1.7}$$

其中 $C = \cos\theta, S = \sin\theta$. 容易证明

1. $G(i,j,\theta)$ 为正交矩阵.

2. 若 $x = (x_1, x_2, \cdots, x_n)^T \in R^n$, 则 $y = G(i,j,\theta)x \in R^n$.

$$y = G(i,j,\theta)x = (y_1, y_2, \cdots, y_n)^T$$

其中 $y_k = x_k, k \neq i, j$.

$$y_i = Cx_i + Sx_j, \quad y_j = -Sx_i + Cx_j \tag{1.8}$$

由 (1.8), 如果我们希望变换后的向量 y 的第 j 个分量为零, 则只须取

$$C = \frac{x_i}{\sqrt{x_i^2 + x_j^2}}, \qquad S = \frac{x_j}{\sqrt{x_i^2 + x_j^2}} \tag{1.9}$$

但实际计算时, 为尽可能减少运算次数, 避免溢出并考虑到数值稳定, 对给定的 $x = (x_1, x_2, \cdots, x_n)^T \in R^n$, 可按如下算法来计算 $G(i,j,\theta)$ 中的 C, S, 使 $G(i,j,\theta)x$ 的第 j 个分量为 0:

(1) 输入 x_i 和 x_j;

(2) 如果 $x_j = 0$ 则 $1 \to C, 0 \to S$ 转 (4), 否则进行下一步;

(3) 如果 $|x_j| \geqslant |x_i|$, 则 $\frac{x_i}{x_j} \to t, \frac{1}{(1+t^2)^{\frac{1}{2}}} \to S, St \to C$, 否则 $\frac{x_j}{x_i} \to t$,

$\frac{1}{\sqrt{1+t^2}} \to C, Ct \to S$;

(4) $Cx_i + Sx_j \to x_i, 0 \to x_j$, 输出 C, S, x_i.

实际应用上, 经常需要计算的是 $G(i,j,\theta)A$, 其中 $A \in R^{n \times n}$. 与矩阵 A 相比, 此时 $G(i,j,\theta)A$ 中仅第 i 行、第 j 行发生了变化, 其余元素没有任何变化. 利用这一性质, 如已经根据问题的要求确定了 i, j, θ (即确定了 i, j, C, S), 则有计算 $G(i,j,\theta)A$ 的算法如下:

(1) 输入 A, 根据问题的要求产生或输入 i, j, C, S;

(2) 对于 $k = 1, 2, \cdots, n$ 做

$$Ca_{ik} + Sa_{jk} \to a_{ik}, \quad -Sa_{ik} + Ca_{jk} \to a_{jk}$$

(3) 输出有关信息.

关于用吉文斯变换右乘矩阵 A 来约化矩阵 A 的算法, 与上述算法类似,

请读者自己去总结.

三、复 n 维空间的豪斯霍尔德变换

在本节的第 1 部分,我们已经看到:若 $x,y\in R^n$, $\|x\|_2 = \|y\|_2$,则存在一个豪斯霍尔德变换 H:

$$H = I - 2\omega\omega^T \tag{1.1}$$

使 $Hx = y$.

由于豪斯霍尔德变换的基本性质(定理 4.1),使其在矩阵计算问题中发挥着重大作用.因此,我们自然会问:能否将豪斯霍尔德变换推广到复 n 维空间? 若能,该有何种形式? 下面的定理回答了这些问题.

定理 4.3 设 $x,y\in C^n$,则存在豪斯霍尔德变换 $H = I - 2\omega\omega^H$,使 $Hx = y$ 的充要条件是 $\|x\|_2 = \|y\|_2$ 且 $x^H y$ 是实数.

证明 必要性. H 是埃尔米特酉阵,故

$$\|y\|_2 = \|Hx\|_2 = \|x\|_2$$

且 $\overline{x^H y} = \overline{x^H Hx} = x^H Hx = x^H y$.

充分性.当 $x = y$ 时,取 $H = I$ 即可.若 $x \neq y$,令

$$\omega = e^{i\theta}\frac{(y-x)}{\|y-x\|_2}, \quad 其中 \theta 为任意实数,则有$$

$$Hx = (I - 2\omega\omega^H)x = x - 2\frac{e^{i\theta}(y-x)e^{-i\theta}(y-x)^H}{\|y-x\|_2^2}x$$

$$= x - \frac{2(y^H x - x^H x)(y-x)}{\|y-x\|_2^2}$$

$$= x + \frac{(x^H x + y^H y - 2y^H x)}{\|y-x\|_2^2}(y-x)$$

$$= x + y - x = y$$

由此可知:只要 $\|x\|_2 = \|y\|_2$ 且 $x^H y$ 是实数,我们就能构造出豪斯霍尔德变换 $H = I - 2\omega\omega^H$,使 $Hx = y$.关于如此构造出的豪斯霍尔德变换 H 的性质,希望读者自己总结.

4.1.2 特征值的界限

由第 2 章定理 2.13 可知, $A\in C^{n\times n}$ 的所有特征值必位于复平面上以原点为心,以 $\|A\|$ 为半径的圆盘中,其中 $\|\cdot\|$ 是任何相容的矩阵范数.矩阵特征值的准确界定在数值分析中有着许多重要的应用.但上述定理只给出所有特征值的模的一个上界.难免有粗疏之嫌,现在我们来建立一个更便于应用的界定特征值的定理.

定理 4.4 （Gerschgorin 定理） 矩阵 $A = (a_{ij})_{n \times n}$的任一特征值至少位于复平面上 n 个圆盘(Gerschgorin 圆盘)

$$D_i : \left\{ Z \mid |Z - a_{ii}| \leqslant \sum_{\substack{i=1 \\ j \neq i}}^{n} |a_{ij}| \right\} \qquad (i = 1, 2, \cdots, n) \qquad (1.10)$$

中的一个圆盘上.

证明 设 λ 为 A 的任一特征值, x 为相应于 λ 的特征向量, $x = (x_1, x_2, \cdots, x_n)$, 令 $\eta = \max\limits_{1 \leqslant i \leqslant n} |x_i|$, 则 $\eta \neq 0$. 不妨设 $\eta = |x_k|$. 由 $Ax = \lambda x$ 知

$$\sum_{j=1}^{n} a_{kj} x_j = \lambda x_k$$

移项便得

$$(a_{kk} - \lambda) x_k = -\sum_{\substack{j=1 \\ j \neq k}}^{n} a_{kj} x_j$$

从而

$$|a_{kk} - \lambda| \leqslant \sum_{\substack{j=1 \\ j \neq k}}^{n} |a_{kj}| \left| \frac{x_j}{x_k} \right| \leqslant \sum_{\substack{j=1 \\ j \neq k}}^{n} |a_{kj}|$$

注意 λ 为 A 的任一特征值. 定理得证.

从上述定理 4.4, 我们知道矩阵 A 的特征值都位于复平面上 Gerschgorin 圆盘的并集内. 若这 n 个圆盘并没有形成连通集, 情形会怎么样? 下面这个推广了的 Gerschgorin 定理回答了这个问题, 应用它往往会得到对特征值的更准确估计:

定理 4.4′ 如果矩阵 A 的 n 个 Gerschgorin 圆盘中的 m 个形成连通域 ($m \leqslant n$), 而其余 $n - m$ 个圆盘不与其连通. 则在此连通域内恰有 A 的 m 个特征值.

证明 （略）.

4.1.3 *QR* 分解

在第 2 章内, 我们已经看到:求解方程组的高斯消元法本质上相当于对系数矩阵 A 实行 LU 分解. 针对具体问题而对矩阵实施各种不同的分解会给我们解决问题带来很大方便. 在本小节内, 我们将研究如何用豪斯霍尔德变换或吉文斯变换将 $A \in R^{n \times n}$ 分解为一正交矩阵 Q 和一上三角矩阵 R 的积, 即 QR 分解. 由于 QR 分解在矩阵计算中扮演重要角色, 人们已经提出构造矩阵 QR 分解的各种方法. 我们则主要介绍矩阵 QR 分解的豪斯霍尔德方法(或吉文斯方法). 这一方面是由于这两类变换简单, 易于实施. 另一方面也是出于数值稳定性的考虑.

定理 4.5 设 $A \in R^{n \times n}$,则 A 可以分解为
$$A = QR \qquad (1.11)$$
其中 Q 为正交矩阵,R 为上三角矩阵.

证明 设 $A^{(0)} = A = [a_1, a_2, \cdots, a_n]$. 若 a_{i_1} 是 $A^{(0)}$ 的第一个非零列. 作豪斯霍尔德变换(或有限个吉文斯变换的乘积)H_1,使 $H_1 a_{i_1} = \rho_1 e_1$,其中 $|\rho_1| = \|a_{i_1}\|_2$,记 $A^{(1)} = H_1 A^{(0)}$. 若在 $A^{(1)}$ 的第一行下面还有非零元,令 $a_{i_2}^{(1)}$ 表 $A^{(1)}$ 内其第一个元素以下有非零元的第一列,显然 $i_2 > i_1$. 对 $a_{i_2}^{(1)}$ 作豪斯霍尔德变换(或有限个吉文斯变换)H_2,使 $H_2 a_{i_2}^{(1)}$ 的第一个分量与 $a_{i_2}^{(1)}$ 的第一分量相同,第 2 分量为 ρ_2,若 $a_{i_2}^{(1)} = (a_{1i_2}^{(1)}, a_{2i_2}^{(1)}, \cdots, a_{ni_2}^{(1)})^T$,则 $|\rho_2| = (\sum_{j=2}^n (a_{ji_2}^{(1)})^2)^{\frac{1}{2}}$,第 3 及以下各分量为零. 如此继续,最终可得 $A^{(r)}$ ($r \leq n-1$) 为一上三角矩阵. 注意:
$$A^{(r)} = H_r H_{r-1} \cdots H_1 A^{(0)} = H_r H_{r-1} \cdots H_1 A$$
故有 $A = H_1^T H_2^T \cdots H_r^T A^{(r)}$,记 $Q = H_1^T H_2^T \cdots H_r^T$,$R = A^{(r)}$,则
$$A = QR \qquad (1.11)$$
其中 Q 为正交矩阵,R 为上三角阵.

由上述定理 4.5,我们很容易便得所谓的满秩分解.

设 $A \in R^{n \times m}$,它的秩为 r,则 A 可分解为
$$A = GS$$
其中 $G \in R^{n \times r}$,$S \in R^{r \times n}$ 分别为列满秩阵和行满秩阵.

其实我们还可以证明定理 4.5 的更一般形式:

定理 4.5′ 设 $A \in C^{m \times n}$,它的秩为 r,则 A 可以分解为
$$A = QR$$
其中 $Q \in C^{m \times r}$ 为有正交规范列的矩阵,$R \in R^{r \times n}$ 是行满秩矩阵.

4.1.4 收缩

设 $A \in C^{n \times n}$,已知 λ_1 和 x_1 分别为 A 的特征值和相应特征向量,则我们有

定理 4.6 设 x_1 为矩阵 $A \in C^{n \times n}$ 的相应于特征值 λ_1 的特征向量,则存在酉矩阵 Q,使

$$Q^H A Q = \begin{bmatrix} \lambda_1 & b_1^T \\ 0 & B \end{bmatrix} \qquad (1.12)$$

证明 因为 $Ax_1 = \lambda_1 x_1$,$x_1 \neq 0$,故有豪斯霍尔德变换 H 使
$$Hx_1 = \rho e_1 \qquad (\rho \neq 0)$$

$$HAH^H Hx_1 = \lambda_1 Hx_1, \quad \text{从而} \quad HAH^H e_1 = \lambda_1 e_1$$

故 HAH^H 有如下形式：

$$HAH^H = \begin{bmatrix} \lambda_1 & b_1{}^{\mathrm{T}} \\ 0 & B \end{bmatrix}$$

令 $H = Q^H$，则定理得证.

由定理 4.6，在矩阵 A 的特征值 λ_1 和相应特征向量 x_1 为已知的情况下，由于 A 和 $Q^H A Q$ 相似，故矩阵 B 的特征值都是矩阵 A 的特征值. 于是欲求矩阵 A 的其余特征值，只要求矩阵 B 的特征值即可. 注意到 B 已为 $(n-1) \times (n-1)$ 的矩阵，这便是收缩一词的由来. 显然此过程还可继续下去，逐一求得矩阵 A 的全部特征值.

容易看出，定理 4.6 其实是下定理的特例：

定理 4.6′ 设 $A \in C^{n \times n}$，而 $X \in C^{n \times k}$ 是列满秩的，$B \in C^{k \times k}$ 满足 $AX = XB$，则存在一个酉矩阵 $Q \in C^{n \times n}$ 使

$$Q^H A Q = \begin{bmatrix} A_{11} & A_{12} \\ 0 & A_{22} \end{bmatrix} \tag{1.13}$$

其中 $A_{11} \in C^{k \times k}$，$A_{22} \in C^{(n-k) \times (n-k)}$，且 $S(A_{11}) = S(B) \subset S(A)$，$S(A)$ 表 A 的所有特征值的集合，即 A 的谱集.

4.1.5 瑞利商

定义 4.1 设 A 是 $n \times n$ 实对称矩阵，对任何非零向量 $x \in R^n$，称

$$R(x) = \frac{x^{\mathrm{T}} A x}{x^{\mathrm{T}} x} \tag{1.14}$$

为相应于 x 的瑞利(Rayleigh)商.

瑞利商在矩阵特征值计算中常用来加速迭代过程的收敛. 这在后面的讨论中将会看到. 在此我们仅指出：

定理 4.7 若 $A \in R^{n \times n}$ 为实对称矩阵，其特征值依次为 $\lambda_1 \geqslant \lambda_2 \geqslant \cdots \geqslant \lambda_n$. 则有

(1) $\lambda_1 \geqslant \dfrac{x^{\mathrm{T}} A x}{x^{\mathrm{T}} x} \geqslant \lambda_n$ （对 $\forall x \in R^n, x \neq \theta$）；

(2) $\lambda_1 = \max\limits_{x \neq 0} \dfrac{x^{\mathrm{T}} A x}{x^{\mathrm{T}} x}$；

(3) $\lambda_n = \min\limits_{x \neq 0} \dfrac{x^{\mathrm{T}} A x}{x^{\mathrm{T}} x}$.

4.1.6 若干基本概念的复习

设 $A \in C^{n \times n}$，若 A 有 r 个互异的特征值 $\lambda_1, \lambda_2, \cdots, \lambda_r$，它们作为 $P(\lambda) =$

$\det(\lambda I - A)$ 的根分别是 $i_1, i_2, \cdots, i_r$ 重的. 即

$$P(\lambda) = \prod_{j=1}^{r}(\lambda - \lambda_j)^{i_j}, \text{其中} \qquad \sum_{j=1}^{r} i_j = n$$

则称 i_j 为 λ_j 的代数重数,而称

$$k_j = n - \text{rank}(\lambda_j I - A)$$

为 λ_j 的几何重数. k_j 表示属于 λ_j 的线性无关的特征向量的个数. 显然有如下关系:

$$1 \leqslant k_j \leqslant i_j \leqslant n$$

下列说法是等价的:

(1)若矩阵 A 的若尔当标准形中每个若尔当块都是一阶的,则称 A 是非亏损的.

(2)若矩阵 A 的每个特征值的几何重数等于代数重数,则称 A 是非减次的.

(3)若矩阵 A 有 n 个线性无关的特征向量(完备特征向量系),则称 A 是可对角化的或单构的.

若矩阵 A 不满足上述三条中的任何一条,则称其为亏损的或减次的,或非单构的,或不可对角化的.

§4.2 乘 幂 法

乘幂法是计算矩阵的按模最大特征值及相应特征向量的方法,若辅以相应的收缩技巧,则可以逐次计算出该矩阵的按模由大到小的全部特征值及相应特征向量.

4.2.1 方法的描述

设 $A \in R^{n \times n}$ 为单构阵,其特征值 $\lambda_i(i=1,2,\cdots,n)$ 按模的下降次序排列为

$$|\lambda_1| > |\lambda_2| \geqslant |\lambda_3| \geqslant \cdots \geqslant |\lambda_n| \tag{2.1}$$

相应的 n 个线性无关的特征向量是 $x_1, x_2, \cdots, x_n$.

乘幂法的基本思想是任取一非零向量 $z_0 \in R^n$,通过逐次左乘以矩阵 A 构造出一向量序列:

$$z_k = A z_{k-1}, \qquad k = 1,2,3,\cdots \tag{2.2}$$

由假设

$$z_0 = \sum_{i=1}^{n} \alpha_i x_i, \tag{2.3}$$

其中 $\alpha_1 \neq 0, \alpha_1, \alpha_2, \cdots, \alpha_n \in R$（有时由于 z_0 任选,有可能使 $\alpha_1 = 0$,但由于计算有舍入误差,计算若干步后便会使得 z_k 在 x_1 方向上的分量不为零,故不妨一开始就设 $\alpha_1 \neq 0$）,此时(2.2)又可写为

$$z_k = A^k z_0 = \sum_{i=1}^{n} \alpha_i \lambda_i^k x_i = \lambda_1^k \left(\alpha_1 x_1 + \sum_{i=2}^{n} \alpha_i \left(\frac{\lambda_i}{\lambda_1} \right)^k x_i \right) \qquad (2.4)$$

由于 $|\lambda_1| > |\lambda_2| \geqslant |\lambda_3| \geqslant \cdots \geqslant |\lambda_n|$,若记 $\varepsilon_k = \sum\limits_{i=2}^{n} \alpha_i \left(\frac{\lambda_i}{\lambda_1} \right)^k x_i$,则立即知 $\varepsilon_k \to \theta$（零向量）$(k \to \infty)$,则 z_k 按方向收敛于 x_1. 另外,若记

z_k 的第 i 个分量为 $(z_k)_i$,则有

$$\frac{(z_{k+1})_i}{(z_k)_i} = \lambda_1 \frac{\alpha_1 (x_1)_i + (\varepsilon_{k+1})_i}{\alpha_1 (x_1)_i + (\varepsilon_k)_i}$$

故当 $k \to \infty$ 时,

$$\frac{(z_{k+1})_i}{(z_k)_i} \to \lambda_1 \qquad (2.5)$$

于是可以将乘幂法的基本原理总结如下:任取初始向量 $z_0 \in R^n$,若 A 的特征值分布满足 $|\lambda_1| > |\lambda_2| \geqslant |\lambda_3| \geqslant \cdots \geqslant |\lambda_n|$,相应的特征向量形成完备特征向量系,则序列 $A^k z_0$ 按方向收敛于 x_1. 相邻两次迭代向量 z_{k+1} 与 z_k 的对应分量的比值收敛于 λ_1.

现在再回过头来考察(2.4),当 $|\lambda_1| > 1$ 时,$A^k z_0$ 的分量的模会随着 k 的增大而无限变大,而当 $|\lambda_1| < 1$ 时,$A^k z_0$ 分量的模会随着 k 的增大而无限变小,为防止这两种情况对实际计算的影响,即防止实际计算中出现上溢与下溢现象. 计算中应适当规范化,于是有实际计算中使用的乘幂法:

(1)任取规范化初始向量 z_0,(即 z_0 的模最大的分量 $\max(z_0)$ 为 1,以后不再说明).

$$\left. \begin{array}{l} (2) y_k = A z_{k-1} \\ (3) m_k = \max(y_k) \\ (4) z_k = \dfrac{y_k}{m_k} \end{array} \right\} \quad k = 1, 2, \cdots \qquad (2.6)$$

关于乘幂法(2.6),我们有

定理 4.8　设 $A \in R^{n \times n}$ 有完备特征向量系,特征值分布满足(2.1): $|\lambda_1| > |\lambda_2| \geqslant |\lambda_3| \geqslant \cdots \geqslant |\lambda_n|$,则对任取的规范化初始向量 z_0,按迭代格式(2.6)构造的序列 z_k 和 m_k 分别收敛于 $\dfrac{x_1}{\max(x_1)}$ 和 λ_1.

证明　由于 $z_k = \dfrac{y_k}{m_k} = \dfrac{A z_{k-1}}{m_k}$,故有 $z_k = \dfrac{A^k z_0}{m_k m_{k-1} \cdots m_1}$,又

$$m_k = \max(y_k) = \max(Az_{k-1}) = \max(Ay_{k-1}/m_{k-1}) = \max(Ay_{k-1})/m_{k-1}$$

$$= \max(A^2 z_{k-2})/m_{k-1} = \max(A^2 y_{k-2})/(m_{k-1} m_{k-2})$$

$$= \max(A^k z_0)/(m_{k-1} \cdot m_{k-2} \cdots m_1)$$

于是得

$$z_k = \frac{A^k z_0}{\max(A^k z_0)} = \frac{\sum \lambda_i^k \alpha_i x_i}{\max(\sum \lambda_i^k \alpha_i x_i)} = \frac{\alpha_1 x_1 + \varepsilon_k}{\max(\alpha_1 x_1 + \varepsilon_k)} \qquad (2.7)$$

从而

$$\lim_{k \to \infty} z_k = \frac{x_1}{\max(x_1)}$$

$$m_k = \max(y_k) = \max(Az_{k-1}) = \max\left(A \frac{\alpha_1 x_1 + \varepsilon_{k-1}}{\max(\alpha_1 x_1 + \varepsilon_{k-1})}\right)$$

$$= \lambda_1 \max \frac{\alpha_1 x_1 + \varepsilon_k}{\max(\alpha_1 x_1 + \varepsilon_{k-1})} = \lambda_1 \frac{\max(\alpha_1 x_1 + \varepsilon_k)}{\max(\alpha_1 x_1 + \varepsilon_{k-1})}$$

于是 $\lim_{k \to \infty} m_k = \lambda_1$.

例1 用乘幂法求矩阵

$$A = \begin{bmatrix} 1 & -1 & 1 \\ 6 & 1 & -6 \\ 6 & -1 & -4 \end{bmatrix}$$

的按模最大特征值和相应特征向量.

解 取迭代初始向量为 $z_0 = (1,0,0)^T$,按格式(2.6)计算,结果列表如下:

k	y_k			z_k			m_k
	$(y_k)_1$	$(y_k)_2$	$(y_k)_3$	$(z_k)_1$	$(z_k)_2$	$(z_k)_3$	
0				1	0	0	
1	1.0000	6.0000	6.0000	0.1667	1.0000	1.0000	6.0000
2	0.1667	-3.9998	-3.9998	-0.0417	1.0000	1.0000	-3.9998
3	-0.0417	-5.2502	-5.2502	0.0079	1.0000	1.0000	-5.2502
4	0.0079	-4.9526	-4.9526	-0.0016	1.0000	1.0000	-4.9526
5	-0.0016	-5.0096	-5.0096	0.0003	1.0000	1.0000	-5.0096
6	0.0003	-4.99982	-4.99982	-0.0001	1.0000	1.0000	-4.9982
7	-0.0001	-5.0006	-5.0006	0.0000	1.0000	1.0000	-5.0006
8	0.0000	-5.0006	-5.0006	0.0000	1.0000	1.0000	-5.0000
9	0.0000	-5.0000	-5.0000	0.0000	1.0000	1.0000	-5.0000

由上表,得 A 的按模最大特征值为 -5,相应的特征向量为 $(0,1,1)^T$.

4.2.2 收敛性分析

在 4.2.1 内关于矩阵按模最大特征值及相应特征向量的计算完全基于如下假设:矩阵 A 有特征值分布:$|\lambda_1| > |\lambda_2| \geqslant |\lambda_3| \geqslant \cdots \geqslant |\lambda_n|$,且相应的特征向量形成完备特征向量系.但实际上矩阵的特征值分布远不止此一种情形,相应的特征向量也并非恒能形成完备特征向量系.因而有必要进行比较详细地研究.

首先我们假定 A 为单构阵,此时特征值分布大致有如下几种情形:

(1)$|\lambda_1| > |\lambda_2| \geqslant |\lambda_3| \geqslant \cdots \geqslant |\lambda_n|$;

(2)$\lambda_1 = \lambda_2 = \cdots = \lambda_r$;$|\lambda_r| > |\lambda_{r+1}| \geqslant \cdots \geqslant |\lambda_n|$;

(3)$\lambda_1 = -\lambda_2$,$|\lambda_2| > |\lambda_3| \geqslant \cdots \geqslant |\lambda_n|$;

(4)$\lambda_1 = \bar{\lambda}_2$,$|\lambda_2| > |\lambda_3| \geqslant \cdots \geqslant |\lambda_n|$;

(5)$|\lambda_1| = |\lambda_2| = \cdots = |\lambda_r|$,$|\lambda_r| > |\lambda_{r+1}| \geqslant \cdots \geqslant |\lambda_n|$.

以下仅就情形(1)、(2)、(3)、(4)来分析乘幂法的收敛性.最后给出情形(5)的复杂性的简略说明.

(1)$|\lambda_1| > |\lambda_2| \geqslant |\lambda_3| \geqslant \cdots \geqslant |\lambda_n|$

此种情形 λ_1 为实矩阵 A 的按模最大实单重特征值.乘幂法的收敛性分析已由定理 4.8 给出.此处只须指出迭代为线性收敛.收敛速度由 $\left|\dfrac{\lambda_2}{\lambda_1}\right|$ 来决定.这个比值越小,收敛越快,当 $\left|\dfrac{\lambda_2}{\lambda_1}\right|$ 接近于 1 时,收敛会显著变慢.

(2)$\lambda_1 = \lambda_2 = \cdots = \lambda_r$,$|\lambda_r| > |\lambda_{r+1}| \geqslant \cdots \geqslant |\lambda_n|$

此种情形 λ_1 为实矩阵 A 的按模最大的实 r 重特征值.由(2.7)

$$z_k = \frac{A^k z_0}{\max(A^k z_0)}$$

$$= \frac{\displaystyle\sum_{i=1}^{r} \alpha_i x_i + \sum_{i=r+1}^{n} \alpha_i \left(\frac{\lambda_i}{\lambda_1}\right)^k x_i}{\max\left(\displaystyle\sum_{i=1}^{r} \alpha_i x_i + \sum_{i=r+1}^{n} \alpha_i \left(\frac{\lambda_i}{\lambda_1}\right)^k x_i\right)}$$

$$\rightarrow \frac{\displaystyle\sum_{i=1}^{r} \alpha_i x_i}{\max\left(\displaystyle\sum_{i=1}^{r} \alpha_i x_i\right)} \qquad (k \rightarrow \infty) \tag{2.8}$$

类似地可以证明

$$m_k = \max(y_k) \rightarrow \lambda_1 \quad (k \rightarrow \infty). \tag{2.9}$$

迭代为线性收敛,收敛速度由 $\left|\dfrac{\lambda_{r+1}}{\lambda_1}\right|$ 决定. 此时对不同的迭代初始向量 z_0, z_k 可能会收敛于不同的向量. 这是由于相应于 $\lambda_1, \lambda_2, \cdots, \lambda_r$ 的特征向量形成一特征子空间所致.

(3) $\lambda_1 = -\lambda_2$

由(2.7)式,有

$$z_k = \frac{\alpha_1 x_1 + (-1)^k \alpha_2 x_2 + \sum\limits_{i=3}^{n} \alpha_i \left(\dfrac{\lambda_i}{\lambda_1}\right)^k x_i}{\max\left(\alpha_1 x_1 + (-1)^k \alpha_2 x_2 + \sum\limits_{i=3}^{n} \alpha_i \left(\dfrac{\lambda_i}{\lambda_1}\right) x_i\right)^k} \tag{2.10}$$

当 $k \to \infty$ 时,z_k 不收敛于任何向量(除非 $\alpha_1 \cdot \alpha_2 = 0$. 但由于舍入误差存在,计算中保证不了这一点). 但计算过程中易于发现:z_k 与 z_{k+1} 的对应分量做有规律的摆动,特别当 k 较大时更是如此. 这提示我们去考察

$$A^2 z_k = \lambda_1^2 \frac{\alpha_1 x_1 + (-1)^{k+2} \alpha_2 x_2 + \sum\limits_{i=3}^{n} \alpha_i \left(\dfrac{\lambda_i}{\lambda_1}\right)^{k+2} x_i}{\max\left(\alpha_1 x_1 + (-1)^k \alpha_2 x_2 + \sum\limits_{i=3}^{n} \alpha_i \left(\dfrac{\lambda_i}{\lambda_1}\right)^k x_i\right)} \tag{2.11}$$

由此不难看出 $k \to \infty$,$\max(A^2 z_k) \to \lambda_1^2$. $\tag{2.12}$

此时迭代为线性收敛,收敛速度由 $\left|\dfrac{\lambda_3}{\lambda_1}\right|$ 决定. 同时,注意到(2.10)式,可得

$$Az_k + \lambda_1 z_k = \frac{2\lambda_1 \alpha_1 x_1 + \sum\limits_{i=3}^{n} \alpha_i (\lambda_1 + \lambda_i) \left(\dfrac{\lambda_i}{\lambda_1}\right)^k x_i}{\max\left(\alpha_1 x_1 + (-1)^k \alpha_2 x_2 + \sum\limits_{i=3}^{n} \left(\dfrac{\lambda_i}{\lambda_1}\right)^k x_i\right)}$$

及

$$Az_k - \lambda_1 z_k = \frac{(-1)^k 2\lambda_2 \alpha_2 x_2 + \sum\limits_{i=3}^{n} \alpha_i (\lambda_2 + \lambda_i) \left(\dfrac{\lambda_i}{\lambda_1}\right)^k x_i}{\max\left(\alpha_i x_i + (-1)^k \alpha_2 x_2 + \sum\limits_{i=3}^{n} \left(\dfrac{\lambda_i}{\lambda_1}\right)^k x_i\right)}$$

于是 $Az_k + \lambda_1 z_k$ 和 $Az_k - \lambda_1 z_k$ 可以分别作为相应于 λ_1 和 λ_2 的特征向量的近似.

容易推知:当 $\lambda_1 = \lambda_2 = \cdots = \lambda_r$,而 $\lambda_{r+1} = \lambda_{r+2} = \cdots = \lambda_{r+l} = -\lambda_1$,且 $|\lambda_1| > |\lambda_{r+l+1}|$ 时有与此相类似的结论.

(4) $\lambda_1 = \bar{\lambda}_2$,$|\lambda_1| = |\lambda_2| > |\lambda_3| \geqslant |\lambda_4| \geqslant \cdots \geqslant |\lambda_n|$

由于 $A \in R^{n \times n}$,它的非实特征值总是共轭成对出现,相应的特征向量也

互为共轭.即 $x_1 = \overline{x_2}$.于是对任意的初始实向量 z_0,(2.3)可以写成:

$$z_0 = \alpha_1 x_1 + \overline{\alpha_1}\,\overline{x_1} + \sum_{j=3}^{n} \alpha_j x_j$$

则

$$\left.\begin{array}{l}
A^k z_0 = \alpha_1 \lambda_1{}^k x_1 + \alpha_2 \lambda_2{}^k x_2 + \sum_{i=3}^{n} \alpha_i \lambda_i{}^k x_i \\[2mm]
A^{k+1} z_0 = \alpha_1 \lambda_1{}^{k+1} x_1 + \alpha_2 \lambda_2{}^{k+1} x_2 + \sum_{i=3}^{n} \alpha_i \lambda_i{}^{k+1} x_i \\[2mm]
A^{k+2} z_0 = \alpha_1 \lambda_1{}^{k+2} x_1 + \alpha_2 \lambda_2{}^{k+2} x_2 + \sum_{i=3}^{n} \alpha_i \lambda_i{}^{k+2} x_i
\end{array}\right\} \qquad (2.13)$$

易于看出序列 $A^k z_0$ 不收敛,且没有规律.

但若以 $\lambda_1 \lambda_2$ 乘(2.13)的第一式,以 $-(\lambda_1 + \lambda_2)$ 乘(2.13)的第二式,并将两乘得结果与第三式相加:

$$A^{k+2} z_0 - (\lambda_1 + \lambda_2) A^{k+1} z_0 + \lambda_1 \lambda_2 A^k z_0$$

$$= \lambda_1{}^k (\lambda_1{}^2 - (\lambda_1 + \lambda_2)\lambda_1 + \lambda_1 \lambda_2)\alpha_1 x_1 + \lambda_2{}^k (\lambda_2{}^2 - (\lambda_1 + \lambda_2)\lambda_2 + \lambda_1 \lambda_2)\alpha_2 x_2$$

$$+ \sum_{i=3}^{n} \lambda_i{}^k (\lambda_i{}^2 - (\lambda_1 + \lambda_2)\lambda_i + \lambda_1 \lambda_2)\alpha_i x_i$$

由此即有

$$m_{k+2} m_{k+1} z_{k+2} - (\lambda_1 + \lambda_2) m_{k+1} z_{k+1} + \lambda_1 \lambda_2 z_k$$

$$= \frac{1}{\max(A^k z_0)} \sum_{i=3}^{n} \lambda_i{}^k (\lambda_i^2 - (\lambda_1 + \lambda_2)\lambda^i + \lambda_1 \lambda_2)\alpha_i x_i \qquad (2.14)$$

故当 $k \to \infty$ 时,

$$m_{k+2} m_{k+1} z_{k+2} - (\lambda_1 + \lambda_2) m_{k+1} z_{k+1} + \lambda_1 \lambda_2 z_k \to 0 \qquad (2.15)$$

若记 $p = -\lambda_1 - \lambda_2, q = \lambda_1 \lambda_2$,则 k 充分大时,

$$m_{k+2} m_{k+1} z_{k+2} + p m_{k+1} z_{k+1} + q z_k \approx 0 \qquad (2.16)$$

倘若能由(2.16)确定 p 和 q,则矩阵 A 的特征值 λ_1 和 λ_2 便是下述二次方程的根:

$$\lambda^2 + p\lambda + q = 0 \qquad (2.17)$$

$$\lambda_1 = \frac{-p + \sqrt{p^2 - 4q}}{2}, \quad \lambda_2 = \overline{\lambda_1} \qquad (2.18)$$

于是问题转化为如何确定 p、q 的值.即如何求解两个未知数 n 个方程的超定方程组.现介绍两种方法:

(a)选定(2.16)中的第 i 方程和第 j 个方程组成关于 p 和 q 的方程组.若记 z_k 的第 i 个分量为 $(z_k)_i$,则

$$m_{k+2} m_{k+1} (z_{k+2})_i + p m_{k+1} (z_{k+1})_i + q(z_k)_i = 0$$

$$m_{k+2}m_{k+1}(z_{k+2})_j + pm_{k+1}(z_{k+1})_j + q(z_k)_j = 0 \quad (1 \leqslant i \neq j \leqslant n)$$

此处理方法简单,但有时会得不到满意解或无解.

(b)用最小二乘法解方程组(2.16)

$$\begin{pmatrix} m_{k+1}z_{k+1} & z_k \end{pmatrix}\begin{pmatrix} p \\ q \end{pmatrix} = -m_{k+2}m_{k+1}z_{k+2}$$

其法方程组为

$$\begin{bmatrix} m_{k+1}z_{k+1}^{\mathrm{T}} \\ z_k^{\mathrm{T}} \end{bmatrix}\begin{bmatrix} m_{k+1}z_{k+1} & z_k \end{bmatrix}\begin{pmatrix} p \\ q \end{pmatrix} = -m_{k+2}m_{k+1}\begin{bmatrix} m_{k+1}z_{k+1}^{\mathrm{T}} \\ z_k^{\mathrm{T}} \end{bmatrix}z_{k+2}$$

于是有

$$p = -m_{k+2}\big[(z_{k+1}^{\mathrm{T}}z_{k+2})\parallel z_k \parallel_2^2 - (z_k^{\mathrm{T}}z_{k+2})(z_k^{\mathrm{T}}z_{k+1})\big]/\Delta$$

$$q = -m_{k+2}m_{k+1}\big[(z_k^{\mathrm{T}}z_{k+2})\parallel z_{k+1}\parallel_2^2 - (z_k^{\mathrm{T}}z_{k+1})(z_{k+1}^{\mathrm{T}}z_{k+2})\big]/\Delta$$

其中

$$\Delta = \parallel z_{k+1}\parallel_2^2 \cdot \parallel z_k \parallel^2 - (z_k^{\mathrm{T}}z_{k+1})^2$$

总之,无论用何种方法,确定出 p 和 q 之后,即可求出 λ_1 和 λ_2. 下面来谈谈特征向量 x_1 的计算,注意到

$$z_k = \frac{A^k z_0}{\max(A_k z_0)} = \frac{\lambda_1^k \alpha_1 x_1 + \lambda_2^k \alpha_2 x_2 + \sum\limits_{j=3}^n \lambda_j^k \alpha_j x_j}{\max\left(\lambda_1^k \alpha_1 x_1 + \lambda_2^k \alpha_2 x_2 + \sum\limits_{j=3}^n \lambda_j^k \alpha_j x_j\right)} \tag{2.19}$$

记 $\lambda_1 = \rho\mathrm{e}^{i\theta}, |\lambda_1| = \rho$,则

$$z_k \approx \frac{\mathrm{e}^{ik\theta}\alpha_1 x_1 + \overline{\mathrm{e}^{ik\theta}\alpha_1 x_1}}{\max(\mathrm{e}^{ik\theta}\alpha_1 x_1 + \overline{\mathrm{e}^{ik\theta}\alpha_1 x_1})} = \beta_1 x_1 + \overline{\beta_1 x_1} \tag{2.20}$$

其中

$$\beta_1 = \frac{\alpha_1 \mathrm{e}^{ik\theta}}{\max(\mathrm{e}^{ik\theta}\alpha_1 x_1 + \mathrm{e}^{ik\theta}\alpha_1 x_1)}$$

若 $\beta_1 x_1 = u + iv, u, v \in R^n$,则 $u \approx \frac{1}{2}z_k$. 如何确定 v? 注意到

$$y_{k+1} = Az_k \approx \lambda_1\beta_1 x_1 + \overline{\lambda_1\beta_1 x_1}$$

$$= 2\rho u\cos\theta - 2\rho v\sin\theta$$

$$2\rho\cos\theta = \lambda_1 + \lambda_2 = -p, \quad 2\rho\sin\theta = \frac{(\lambda_1 - \lambda_2)}{i} = \sqrt{4q - p^2}$$

于是

$$v \approx \frac{-\left(y_{k+1} + \dfrac{p}{2}z_k\right)}{\sqrt{4q - p^2}}$$

因而

$$\beta_1 x_1 \approx \frac{1}{2} z_k + i(-y_{k+1} - \frac{p}{2} z_k) / \sqrt{4q - p^2} \qquad (2.21)$$

此即为对应于 λ_1 的特征向量,相应于 λ_2 的特征向量则为 $\overline{\beta_1 x_1}$.

从以上讨论可知:乘幂法的收敛性态是比较复杂的.因而按乘幂法编制程序时,应该考虑到对各种情况的判别和相应的处理.情形(5)的讨论就更为复杂.在某种意义上说它包括了前四种情形.在此,我们就不拟详述了.

应该指出的是,上面所进行的讨论是在假定相应于 λ_1 的初等因子为线性情形展开的.当相应于按模最大的特征值 λ_1 的初等因子不是线性时,此时矩阵 A 为亏损的,其若尔当标准型内对应于 λ_1 的若尔当块的阶数 $r > 1$.用乘幂法来求 λ_1,收敛速度将由 $\frac{1}{k}$ 来决定而不是由 $\left| \frac{\lambda_2}{\lambda_1} \right|$ 来决定,因而收敛的将更慢.这个结果的证明留作习题.

4.2.3 加速技巧

一般说来,用乘幂法求矩阵的按模最大特征值,收敛速度最多是线性的.且由比值 $\left| \frac{\lambda_2}{\lambda_1} \right|$ 来决定.这样的收敛速度是不能令人满意的.因此在实际计算时常常采用所谓的加速技巧以提高敛速.通常使用的加速技术有如下两种:

(1)原点平移

设 A 的特征值分布为:$|\lambda_1| > |\lambda_2| \geqslant |\lambda_3| \geqslant |\lambda_4| \geqslant \cdots \geqslant |\lambda_n|$

如用乘幂法来计算矩阵 A 的特征值 λ_1,则收敛速度由 $\left| \frac{\lambda_2}{\lambda_1} \right|$ 来决定,若 $\left| \frac{\lambda_2}{\lambda_1} \right|$ 接近于1,则收敛很慢.现引进矩阵 B:

$$B = A - pI$$

其中 p 为一待定参数,矩阵 B 和矩阵 A 有共同的特征向量.若 λ_i 为矩阵 A 的特征值,则矩阵 B 的特征值为 $\lambda_i - p (i = 1, 2, \cdots, n)$.若能选择 p 满足:

$$|\lambda_1 - p| > |\lambda_j - p|, \qquad j = 2, 3, \cdots, n \qquad (2.22)$$

和

$$\max_{2 \leqslant j \leqslant n} \left| \frac{\lambda_j - p}{\lambda_1 - p} \right| < \left| \frac{\lambda_2}{\lambda_1} \right| \qquad (2.23)$$

则可将乘幂法应用于矩阵 $B = A - pI$,求得 B 的按模最大特征值 $\lambda_1 - p$,从而可求出 A 的按模最大特征值 λ_1,但注意(2.23),迭代过程的收敛速度则大大快于对矩阵 A 应用乘幂法的收敛速度.这便是原点平移加速技巧的优点所在.但如何确定参数 p 使(2.22)及(2.23)两式成立,则有赖于对矩阵 A 的特征值分布有比较详细地了解. 而这一点在实际应用中是比较困难的, 这也就构成了原点平移方法的局限, 以下我们以矩阵 A 的特征值都是正数且满足如下分布

$$\lambda_1 > \lambda_2 \geqslant \lambda_3 \geqslant \lambda_4 \geqslant \cdots \geqslant \lambda_n$$

为例, 说明如何选择参数 $p \in R$.

首先为确保 $\lambda_1 - p$ 为矩阵 $B = A - pI$ 的按模最大特征值, 只须

$$| \lambda_1 - p | > | \lambda_n - p | \tag{2.24}$$

为提高乘幂法的收敛速度, 此时应该取

$$\max \left\{ \left| \frac{\lambda_2 - p}{\lambda_1 - p} \right|, \left| \frac{\lambda_n - p}{\lambda_1 - p} \right| \right\} < \left| \frac{\lambda_2}{\lambda_1} \right| = \frac{\lambda_2}{\lambda_1} \tag{2.25}$$

为此, 我们来确定 p, 使

$$\min_p \max \left\{ \left| \frac{\lambda_2 - p}{\lambda_1 - p} \right|, \left| \frac{\lambda_n - p}{\lambda_1 - p} \right| \right\} \tag{2.26}$$

容易知道, (2.26)当 $p = \dfrac{\lambda_2 + \lambda_n}{2}$ 时取最小. 此时(2.25)确实得到满足. 从上面的讨论我们看到, 为加速乘幂法的收敛速度, 引进的参数 $p \in R$ 由 λ_2 和 λ_n 所确定. 但在实际求解问题时, 我们对 λ_2 和 λ_n 并不了解. 但这并不等于说原点平移技巧不能用了. 相反, 原点平移思想在许多方法中都有着广泛的应用. 这主要是由于在那些方法中可以得到选择位移参数 p 的有关信息. 另, 在前面关于矩阵 A 有特征值分布: $\lambda_1 = -\lambda_2$, $|\lambda_1| = |\lambda_2| > |\lambda_3| \geqslant |\lambda_4| \geqslant \cdots \geqslant |\lambda_n|$ 及 $\lambda_1 = \overline{\lambda_2}$, $|\lambda_1| = |\lambda_2| > |\lambda_3| \geqslant |\lambda_4| \geqslant \cdots \geqslant |\lambda_n|$ 的讨论中, 我们看到: 判定何时为 $\lambda_1 = -\lambda_2$ 及 $\lambda_1 = \overline{\lambda_2}$ 颇费斟酌. 但若采用原点平移技巧, 比方引进一个小的正参数 p, 则立即可将 $\lambda_1 = -\lambda_2$ 情形分辨出来.

(2)瑞利商加速

当 A 是实对称矩阵时, A 的特征值都是实的且有完备标准正交特征向量系. 不妨设 $|\lambda_1| > |\lambda_2| \geqslant |\lambda_3| \geqslant |\lambda_4| \geqslant \cdots \geqslant |\lambda_n|$, 相应的完备标准正交特征向量为 $x_1, x_2, \cdots, x_n$. 利用 4.1.5 所定义的瑞利商可以提高用乘幂法求按模最大特征值的收敛速度.

由(2.6)

$$y_k = A z_{k-1}, \quad m_k = \max(y_k), \quad z_k = \frac{y_k}{m_k}$$

$$R(z_k) = \frac{z_k^{\mathrm{T}} A z_k}{z_k^{\mathrm{T}} z_k} = \frac{(A^k z_0)^{\mathrm{T}} A^{k+1} z_0}{(A^k z_0)^{\mathrm{T}} (A^k z_0)} = \frac{\left(\sum\limits_{j=1}^{n} \alpha_j \lambda_j{}^k x_j, \sum\limits_{i=1}^{n} \alpha_i \lambda_i{}^{k+1} x_i \right)}{\left(\sum\limits_{j=1}^{n} \alpha_j \lambda_j{}^k x_j, \sum\limits_{i=1}^{n} \alpha_i \lambda_i{}^k x_i \right)}$$

$$= \frac{\alpha_1^2 \lambda_1^{2k+1} + \sum_{j=2}^n \alpha_j^2 \lambda_j^{2k+1}}{\alpha_1^2 \lambda_1^{2k} + \sum_{j=2}^n \alpha_j^2 \lambda_j^{2k}} = \lambda_1 + \frac{\sum_{j=2}^n \alpha_j^2 (\lambda_j - \lambda_1) \left(\frac{\lambda_j}{\lambda_1}\right)^{2k}}{\alpha_1^2 + \sum_{j=2}^n \alpha_j^2 \left(\frac{\lambda_j}{\lambda_1}\right)^{2k}}$$

$$= \lambda_1 + O\left(\left|\frac{\lambda_2}{\lambda_1}\right|^{2k}\right) \tag{2.27}$$

而乘幂法得到的却是

$$m_k = \lambda_1 + O\left(\left|\frac{\lambda_j}{\lambda_1}\right|^k\right)$$

由此便知,用瑞利商加速技巧,可使求实对称矩阵按模最大特征值的敛速提高一阶.

4.2.4 收缩技巧

假如已经求得了矩阵 $A \in R^{n \times n}$ 的按模最大特征值 $\lambda_1 \in R$ 及相应的特征向量 $x_1 \in R^n$,如果还要求按模次大特征值 λ_2 及相应的特征向量 x_2. 此时可以采用 4.1.4 所介绍的收缩技巧来求 λ_2 及 x_2:

取豪斯霍尔德变换 H 使(由于 x_1 为特征向量,故不妨设 $\|x_1\|_2 = 1$).

$$Hx_1 = e_1$$

则

$$HAH^T e_1 = HAH^T H x_1 = HAx_1 = H\lambda_1 x_1 = \lambda_1 e_1$$

于是 HAH^T 必有如下形式:

$$HAH^T = \begin{bmatrix} \lambda_1 & b_1^T \\ 0 & \\ \vdots & B_1 \\ 0 & \end{bmatrix} \tag{2.28}$$

此时 B_1 为 $n-1$ 阶方阵, $b_1 \in R^{n-1}$,由矩阵的相似性,知 A 的特征值 λ_2, $\cdots, \lambda_n$ 为 B_1 的特征值. 若 $|\lambda_2| > |\lambda_3| \geqslant |\lambda_4| \geqslant \cdots \geqslant |\lambda_n|$,则可对 B_1 用乘幂法求 λ_2 和相应的特征向量 $y_2 \in R^{n-1}$. 如果 λ_2 和 y_2 已经求得,可通过下述办法求得与 λ_2 相对应的 A 的特征向量 x_2:设 $a \in R$,则由

$$\begin{bmatrix} \lambda_1 & b_1^T \\ 0 & B_1 \end{bmatrix} \begin{bmatrix} a \\ y_2 \end{bmatrix} = \lambda_2 \begin{bmatrix} a \\ y_2 \end{bmatrix} \tag{2.29}$$

a 可由下式确定:

$$a = \frac{b_1^T y_2}{\lambda_2 - \lambda_1} \tag{2.30}$$

由此,立即可得 x_2:

$$x_2 = H^{\mathrm{T}} \begin{bmatrix} a \\ y_2 \end{bmatrix} \tag{2.31}$$

如有必要还可对 B_1 进行收缩.

4.2.5 反幂法

反幂法又称反迭代,它是乘幂法的变形,用来计算非奇异矩阵 A 的按模最小特征值及特征向量.

设 A 非奇异,则 A 的按模最小的特征值 λ_n 的倒数恰为 A^{-1} 的按模最大的特征值.于是可将幂法用于 A^{-1} 上,依格式(2.6)有

(1) 任取规范化初始向量 z_0;

$$\left. \begin{array}{l} (2) \quad y_k = A^{-1} z_{k-1} \\ (3) \quad m_k = \max(y_k) \\ (4) \quad z_k = \dfrac{y_k}{m_k} \end{array} \right\} \quad k = 1, 2, \cdots \tag{2.6}$$

则知:$m_k \to \dfrac{1}{\lambda_n}$,$z_k \to \dfrac{x_n}{\max(x_n)}$ ($|\lambda_n| < |\lambda_{n-1}|$,$k \to \infty$). 收敛速度由 $\left| \dfrac{\lambda_n}{\lambda_{n-1}} \right|$ 来决定.

实际计算时,并不是先求出 A^{-1} 然后再按(2.6)来迭代. 而是采用下面的迭代格式:

(1) 任取规范化初始向量 z_0;

$$\left. \begin{array}{l} (2) \quad A y_k = z_{k-1} \\ (3) \quad m_k = \max(y_k) \\ (4) \quad z_k = \dfrac{y_k}{m_k} \end{array} \right\} \quad k = 1, 2, \cdots \tag{2.32}$$

按迭代(2.32)进行计算,每一次迭代需要解一个以 A 为系数矩阵的线性方程组,因而反幂法的计算量大大超过乘幂法.但由于每次所需求解的线性代数方程组具有相同的系数矩阵,通常预先将它们做 LU 分解.这样每次迭代只需求解两个三角形方程组.因此计算量将大为减少.

为了加快收敛速度,在实际计算中总是采用带原点平移的反幂法.即以 $A - pI$ 代替 A,使得关于 $A - pI$ 的反幂法具有较快的收敛速度.通常取 p 为 A 的某一特征值 λ_i 的近似值 $\tilde{\lambda}_i$,计算格式如下:

(1)任意选定规范化初始向量 z_0;

$$(2)\,(A - \tilde{\lambda}_i I)y_k = z_{k-1}$$
$$(3)\,m_k = \max(y_k) \left.\right\} \quad k = 1, 2, \cdots \qquad (2.33)$$
$$(4)\,z_k = \dfrac{y_k}{m_k}$$

若 $|\lambda_i - \tilde{\lambda}_i| < |\lambda_j - \tilde{\lambda}_i|\,(j \neq i)$,则上述迭代格式产生的 z_k 按方向收敛于 x_i,m_k 则收敛于 $\dfrac{1}{\lambda_i - \tilde{\lambda}_i}$. 收敛速度由 $\dfrac{|(\lambda_i - \tilde{\lambda}_i)|}{\min|\lambda_j - \tilde{\lambda}_i|}$ 决定. $\tilde{\lambda}_i$ 越接近于 λ_i,收敛越快. 这种带原点移动的反幂法(2.33)在实际计算中的一个重要应用是在用其它方法求得的近似值 $\tilde{\lambda}_i$ 的基础上求相应于 λ_i 的特征向量. 如果 $|\lambda_i - \tilde{\lambda}_i|$ 足够小,(2.33)的收敛速度很快. 但是当 $\tilde{\lambda}_i \approx \lambda_i$ 时,$A - \tilde{\lambda}_i I$ 几乎是一个奇异矩阵. 因此,迭代格式(2.33)不宜进行多次迭代,一般仅迭代一、二次即可. 关于用反幂法求特征向量,我们在 QR 算法一节内还会述及.

§4.3　雅可比法

前一节我们介绍了求矩阵按模最大特征值及相应特征向量的方法——乘幂法. 乘幂法是最基本的向量迭代法. 所谓向量迭代法是指不破坏原始矩阵 A,利用 A 进行运算,产生一些迭代向量的求解方法. 这类方法大多用来求矩阵的部分特征值(常是较大或较小的一部分)和相应的特征向量,特别适合于高阶、稀疏矩阵情形.

本节要介绍的是基于一系列特殊的相似变换(吉文斯变换)来求解矩阵全部特征值和特征向量的方法——雅可比法.

雅可比法通过一系列吉文斯变换将实对称矩阵近似对角化. 从而求得该实对称矩阵的全部特征值和特征向量. 一般说来,对任意一个实对称矩阵,不可能通过有限次的吉文斯变换将其对角化. 因此,雅可比法是一个迭代过程. 在对原始实对称矩阵实施吉文斯变换时,会破坏原始矩阵的存储,同时也不能保持原始矩阵的稀疏性. 它适于求解中、小规模实对称矩阵的全部特征值和特征向量问题. 雅可比方法算法简单,计算结果精确可靠,且易于并行计算.

4.3.1　方法描述

设 $A \in R^{n \times n}$ 是对称矩阵,熟知存在正交矩阵 Q,使
$$Q^{\mathrm{T}}AQ = \mathrm{diag}(\lambda_i) \qquad (3.1)$$
由此,立即可知 $\lambda_1, \lambda_2, \cdots, \lambda_n$ 为矩阵 A 的特征值,正交矩阵 Q 的各列便是 A 的特征向量. 一般说来,难于直接求出矩阵 Q. 但我们可以通过逐步迭代的办法来实现这个过程. 雅可比方法就是这种思想的体现. 它利用 §4.1 中介绍的

吉文斯变换为工具,设 $A_0 = A$,由 A_0 出发,用一系列吉文斯变换 $G_k(p,q,\theta)$ 对 A 逐次作相似变换

$$A_k = G_k^{\mathrm{T}} A_{k-1} G_k \quad (k = 1, 2, \cdots) \tag{3.2}$$

其中 $G_k = G_k(p,q,\theta)$.

$$G(i,j,\theta) = \begin{bmatrix} 1 & & & & & & & \\ & \ddots & & & & & & \\ & & 1 & & & & & \\ & & & C & \cdots & -S & & \\ & & & \vdots & \ddots & \vdots & & \\ & & & & 1 & & & \\ & & & S & \cdots & C & & \\ & & & & & & 1 & \\ & & & & & & & \ddots \\ & & & & & & & & 1 \end{bmatrix} \begin{matrix} \\ \\ \\ i \\ \\ \\ j \\ \\ \\ \\ \end{matrix}$$

为使 A_k 趋向一对角矩阵($k \to \infty$),可以这样来确定 $G_k(p,q,\theta)$:对 $\forall k > 0$,p,q 由 A_{k-1} 中非对角线元 $a_{ij}^{(k-1)}(i \neq j)$ 中的按模最大者的脚标决定.通过强制 $a_{pq}^{(k)}$ 为零来确定 θ.这便是古典雅可比法.

显然,所有的 A_k 都是实对称矩阵,A_k 与 A_{k-1} 只在 p,q 两行(列)上不同.它们之间的关系是

$$\left.\begin{array}{l} a_{pi}^{(k)} = a_{ip}^{(k)} = a_{ip}^{(k-1)}\cos\theta + a_{iq}^{(k-1)}\sin\theta, \qquad i \neq p,q \\[2mm] a_{qi}^{(k)} = a_{iq}^{(k)} = -a_{ip}^{(k-1)}\sin\theta + a_{iq}^{(k-1)}\cos\theta, \qquad i \neq p,q \\[2mm] a_{pp}^{(k)} = a_{pp}^{(k-1)}\cos^2\theta + 2a_{pq}^{(k-1)}\sin\theta\cos\theta + a_{qq}^{(k-1)}\sin^2\theta \\[2mm] a_{qq}^{(k)} = a_{pp}^{(k-1)}\sin^2\theta - 2a_{pq}^{(k-1)}\sin\theta\cos\theta + a_{qq}^{(k-1)}\cos^2\theta \\[2mm] a_{pq}^{(k)} = a_{qp}^{(k)} = (a_{qq}^{(k-1)} - a_{pp}^{(k-1)})\sin\theta\cos\theta + a_{pq}^{(k-1)}(\cos^2\theta - \sin^2\theta) \end{array}\right\}$$

$$\tag{3.3}$$

构造吉文斯变换 $G_k(p,q,\theta)$ 使得 $a_{pq}^{(k)} = a_{qp}^{(k)} = 0$,即给出选择 θ 的条件:

$$\tan 2\theta = \frac{2a_{pq}^{(k-1)}}{a_{pp}^{(k-1)} - a_{qq}^{(k-1)}} \tag{3.4}$$

通常取

$$|\theta| \leqslant \frac{\pi}{4} \tag{3.5}$$

若 $a_{pp}^{(k-1)} = a_{qq}^{(k-1)}$,则取

$$\theta = \begin{cases} -\dfrac{\pi}{4}, & a_{pq}^{(k-1)} < 0 \\[3mm] \dfrac{\pi}{4}, & a_{pq}^{(k-1)} > 0 \end{cases} \tag{3.6}$$

如此选定的 θ 为雅可比法收敛性的精细证明带来很大方便.由(3.3),实际计算无须计算 θ 而只须计算 $\sin\theta$ 和 $\cos\theta$.基于计算数值稳定性考虑,令

$$y = \left| a_{pp}^{(k-1)} - a_{qq}^{(k-1)} \right|, \quad x = \text{sign}(a_{pp}^{(k-1)} - a_{qq}^{(k-1)})2a_{pq}^{(k-1)} \quad (3.7)$$

则

$$\tan 2\theta = \frac{x}{y} \quad (3.8)$$

并可用下式计算 $\sin\theta$ 和 $\cos\theta$

$$\cos\theta = \left\{ \frac{1}{2}(1 + \frac{y}{\sqrt{x^2 + y^2}}) \right\}^{\frac{1}{2}} \quad (3.9)$$

$$\sin\theta = \frac{x}{2\cos\theta \cdot \sqrt{x^2 + y^2}} \quad (3.10)$$

实际计算时,注意到对称性,可只计算 A_k 的上(或下)三角部分的元素即可.再注意到当"歼灭"某非对角元素(即令其为0)时,前于其被"歼灭"的非对角元素又可能"起死回生"——由零变为非零.这就是为什么一般说来雅可比法不是一个有限过程的理由.

现描述具体算法如下:

(1)记 $A_0 = A$; $E = I$(单位矩阵);$1 \Rightarrow k$;

$$S = 2\sum_{\substack{i=1\\j>i}}^{n}(a_{ij}^{(0)})^2$$

(2)确定歼灭元素 $a_{pq}^{(k-1)}$(确定方式:按古典方式如上所述,在 A_{k-1} 所有上三角元中寻求按模最大者,或如后文所述,设立关卡值,将超过关卡值的非对角元逐次歼灭),这一步是确定 p、q,将被歼灭元的行、列号.

(3)构造吉文斯变换 $G_k(p,q,\theta)$ 使

$$a_{pq}^{(k)} = (G_k^{\mathrm{T}}(p,q,\theta)A_{k-1}G_k(p,q,\theta))_{pq} = 0$$

这一步实际上是按(3.9)、(3.10)及(3.6)计算 $\cos\theta$、$\sin\theta$(不必求 θ).

(4)计算

$$A_k = G_k^{\mathrm{T}}(p,q,\theta)A_{k-1}G_k(p,q,\theta)$$

为完成由 A_{k-1} 到 A_k 的迭代,只须按(3.3)计算出 A_k 的上三角部分 p、q 行(列)即可,然后将其存贮于 A_{k-1} 的相应元素.再按下式:

$EG_k(p,q,\theta) \Rightarrow E$ 计算矩阵 E,A 的近似特征向量系.

(5)$S - 2(a_{pq}^{(k-1)})^2 \Rightarrow S$.判断是否 $S < \varepsilon$.其中 ε 为指定误差限.若 $S < \varepsilon$,则转(6);否则 $k+1 \Rightarrow k$,转(2).

(6)输出信息:A 的特征值 $a_{ii}^{(k)}(i=1,2,\cdots,n)$ 及相应特征向量系 E(按列).

4.3.2 收敛性分析

关于古典雅可比法的收敛性,我们有

定理 4.9 设 A 是实对称矩阵,则由古典雅可比法(3.2)产生的序列 $\{A_k\}$ 的非对角元素收敛于零. 即 A_k 趋于对角矩阵$(k\to\infty)$.

证明 设 $G_k(p,q,\theta)=(g_1,g_2,\cdots,g_n)$,其中 $g_i(i=1,2,\cdots,n)$ 为其第 i 列. 设 $A_{k-1}=\begin{bmatrix} a_1^T \\ \vdots \\ a_n^T \end{bmatrix}$,其中 $a_i^T(i=1,2,\cdots,n)$ 为其第 i 行,则有

$$\| A_k \|_F^2 = \| G_k^T A_{k-1} G_k \|_F^2 = \sum_{i=1}^n \| G_k^T A_{k-1} g_i \|_2^2$$

$$= \sum_{i=1}^n \| A_{k-1} g_i \|_2^2 = \| A_{k-1} G_k \|_F^2$$

$$= \sum_{i=1}^n \| a_i^T G_k \|_2^2 = \sum_{i=1}^n \| a_i^T \|_2^2$$

$$= \| A_{k-1} \|_F^2 \tag{3.11}$$

设 $A_k=\left(a_{ij}^{(k)} \right)_{n\times n}$,则由(3.3)知

$$\left[a_{ij}^{(k)} \right]^2 = \left[a_{ij}^{(k-1)} \right]^2, \qquad i,j \neq p,q$$

$$\left[a_{pj}^{(k)} \right]^2 + \left[a_{qj}^{(k)} \right]^2 = \left[a_{pj}^{(k-1)} \right]^2 + \left[a_{qj}^{(k-1)} \right]^2, \qquad j \neq p,q$$

由 A_k 和 A_{k-1} 的对称性及(3.11),便有

$$\left[a_{pp}^{(k)} \right]^2 + \left[a_{qq}^{(k)} \right]^2 = \left[a_{pp}^{(k-1)} \right]^2 + \left[a_{qq}^{(k-1)} \right]^2 + 2\left[a_{pq}^{(k-1)} \right]^2 \tag{3.12}$$

从而,若记 A_k 的非对角线元素的平方和为 $S(A_k)$,则有

$$S(A_k) = S(A_{k-1}) - 2\left[a_{pq}^{(k-1)} \right]^2 \tag{3.13}$$

注意古典雅可比法选择 p、q 时的策略: $a_{pq}^{(k-1)}$ 为 A_{k-1} 的按模最大非对角元, 故有

$$\left[a_{pq}^{(k-1)} \right]^2 \geqslant \frac{S(A_{k-1})}{n(n-1)}$$

从而,(3.13)为

$$S(A_k) \leqslant S(A_{k-1}) - \frac{2S(A_{k-1})}{n(n-1)} = \left(1 - \frac{2}{n(n-1)} \right) S(A_{k-1})$$

$$\leqslant \left(1 - \frac{2}{n(n-1)} \right)^k S(A_0) \tag{3.14}$$

当 $n\geqslant 2$ 时,$0\leqslant 1-\dfrac{2}{n(n-1)}<1$,故 $k\to\infty$ 时,$S(A_k)\to 0$;A_k 的非对角元素收敛于零,即 A_k 趋于一对角矩阵.

对 $\forall \varepsilon>0$,现在假设已迭代到

$$S(A_k) < \frac{\varepsilon^2}{n}$$

则由 4.1.2 的 Gerschgorin 定理. 对任意一个 A_k 的特征值 $\lambda_p^{(k)}$, 存在一个圆盘:

$$|\lambda_p^{(k)} - a_{pp}^{(k)}| \leqslant \sum_{\substack{j=1 \\ j \neq p}}^{n} |a_{pj}^{(k)}| \leqslant \left(\sum_{\substack{j=1 \\ j \neq p}}^{n} |a_{pj}|^2\right)^{\frac{1}{2}} n^{\frac{1}{2}} \leqslant S(A_k)^{\frac{1}{2}} n^{\frac{1}{2}} < \varepsilon$$

由于相似性, $\lambda_p^{(k)}(p=1,2,\cdots,n)$ 为 A 的特征值 $\lambda_1, \lambda_2, \cdots, \lambda_n$ 的某种排列, 注意这种排列可能与 k 有关. 由上述证明, 我们可以断定, 可以通过进一步减少 ε 而使 A_k 的对角元素逼近于 A 的特征值. 这样我们就证明了: A_k 的对角元的集合是以 A 的特征值的集合为极限. 实际上, 我们可以证明: A_k 的每个对角元 $a_{ii}^{(k)}$ 趋于 A 的一个特征值 $(k \to \infty)$. 这便是下述定理:

定理 4.10 对古典雅可比法, A_k 的每个对角元 $a_{ii}^{(k)}(i=1,2,\cdots,n)$ 当 $k \to \infty$ 时趋于 A 的一个固定特征值. 即存在 A 的特征值的某个排列, 使得:

$$\lim_{k \to \infty} A_k = \mathrm{diag}(\lambda_{i_1}, \lambda_{i_2}, \cdots, \lambda_{i_n})$$

证明 (略).

4.3.3 "关卡"式雅可比法

在前述古典雅可比法的描述及其收敛性证明中, 我们看到: 雅可比法确实是一个算法简单、结果可靠的方法. 但每进行一步变换, 须先寻找 A_{k-1} 的按模最大非对角元 $a_{pq}^{(k-1)}$ 作为歼灭对象. 这显然要花费较多机时. 在实际中获得广泛应用的是一种被称之为"关卡"式的雅可比法. 其与古典雅可比法不同之处即在于每次确定歼灭对象 $a_{pq}^{(k-1)}$ 时的策略. 关卡式雅可比法并不寻求按模最大的非对角元 $a_{pq}^{(k-1)}$, 而是取定一个单调下降的收敛于零的关卡值序列 $\{\alpha_k\}(k=1,2,\cdots)$, 先以 α_1 为关卡值, 按事先确定的某个次序依次歼灭绝对值超过关卡值 α_1 的所有非对角元. (如按行的次序或按列次序). 但要注意: 并非按序一次歼灭所有超过关卡值的非对角线元就能凑效, 这主要是由于原来低于关卡值的非对角线元可能在下次扫描中按模又增大到超过关卡值. 消除这种局面的办法是重复进行扫描过程直到所有非对角元均不超过本次扫描所确定的关卡值为止(这显然能办到), 然后转向下一个关卡值或停止扫描. 一般常选取非对角线元的平方和 $S(A_0)$ 为关卡初值. 即

$$\alpha_1 = \frac{S(A_0)}{n}$$

$$\alpha_k = \frac{\alpha_{k-1}}{n}, \qquad k=2,3,4,\cdots$$

关于"关卡"式雅可比法的收敛性分析, 有与定理 3.1 相类似的结论, 此处不再讨论了.

§4.4 QR 方 法

在§4.2内,我们介绍了向量迭代方法的代表——乘幂法.在§4.3内我们则集中研究了变换方法的代表——雅可比方法.在本节内,我们将学习一种求解实矩阵全部特征值问题的 QR 方法.它是一种变换方法,但兼具乘幂法的某些特点.由于它具有数值稳定性好,收敛速度快等优点.自 1961 年 Francis 提出这一方法后,在求解中小规模矩阵全部特征值问题中获得了广泛应用.

4.4.1 方法描述与收敛性分析

由 4.1.3,我们知道,对任何矩阵 $A \in R^{n \times n}$ 都可以进行 QR 分解

$$A = QR \qquad (4.1)$$

其中 Q 为正交矩阵,R 为上三角矩阵.若 A 为非奇异矩阵,且规定 R 的对角元是正实数时,可以证明分解(4.1)是唯一的.

现令 $A_1 = A$,对 $k = 1, 2, \cdots,$ 作

$$A_k = Q_k R_k \qquad (4.2)$$

$$A_{k+1} = R_k Q_k \qquad (4.3)$$

于是得到一个迭代序列 $\{A_k\}$,这就是基本 QR 算法过程.

由(4.2)、(4.3)

$$A_{k+1} = Q_k^{\mathrm{T}} Q_k R_k Q_k = Q_k^{\mathrm{T}} A_k Q_k \qquad (4.4)$$

即 $\{A_k\}$ 序列中每两个矩阵都相似.再注意 $A_1 = A$,故序列 $\{A_k\}$ 中每一矩阵都与 A 相似.

又,注意到(4.4)

$$A_{k+1} = Q_k^{\mathrm{T}} A_k Q_k = Q_k^{\mathrm{T}} \cdots Q_1^{\mathrm{T}} A Q_1 \cdots Q_k$$

记 $\widetilde{Q}_k = Q_1 Q_2 \cdots Q_k$,则 $\widetilde{Q}_k$ 仍然为正交阵,且

$$A_{k+1} = \widetilde{Q}_k^{\mathrm{T}} A \widetilde{Q}_k \qquad (4.5)$$

由此,得

$$\widetilde{Q}_k A_{k+1} = A \widetilde{Q}_k$$

A_{k+1} 的 QR 分解为 $Q_{k+1} R_{k+1}$,则有

$$\widetilde{Q}_k Q_{k+1} R_{k+1} = A \widetilde{Q}_k$$

两边同时右乘以 $\widetilde{R}_k = R_k R_{k-1} \cdots R_1$,得

$$\widetilde{Q}_{k+1} \widetilde{R}_{k+1} = A \widetilde{Q}_k \widetilde{R}_k$$

由此便得 A^{k+1} 的 QR 分解式:

$$A^{k+1} = \widetilde{Q}_{k+1}\widetilde{R}_{k+1} \qquad\qquad (4.6)$$

从关系式(4.6)可以导出乘幂法与 QR 算法的关系. 为此, 令 $\widetilde{R}_k$ 的元素为 $\widetilde{r}_{ij}^{(k)}$, 以及 $\widetilde{Q}_k = [\widetilde{q}_1^{(k)}, \widetilde{q}_2^{(k)}, \cdots, \widetilde{q}_n^{(k)}]$

则有

$$A^k e_1 = \widetilde{Q}_k \widetilde{R}_k e_1 = \widetilde{r}_{11}^{(k)} \widetilde{Q}_k e_1 = \widetilde{r}_{11}^{(k)} \widetilde{q}_1^{(k)}$$

因此, $\widetilde{q}_1^{(k)}$ 可以看作是用 e_1 作初始向量经 k 步乘幂法后得到的向量. 若 A 的按模最大特征值为单重的, 则一般说来 $\widetilde{q}_1^{(k)}$ 就按方向趋于 A 的对应于按模最大的特征值的特征向量.

现在来考察 QR 方法的收敛性:

令

$$A_k = \begin{bmatrix} a_{11}^{(k)} & h_k^{\mathrm{T}} \\ g_k & c_k \end{bmatrix} \qquad (k = 1, 2, \cdots)$$

则由

$$(A_{k+1} - \lambda I)e_1 = \widetilde{Q}_k^{\mathrm{T}}(A - \lambda I)\widetilde{Q}_k e_1 = \widetilde{Q}_k^{\mathrm{T}}(A - \lambda I)\widetilde{q}_1^{(k)}$$

于是便有

$$|a_{11}^{(k+1)} - \lambda|^2 + \|g_{k+1}\|_2^2 = \|(A - \lambda I)\widetilde{q}_1^{(k)}\|_2^2$$

由此便知: 若 $(\lambda, \widetilde{q}_1^{(k)})$ 是 A 的一个近似特征对(即 λ 为 A 的近似特征值, $\widetilde{q}_1^{(k)}$ 为相应的特征向量. 通过前面 QR 方法与幂法的关系的分析, 这是完全可能的), 则 $\|g_{k+1}\|_2^2 \leqslant \|(A - \lambda I)\widetilde{q}_1^{(k)}\|_2^2 \to 0$, 这说明 QR 方法当 $k \to \infty$ 时, A_k 的第一列非对角元的平方和收敛于零. 收敛于零的速度显然就是乘幂法的收敛速度. 事实上, 在一定条件下我们可以证明 A_k 的对角元下面的元素都趋于零. 为此我们引进下面定义:

定义 4.2 对由 QR 算法(4.2)、(4.3)产生的 A_k, 如果当 $k \to \infty$ 时, A_k 收敛于分块上三角矩阵(对角块为一阶或二阶子块)则称 QR 算法是收敛的, 若 A_k 趋于上三角形式, 其对角块为一阶或二阶子块, 即 A_k 的对角线下方元素趋于 0, 则称该算法是本质(或基本)收敛的.

现在我们来研究在何种条件下, QR 算法收敛. 为此我们给出如下定理:

定理 4.11 设 $A \in R^{n \times n}$ 有特征值 $\lambda_i(i = 1, 2, \cdots, n)$, 满足条件: $|\lambda_1| > |\lambda_2| > \cdots > |\lambda_n| > 0, X \in R^{n \times n}$ 是以 A 的特征向量为列组成的矩阵. 且 $Y = X^{-1}$ 有 LU 分解, 则 A_k 本质(或基本)收敛于上三角矩阵.

证明 设 $\Lambda = \mathrm{diag}(\lambda_1, \lambda_2, \cdots, \lambda_n)$, 于是有 $A = X\Lambda X^{-1}$, 要分析 $\{A_k\}$ 的收敛性. 由(4.5), 只要分析 $\{\widetilde{Q}_k\}$ 的极限性质就可以了. 由(4.6), $\widetilde{R}_k$ 为上三角矩

阵,为此,须分析 A^k 的极限情况.注意:由于 $Y = X^{-1} = L_y U_y$,故

$$A^k = X\Lambda^k X^{-1} = X\Lambda^k L_y U_y = X(\Lambda^k L_y \Lambda^{-k})\Lambda^k U_y$$

若记 $\Lambda^k L_y \Lambda^{-k} = I + E_k$,则

$$A^k = X(I + E_k)\Lambda^k U_y$$

由于 L_y 的对角元素均为1,因此

$$(E_k)_{ij} = \begin{cases} 0, & i \leqslant j \\ l_{ij}\left(\dfrac{\lambda_i}{\lambda_j}\right)^k, & i > j \end{cases}$$

由假设 $|\lambda_i| < |\lambda_j|$(当 $i > j$),故 $E_k \to 0$(零矩阵).且 $(E_k)_{ij}$ 收敛于 0 的速度由 $\left|\dfrac{\lambda_i}{\lambda_j}\right|$ 决定.

设 $X = Q_x R_x$ 且 R_x 的对角元素均为正数,则有

$$\begin{aligned} A^k &= Q_x R_x (I + E_k)\Lambda^k U_y \\ &= Q_x (I + R_x E_k R_x^{-1})(R_x \Lambda^k U_y) \end{aligned} \tag{4.7}$$

由于 $k \to \infty$ 时 $E_k \to 0$,故 k 充分大时 $I + R_x E_k R_x^{-1}$ 非奇异.故有唯一的 QR 分解:

$$I + R_x E_k R_x^{-1} = Q^{(k)} R^{(k)}$$

其中 $R^{(k)}$ 的对角元全为正数,由于

$$Q^{(k)} R^{(k)} \to I \qquad (k \to \infty)$$

故可推知

$$Q^{(k)} \to I, R^{(k)} \to I \qquad (k \to \infty)$$

于是可由(4.7)得 A^k 的 QR 分解式:

$$A^k = (Q_x Q^{(k)})(R^{(k)} R_x \Lambda^k U_y)$$

上述的 QR 分解未见得唯一.为使其为唯一,该分解的上三角矩阵的对角元均为正数.为此引进:

$$D_1 = \text{diag}\left(\frac{\lambda_1}{|\lambda_1|}, \frac{\lambda_2}{|\lambda_2|}, \cdots, \frac{\lambda_n}{|\lambda_n|}\right)$$

类似地

$$D_2 = \text{diag}\left(\frac{(U_y)_{11}}{|(U_y)_{11}|}, \cdots, \frac{(U_y)_{nn}}{|(U_y)_{nn}|}\right)$$

由此便得 A^k 的下述 QR 分解:

$$A^k = (Q_x Q^{(k)} D_2 D_1^k)(D_1^{-k} D_2^{-1} R^{(k)} R_x \Lambda^k U_y)$$

这种分解的上三角矩阵的对角元全为正数,由 QR 分解的唯一性,再注意(4.7),便有

$$\widetilde{Q}_k = Q_x Q^{(k)} D_2 D_1{}^k$$

$$\widetilde{R}_k = D_1{}^{-k} D_2^{-1} R^{(k)} R_x \Lambda^k U_y$$

将 $\widetilde{Q}_k$ 代入(4.5)便有

$$A_{k+1} = D_1{}^k D_2 (Q^{(k)})^{\mathrm{T}} (Q_x)^{\mathrm{T}} A Q_x Q^{(k)} D_2 D_1{}^k$$

由于

$$A = X \Lambda X^{-1} = Q_x R_x \Lambda R_x{}^{-1} Q_x{}^{\mathrm{T}}$$

若记 $R = R_x \Lambda R_x{}^{-1}$ (上三角矩阵),则

$$A_{k+1} = D_1{}^k D_2 (Q^{(k)})^{\mathrm{T}} (Q_x)^{\mathrm{T}} Q_x R_x \Lambda R_x{}^{-1} Q_x{}^{\mathrm{T}} Q_x Q^{(k)} D_2 D_1{}^k$$

$$= D_1{}^k D_2 (Q^{(k)})^{\mathrm{T}} R Q^{(k)} D_2 D_1{}^k$$

注意到前已证 $Q^{(k)} \to I$ $(k \to \infty)$,因此便有

$$(Q^{(k)})^{\mathrm{T}} R Q^{(k)} \to R \quad (k \to \infty)$$

由于 $D_1{}^k$ 可能不收敛,但注意到 D_1 的结构,这种不收敛性仅能影响 A_{k+1} 的对角线元以上的元素.而 A_k 的对角线下的元素收敛于零.于是 A_k 本质收敛于 R.由于是求 A 的特征值,这已足够.

应该说明的是:在定理的条件下,若 A 为实对称矩阵,则 A_k 趋于一对角矩阵.

定理 4.11 表明:A_k 的对角元 $a_{ii}^{(k)} \to \lambda_i (k \to \infty)$.从证明中可以看出 A_k 的下三角部分的元素趋于 0 的速度由 $E_k \to 0$(零矩阵)的速度来决定.由 E_k 的构成来看,E_k 的第 i 行元素趋于零的速度由 $\left| \dfrac{\lambda_i}{\lambda_{i-1}} \right|$ 来决定.而 E_k 第 i 列趋于零的速度由 $\left| \dfrac{\lambda_{i+1}}{\lambda_i} \right|$ 来决定.正因如此,$a_{ii}^{(k)} \to \lambda_i$ 的速度由 A_k 的第 i 行第 i 列的下三角部分趋于 0 的速度所确定.这个速度就是 $O(r_i)$.其中

$$r_i = \max \left\{ \left| \dfrac{\lambda_i}{\lambda_{i-1}} \right|, \left| \dfrac{\lambda_{i+1}}{\lambda_i} \right|, i = 1 \text{ 时不考虑} \left| \dfrac{\lambda_i}{\lambda_{i-1}} \right|, i = n \text{ 时不考虑} \left| \dfrac{\lambda_{i+1}}{\lambda_i} \right| \right\},$$

这也就是说,基本 QR 方法是线性收敛的.

4.4.2 使用 QR 方法的若干技巧

一、约化到上海森伯格(Hessenberg)矩阵

由基本 QR 算法(4.2)~(4.3)可知,实现一步 QR 迭代(指从 A_k 到生成 A_{k+1})需要作一次 QR 分解(这可通过用豪斯霍尔德变换逐次完成)和一次矩阵乘法,当 A 是一般矩阵时计算量是很大的.在实际计算时,为节省计算量,总是先将 A 经相似变换约化到上海森伯格(Hessenberg)矩阵(即主对角线下

面一条对角线上的元素允许非零,也称为准上三角阵,对于实对称矩阵,则约化为三对角实对称阵).通常将上海森伯格矩阵称为 H 矩阵.这种约化可通过吉文斯变换或豪斯霍尔德变换来完成,一旦将矩阵约化为 H 矩阵就可对该 H 阵实施 QR 算法.我们可以证明:

定理 4.12 设 A 是上海森伯格阵,则由 QR 算法所定义的 A_k 仍是上海森伯格矩阵.若 A 为实对称三对角阵,则 A_k 仍然为实对称三对角阵.

证明 (留作习题).

从上述定理可知,将 A 约化为海森伯格阵再施以 QR 算法,计算量将大为减少.为此,下面我们来介绍如何将一般的实矩阵 A 约化为上海森伯格阵.(至于如何将实对称阵约化成实对称三对角阵,已成为我们讨论的特例).我们所使用的工具是豪斯霍尔德变换.且仅讨论 $A \in R^{n \times n}$ 情形.

将 A 按列分块

$$A = [a_1, a_2, \cdots, a_n]$$

其中

$$a_i = (a_{1i}, a_{2i}, \cdots, a_{ni})^T \qquad (i = 1, 2, \cdots, n)$$

用 b_k 表示矩阵 A 经过 $k-1$ 次豪斯霍尔德相似变换之后的第 k 列去掉前 k 个分量后其余分量构成的 $n-k$ 维向量.用 ε_k 表示与 b_k 维数相同且第一分量恒为 1 的标准单位向量.当 $k=1$ 时

$$b_1 = (a_{21}, a_{31}, \cdots, a_{n1})^T, \quad \varepsilon_1 = (1, \overset{n-2\text{个}}{\overbrace{0, \cdots, 0}})^T$$

构造豪斯霍尔德变换 U_1,使(若 $b_1 = \theta$,则此步无须进行,$U_1 = I_{n-1}$,以下不再进行类似说明)

$$U_1 b_1 = \alpha_1 \varepsilon_1$$

U_1 可按如下方法构造:

$$U_1 = I_{n-1} - 2u_1 u_1^T$$

其中 I_{n-1} 为 $n-1$ 阶单位矩阵,$u_1 = \dfrac{(b_1 - \alpha_1 \varepsilon_1)}{\rho_1}$,这里

$$\alpha_1 = -\operatorname{sign}(\varepsilon_1^T b_1) \| b_1 \|_2, \quad \rho_1 = \| b_1 - \alpha_1 \varepsilon_1 \|_2 = \sqrt{2\alpha_1(\alpha_1 - \varepsilon_1^T b_1)}$$

令 $Q_1 = \begin{bmatrix} 1 & 0 \\ 0 & U_1 \end{bmatrix}$, $A = \begin{bmatrix} a_{11} & W_1 \\ b_1 & B_1 \end{bmatrix}$,则

$$Q_1 A Q_1 = \begin{bmatrix} a_{11} & W_1 U_1 \\ U_1 b_1 & U_1 B U_1 \end{bmatrix} = \begin{bmatrix} a_{11} & W_1 U_1 \\ \alpha_1 & \\ 0 & U_1 B_1 U_1 \\ \vdots & \\ 0 & \end{bmatrix} = \begin{bmatrix} a_{11} & \tilde{a}_{12} & \\ \alpha_1 & \tilde{a}_{22} & W_2 \\ 0 & b_2 & B_2 \end{bmatrix}$$

类似地可构造 U_2. 使 $U_2 b_2 = \alpha_2 \varepsilon_2$, 具体构造思想完全同 U_1 相似, 进而构造出 Q_2:

$$Q_2 = \begin{bmatrix} I_2 & 0 \\ 0 & U_2 \end{bmatrix}$$

使

$$Q_2 Q_1 A Q_1 Q_2 = \begin{bmatrix} a_{11} & \tilde{a}_{12} & W_2 U_1 \\ \alpha_1 & \tilde{a}_{22} & \\ 0 & U_2 b_2 & U_2 B_2 U_2 \end{bmatrix} = \begin{bmatrix} a_{11} & \tilde{a}_{12} & \tilde{a}_{13} & \\ \alpha_1 & \tilde{a}_{22} & \tilde{a}_{23} & W_3 \\ & \alpha_2 & \tilde{a}_{33} & \\ 0 & & b_3 & B_3 \end{bmatrix}$$

一般地, 假设 $Q_{k-1}\,(k = 2, 3, \cdots)$ 已构造出来, 此时若 $Q_{k-1} Q_{k-2} \cdots Q_1 A Q_1 \cdots Q_{k-1}$ 已经为上海森伯格 (Hessenberg) 矩阵, 则过程停止, 否则可接下去构造 Q_k.

$$Q_{k-1} Q_{k-2} \cdots Q_1 A Q_1 Q_2 \cdots Q_{k-1} = \begin{bmatrix} a_{11} & \tilde{a}_{12} & \cdots & \tilde{a}_{1k} & \\ \alpha_1 & \tilde{a}_{22} & \cdots & \tilde{a}_{2k} & W_k \\ & \alpha_2 & & & \\ & & \ddots & & \\ & & & \alpha_{k-1} & \tilde{a}_{kk} \\ & & 0 & & B_k \end{bmatrix}$$

即构造 $U_k = I_{n-k} - 2 u_k u_k^{\mathrm{T}}$. 其中 $u_k = \dfrac{(b_k - \alpha_k \varepsilon_k)}{\rho_k}$, $\alpha_k = -\operatorname{sign}(\varepsilon_k^{\mathrm{T}} b_k) \parallel b_k \parallel_2$,
$\rho_k = \parallel b_k - \alpha_k \varepsilon_k \parallel_2 = \sqrt{2 \alpha_k (\alpha_k - \varepsilon_k^{\mathrm{T}} b_k)}$

然后令

$$Q_k = \begin{bmatrix} I_k & 0 \\ 0 & U_k \end{bmatrix}$$

就有

$$Q_k Q_{k-1} \cdots Q_1 A Q_1 Q_2 \cdots Q_{k-1} Q_k = \begin{bmatrix} a_{11} & \tilde{a}_{12} & \cdots & \tilde{a}_{1k} & \tilde{a}_{1k+1} \\ \alpha_1 & \tilde{a}_{22} & \cdots & \tilde{a}_{2k} & \tilde{a}_{2k+1} \\ & \alpha_2 & & & \vdots \\ & & \ddots & & \\ & & & \alpha_{k-1} & \tilde{a}_{kk} & \tilde{a}_{kk+1} \\ 0 & & & \alpha_k & \tilde{a}_{k+1k+1} \\ 0 & \cdots & & b_{k+1} & B_{k+1} \end{bmatrix}$$

如此, 最多构造 $Q_{n-2}, Q_{n-3}, \cdots, Q_1$, 便可将 A 经相似变换化为

$$Q_{n-2}Q_{n-3}\cdots Q_1AQ_1Q_2\cdots Q_{n-2}$$

此为上海森伯格矩阵.

由以上讨论,我们可得:

定理 4.13 若 $A\in R^{n\times n}$,则至多可进行 $n-2$ 次正交相似变换,即存在正交矩阵,$Q_{n-2},Q_{n-3},\cdots,Q_1$ 使 $Q_{n-2}Q_{n-3}\cdots Q_1AQ_1^\mathrm{T}\cdots Q_{n-2}^\mathrm{T}$ 为上海森伯格矩阵.其中 $Q_k(k=1,2,\cdots,n-2)$ 可取为豪斯霍尔德变换.特别若 A 为实对称矩阵,则存在豪斯霍尔德变换 $Q_{n-2},Q_{n-3},\cdots,Q_1$,使 $Q_{n-2}Q_{n-3}\cdots Q_1AQ_1Q_2\cdots Q_{n-2}$ 为三对角矩阵.

二、带原点位移的 QR 算法

从前面基本 QR 算法的讨论中可以知道:基本 QR 算法的收敛速度与乘幂法一样,由相邻特征值的比值决定,因而一般是线性的.在实际计算中,线性收敛速度是不能令人满意的.特别是当 r_i 接近于 1 时,收敛是很慢的.为此将使用原点位移的方法进行加速.现在 $r_n=\left|\dfrac{\lambda_n}{\lambda_{n-1}}\right|$,如果将 QR 算法用于矩阵 $A-SI$,则 $a_{nn}^{(k)}$ 将以 $\mathrm{O}(r_n'^k)$ 速度收敛于 λ_n-S,其中 $r_n'=\left|\dfrac{\lambda_n-S}{\lambda_{n-1}-S}\right|$.若 S 是 λ_n 的一个较好近似时,收敛是很快的.这种想法导致了如下带原点位移的 QR 算法:

令 $A_1=A$,对 $k=1,2,\cdots$,作

$$A_k-S_kI=Q_kR_k,\quad A_{k+1}=R_kQ_k+S_kI \tag{4.8}$$

同基本 QR 算法一样,成立

$$A_{k+1}=Q_k^\mathrm{T}A_kQ_k \tag{4.9}$$

仍旧记

$$\widetilde{Q}_k=Q_1Q_2\cdots Q_k,\qquad \widetilde{R}_k=R_kR_{k-1}\cdots R_1,\text{则}$$

$$A_{k+1}=\widetilde{Q}_k^\mathrm{T}A\,\widetilde{Q}_k$$

或者

$$A_{k+1}-S_{k+1}I=\widetilde{Q}_k^\mathrm{T}(A-S_{k+1}I)\,\widetilde{Q}_k \tag{4.10}$$

由(4.10)知,基本关系式(4.7)现在成为

$$\prod_{j=1}^{k}(A-S_jI)=\widetilde{Q}_k\widetilde{R}_k$$

记

$$\varphi_k(\lambda) = \prod_{j=1}^{k}(\lambda - S_i), 则 \varphi_k(A) = \prod_{j=1}^{k}(A - S_j I)$$

相应于 QR 算法的收敛性定理 4.11, 我们有带有原点位移的 QR 方法的收敛性定理如下:

定理 4.14 设 $A = X \Lambda X^{-1} \in R^{n \times n}$, $\Lambda = \mathrm{diag}(\lambda_1, \lambda_2, \cdots, \lambda_n)$, $\{S_k\}$ 是给定的数列, $\varphi_k(\lambda) = \prod_{i=1}^{k}(\lambda - S_i)$, 如果

1) $|\lambda_1| > |\lambda_2| > \cdots > |\lambda_n| > 0$;

2) 对充分大的 k, $|\varphi_k(\lambda_i)| \neq |\varphi_k(\lambda_j)|$ 且不为零 $(i \neq j)$;

3) $X^{-1} = Y$ 有 LU 分解式,

则算法 (4.8) 本质收敛. 即 A_k 趋于一上三角矩阵.

证明 (略).

如何选取 S_i 使得 QR 算法收敛加速呢? 通常选取 S_i 有两种方法.

1. 选取 $S_k = a_{nn}^{(k)}$. 由于 $a_{nn}^{(k)} \to \lambda_n$, 如果取 $S_k = a_{nn}^{(k)}$, 则 $\left| \dfrac{\lambda_n - S_k}{\lambda_{n-1} - S_k} \right|$ 将很小, 这样 A_k 的最后一行 (除对角元外) 将以很快的速度收敛于 0, 当 A_k 的最后一行非对角元变得很小时即可将其忽略, $a_{nn}^{(k)}$ 即可作为 λ_n 的近似值. 以后就可以划掉 A 的最后一行和最后一列, 对剩下的 $n-1$ 阶矩阵再重复上述过程. (此时选 S_k 为 λ_{n-1} 的近似值). 这便是带原点位移的 QR 算法的收缩过程. 如此进行下去便可求得 A 的全部特征值. 可以证明此时 $a_{nn}^{(k)} \to \lambda_n$ 的速度是二次的, 若 A 为实对称矩阵, 则敛速可达三次.

2. 选取 S_k 为二阶子矩阵

$$\begin{bmatrix} a_{n-1,n-1}^{(k)} & a_{n-1,n}^{(k)} \\ a_{n,n-1}^{(k)} & a_{nn}^{(k)} \end{bmatrix}$$

的特征值中最接近 $a_{nn}^{(k)}$ 的一个.

通常称第一种位移方法为瑞利商位移, 而称第二种位移法为 Wilkinson 位移.

实际计算时几乎总是将 A 用相似变换化成上海森伯格阵 H, 然后再对 H 使用带原点位移的 QR 方法求其全部特征值. 在第一种位移方案中我们谈了带原点位移的 QR 方法的收缩技巧. 其实, 在将矩阵 A 化为上海森伯格阵 H 后, 若发现矩阵 H 主对角线之下的对角线上的某元素 $a_{ii-1} = 0$, 则立即可以进行收缩, 即将求解 n 阶矩阵 H 的全部特征值问题转化为求解两个规模较小的矩阵的特征值问题, 其中一个由矩阵 H 的前 $i-1$ 行前 $i-1$ 列上的元素组成, 另一个则由划去矩阵的前 $i-1$ 行和前 $i-1$ 列后的元素组成. 显然, 两个子阵都仍然是海森伯格阵. 另外, 在执行 QR 迭代过程中, 若在某一步发现次

对角线上的某元素 a_{ii-1} 按模已很小,也可进行相应的收缩处理.

实际上常用的判别迭代收敛的准则是

1) $|a_{n,n-1}^{(k)}| \leqslant \varepsilon \parallel A \parallel$

2) $|a_{n,n-1}^{(k)}| \leqslant \varepsilon \min\{|a_{nn}^{(k)}|, |a_{n-1,n-1}^{(k)}|\}$

3) $|a_{n,n-1}^{(k)}| \leqslant \varepsilon (|a_{nn}^{(k)}| + |a_{n-1,n-1}^{(k)}|)$

一旦 $a_{n,n-1}^{(k)}$ 满足条件,则可将矩阵降阶.而仅对 $n-1$ 阶主子矩阵继续迭代,从而可以大大节约工作量.其中 ε 为某一指定误差限.

须要指出的是,在将 A 约化为上海森伯格矩阵 H 后,一般均采用吉文斯变换进行 QR 分解而不是采用豪斯霍尔德变换.这主要是因为吉文斯变换计算量稍小.

例 2 用带原点位移的 QR 方法求实对称矩阵

$$A_1 = A = \begin{bmatrix} 2 & 1 & 0 \\ 1 & 3 & 1 \\ 0 & 1 & 4 \end{bmatrix}$$

的全部特征值.

解 矩阵 A_1 已是上海森伯格矩阵(对称三对角阵).

采用第一种位移方法,取 $S_1 = a_{33}^{(1)} = 4$.

将 $A_1 - S_1 I$ 进行 QR 分解.注意到

$$G_2(2,3,\theta_2) G_1(1,2,\theta_1)(A_1 - S_1 I) = R$$

$$R = \begin{bmatrix} 2.2361 & -1.342 & 0.4472 \\ 0 & 1.0954 & -0.3651 \\ 0 & 0 & 0.81650 \end{bmatrix}$$

生成

$$A_2 = R G_1^{\mathrm{T}}(1,2,\theta_1) G_2^{\mathrm{T}}(2,3,\theta_2) + S_1 I = \begin{bmatrix} 1.4000 & 0.4899 & 0 \\ 0.4899 & 3.2667 & 0.7454 \\ 0 & 0.9454 & 4.3333 \end{bmatrix}$$

取 $S_2 = 4.3333$,将 $A_2 - S_2 I$ 进行 QR 分解.然后再生成 A_3,以下类推.

$$A_3 = \begin{bmatrix} 1.2915 & 0.2017 & 0 \\ 0.2017 & 3.0202 & 0.2724 \\ 0 & 0.2724 & 4.6884 \end{bmatrix}$$

$$A_4 = \begin{bmatrix} 1.2737 & 0.0993 & 0 \\ 0.0993 & 2.9943 & 0.0072 \\ 0 & 0.0072 & 4.7320 \end{bmatrix}$$

$$A_5 = \begin{bmatrix} 1.2694 & 0.0498 & 0 \\ 0.04498 & 2.9986 & 0 \\ 0 & 0 & 4.7321 \end{bmatrix}$$

得特征值 $\lambda_3 = 4.7321$,收缩

$$\widetilde{A}_5 = \begin{bmatrix} 1.2694 & 0.0498 \\ 0.0498 & 2.9986 \end{bmatrix}$$

取 $S_5 = 2.9986$ 则有

$$\widetilde{A}_6 = \begin{bmatrix} 1.2680 & -4 \times 10^{-5} \\ -4 \times 10^{-5} & 3.0000 \end{bmatrix}$$

故 A 的特征值可近似地求得为

$$\lambda_1 = 1.2680, \quad \lambda_2 = 3.0000, \quad \lambda_3 = 4.7321$$

而 A 的特征值为

$$\lambda_1 = 3 - \sqrt{3}, \quad \lambda_2 = 3, \quad \lambda_3 = 3 + \sqrt{3}$$

三、实矩阵的双重步 QR 算法

上面讨论的基本 QR 算法或带原点位移的 QR 算法,我们始终回避了一个问题,即当实矩阵 A 具有复特征值时,特征值会共轭成对出现.这时无论是基本 QR 方法还是带有原点位移的 QR 方法,算法都不会收敛.为了能用实运算求得实矩阵的共轭复特征值.人们提出了双重步 QR 算法或双步 QR 算法.其基本思想是将带原点位移(而这种位移可能是复的)的 QR 算法的相继两步合并成一步以避免复运算.鉴于这种双重步 QR 方法需用较多篇幅叙述,我们不宜对其详细讨论,建议读者在使用时参考有关文献,仅将有关结果介绍如下:

设 $A \in R^{n \times n}$,如果 A 的等模特征值中只有实重特征值或多重复的共轭特征值,则由 QR 算法产生的 $\{A_k\}$ 本质收敛于分块上三角形矩阵(对角块为一阶和二阶子块).且对角块每一个二阶子块给出 A 的一对共轭复特征值.每一个对角子块给出 A 的实特征值.

四、特征向量的计算

设 H 是由 A 经正交相似变换得到的上海森伯格矩阵,

$$H = Q^{\mathrm{T}} A Q$$

对已求得的近似特征值 $\lambda_i (i = 1, 2, \cdots, n)$ 利用反幂法可求出 H 的相应于 λ_i 的特征向量 y_i,再利用

$$x_i = Q y_i$$

即可求得 A 的相应的特征向量. 但是, 即使 H 是实矩阵, 相应于复特征值 λ_i 的特征向量 x_i 的计算, 也要使用复数, 已经构造出只进行实运算的反幂法的变形来计算复特征向量. 需要的读者可参考有关文献.

对 QR 方法所做的舍入误差分析表明 QR 方法的数值稳定性很好. 到目前为止, QR 方法是求解一般实矩阵的全部特征值及特征向量的最有效的方法之一.

习　题

A.

1. 试编写一程序, 用豪斯霍尔德变换将任一实矩阵约化为上海森伯格矩阵.

2. 试编写一程序, 用吉文斯变换将任一实对称阵约化为实对称三对角矩阵.

B.

1. 设 (μ, x) 是 A 的近似特征对, 证明当 μ 取为 x 的瑞利商时, 即

$$\mu = \frac{x^{\mathrm{T}} A x}{x^{\mathrm{T}} x}$$

时, 残量 $r = Ax - \mu x$ 的范数 $\| r \|_2$ 达到极小.

2. 设 $A \in R^{n \times n}$ 为非奇异矩阵, 并且 $Q_0 \in R^{n \times p}$ 的列正交, 若 A 的特征值两两互异, 考虑下列迭代法:

对 $k = 1, 2, \cdots$, 求

$$A Z_k = Q_{k-1}, \qquad Q_k R_k = Z_k$$

试说明通常可以用这个迭代法计算 A 的 P 个最小特征值.

3. 证明: 若 A 是上海森伯格阵, 则 QR 算法所定义的 $\{A_k\}$ 仍是上海森伯格阵. 若 A 是三对角阵, 则 $\{A_k\}$ 仍是三对角阵.

4. 证明对关卡式雅可比法. 定理 3.1 的结论同样成立.

5. 证明若 $A = B + \mathrm{i} C$ 为埃尔米特矩阵 $(A^{\mathrm{T}} = \overline{A})$ 则

$$M = \begin{pmatrix} B & -C \\ C & B \end{pmatrix}$$ 为对称阵, 简述 A 与 M 之间在特征值和特征向量方面的联系.

6. 设 $A \in C^{n \times n}$ 是埃尔米特矩阵, 指明怎样构造旋转变换, 使雅可比方法收敛于对角阵.

7. 设 A 是实对称矩阵, 若瑞利商 $R(x) = \dfrac{x^{\mathrm{T}} A x}{x^{\mathrm{T}} x}$ 的梯度 $\nabla R(x)$ 对某个向量 Z 为零, 则 Z 必为 A 的特征向量.

8. $A \in R^{n \times n}$ 是一反对称矩阵 $(A^{\mathrm{T}} = -A)$. 如何构造豪斯霍尔德矩阵 $p_1, p_2, \cdots, p_{n-2}$ 使得 $p_{n-2} p_{n-1} \cdots p_1 A p_1 p_2 \cdots p_{n-2}$ 成为三对角矩阵?

9. 设

$$C = \begin{bmatrix} \alpha_1 & \beta_2 & & & \\ \beta_2 & \alpha_2 & \beta_3 & & \\ & \ddots & \ddots & \ddots & \\ & & & & \beta_n \\ & & & \beta_n & \alpha_n \end{bmatrix}, \qquad \beta_i \neq 0, \quad i = 2, 3, \cdots, n$$

的特征值为 $\lambda_1 > \lambda_2 > \cdots > \lambda_n$，又设 $\tilde{\lambda}_m$ 为 λ_m 的近似值． $|\lambda_m - \tilde{\lambda}_m| < \min\limits_{i \neq m} |\tilde{\lambda}_m - \lambda_i|$．

(1)证明 C 的特征向量 x 的第一分量 $x_1 \neq 0$；

(2)若令 $\tilde{x}_1 = 1$，则

$$(\alpha_1 - \tilde{\lambda}_m)\tilde{x}_1 + \beta_2 \tilde{x}_2 = 0$$
$$\vdots$$
$$\beta_k \tilde{x}_{k-1} + (\alpha_k - \tilde{\lambda}_m)\tilde{x}_k + \beta_{k+1}\tilde{x}_{k+1} = 0$$
$$\vdots$$

逐次可求出 $\tilde{x}_2, \cdots, \tilde{x}_n$，举例说明如此求出的 $\tilde{x} = (\tilde{x}_1, \cdots, \tilde{x}_n)^T$ 可能是一个很差的近似特征向量．

10．设 $A \in C^{n \times n}$，$x \in C^n$，若 $X \in C^{n \times n}$ 且

$$X = [x, Ax, \cdots, A^{n-1}x]$$

非奇异，则必存在 $\alpha_1, \alpha_2, \cdots, \alpha_n$ 使

$$X^{-1}AX = \begin{bmatrix} 0 & 0 & \cdots & 0 & \alpha_1 \\ 1 & 0 & \cdots & 0 & \alpha_2 \\ 0 & 1 & \cdots & 0 & \alpha_3 \\ \vdots & & & & \vdots \\ 0 & & \cdots & 1 & \alpha_n \end{bmatrix}$$

进一步说明 A 的特征方程为

$$\lambda^n - \alpha_n \lambda^{n-1} - \alpha_{n-1}\lambda^{n-2} - \cdots - \alpha_1 = 0$$

11．设 $A_1 \in R^{2 \times 2}$ 且其形式为

$$A_1 = \begin{bmatrix} a & b \\ \varepsilon & c \end{bmatrix}$$

对 A_1 作一次带原点位移 c 的 QR 算法，即

$$A_1 - cI = Q_1 R_1, \qquad A_2 = R_1 Q_1 + cI$$

试说明：若 a 与 c 不很接近，$a_{21}^{(2)} = O(\varepsilon^2)$，而当 A_1 为对称矩阵时，$a_{21}^{(2)} = O(\varepsilon^3)$．

12．设 $A \in C^{n \times n}$，试用格拉姆-施密特正交化方法对 A 进行 QR 分解．

13．设 $A \in R^{n \times n}$，设对应于按模最大特征值 λ_1，只有一个次数为 $S > 1$ 的初等因子，A 的特征值分布如下：

$$|\lambda_1| > |\lambda_2| \geqslant \cdots \geqslant |\lambda_r|$$

试证明用于求按模最大特征值 λ_1 的乘幂法收敛，但收敛速度由 $\dfrac{1}{k}$ 决定．其中 k 为迭代次数，由此可知，此时乘幂法敛速更慢．

第五章 插值逼近

§5.1 引　　言

在离散数据基础上补插出连续函数是计算数学中最基本最常用的手段，是函数逼近的重要方法，利用它可以通过函数在有限个点处的取值状况估算该函数在其它点处的值.因而，插值方法是观测数据处理、函数近似表示、计算机几何造型等所常用的工具，又是导出其它许多数值方法(如数值微分、数值积分、微分方程、积分方程数值解法等)的依据.

插值问题的提法是：假定已知区间 $[a,b]$ 上的实值函数 $f(x)$ 在该区间中 $n+1$ 个互不相同的点 $x_0,x_1,\cdots,x_n$ 的值为 $f(x_0),f(x_1),\cdots,f(x_n)$，要求估算 $f(x)$ 在 $[a,b]$ 中的某点 $x=x^*$ 处的值.插值问题的做法是：在事先选定的一个由简单函数所构成的含 $n+1$ 个参数 $c_0,c_1,\cdots,c_n$ 的函数类 $\Phi(c_0,c_1,\cdots,c_n)$ 中求出满足条件

$$P(x_i) = f(x_i), \qquad i = 0,1,\cdots,n \tag{1.1}$$

的函数 $P(x)$，并以 $P(x^*)$ 作为 $f(x^*)$ 的近似值.在此，函数 $f(x)$ 称为被插函数，$x_0,x_1,\cdots,x_n$ 称为插值结点.$\Phi(c_0,c_1,\cdots,c_n)$ 称为插值函数类，一般我们希望它是一线性空间.式(1.1)称为插值条件.$\Phi(c_0,c_1,\cdots,c_n)$ 中满足插值条件(1.1)的函数 $P(x)$ 称为插值函数.误差函数

$$R(x) = f(x) - P(x) \tag{1.2}$$

称为插值余项.显然，它是插值精度的一种标志.此外，当 x^* 属于包含插值结点的最小闭区间(即令 $m = \min\limits_{0 \leqslant i \leqslant n} \{x_i\}$，$M = \max\limits_{0 \leqslant i \leqslant n} \{x_i\}$，则 $[m,M]$ 即为包含插值结点的最小闭区间)时，称相应的插值为内插，否则称为外插或外推.

寻找满足插值条件(1.1)的函数 $P(x)$ 的办法是很多的.$P(x)$ 既可以是一个代数多项式、三角多项式、有理函数，也可以是任意光滑函数或分段光滑函数.但应该说明的是：在不同的函数类中选择 $P(x)$，其逼近 $f(x)$ 的效果是不同的.所以插值方法面临的第一个问题就是根据插值问题的需要来选择插值函数类或插值函数空间.如果选择的函数类为代数多项式，就称为代数插值问题.这一章内我们将用四节左右的篇幅介绍代数插值问题.这样做的原因有

三:(1)代数多项式结构简单,微分、积分等涉及到极限的运算都简单易行.(2)根据著名的魏尔斯特拉斯(Weierstrass)定理,任何连续函数都可用代数多项式做任意精确的逼近.(3)代数插值问题是各类插值问题的基础,理解了代数多项式插值的实质,就不难导出关于三角多项式,有理函数插值方法的一系列平行的理论结果.

插值方法的第二个问题是构造插值函数 $P(x)$. 如果是代数多项式,由于插值条件(1.1)是 $n+1$ 个,自然就将 $P(x)$ 取成 n 次多项式

$$P_n(x) = a_n x^n + a_{n-1} x^{n-1} + \cdots + a_1 x + a_0 \tag{1.3}$$

(1.3)内含有 $n+1$ 个待定参数,刚好可由(1.1)内的 $n+1$ 个条件确定.因此一般说来,用待定系数法就可以确定插值函数,当然这需要解 $n+1$ 个未知数的线性代数方程组.与此相关的问题是:插值问题是否可解,即 $P_n(x)$ 是否存在的问题,如果存在是否唯一,如何将其简单明确地表示出来.注意到(1.3)的实质是在次数不超过 n 次的多项式组成的线性空间 $\Phi(c_0, c_1, \cdots, c_n)$ 内,取 $x^n, x^{n-1}, \cdots, x, 1$ 作为基函数,并将 $P_n(x)$ 用这些基函数表示出来.从线性代数中我们知道:针对具体问题选择同一线性空间的合适基函数,会给相应问题的理论分析与实际应用带来方便.有鉴于此,我们将从不同角度或按不同需要来构造代数插值函数空间 $\Phi(c_0, c_1, \cdots, c_n)$ 的基函数系,进而给出 $P_n(x)$ 在该基函数系下的表达形式.不久便会看到,正是这种构造基函数系的思想,给插值问题的理论分析和实际应用都带来莫大好处与方便.

插值方法的第三个问题是插值误差 $R(x) = f(x) - P_n(x)$ 的估计问题,以及与之相关的所谓插值过程的收敛性与稳定性问题.前者是说:当插值结点无限加密时,插值多项式 $P_n(x)$ 是否收敛于被插函数;而后者则要阐明:当被插函数 $f(x)$ 在插值结点 x_i 的型值 $f(x_i)$ 有微小扰动(无论从计算角度还是从观测角度上说都不可避免),则据此扰动数据求得的插值多项式 $\widetilde{P_n}(x)$ 与 $P_n(x)$ 的差在插值结点无限加密时是否会保持有界? 从实际计算角度来看,稳定性更为重要.

应该指出的是:我们以上谈的都是以结点处的函数值 $y_i = f(x_i)(i = 0, 1, 2, \cdots, n)$ 为插值条件的插值.通常人们称其为拉格朗日插值.其实我国早在 2000 多年前就已有了这种思想.实际应用中有时还会提出这样的问题:插值多项式不仅要通过型值点,即满足插值条件 $P(x_i) = f(x_i)$,而且在插值节点上插值多项式还应与被插函数"相切",即还要满足条件 $P'(x_i) = f'(x_i)(i = 0, 1, \cdots, n)$,这就是所谓的埃尔米特插值问题,本章将用一节的内容来介绍这种插值方法.

随着社会生产力和科学技术的高度发展,人们已深刻认识到代数插值方

法在收敛性和稳定性方面的不尽如人意之处.时至今日,插值函数类已经越来越多,插值问题的提法也已越来越深刻,创始于四十年代的样条函数方法,至今不仅被公认为是函数插值与逼近的一个通用的基本方法,而且它的许多内在属性已陆续被深刻地揭示出来,如样条插值函数及其导数的同时收敛性和良好的逼近阶,样条插值函数在一定意义下的最佳逼近性质等等,这样不仅使得样条函数方法有了应用的广泛性和有效性,而且同时也有了坚实的理论基础.本章将用最后一节集中介绍样条插值问题,重点是三次样条插值.

§5.2　插值多项式的存在唯一性

在具体构造满足插值条件(1.1)的 n 次插值多项式 $P_n(x)$ 之前,我们先来讨论该插值多项式的存在唯一性.即我们要证明:满足插值条件(1.1)的 n 次插值多项式 $P_n(x)$ 存在且唯一.为此我们设

$$P_n(x) = \sum_{k=0}^{n} a_k x^k = (1, x, x^2, \cdots, x^n)(a_0, a_1, \cdots, a_n)^{\mathrm{T}} \qquad (2.1)$$

问题就转化为:若能通过插值条件(1.1)唯一确定 $a_0, a_1, \cdots, a_n$,则插值多项式 $P_n(x)$ 的存在唯一性就获得证明.

由(2.1)及插值条件(1.1)我们有

$$P_n(x_i) = (1, x_i, x_i^2, \cdots, x_i^n)(a_0, a_1, \cdots, a_n)^{\mathrm{T}} = f(x_i) \qquad (2.2)$$

其中 $i = 0, 1, 2, \cdots, n$.即

$$Aa = b \qquad (2.3)$$

其中

$$A = \begin{bmatrix} 1 & x_0 & x_0{}^2 & \cdots & x_0{}^n \\ 1 & x_1 & x_1{}^2 & \cdots & x_1{}^n \\ \vdots & & & & \\ 1 & x_n & x_n{}^2 & \cdots & x_n{}^n \end{bmatrix}, \qquad a = \begin{bmatrix} a_0 \\ a_1 \\ \vdots \\ a_n \end{bmatrix}, \qquad b = \begin{bmatrix} f(x_0) \\ f(x_1) \\ \vdots \\ f(x_n) \end{bmatrix}$$

注意到插值结点 $x_i (i = 0, 1, \cdots, n)$ 两两互异.而 $\det(A)$ 为熟知的范德蒙德(Vandermonde)行列式.且

$$\det(A) = \prod_{0 \leqslant j < i \leqslant n} (x_i - x_j)$$

因此,$\det(A) \neq 0$,从而方程组(2.3)有唯一解.即满足插值条件(1.1)的插值多项式 $P_n(x) = \sum_{k=0}^{n} a_k x^k$ 唯一确定.这样我们就证明了:

定理 5.1　由 $n+1$ 个不同插值结点 $x_0, x_1, \cdots, x_n$ 可以唯一确定一个 n 次多项式 $P_n(x)$ 满足插值条件(1.1).

由方程组(2.3),我们知道

$$a_i = \begin{vmatrix} 1 & x_0 & x_0^2 & \cdots & x_0^{i-1} & f(x_0) & x_0^{i+1} & \cdots & x_0^n \\ 1 & x_1 & x_1^2 & \cdots & x_1^{i-1} & f(x_1) & x_1^{i+1} & \cdots & x_1^n \\ \vdots & & & & & & & & \vdots \\ 1 & x_n & x_n^2 & \cdots & x_n^{i-1} & f(x_n) & x_n^{i+1} & \cdots & x_n^n \end{vmatrix} \frac{1}{\det(A)}$$

(2.4)

从理论上说,由(2.4)确定 $a_i(i=0,1,2,\cdots,n)$,从而确定 $P_n(x)$ 已无任何问题.但从数值计算上来看,确定 a_i 须求解线性代数方程组(2.3).当 n 较大时工作量较大且不便应用.为解决这个问题,现已提出了不少构造 $P_n(x)$ 的巧妙办法.

§5.3 多项式插值的拉格朗日方法

在上节内,我们看到:如选取 $1,x,x^2,\cdots,x^n$ 作为 $\Phi(c_0,c_1,\cdots,c_n)$ 的基函数,将 $P_n(x)$ 写成(2.1)的形式,则由插值条件,得方程组(2.3).由于方程组(2.3)的系数矩阵 A 是满的,即非零元很少或根本没有非零元,故求解方程组(2.3)须花费较多运算量.由此可能会想到:是否能构造 Φ 的一组基函数 $l_0(x),l_1(x),\cdots,l_n(x)$,使确定插值多项式 $L_n(x)=\sum_{i=0}^{n}a_i l_i(x)$ 中的系数 a_i 变得容易些? 由于

$$L_n(x) = (l_0(x),l_1(x),\cdots,l_n(x))(a_0,a_1,\cdots,a_n)^{\mathrm{T}}$$

且

$$L_n(x_k) = f(x_k) \quad (k=0,1,\cdots,n)$$

故

$$\begin{bmatrix} l_0(x_0) & l_1(x_0) & \cdots & l_n(x_0) \\ l_0(x_1) & l_1(x_1) & \cdots & l_n(x_1) \\ \vdots & & & \\ l_0(x_n) & l_1(x_n) & \cdots & l_n(x_n) \end{bmatrix} \begin{bmatrix} a_0 \\ a_1 \\ \vdots \\ a_n \end{bmatrix} = \begin{bmatrix} f(x_0) \\ f(x_1) \\ \vdots \\ f(x_n) \end{bmatrix}$$

(3.1)

记

$$C = \begin{bmatrix} l_0(x_0) & l_1(x_0) & \cdots & l_n(x_0) \\ l_0(x_1) & l_1(x_1) & \cdots & l_n(x_1) \\ \vdots & & & \\ l_0(x_n) & l_1(x_n) & \cdots & l_n(x_n) \end{bmatrix}$$

若 C 为单位矩阵,则 a_k 立即可得

$$a_k = f(x_k), \qquad k = 0, 1, 2, \cdots, n \tag{3.2}$$

欲使 C 为单位矩阵,要且只要

$$l_i(x_j) = \delta_{ij} = \begin{cases} 1, & i = j \\ 0, & i \neq j \end{cases} \quad (i, j = 0, 1, \cdots, n) \tag{3.3}$$

于是在 $\Phi(c_0, c_1, \cdots, c_n)$ 内选择一组基函数 $l_0(x), l_1(x), \cdots, l_n(x)$,使 C 为单位矩阵,就转化为构造满足条件(3.3)的基函数——n 次多项式 $l_i(x)$.注意到 $l_i(x)$ 在 $x = x_j (j = 0, 1, \cdots, i-1, i+1, \cdots, n)$ 时的值为 0,故

$$l_i(x) = A(x - x_0)(x - x_1)\cdots(x - x_{i-1})(x - x_{i+1})\cdots(x - x_n) \tag{3.4}$$

其中 A 为待定常数.在(3.4)内令 $x = x_i$,则可确定 A 为

$$A = \frac{1}{(x_i - x_0)(x_i - x_1)\cdots(x_i - x_{i-1})(x_i - x_{i+1})\cdots(x_i - x_n)}$$

从而

$$l_i(x) = \frac{(x - x_0)(x - x_1)\cdots(x - x_{i-1})(x - x_{i+1})\cdots(x - x_n)}{(x_i - x_0)(x_i - x_1)\cdots(x_i - x_{i-1})(x_i - x_{i+1})\cdots(x_i - x_n)}$$

$$= \prod_{\substack{j=0 \\ j \neq i}}^{n} \frac{x - x_j}{x_i - x_j} \tag{3.5}$$

记

$$\omega_{n+1}(x) = \prod_{i=0}^{n} (x - x_i) \tag{3.6}$$

则

$$l_i(x) = \frac{\omega_{n+1}(x)}{(x - x_i)\omega'_{n+1}(x_i)}$$

对如此构造出的 $\Phi(c_0, c_1, \cdots, c_n)$ 的基函数 $l_i(x) (i = 0, 1, \cdots, n)$,满足插值条件(1.1)的 n 次插值多项式可以直接写出来:

$$L_n(x) = \sum_{i=0}^{n} f(x_i) l_i(x) \tag{3.7}$$

我们称 $L_n(x)$ 为拉格朗日插值多项式,$l_i(x)$ 为拉格朗日插值基函数.

下面我们列出常用的一次、二次拉格朗日插值多项式:

$n = 1$(线性插值情形):

$$l_0(x) = \frac{x - x_1}{x_0 - x_1}, l_1(x) = \frac{x - x_0}{x_1 - x_0}$$

$$L_1(x) = f(x_0) l_0(x) + f(x_1) l_1(x)$$

从几何上看,基函数 $l_0(x), l_1(x)$ 的图像如图 5.1 所示.而 $L_1(x) = f(x_0) l_0(x) + f(x_1) l_1(x)$ 的图像如图 5.2 所示.在 $[x_0, x_1]$ 上,我们用

$L_1(x)$ 去近似估算 $f(x)$ 的值.

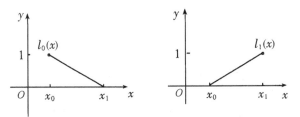

图 5.1

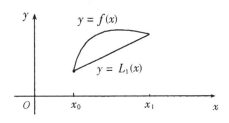

图 5.2

$n = 2$（二次插值或抛物插值情形）：

$$l_0(x) = \frac{(x - x_1)(x - x_2)}{(x_0 - x_1)(x_0 - x_2)}, \quad l_1(x) = \frac{(x - x_0)(x - x_2)}{(x_1 - x_0)(x_1 - x_2)}$$

$$l_2(x) = \frac{(x - x_0)(x - x_1)}{(x_2 - x_0)(x_2 - x_1)}$$

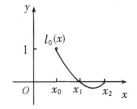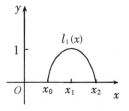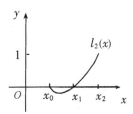

图 5.3

$l_0(x)$、$l_1(x)$、$l_2(x)$ 的图像分别画于图 5.3 内，$L_2(x) = \sum_{k=0}^{2} f(x_k)$ $l_k(x)$ 的图像见图 5.4.我们是用 $L_2(x)$ 近似计算 $f(x)$ 的值.

现在来考察拉格朗日插值的余项.

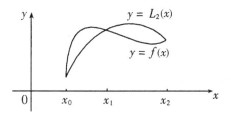

图 5.4

若在 $[a,b]$ 上用 $L_n(x)$ 近似代替 $f(x)$，则其截断误差为 $R_n(x)=f(x)-L_n(x)$，也称为插值多项式的余项.关于插值余项有如下定理.

定理 5.2 设 $f^{(n)}(x)$ 在 $[a,b]$ 上连续，$f^{(n+1)}(x)$ 在 (a,b) 内存在，结点 $a\leqslant x_0<x_1<\cdots<x_n\leqslant b$，$L_n(x)$ 是满足条件 (1.1) 的插值多项式，则对任何 $x\in[a,b]$，插值余项

$$R_n(x)=f(x)-L_n(x)=\frac{f^{(n+1)}(\xi)}{(n+1)!}\omega_{n+1}(x) \tag{3.8}$$

这里 $\xi\in(a,b)$ 且依赖于 x，$\omega_{n+1}(x)$ 是由 (3.6) 而定义的.

证明 令 x 是 $[a,b]$ 中任一固定的数，若 x 是插值结点 $x_k(k=0,1,\cdots,n)$，则 (3.8) 式两端均为 0，故 (3.8) 成立.下面再考虑 x 不是结点的情况.由给定条件知 $R_n(x)$ 在结点 $x_k(k=0,1,\cdots,n)$ 上为零，即 $R_n(x_k)=0(k=0,1,\cdots,n)$，于是

$$R_n(x)=k(x)(x-x_0)(x-x_1)\cdots(x-x_n)=k(x)\omega_{n+1}(x) \tag{3.9}$$

其中 $k(x)$ 是与 x 有关的待定系数.

现在作一辅助函数

$$\varphi(t)=f(t)-L_n(t)-k(x)(t-x_0)(t-x_1)\cdots(t-x_n)$$

根据插值条件及余项定义，可知 $\varphi(t)$ 在点 $x_0,x_1,\cdots,x_n$ 及 x 处均为零，故 $\varphi(t)$ 在 $[a,b]$ 上有 $n+2$ 个零点，根据罗尔 (Rolle) 定理，$\varphi'(t)$ 在 $\varphi(t)$ 的两相邻零点间至少有一个零点，故 $\varphi'(t)$ 在 $[a,b]$ 内至少有 $n+1$ 个零点.对 $\varphi'(t)$ 再应用罗尔定理，可知 $\varphi''(t)$ 在 $[a,b]$ 内至少有 n 个零点.依此类推，$\varphi^{(n+1)}(t)$ 在 (a,b) 内至少有一个零点，记为 $\xi\in(a,b)$，使

$$\varphi^{(n+1)}(\xi)=f^{(n+1)}(\xi)-(n+1)!k(x)=0$$

于是，$k(x)=\dfrac{f^{(n+1)}(\xi)}{(n+1)!}$，$\xi\in(a,b)$，且依赖于 x.

将它代入 (3.9)，就得到余项表达式 (3.8).证毕.

当 $n=1$ 时，线性插值余项为

$$R_1(x) = \frac{1}{2}f''(\xi)\omega_2(x)$$

$$= \frac{1}{2}f''(\xi)(x-x_0)(x-x_1), \quad \xi \text{ 依赖于 } x_0, x_1, x \quad (3.10)$$

当 $n=2$ 时，二次插值余项为

$$R_2(x) = \frac{1}{6}f^{(3)}(\xi)(x-x_0)(x-x_1)(x-x_2)$$

$$\xi \text{ 依赖于 } x_0, x_1, x_2, x \quad (3.11)$$

通常，在做误差估计时，由于 ξ 在 $[a,b]$ 内的具体位置不可能给出，但若我们能够求出 $\max\limits_{a<x<b}|f^{(n+1)}(x)| = M_{n+1}$，那么 $L_n(x)$ 逼近 $f(x)$ 的截断误差限是

$$|R_n(x)| \leqslant \frac{M_{n+1}}{(n+1)!}|\omega_{n+1}(x)| \quad (3.12)$$

最后指出，为了便于计算机计算，常将 $L_n(x)$ 的表达式改写为

$$L_n(x) = \sum_{k=0}^{n}\left[\prod_{\substack{j=0\\j\neq k}}^{n}\frac{x-x_j}{x_k-x_j}\right]f(x_k) \quad (3.13)$$

编程时，可用二重循环来完成 $L_n(x)$ 值的计算.

例1 已给 $\sin 0.32 = 0.314567$，$\sin 0.34 = 0.333487$，$\sin 0.36 = 0.352274$，用线性插值及抛物插值计算 $\sin 0.3367$ 的值并估计截断误差.

解 取 $x_0 = 0.32$，$y_0 = 0.314567$，$x_1 = 0.34$，$y_1 = 0.333487$，$x_2 = 0.36$，$y_2 = 0.352274$.

用线性插值计算，取 $x_0 = 0.32$，$x_1 = 0.34$，由公式(3.7)得

$$\sin 0.3367 \approx L_1(0.3367) = y_0\frac{0.3367-x_1}{x_0-x_1} + y_1\frac{0.3367-x_0}{x_1-x_0}$$

$$= 0.330365$$

其截断误差，由(3.10)得

$$|R_1(x)| \leqslant \frac{M_2}{2}|(x-x_0)(x-x_1)|$$

其中 $M_2 = \max\limits_{x_0 \leqslant x \leqslant x_1}|f''(x)|$，因 $f(x) = \sin x$，$f''(x) = -\sin x$，可取 $M_2 = \sin x_1 \leqslant 0.3335$，于是

$$|R_1(0.3367)| \leqslant \frac{1}{2} \times 0.3335 \times 0.0167 \times 0.0033$$

$$\leqslant 0.92 \times 10^{-5}$$

用抛物插值计算 $\sin 0.3367$，由公式(3.7)得

$$\sin 0.3367 \approx L_2(0.3367) = y_0\frac{(0.3367-x_1)(0.3367-x_2)}{(x_0-x_1)(x_0-x_2)}$$

$$+ y_1 \frac{(0.3367 - x_0)(0.3367 - x_2)}{(x_1 - x_0)(x_1 - x_2)}$$

$$+ y_2 \frac{(0.3367 - x_0)(0.3367 - x_1)}{(x_2 - x_0)(x_2 - x_1)}$$

$$= 0.330374$$

其截断误差限由(3.11)得

$$\left| R_2(x) \right| \leqslant \frac{M_3}{6} \left| (x - x_0)(x - x_1)(x - x_2) \right|$$

其中

$$M_3 = \max_{x_0 \leqslant x \leqslant x_2} \left| f^{(3)}(x) \right| = \cos x_0 < 0.828, 于是$$

$$\left| R_2(0.3367) \right| \leqslant \frac{1}{6} \times 0.828 \times 0.0167 \times 0.033 \times 0.0233$$

$$< 0.178 \times 10^{-6}$$

可见,用抛物插值做出的精度已相当高了.

§5.4 多项式插值的艾特肯方法和 Neville 方法

当用拉格朗日插值公式计算函数的近似值时,若对原选定的 $n+1$ 个结点插值所得到的结果精度感到不甚理想而需要增加新的插值结点时,这时公式中的每一项都需要重新计算,因此增加了计算量.解决这个问题的办法之一是采用逐步线性插值方法,也就是将高次插值问题用逐次线性插值的办法来实现.

假定在区间 $[a, b]$ 上给出了一组插值结点

$$x_0, x_1, x_2, \cdots, x_n, \cdots$$

及相应的被插函数的函数值:

$$y_0, y_1, y_2, \cdots, y_n, \cdots$$

用 $i_k(k = 0, 1, 2, \cdots)$ 表示一个给定的非负整数序列.把由 $k+1$ 个结点 $x_{i_0}, x_{i_1}, \cdots, x_{i_k}$ 所确定的不高于 k 次的插值多项式记作

$$P_{i_0 i_1 \cdots i_k}(x)$$

其中 $P_{i_r}(x) = y_{i_r}(r = 0, 1, \cdots, k)$ 为零次多项式,则

$$P_{i_0 i_1 \cdots i_k}(x) = \frac{x - x_{i_0}}{x_{i_k} - x_{i_0}} P_{i_1 i_2 \cdots i_k}(x) + \frac{x - x_{i_k}}{x_{i_0} - x_{i_k}} P_{i_0 i_1 \cdots i_{k-1}}(x)$$

$$= \frac{1}{x_{i_k} - x_{i_0}} \begin{vmatrix} P_{i_0 i_1 \cdots i_{k-1}}(x) & x_{i_0} - x \\ P_{i_1 i_2 \cdots i_k}(x) & x_{i_k} - x \end{vmatrix} \qquad (4.1)$$

由(4.1),如果我们已经算出 $P_{i_1 i_2 \cdots i_k}(x)$ 及 $P_{i_0 i_1 \cdots i_{k-1}}(x)$ 在 x 点处的值,经过一次线性插值就可以计算出 $P_{i_0 i_1 \cdots i_k}(x)$ 的值.这样一来由结点 x_{i_0}, x_{i_1},$\cdots, x_{i_k}$ 确定的高次插值问题可以由逐步线性插值来实现.由于在实施逐步线性插值使用结点的策略有所不同.导致了两类稍有区别的逐次线性插值方法——艾特肯(Aitken)方法和 Neville 方法.

1. 艾特肯方法

艾特肯逐步线性插值计算步骤按表 5.1 所示进行:

表 5.1

x_0	y_0				$x_0 - x$
x_1	y_1	$P_{01}(x)$			$x_1 - x$
x_2	y_2	$P_{02}(x)$	$P_{012}(x)$		$x_2 - x$
x_3	y_3	$P_{03}(x)$	$P_{013}(x)$	$P_{0123}(x)$	$x_3 - x$

实际计算时,(4.1)的分子行列式内的各元素出现的位置与表 5.1 阵列内出现的位置完全相同.那么在计算机上计算交叉乘法和除法便是非常容易的事.

2. Neville 方法

Neville 逐步线性插值计算步骤按表 5.2 所示进行:

表 5.2

x_0	y_0				$x_0 - x$
x_1	y_1	$P_{01}(x)$			$x_1 - x$
x_2	y_2	$P_{12}(x)$	$P_{012}(x)$		$x_2 - x$
x_3	y_3	$P_{23}(x)$	$P_{123}(x)$	$P_{0123}(x)$	$x_3 - x$

应该注意:实际计算时,(4.1)的分子行列式内各元素出现的位置与表 5.2 陈列内出现的位置不同.例如

$$P_{0123}(x) = \frac{1}{x_3 - x_0} \begin{vmatrix} P_{012}(x) & x_0 - x \\ P_{123}(x) & x_3 - x \end{vmatrix}$$

例2 已知在 $x = 2, 4, 6, 8$ 时,相应的函数值 $f(x)$ 分别为 $-8, 0, 8, 64$,试用 Neville 方法求 $f(5)$ 的近似值.

解 按(4.1)列表如下:

2	−8				−3
4	0	4			−1
6	8	4	4		−1
8	64	−20	−2	1	3

故 $f(5) \approx 1$.

Neville 插值在外推法中有着重要应用.

§5.5 多项式插值的牛顿方法

设 $L_k(x)$ 是由插值条件
$$L_k(x_i) = y_i \quad (i = 0, 1, 2, \cdots, k)$$
所确定的 k 次拉格朗日插值多项式. 在 §5.4 中我们就已指出: $L_{k+1}(x)$ 是在 $L_k(x)$ 的插值条件上再增加一个而确定的 $k+1$ 次拉格朗日插值多项式. 但在计算 $L_{k+1}(x)$ 时, $L_k(x)$ 没有得到充分利用, 在上节内我们用逐次线性插值的办法解决了这个问题. 本节则从构造插值函数空间 $\Phi(c_0, c_1, \cdots, c_n)$ 的基函数出发再介绍一种方法——牛顿插值法, 并用它来解决上面所述的问题.

首先, 设 $L_k(x)$ 和 $L_{k+1}(x)$ 是由插值条件
$$L_k(x_i) = y_i \quad (i = 0, 1, \cdots, k)$$
$$L_{k+1}(x_i) = y_i \quad (i = 0, 1, \cdots, k, k+1)$$
分别确定的拉格朗日插值多项式, 则
$$L_{k+1}(x) - L_k(x) = a_{k+1}(x - x_0)(x - x_1) \cdots (x - x_k) \quad (5.1)$$
从而
$$L_{k+1}(x) = L_k(x) + a_{k+1}(x - x_0)(x - x_1) \cdots (x - x_k) \quad (5.2)$$
(5.2)说明: 若 $L_k(x)$ 已计算出来, 再增加一个插值结点计算 $L_{k+1}(x)$ 的值, 只须计算 $a_{k+1}(x - x_0)(x - x_1) \cdots (x - x_k)$ 即可, 其中 a_{k+1} 为待定实常数, 因而 $L_k(x)$ 得到了充分利用. 反复利用(5.2), 则有
$$L_n(x) = \sum_{i=0}^{n} a_i \prod_{j=0}^{i-1} (x - x_j) \quad (5.3)$$
其中 $a_0, a_1, \cdots, a_n$ 是待定实常数. (5.3)将 n 次拉格朗日多项式 $L_n(x)$ 用 1, $x - x_0, (x - x_0)(x - x_1), \cdots, (x - x_0)(x - x_1) \cdots (x - x_{n-1})$ 线性表出, 而 $1, x - x_0, (x - x_0)(x - x_1), \cdots, (x - x_0) \cdots (x - x_{n-1})$ 显然是 $\Phi(c_0, \cdots, c_n)$ 的一组基函数. 即
$$L_n(x) = (1, x - x_0, (x - x_0)(x - x_1), \cdots,$$
$$(x - x_0)(x - x_1) \cdots (x - x_{n-1}))(a_0, a_1, \cdots, a_n)^{\mathrm{T}}$$

现在来确定 $a_0, a_1, \cdots, a_n$，为此，令 $x = x_0, x_1, \cdots, x_n$ 分别代入上式，则得一线性代数方程组：

$$
\begin{bmatrix}
1 & 0 & 0 & \cdots & 0 \\
1 & x_1 - x_0 & 0 & \cdots & 0 \\
1 & x_2 - x_0 & (x_2 - x_0)(x_2 - x_1) & \cdots & 0 \\
\vdots & \vdots & \vdots & & \vdots \\
1 & x_n - x_0 & (x_n - x_0)(x_n - x_1) & \cdots & \prod_{i=0}^{n-1}(x_n - x_i)
\end{bmatrix}
\begin{bmatrix}
a_0 \\ a_1 \\ \vdots \\ a_n
\end{bmatrix}
=
\begin{bmatrix}
y_0 \\ y_1 \\ \vdots \\ y_n
\end{bmatrix}
$$

$$(5.4)$$

(5.4)是一个具有下三角形矩阵的线性代数方程组. 由于插值结点两两互异. 因而其是可逆的，此方程组易于求出解.

$$
\left.
\begin{aligned}
a_0 &= y_0 \\
a_1 &= \frac{y_1 - y_0}{x_1 - x_0} \\
a_2 &= \frac{y_2 - y_0 - a_1(x_2 - x_0)}{(x_2 - x_0)(x_2 - x_1)} = \frac{\dfrac{(y_2 - y_0)}{(x_2 - x_0)} - \dfrac{(y_1 - y_0)}{(x_1 - x_0)}}{x_2 - x_1} \\
&\cdots\cdots
\end{aligned}
\right\}
$$

$$(5.5)$$

为清晰规律地表示诸 a_i，我们引进差商的定义.

定义 5.1 称 $f[x_0, x_k] = \dfrac{f(x_k) - f(x_0)}{x_k - x_0}$ 为函数 $f(x)$ 关于点 x_0, x_k 的一阶差商. $f[x_0, x_1, x_k] = \dfrac{f[x_0, x_k] - f[x_0, x_1]}{x_k - x_1}$ 为 $f(x)$ 关于点 x_0, x_1 及 x_k 的二阶差商. 一般地，若 $k-1$ 阶差商已定义，称

$$f[x_0, x_1, \cdots, x_k] = \frac{f[x_0, \cdots, x_{k-2}, x_k] - f[x_0, \cdots, x_{k-1}]}{x_k - x_{k-1}}$$ 为 $f(x)$ 关于

点 $x_0, x_1, \cdots, x_k$ 的 k 阶差商（或均差）.

由上述定义，我们不难求出(5.5)的诸 a_i 分别为

$$
\left.
\begin{aligned}
a_0 &= y_0 \\
a_1 &= f[x_0, x_1] \\
a_2 &= f[x_0, x_1, x_2] \\
&\cdots\cdots \\
a_n &= f[x_0, x_1, \cdots, x_n]
\end{aligned}
\right\}
$$

$$(5.6)$$

以如此确定的 a_i 为系数的插值多项式称为牛顿插值多项式，记为

$$N_n(x) = a_0 + a_1(x - x_0) + \cdots$$
$$+ a_n(x - x_0)(x - x_1)\cdots(x - x_{n-1}) \tag{5.7}$$

现在来推导牛顿插值公式的误差余项：

1. 拉格朗日型余项

由于 $N_n(x)$ 满足插值条件

$$N_n(x_i) = y_i, \qquad i = 0,1,2,\cdots,n$$

由多项式插值的存在唯一性,知

$$N_n(x) = L_n(x)$$

若被插函数 $f(x)$ 满足定理 5.2 的条件.则

$$R_n(x) = f(x) - N_n(x) = \frac{f^{(n+1)}(\xi)}{(n+1)!}\omega_{n+1}(x) \tag{5.8}$$

其中 $\xi \in (a,b)$ 且依赖于 x,$\omega_{n+1}(x)$ 是由(3.6)定义的.(5.8)即为拉格朗日型余项公式.

2. 牛顿型余项

现增设一新插值结点 $x \neq x_0, x_1, \cdots, x_n$,则有

$$N_{n+1}(t) = N_n(t) + f[x_0, x_1, \cdots, x_n, x](t - x_0)(t - x_1)\cdots(t - x_n)$$

在上式内,令 $t = x$,则有

$$f(x) = N_{n+1}(x) = N_n(x) + f[x_0, x_1, \cdots, x_n, x]\omega_{n+1}(x)$$

于是

$$R_n(x) = f(x) - N_n(x) = f[x_0, x_1, \cdots, x_n, x]\omega_{n+1}(x)$$

上式是在 $x \neq x_0, x_1, \cdots, x_n$ 的假设下得到的.容易看出,当 $x = x_i(i = 0,1,2,\cdots,n)$ 上式也成立.故有牛顿型插值余项公式：

$$R_n(x) = f(x) - N_n(x) = f[x_0, x_1, \cdots, x_n, x]\omega_{n+1}(x) \tag{5.9}$$

在推导拉格朗日型插值余项(5.8)时,我们假定 $f(x)$ 的 n 阶导数连续,$f^{(n+1)}(x)$ 存在,而在牛顿型插值余项(5.9)的推导过程中,我们并没有做类似的假设.因此可以断定(5.9)较(5.8)适用范围要广些.在(5.8)内 ξ 为插值区间 $[a,b]$ 内的某点,具体数值没有确定,致使(5.8)的理论价值大于实用价值.在(5.9)内,由于 x 点的函数值 $f(x)$ 是未知的,故(5.9)也偏重理论色彩,但若 $f(x)$ 连续,则其可用位于 x 点附近的插值结点的函数值近似代替,从而近似求得误差余项.

由插值误差余项(5.8)和(5.9),我们立刻得到差商的一个重要性质：

性质 5.1 若 $f(x)$ 于 $[a,b]$ 上 n 阶导数连续,$n+1$ 阶导数存在,$x_0, x_1, \cdots, x_n$ 均在 $[a,b]$ 内,则对 $\forall x \in [a,b]$,$\exists \xi \in (a,b)$,使

$$f[x_0, x_1, \cdots, x_n, x] = \frac{f^{(n+1)}(\xi)}{(n+1)!} \tag{5.10}$$

注意到(5.2),比较两边 x 的最高次幂的系数,便有

性质5.2 $\qquad f[x_0,x_1,\cdots,x_n] = \sum_{j=0}^{n} \dfrac{f(x_j)}{\omega'_{n+1}(x_j)}$ $\hfill$ (5.11)

由(5.11)立即可知,差商与结点排列次序无关:若 $i_0,i_1,\cdots,i_n$ 是 $0,1,$ $\cdots,n$ 的某个排列,则

$$f[x_{i_0},x_{i_1},\cdots,x_{i_n}] = f[x_0,x_1,\cdots,x_n]$$

由性质5.2及差商的定义,立刻可以推出

性质5.3 $\qquad f[x_0,x_1,\cdots,x_k] = \dfrac{f[x_1,x_2,\cdots,x_k] - f[x_0,x_1,\cdots,x_{k-1}]}{x_k - x_0}$

借助于归纳法,我们还可以得到:

性质5.4 若 $f(x)$ 为 x 的 n 次多项式,则对任何正整数 $k,0<k\leqslant n,f$ $[x,x_1,\cdots,x_k]$ 为 x 的 $n-k$ 次多项式.特别地,$f[x,x_1,x_2,\cdots,x_n]$ 为一常数,而 $f[x_0,x_1,\cdots,x_n,x]\equiv 0$.

从数学分析中我们知道:函数在点 x_0 处的导数定义为

$$\lim_{x_1\to x_0} \frac{f(x_1) - f(x_0)}{x_1 - x_0} = f'(x_0)$$

由此可知:$f[x_0,x_1]$ 是 $f'(x_0)$ 的离散形式.而连续形式的 $f'(x_i)$ 是通过离散形式 $f[x_0,x_1]$ 取极限而得来.数学中研究的常常是一个连续模型,而用计算机求解,则往往将连续模型离散化.因此,我们要特别注意数学中有限$\rightleftharpoons$无限、离散$\rightleftharpoons$连续之间的转化过程.注意到这一点:由于差商是微商的离散化,或者说是逼近微商的一种运算,在实用上常常要考虑差商的极限状态.因此有必要引进重节点差商的概念:

$$f[x_0,x_0] = \lim_{x_1\to x_0} f[x_1,x_0] = \lim_{x_1\to x_0} \frac{f(x_1)-f(x_0)}{x_1 - x_0} = f'(x_0)$$

类似地有

$$f[x,x,x_0,\cdots,x_n] = \frac{\mathrm{d}}{\mathrm{d}x} f[x,x_0,\cdots,x_n]$$

在实际构造牛顿插值多项式时,各阶差商可按表5.3计算:

表 5.3

x_k	$f(x_k)$	一阶差商	二阶差商	三阶差商	$\cdots$
x_0	$f(x_0)$				
x_1	$f(x_1)$	$f[x_0,x_1]$			
x_2	$f(x_2)$	$f[x_1,x_2]$	$f[x_0,x_1,x_2]$		
x_3	$f(x_3)$	$f[x_2,x_3]$	$f[x_1,x_2,x_3]$	$f[x_0,x_1,x_2,x_3]$	
$\vdots$	$\vdots$	$\vdots$	$\vdots$	$\vdots$	$\vdots$

例3 给出 $f(x) = \text{sh}(x)$ 的函数表(见附表的左边两列),求 4 次牛顿插值多项式,并计算 $\text{sh}(0.596)$ 的近似值.

解 首先根据给定的函数表造出差商表:

0.40	0.41075				
0.55	0.57815	1.11600			
0.65	0.69675	1.18600	0.2800		
0.80	0.88811	1.27573	0.35893	0.19733	
0.90	1.02652	1.38410	0.43348	0.21300	0.03134
1.05	1.25382	1.51533	0.52493	0.22863	0.03126

由公式(5.7)得

$$N_4(x) = 0.41075 + 1.116(x - 0.4) + 0.28(x - 0.4)(x - 0.55) +$$
$$0.19733(x - 0.4)(x - 0.55)(x - 0.65) + 0.03134(x - 0.4)$$
$$(x - 0.55)(x - 0.65)(x - 0.8)$$
$$\text{sh}(0.596) \approx N_4(0.596) = 0.63195$$

§5.6　差分与等距结点插值

上面讨论了结点任意分布的插值公式,但实际应用时经常遇到等距结点的情形,这时牛顿插值公式可以进一步简化.为此,我们先介绍差分的概念.

5.6.1　差分及其性质

设函数 $y = f(x)$ 在等距结点 $x_k = x_0 + kh (k = 0, 1, \cdots, n)$ 上的值 $f_k = f(x_k)$ 为已知,这里 $h = \dfrac{b-a}{n}$,称为步长.

定义 5.2 引入符号

$$\Delta f_k = f_{k+1} - f_k, \qquad \nabla f_k = f_k - f_{k-1}$$
$$\delta f_k = f\left(x_k + \frac{h}{2}\right) - f\left(x_k - \frac{h}{2}\right) = f_{k+\frac{1}{2}} - f_{k-\frac{1}{2}}$$

并分别称 Δf_k、∇f_k、δf_k 为函数 $f(x)$ 在 x_k 处以 h 为步长的向前差分、向后差分和中心差分.并分别称 Δ、∇、δ 为向前、向后和中心差分算子.

对一阶差分再作一次差分就是二阶差分,如

$$\Delta^2 f_k = \Delta f_{k+1} - \Delta f_k = f_{k+2} - 2f_{k+1} + f_k$$

一般地,可定义 m 阶差分

$$\Delta^m f_k = \Delta^{m-1} f_{k+1} - \Delta^{m-1} f_k$$

$$\bigtriangledown^m f_k = \bigtriangledown^{m-1} f_k - \bigtriangledown^{m-1} f_{k-1}$$

$$\delta^m f_k = \delta^{m-1} f_{k+\frac{1}{2}} - \delta^{m-1} f_{k-\frac{1}{2}}$$

再引入下列常用的算子符号：

$$\mathrm{I} f_k = f_k, \quad \mathrm{E} f_k = f_{k+1}$$

并分别称 I、E 为恒等算子和移位算子.

容易验证,上述五种算子 Δ、$\bigtriangledown$、δ、I、E 都是线性的且两两可互相交换,例如 $\Delta\mathrm{E}=\mathrm{E}\Delta$ 等等.还可验证两个算子和的 m 次幂可以按二项式进行展开.

我们还可以导出各种算子之间的关系,例如

$$\Delta f_k = f_{k+1} - f_k = \mathrm{E} f_k - \mathrm{I} f_k = (\mathrm{E} - \mathrm{I}) f_k$$

故有 $\Delta = \mathrm{E} - \mathrm{I}$,同理还有

$$\delta = \mathrm{E}^{\frac{1}{2}} - \mathrm{E}^{-\frac{1}{2}}, \bigtriangledown = \mathrm{I} - \mathrm{E}^{-1}$$

下面介绍差分的一些重要性质.

性质 5.5 常数的差分为零.

性质 5.6 函数值与差分可互相线性表出.例如

$$\Delta^n f_k = (\mathrm{E} - \mathrm{I})^n f_k = \sum_{j=0}^{n} (-1)^j C_n^j \mathrm{E}^{n-j} f_k = \sum_{j=0}^{n} (-1)^j C_n^j f_{n+k-j}$$

另一方面,又有

$$f_{n+k} = \mathrm{E}^n f_k = (\mathrm{I} + \Delta)^n f_k = \Big(\sum_{j=0}^{n} C_n^j \Delta^j \Big) f_k$$

性质 5.7 当结点 x_k 是等距分布时,运用归纳法很容易证明差分与差商存在着以下关系：

$$f[x_k, \cdots, x_{k+m}] = \frac{1}{m!} \frac{1}{h^m} \Delta^m f_k \quad (m = 1, 2, \cdots, n) \tag{6.1}$$

同理,对于向后差分也有

$$f[x_k, x_{k-1}, \cdots, x_{k-m}] = \frac{1}{m!} \frac{1}{h^m} \bigtriangledown^m f_k \tag{6.2}$$

计算差分可列差分表,表 5.4 是向前差分表

表 5.4

x_k	$f(x_k)$	$\Delta f(x_k)$	$\Delta^2 f(x_k)$	$\Delta^3 f(x_k)$	$\Delta^4 f(x_k)$	$\cdots$
x_0	$f(x_0)$					
x_1	$f(x_1)$	$\Delta f(x_0)$				
x_2	$f(x_2)$	$\Delta f(x_1)$	$\Delta^2 f(x_0)$			
x_3	$f(x_3)$	$\Delta f(x_2)$	$\Delta^2 f(x_1)$	$\Delta^3 f(x_0)$		
x_4	$f(x_4)$	$\Delta f(x_3)$	$\Delta^2 f(x_2)$	$\Delta^3 f(x_1)$	$\Delta^4 f(x_0)$	
$\vdots$	$\vdots$	$\vdots$	$\vdots$	$\vdots$	$\vdots$	$\vdots$

5.6.2 等距节点插值公式

在§5.5内我们推导了牛顿插值多项式.为了计算差商需要进行多次除法运算.当结点为等距时,我们可用差分代替差商,从而节省计算量.另一方面,给出了函数表,当要求插值时,不一定将所有的点都作为插值节点,我们总是希望,运用尽可能少的结点达到应有精度,由插值余项可知,当被插的点 x 靠近表初时,考虑运用表初的几个点来插值,当 x 靠近表末或表中时亦然.下面我们推导常用的表初、表末公式(或者叫做前插、后插公式).

假设给定结点 $x_k = x_0 + kh\,(k = 0, 1, \cdots, n)$,先考虑 x 靠近表初的情况.设 $x_0 \leqslant x \leqslant x_1$,可令 $x = x_0 + th$,$0 \leqslant t \leqslant 1$,于是

$$\omega_{k+1}(x) = \prod_{j=0}^{k} (x - x_j) = t(t-1)\cdots(t-k)h^{k+1}$$

将此式及(6.1)代入(5.7),则得

$$N_n(x_0 + th) = f_0 + t\Delta f_0 + \frac{t(t-1)}{2!}\Delta^2 f_0 + \cdots + \frac{t(t-1)\cdots(t-n+1)}{n!}\Delta^n f_0$$

$$(6.3)$$

上式就称为牛顿表初公式(或牛顿前插公式).其余项为

$$R_n(x) = \frac{t(t-1)\cdots(t-n)}{(n+1)!}h^{n+1}f^{(n+1)}(\xi), \xi \in (x_0, x_n) \quad (6.4)$$

下面考虑 x 位于表末的情况,设 x 位于 x_{n-1} 与 x_n 之间,令 $x = x_n + th$,$-1 \leqslant t \leqslant 0$,将插值结点按 $x_n, x_{n-1}, \cdots, x_0$ 排列,于是有

$$N_n(x) = f(x_n) + f[x_n, x_{n-1}](x - x_n) + f[x_n, x_{n-1}, x_{n-2}](x - x_n)(x - x_{n-1}) + \cdots + f[x_n, x_{n-1}, \cdots, x_0](x - x_n)\cdots(x - x_1)$$

再利用公式(6.2),则

$$N_n(x_n + th) = f_n + t\nabla f_n + \frac{t(t+1)}{2!}\nabla^2 f_n + \cdots + \frac{t(t+1)\cdots(t+n-1)}{n!}\nabla^n f_n$$

$$(6.5)$$

此式称为牛顿表末公式(或牛顿后插公式).其余项为

$$R_n(x) = \frac{t(t+1)\cdots(t+n)}{(n+1)!}h^{n+1}f^{(n+1)}(\xi), \quad \xi \in (x_0, x_n)$$

当 x 靠近中间时,我们依照靠近 x 的次序选取 $x_0, x_1, x_{-1}, x_2, x_{-2}, \cdots$ 为插值结点,重新改写公式(5.7),就可得到适于表中的贝塞尔公式.这里不再做详细推导.

实际计算时,先造差分表,当 x 靠近表初时依次计算差分 $\Delta f_0, \Delta^2 f_0, \cdots$,当 x 靠近表末时依次计算 $\nabla f_n, \nabla^2 f_n, \cdots$.

例 4 给出 $\sin x$ 在 $x = 0.5, 0.6, 0.7$ 的值,试求 $\sin 0.57891$ 的近似值.

解 先造差分表

x_k	y_k	Δy_k	$\Delta^2 y_k$
0.5	0.47943		
0.6	0.56464	0.08521	
0.7	0.64422	0.07958	-0.00563

取三个结点 $x_0 = 0.5, x_1 = 0.6, x_2 = 0.7$.用牛顿表初公式

$$t = \frac{x - x_0}{h} = \frac{0.07891}{0.1} = 0.7891$$

从而

$$\sin 0.57891 \approx N_2(0.57891) = y_0 + t\Delta y_0 + \frac{t(t-1)}{2}\Delta^2 y_0$$

$$= 0.47943 + 0.7891 \times 0.08521$$

$$+ \frac{0.7891(0.7891 - 1)}{2} \cdot (-0.00563)$$

$$= 0.54714$$

$\sin 0.57891$ 的准确值为 $0.5471118\cdots$.

§5.7 埃尔米特插值

许多实际问题不但要求插值函数 $P(x)$ 在结点处的值与 $f(x)$ 在相应结点的值相等,而且还要求 $P(x)$、$f(x)$ 在结点处的一阶直至指定阶导数的值也相等,这就是埃尔米特插值问题.

埃尔米特(Hermite)插值问题的一般提法如下:

给定函数 $f(x)$ 在 $n+1$ 个互异结点 $x_j(j = 0,1,\cdots,n)$ 处的函数值及导数值

$$f(x_j), f'(x_j), \cdots, f^{(k_j)}(x_j), \quad j = 0,1,\cdots,n$$

其中 k_j 为非负整数.现要求寻找插值函数 $H(x)$,使其在结点处的函数值及一阶直至指定阶的导数值与 $f(x)$ 在相应结点的函数值及同阶导数值分别对应相等.下面我们只讨论要求函数值与一阶导数值分别相等的情况.

设在结点 $a \leqslant x_0 < x_1 < \cdots < x_n \leqslant b$ 上,$y_j = f(x_j)$,$m_j = f'(x_j)(j = 0,1,\cdots,n)$,要求插值多项式 $H(x)$,满足条件

$$H(x_j) = y_j, H'(x_j) = m_j \quad (i = 0,1,\cdots,n) \tag{7.1}$$

可以证明这 $2n+2$ 个插值条件可唯一确定一个次数不超过 $2n+1$ 的多项式

$H_{2n+1}(x)$. 首先, 我们用完全类似于构造拉格朗日基函数的思想, 来构造两组次数都是 $2n+1$ 次的多项式 $\alpha_j(x)$ 及 $\beta_j(x)(j=0,1,\cdots,n)$, 使其满足条件

$$\begin{cases} \alpha_j(x_k) = \delta_{jk}, \alpha_j'(x_k) = 0 \\ \beta_j(x_k) = 0, \beta_j'(x_k) = \delta_{jk} \quad (j,k=0,1,\cdots,n) \end{cases} \tag{7.2}$$

于是满足条件(7.1)的插值多项式 $H_{2n+1}(x)$ 可写成如下形式

$$H_{2n+1}(x) = \sum_{j=0}^{n} [y_j\alpha_j(x) + m_j\beta_j(x)] \tag{7.3}$$

下面的问题就是求满足条件(7.2)的基函数 $\alpha_j(x)$ 及 $\beta_j(x)$. 利用拉格朗日插值基函数 $l_j(x)$, 可令

$$\alpha_j(x) = (ax+b)l_j^2(x)$$

由条件(7.2)有

$$\alpha_j(x_j) = (ax_j+b)l_j^2(x_j) = 1$$
$$\alpha_j'(x_j) = l_j(x_j)[al_j(x_j) + 2(ax_j+b)l_j'(x_j)] = 0$$

整理得

$$\begin{cases} ax_j + b = 1 \\ a + 2l_j'(x_j) = 0 \end{cases}$$

解上述方程组有

$$a = -2l_j'(x_j), \quad b = 1 + 2x_jl_j'(x_j)$$

同理可令

$$\beta_j(x) = (cx+d)l_j^2(x)$$

求得

$$c = 1, \quad d = -x_j$$

至此, $H_{2n+1}(x)$ 的存在性已构造证出.

现证明满足条件(7.1)的插值多项式是唯一的. 假设 $H_{n+1}(x)$ 及 $\overline{H}_{2n+1}(x)$ 均满足条件(7.1), 则

$$\varphi(x) = H_{2n+1}(x) - \overline{H}_{2n+1}(x)$$

在每个结点 x_k 上均有二重根, 即 $\varphi(x)$ 有 $2n+2$ 个根(包括重根), 但 $\varphi(x)$ 是不高于 $2n+1$ 次的多项式, 故 $\varphi(x)\equiv 0$. 唯一性得证.

埃尔米特插值的几何意义是: 插值函数 $H_{2n+1}(x)$ 与被插函数 $f(x)$ 在结点处有公切线. 插值余项 $f(x)-H_{2n+1}(x)$ 的推导与拉格朗日插值的误差余项的推导方法十分类似. 这里只给出插值余项表达式, 证明由读者自己完成.

若 $f(x)$ 在 (a,b) 内的 $2n+2$ 阶导数存在, 则其埃尔米特插值余项为

$$R(x) = f(x) - H_{2n+1}(x) = \frac{f^{(2n+2)}(\xi)}{(2n+2)!}\omega_{n+1}^2(x) \tag{7.4}$$

$\xi \in (a,b)$ 且与 x 有关,而 $\omega_{n+1}(x)$ 与(3.6)同.

例5 已知 $x_j \in (a,b)(j=0,1,2)$,求满足 $P(x_j)=f(x_j)$ 及 $P'(x_1)=f'(x_1)$ 的插值多项式及插值余项表达式.

解 由给定条件,可确定一个次数不超过 3 次的插值多项式,由于此多项式通过点 $(x_0,f(x_0)),(x_1,f(x_1))$ 及 $(x_2,f(x_2))$,故其形式为

$$P(x)=f(x_0)+f[x_0,x_1](x-x_0)+f[x_0,x_1,x_2](x-x_0)(x-x_1)+$$
$$A(x-x_0)(x-x_1)(x-x_2)$$

这里 A 为待定常数,可由条件 $P'(x_1)=f'(x_1)$ 确定,通过计算可得

$$A=\frac{f'(x_1)-f[x_0,x_1]-(x_1-x_0)f[x_0,x_1,x_2]}{(x_1-x_0)(x_1-x_2)}$$

下面求余项表达式.设

$$R(x)=f(x)-P(x)=k(x)(x-x_0)(x-x_1)^2(x-x_2)$$

其中 $k(x)$ 为待定函数.

构造一辅助函数

$$\varphi(t)=f(t)-P(t)-k(x)(t-x_0)(t-x_1)^2(t-x_2)$$

显然

$$\varphi(x_j)=0(j=0,1,2),\varphi'(x_1)=0,\varphi(x)=0$$

故 $\varphi(t)$ 在 (a,b) 内有 5 个零点(重根算两个).反复应用罗尔定理,得 $\varphi^{(4)}(t)$ 在 (a,b) 内至少有一个零点 ξ,故

$$\varphi^{(4)}(\xi)=f^{(4)}(\xi)-4!k(x)=0$$

于是

$$k(x)=\frac{1}{4!}f^{(4)}(\xi)$$

余项表达式为

$$R(x)=\frac{1}{4!}f^{(4)}(\xi)(x-x_0)(x-x_1)^2(x-x_2)$$

§5.8 代数插值过程的收敛性与稳定性简介

5.8.1 代数插值过程的收敛性

凭直观想象或插值余项估计,似乎插值多项式的次数越高,其与被插函数就应越接近,事实是否如此,这便是我们要讨论插值过程收敛性的起因.

设 $f(x)$ 为定义在 $[a,b]$ 上的实函数,对任意给定的插值结点三角阵

$$
\begin{array}{llll}
x_0^{(0)} \\
x_0^{(1)} & x_1^{(1)} \\
x_0^{(2)} & x_1^{(2)} & x_2^{(2)} \\
\vdots & & & \ddots \\
x_0^{(n)} & x_1^{(n)} & \cdots & x_n^{(n)}
\end{array}
\tag{8.1}
$$

其中 $x_i^{(j)} \in [a,b], j=0,1,2,\cdots; i=0,1,\cdots,j$ 且若 $k \neq i, x_k^{(j)} \neq x_i^{(j)}$,即插值结点三角阵内任一横行内的元素两两互异.以此三角阵内每一横行内的元素作为插值结点,依次做出 $f(x)$ 的插值多项式序列:$P_0(x), P_1(x), \cdots, P_n(x), \cdots$

插值过程收敛性是指:

①对任意给定的插值结点三角阵(8.1),当 $n \to \infty$ 时,$P_n(x)$ 是否一致收敛于 $f(x)$.

②对任意给定的插值结点三角阵(8.1),当 $n \to \infty$ 时,$P_n(x)$ 是否收敛于 $f(x)$.

由于上述两项问题涉及较多内容,比较复杂,我们只叙述某些结论而不给出证明.对证明或与之有关的内容感兴趣的读者,请参阅有关文献.

若 $f(x)$ 是整函数,则对任意给定的 $[a,b]$ 上的插值结点三角阵而言,插值多项式序列 $P_n(x)$ 均一致收敛于 $f(x)(n \to \infty)$.

若 $f(x)$ 为 $[a,b]$ 上的连续函数,则存在一个区间 $[a,b]$ 上的插值结点三角阵(8.1),使以此三角阵内每一横行元素作插值结点构造出的插值多项式序列 $P_n(x)$ 一致收敛于 $f(x)(n \to \infty)$.

但是,若对 $[a,b]$ 上任意给定的插值结点三角阵,则恒存在一个定义在 $[a,b]$ 上的连续函数 $f(x)$,使得由插值结点三角阵每一横行元素为插值结点构造出的插值多项式序列 $P_n(x)$ 不一致收敛于 $f(x)$.这便是著名的法贝尔(G.Faber)定理.

法贝尔定理只是断定:对于 $[a,b]$ 上任意给定的结点三角阵,恒存在一个连续函数 $f(x)$,使多项式序列 $P_n(x)$ 不一致收敛于 $f(x)$.这就是说,对于任意给定的插值结点三角阵而言,对任何连续函数 $f(x)$,我们不能保证相应的插值多项式序列 $P_n(x)$ 一致收敛于 $f(x)$.但是并没有排除 $P_n(x)$ 在某些点上或在一切点上都收敛到 $f(x)$ 在相应点上的值,因此我们要研究插值多项式序列 $P_n(x)$ 逐点收敛于 $f(x)$ 的可能性.

1901 年,龙格(Runge)给出一个例子:

$$
f(x) = \frac{1}{1+25x^2}
$$

定义在区间 $[-1,1]$ 上,显然 $f(x)$ 是一个很光滑的函数,但对它在 $[-1,1]$ 上做等距结点插值时,当插值结点 $n \to \infty$ 时,插值多项式序列 $P_n(x)$ 仅在 $|x| \leqslant 0.726$ 内收敛于 $f(x)$,而在此区间之外是发散的.图5.5表明 $P_{10}(x)$ 与 f

(x)在$|x|$接近于 1 处已毫无近似可言. 更能说明问题的是伯恩斯坦(C.H.Bernstein)在 1916 年给出的如下定理:

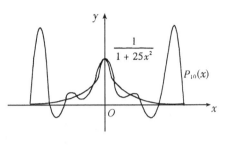

图 5.5

函数 $f(x)=|x|$ 定义于 $[-1,1]$ 上,取 $n+1$ 个等距结点 $x_0^{(n)}=-1$, $x_1^{(n)}=-1+\dfrac{2}{n}$,$\cdots$,$x_n^{(n)}=1$. 构造 $f(x)$ 的 n 次插值多项式 $P_n(x)$,当 $n\to\infty$时,除了 $-1,0,1$ 三点外,在$[-1,1]$中的任何点处,$P_n(x)$都不收敛于$|x|$.

上述两例启发我们,使用高次插值多项式不能保证插值多项式序列的收敛性.

5.8.2 代数插值过程的稳定性

利用插值结点三角阵(8.1)中的每一横行元素作为插值结点,构造出函数 $f(x)$ 的插值多项式序列 $P_n(x)$. 由于 $f(x)$在插值结点 $x_i^{(n)}$ 处的值是由观测或计算得出. 因此难免有误差. 由此得到的多项式记作 $\widetilde{P}_n(x)$. 若 $P_n(x)=\sum\limits_{i=0}^{n}f(x_i^{(n)})l_i^{(n)}(x)$,则 $\widetilde{P}_n(x)=\sum\limits_{i=0}^{n}\widetilde{f}(x_i^{(n)})l_i^{(n)}(x)$.其中 $l_i^{(n)}(x)$为 n 次拉格朗日插值基函数. 所谓稳定性,是指:$\forall\varepsilon>0$,$\exists\delta$,只要 $\max\limits_{0\leqslant i\leqslant n}|f(x_i^{(n)})-\widetilde{f}(x_i^{(n)})|\leqslant\delta$ $\quad\forall n$,就有 $\sup\limits_{a\leqslant x\leqslant b}|P_n(x)-\widetilde{P}_n(x)|\leqslant\varepsilon$.通俗地讲,插值过程稳定性是指只要能够保证被插函数在插值结点处的值的扰动在一小范围之内,就足以使 $\widetilde{P}_n(x)$对 $P_n(x)$的偏离不大. 从而由 $\widetilde{P}_n(x)$估算出的值就在可信范围之内. 理论上说,我们要构造的是 $P_n(x)$,但实际上由于有舍入误差、观测误差,我们不可能得到 $P_n(x)$而只能得到 $\widetilde{P}_n(x)$.稳定性是说,如果整体上希望 $\widetilde{P}_n(x)$偏离 $P_n(x)$不超过 ε,只要限定被插函数在插值结点处的值的偏离不超过 δ 就可以了. 一般地讲,欲提高 $\widetilde{P}_n(x)$的可信程度,只须提高计算或观测 $f(x_i^{(n)})$的精度就可以了. 即视 ε 的大小,来取 δ.

若令 $\lambda_n=\sup\limits_{a\leqslant x\leqslant b}\sum\limits_{i=0}^{n}|l_i^{(n)}(x)|$,则可以证明:插值过程稳定的充分必要条件是对一切 n,λ_n 有界. 但是非常遗憾的是,对于多项式插值而言,$\lambda_n>\dfrac{\ln(n+1)}{8\sqrt{\pi}}$,从而代数插值过程是不稳定的.

由此,我们得出如下几点结论

1. 多项式插值简单易行,有效. 但高次插值既不能保证收敛性,也没有数值稳定性,因此不宜使用高次插值,建议使用多项式插值以不超过 6 次为宜,而在整个插值区间上以分段插值为宜.

2. 可以采用分段低次插值克服插值过程的不稳定性和发散性. 所谓分段插值即是用一些低次插值多项式"组装"起来的分段函数. 从几何上来看, 就是用一些分段低次代数曲线拼接的一条曲线, 在拼接点具有一定的连续性或光滑性, 分段插值在每个子区间上的插值函数只依赖于该区间段上的一些特定结点值, 而与其外的结点函数值无关, 从而对插值结点上函数值的扰动的反映是局部化的, 即该子区间内插值结点上的被插函数值的扰动的影响只限于极其有限的一小部分, 进而使得这种扰动基本上不扩散, 不放大, 因而保证了当结点数 n 增加时(此时相应于所分子区间数目的增加)插值过程的稳定性, 而不象代数插值过程, 如拉格朗日插值过程, 基函数和插值函数都是一个整体性的, 因此在某个插值结点上产生的被插函数值的扰动都将被扩散和扩大. 此外, 代数插值过程当插值结点加密时, 插值过程可能不收敛, 这意味着插值过程和逐次逼近是两码事, 但若采用分段插值, 下面即将看到, 收敛性会有保证. 因此, 当采用结点加密的分段插值时, 同时也就是逐步逼近的过程, 正是基于这些考虑, 我们推荐使用分段低次插值.

§5.9 分段低次插值

从上一节的分析我们知道, 高次插值不一定能保证插值多项很好地逼近 $f(x)$, 为此, 我们引进分段插值.

5.9.1 分段线性插值

所谓分段线性插值就是通过插值点用折线段连接起来逼近 $f(x)$. 设已知结点 $a = x_0 < x_1 < \cdots < x_n = b$ 上的函数值 $f_0, f_1, \cdots, f_n$, 记 $h_k = x_{k+1} - x_k$, $h = \max_k h_k$.

若插值函数 $I_n(x)$ 满足

1° $I_n(x) \in C[a, b]$;

2° $I_n(x_k) = f_k$ $(k = 0, 1, \cdots, n)$;

3° $I_n(x)$ 在每个小区间 $[x_k, x_{k+1}]$ 上是线性函数.

则称 $I_n(x)$ 为分段线性插值函数.

如何构造具有这种性质的插值函数呢? 我们仍然采用基函数方法. 先在每个插值区间 $[x_k, x_{k+1}]$ 上构造分段线性插值基函数, 然后, 再作它们的线性组合. 而分段线性插值基函数 $l_j(x)$ 应满足 $l_j(x_k) = \delta_{jk} (j, k = 0, 1, \cdots, n)$, 并且在 $[x_{j-1}, x_j]$ 及 $[x_j, x_{j+1}]$ 上是线性函数, 而在其余部分为 0. 那么下面的函数是满足要求的:

$$l_0(x) = \begin{cases} \dfrac{x - x_1}{x_0 - x_1}, & x_0 \leqslant x \leqslant x_1 \\ 0, & x_1 < x \leqslant x_n \end{cases}$$

$$l_j(x) = \begin{cases} \dfrac{x - x_{j-1}}{x_j - x_{j-1}}, & x_{j-1} \leqslant x \leqslant x_j \\ \dfrac{x - x_{j+1}}{x_j - x_{j+1}}, & x_j < x \leqslant x_{j+1} \\ 0, & \text{其它} \end{cases}$$

$$j = 1, 2, \cdots, n - 1$$

$$l_n(x) = \begin{cases} \dfrac{x - x_{n-1}}{x_n - x_{n-1}}, & x_{n-1} \leqslant x \leqslant x_n \\ 0, & x_0 \leqslant x < x_{n-1} \end{cases}$$

它们的几何图形如图 5.6 所示,显然,它们具有局部非零性质.

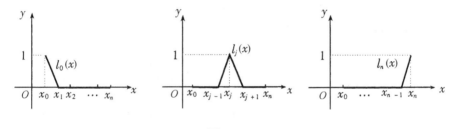

图 5.6

有了这些分段线性插值基函数,就可以直接写出分段线性插值函数的表达式

$$I_n(x) = \sum_{j=0}^{n} f_j l_j(x), \quad \forall x \in [a, b]$$

例6 $f(x) = \dfrac{1}{1 + x^2}, x \in [-5, 5]$,取等距节点 $x_k = -5 + k (k = 0, 1, \cdots, 10)$,试构造分段线性插值函数.

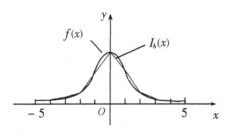

图 5.7

解 $I_n(x) = \sum_{j=0}^{10} f_j l_j(x)$. 画出 $f(x)$ 与 $I_n(x)$ 的图像如图 5.7 所示.

从图中可以看出,分段线性插值函数的光滑性虽然差一些,但从整体上来看,它逼近 $f(x)$ 的效果还是比较好的.

分段线性插值的余项表达式请读者自行推导.下面我们主要来讨论

分段线性插值函数的一致收敛性.即要证明对 $\forall \varepsilon > 0$,当 $h \to 0$($n \to \infty$)时,对 $\forall x \in [a, b]$,恒有 $|f(x) - I_n(x)| < \varepsilon$.

首先介绍连续模的概念.设 $f(x)$ 是定义在 $[a, b]$ 上的一个实函数,$x, y \in [a, b]$,我们称

$$\omega(\delta) = \sup_{|x-y| \leqslant \delta} \{|f(x) - f(y)|\}$$

为 $f(x)$ 的连续模.显然 $\omega(\delta)$ 为单调增函数,且当 $f(x) \in C[a, b]$ 时,$\lim_{\delta \to 0} \omega(\delta) = 0$

对 $\forall x \in [a, b]$,$\exists k$,使 $x \in [x_k, x_{k+1}] \subset [a, b]$,而

$$\sum_{j=0}^{n} l_j(x) = l_k(x) + l_{k+1}(x) = 1$$

故

$$f(x) = [l_k(x) + l_{k+1}(x)]f(x)$$

这时又有 $I_n(x) = f_k l_k(x) + f_{k+1} l_{k+1}(x)$,那么

$$|f(x) - I_n(x)| \leqslant l_k(x)|f(x) - f_k| + l_{k+1}(x)|f(x) - f_{k+1}|$$
$$\leqslant [l_k(x) + l_{k+1}(x)]\omega(h_k) = \omega(h_k) \leqslant \omega(h)$$

由于 h 与 x 无关,从而一致收敛性得证.

5.9.2 分段三次埃尔米特插值

分段线性插值函数 $I_n(x)$ 的导数在插值结点是间断的,若在结点 x_k($k = 0, 1, \cdots, n$)上除已知函数值 f_k 外还给出导数值 $f_k' = m_k$($k = 0, 1, \cdots, n$),这样就可以构造一个导数连续的分段插值函数 $I_n(x)$.

若分段插值函数 $I_n(x)$ 满足条件:

1° $I_n(x) \in C^1[a, b]$,

2° $I_n(x_k) = f_k$, $I_n'(x_k) = f_k'$($k = 0, 1, \cdots, n$),

3° $I_n(x)$ 在每个小区间 $[x_k, x_{k+1}]$ 上是 x 的三次多项式,

则称其为分段三次埃尔米特插值函数.

根据前面的结果,不难作出各点上的分段三次埃尔米特插值基函数 $\alpha_j(x)$ 及 $\beta_j(x)$($j = 0, 1, \cdots, n$):

$$\alpha_j(x) = \begin{cases} \left(\dfrac{x - x_{j-1}}{x_j - x_{j-1}}\right)^2 \left(1 + 2\dfrac{x - x_j}{x_{j-1} - x_j}\right), & x_{j-1} \leqslant x \leqslant x_j \quad (j = 0 \text{ 时略去}) \\ \left(\dfrac{x - x_{j+1}}{x_j - x_{j+1}}\right)^2 \left(1 + 2\dfrac{x - x_j}{x_{j+1} - x_j}\right), & x_j \leqslant x \leqslant x_{j+1} \quad (j = n \text{ 时略去}) \\ 0, & \text{其它} \end{cases}$$

$$\beta_j(x) = \begin{cases} \left(\dfrac{x-x_{j-1}}{x_j-x_{j-1}}\right)^2(x-x_j), & x_{j-1} \leqslant x \leqslant x_j \quad (j=0 \text{ 时略去}) \\ \left(\dfrac{x-x_{j+1}}{x_j-x_{j+1}}\right)^2(x-x_j), & x_j \leqslant x \leqslant x_{j+1} \quad (j=n \text{ 时略去}) \\ 0, & \text{其它} \end{cases} \quad (9.1)$$

有了分段三次埃尔米特插值基函数,就可写出分段三次埃尔米特插值函数

$$I_n(x) = \sum_{j=0}^{n}\left[f_j\alpha_j(x) + f_j'\beta_j(x)\right] \quad (9.2)$$

分段三次埃尔米特插值的余项可以通过前面三次埃尔米特插值多项式的余项得到,这里不再详细推导,只对收敛性做一下分析. 即我们能够证明 $I_n(x)$ 一致收敛于 $f(x)(h \to 0$ 时). 事实上,对 $\forall x \in [a,b]$, $\exists k$, 使 $x \in [x_k, x_{k+1}] \subset [a,b]$, 由此知诸 $\alpha_j(x), \beta_j(x)(j=0,1,\cdots,n)$ 中只有 $\alpha_k(x), \alpha_{k+1}(x), \beta_k(x), \beta_{k+1}(x)$ 不为零,于是 $I_n(x)$ 可表示为

$$I_n(x) = f_k\alpha_k(x) + f_{k+1}\alpha_{k+1}(x) + f_k'\beta_k(x)$$
$$+ f_{k+1}'\beta_{k+1}(x), x \in [x_k, x_{k+1}]$$

又由(9.1)可直接估计得

$$0 \leqslant \alpha_j(x) \leqslant 1 \qquad (j=k, k+1)$$
$$|\beta_k(x)| \leqslant \frac{4}{27}h_k, \quad |\beta_{k+1}(x)| \leqslant \frac{4}{27}h_k$$
$$\alpha_k(x) + \alpha_{k+1}(x) = 1, x \in [x_k, x_{k+1}]$$

这样,利用上述各式就得到

$$|f(x) - I_n(x)| \leqslant \alpha_k(x)|f(x) - f_k| + \alpha_{k+1}(x)|f(x) - f_{k+1}|$$
$$+ \frac{4}{27}h_k\left[|f_k'| + |f_{k+1}'|\right]$$
$$\leqslant [\alpha_k(x) + \alpha_{k+1}(x)]\omega(h) + \frac{8}{27}h\max\left\{|f_k'|, |f_{k+1}'|\right\}$$
$$\leqslant \omega(h) + \frac{8}{27}h\max_{0 \leqslant k \leqslant n}|f_k'|$$

上式右端与 x 无关,且当 $h \to 0$ 时可任意地小,于是证明了 $I_n(x)$ 一致收敛于 $f(x)$.

§5.10 三次样条插值

上一节介绍的分段低次插值函数,具有整体连续、计算简便、收敛性有保证且有很好的数值稳定性等优点. 但是用这类插值方法不能保证所得的整条曲线有较好的光滑性.

所谓样条是指工程师或描图员在制图时使用的弹性均匀、比较窄的木条或钢质条,制图时强制该样条通过一组离散的型值点(通过用压铁压在样条的相应点上来实现).当样条取得合适的形状之后,即可沿着样条画出所需的模线,假定样条是一个在集中荷载(压铁)作用下的长而薄的弹性梁,依据伯努利-欧拉(Bernoulli-Euler)定律及适当简化,可得样条的小挠度曲线满足的微分方程

$$y'' = KM(x) \qquad (10.1)$$

其中 K 表物理常数,$M(x)$ 为弯矩.它在每相邻两个压铁之间为一线性函数.积分(10.1)可得到 x 的分段三次多项式函数 $y(x)$,在整个梁上,位于各分段的端点(即压铁旋转处)处的函数值(位移)一阶微商(转角)和二阶微商(弯矩)都是连续的,而三阶微商(剪力)则有间断.这一力学背景导致了数学上三次样条函数的建立.由此可知:三次样条函数具有良好的数学性质,它是 C^2 类连续函数,能满足一般外型设计关于光滑性的要求,且不论型值点增加多少,在两个相邻结点(端点)之间均为分段三次多项式.这样既便于应用,又可克服数值不稳定性.三次样条函数是最基本最重要的样条函数,样条函数的理论和应用也正是从三次样条函数发展起来的.

本节分为两个部分,在第一部分内,我们将给出三次样条插值函数的定义及构造方法.在第二部分内,我们则介绍三次样条插值函数在某种意义下的最佳逼近性质和样条插值函数及其导数的同时收敛性和良好的逼近阶.

5.10.1 三次样条插值函数的构造

定义5.3 设给定区间 $[a,b]$ 的一个剖分:

$$a = x_0 < x_1 < x_2 < \cdots < x_{n-1} < x_n = b$$

若定义在 $[a,b]$ 上的函数 $S(x)$ 满足

1. $S(x) \in C^2[a,b]$;

2. 于 $[x_i, x_{i+1}]$ 上,$S(x)$ 为三次多项式($i = 0,1,\cdots,n-1$).

则称 $S(x)$ 为关于结点 $x_0, x_1, \cdots, x_n$ 的三次样条函数.

记所有以 $x_0, x_1, \cdots, x_n$ 为结点的三次样条函数的集合为 $\Phi(x_0, \cdots, x_n)$,则显然,$\Phi(x_0, x_1, \cdots, x_n)$ 为一线性空间.

定义5.4 函数 $y = f(x)$ 定义于 $[a,b]$ 上,若 $S(x) \in \Phi(x_0, x_1, \cdots, x_n)$ 且满足

$$S(x_i) = y_i = f(x_i) \quad (i = 0,1,2,\cdots,n) \qquad (10.2)$$

则称 $S(x)$ 为关于结点 $x_0, x_1, \cdots, x_n$ 的三次样条插值函数,简称为三次样条函数.

现在我们来设法构造三次样条插值函数 $S(x)$.由定义,$S(x) \in \Phi(x_0,$

$\cdots, x_n)$,故其于 $[x_j, x_{j+1}](j = 0, 1, \cdots, n-1)$ 上为三次多项式,共有 4 个系数待定.从而于 $[a, b]$ 上共有 $4n$ 个系数须要确定.而能够提供用来确定上述诸系数的方程数为

(1)连续性条件及插值条件

$$S(x_i - 0) = S(x_i + 0) \quad (i = 1, 2, \cdots, n-1)$$

$$S(x_i) = y_i \quad (i = 0, 1, 2, \cdots, n)$$

(2)一阶导数连续性条件

$$S'(x_i - 0) = S'(x_i + 0) \quad (i = 1, 2, \cdots, n-1)$$

(3)二阶导数连续性条件

$$S''(x_i - 0) = S''(x_i + 0) \quad (i = 1, 2, \cdots, n-1)$$

由(1)、(2)、(3)提供的方程个数总和为 $4n - 2$.

由此可知,仅仅根据连续性和插值条件尚不足以唯一确定 $S(x)$.为了唯一确定三次样条插值 $S(x)$.还要补充两个方程,通常称这两个附加方程为边界条件,这两个边界条件可视实际问题的要求给出.通常有如下三种给法.

1° 给定区间端点的一阶导数:

$$S'(x_0) = f'(x_0), S'(x_n) = f'(x_n) \tag{10.3}$$

2° 给定区间端点的二阶导数值

$$S''(x_0) = f''(x_0), S''(x_n) = f''(x_n) \tag{10.4}$$

特别地,若 $S''(x_0) = S''(x_n) = 0$,则称 $S(x)$ 为自然样条.

3° 若 $f(x)$ 是以 $x_n - x_0$ 为周期的周期函数,则应该要求 $S(x)$ 也是周期函数,此时由于 $y_n = y_0$ 故边界条件为

$$\left. \begin{array}{l} S(x_0 + 0) = S(x_n - 0) \\ S'(x_0 + 0) = S'(x_n - 0) \\ S''(x_0 + 0) = S''(x_n - 0) \end{array} \right\} \tag{10.5}$$

现在来构造满足第 1° 类边界条件的三次样条插值函数.

首先以 $S''(x_i) = M_i$ 为未知数 $(i = 0, 1, 2, \cdots, n)$.由于 $S(x)$ 在 $[x_i, x_{i+1}]$ 上为三次多项式.故 $S''(x)$ 为一次多项式,从而

$$S'''(x) = \frac{M_{i+1} - M_i}{x_{i+1} - x_i}, \qquad \forall x \in [x_i, x_{i+1}]$$

于是

$$S(x) = y_i + S'(x_i)(x - x_i) + \frac{S''(x_i)}{2!}(x - x_i)^2 + \frac{S'''(x_i)}{3!}(x - x_i)^3$$

$$= y_i + S'(x_i)(x - x_i) + \frac{M_i}{2!}(x - x_i)^2 + \frac{M_{i+1} - M_i}{3!(x_{i+1} - x_i)}(x - x_i)^3$$

$$\tag{10.6}$$

注意到 $S(x_{i+1}) = y_{i+1}$，在(10.6)内令 $x = x_{i+1}$，则可解出 $S'(x_i)$：

$$S'(x_i) = \frac{y_{i+1} - y_i}{x_{i+1} - x_i} - \left(\frac{1}{6}M_{i+1} + \frac{2}{6}M_i\right)(x_{i+1} - x_i) \qquad (10.7)$$

又，在 $[x_{i-1}, x_i]$ 上由(10.6)有

$$S(x) = y_{i-1} + S'(x_{i-1})(x - x_{i-1}) + \frac{M_{i-1}}{2!}(x - x_{i-1})^2 +$$

$$\frac{M_i - M_{i-1}}{3!(x_i - x_{i-1})}(x - x_{i-1})^3$$

$$S'(x) = S'(x_{i-1}) + M_{i-1}(x - x_{i-1}) +$$

$$\frac{M_i - M_{i-1}}{2!(x_i - x_{i-1})}(x - x_{i-1})^2 \qquad (10.8)$$

在(10.7)内以 $i-1$ 代 i，得

$$S'(x_{i-1}) = \frac{y_i - y_{i-1}}{x_i - x_{i-1}} - \left(\frac{1}{6}M_i + \frac{1}{3}M_{i-1}\right)(x_i - x_{i-1}) \qquad (10.9)$$

在(10.8)内令 $x = x_i$，并将(10.9)代入，则得

$$S'(x_i) = \frac{y_i - y_{i-1}}{x_i - x_{i-1}} + \left(\frac{1}{3}M_i + \frac{1}{6}M_{i-1}\right)(x_i - x_{i-1}) \qquad (10.10)$$

(10.7)与(10.10)应该相等：

$$\left(\frac{1}{6}M_{i-1} + \frac{1}{3}M_i\right)(x_i - x_{i-1}) + \left(\frac{1}{3}M_i + \frac{1}{6}M_{i+1}\right)(x_{i+1} - x_i)$$

$$= \frac{y_{i+1} - y_i}{x_{i+1} - x_i} - \frac{y_i - y_{i-1}}{x_i - x_{i-1}} \qquad (10.11)$$

将(10.11)两边都除以 $x_{i+1} - x_{i-1}$，并记

$$\frac{x_i - x_{i-1}}{x_{i+1} - x_{i-1}} = \mu_i, \frac{x_{i+1} - x_i}{x_{i+1} - x_{i-1}} = \lambda_i$$

则有

$$\mu_i M_{i-1} + 2M_i + \lambda_i M_{i+1} = 6f[x_{i-1}, x_i, x_{i+1}] \quad (i = 1, 2, 3, \cdots, n-1)$$

$$(10.12)$$

对于 $i = 0$ 及 $i = n$ 按第 1° 类边界条件，由(10.7)有

$$S'(x_0) = \frac{y_1 - y_0}{x_1 - x_0} - \left(\frac{1}{6}M_1 + \frac{1}{3}M_0\right)(x_1 - x_0)$$

从而

$$2M_0 + M_1 = 6f[x_0, x_0, x_1] \qquad (10.13)$$

类似地，$i = n$ 时，有

$$M_{n-1} + 2M_n = 6f[x_{n-1}, x_n, x_n] \qquad (10.14)$$

方程(10.12)、(10.13)及(10.14)合在一起，就构成了确定 M_i 的方程组

$$\begin{cases} 2M_0 + M_1 = 6f[x_0, x_0, x_1] \\ \mu_i M_{i-1} + 2M_i + \lambda_i M_{i+1} = 6f[x_{i-1}, x_i, x_{i+1}] \quad (i = 1, 2, 3, \cdots, n-1) \\ M_{n-1} + 2M_n = 6f[x_{n-1}, x_n, x_n] \end{cases}$$

$$(10.15)$$

这便是著名的三弯矩方程组. 由于 $0 < \lambda_i < 1, 0 < \mu_i < 1$, 方程组(10.15)的系数矩阵为严格对角优势阵, 故可逆. 从而第 1° 类边界条件插值问题的解存在且唯一. 用追赶法求得(10.15)的解 $M_0, M_1, \cdots, M_n$ 之后, 则得到第 1° 类边界条件样条插值函数:

$$S(x) = y_i + \frac{y_{i+1} - y_i}{x_{i+1} - x_i}(x - x_i) - \left(\frac{1}{6}M_{i+1} + \frac{1}{3}M_i\right)(x_{i+1} - x_i)$$
$$\times (x - x_i) + \frac{M_i}{2}(x - x_i)^2 + \frac{1}{6}\frac{M_{i+1} - M_i}{x_{i+1} - x_i}(x - x_i)^3 \quad (10.16)$$
$$x \in [x_i, x_{i+1}], (i = 0, 1, \cdots, n-1)$$

对于第 2° 类边界条件, 只要利用 $S''(x_0) = M_0 = f''(x_0), S''(x_n) = M_n = f''(x_n)$ 即可得到方程组

$$\begin{cases} 2M_1 + \lambda_1 M_2 = 6f[x_0, x_0, x_1] - \mu_1 f''(x_0) \\ \mu_i M_{i-1} + 2M_i + \lambda_i M_{i+1} = 6f[x_{i-1}, x_i, x_{i+1}] \quad (i = 2, 3, \cdots, n-2) \\ \mu_{n-1} M_{n-2} + 2M_{n-1} = 6f[x_{n-2}, x_{n-1}, x_n] - \lambda_{n-1} f''(x_n) \end{cases}$$

$$(10.17)$$

方程组(10.17)的系数矩阵同样是严格对角优势的, 从而有唯一的一组解 $M_1, M_2, \cdots, M_{n-1}$ 存在, 用追赶法将其解出后, 代入(10.16)即可得到第 2° 类边界三次样条插值函数.

现在来看第 3° 类边界条件三次样条插值函数的确定情形: 由于在 x_0 点的函数值、导数值、二阶导数值与在 x_n 点处完全相同. 因此可以将 $[x_0, x_1]$ 上的函数 $S(x)$ 二次光滑地移到 $[x_n, x_n + x_1 - x_0]$ 上, 这样 $S(x)$ 就成为在 $[x_0, x_n + x_1 - x_0]$ 上的样条插值函数, 但在结点 $x_n + x_1 - x_0$ 上, $S''(x) = M_1$, 于是在 x_n 点三弯矩方程为

$$\mu_n M_{n-1} + 2M_n + \lambda_n M_1 = 6f[x_{n-1}, x_n, x_{n+1}]$$

其中

$$x_{n+1} = x_n + x_1 - x_0, \quad \lambda_n = \frac{x_{n+1} - x_n}{x_{n+1} - x_{n-1}}$$

这样就得到周期边界条件下的关于 $M_1, M_2, \cdots, M_n$ 的方程组

$$\begin{cases} 2M_1 + \lambda_1 M_2 + \mu_1 M_n = 6f[x_0, x_1, x_2] \\ \mu_i M_{i-1} + 2M_i + \lambda_i M_{i+1} = 6f[x_{i-1}, x_i, x_{i+1}] \quad (i = 2, 3, \cdots, n-1) \\ \lambda_n M_1 + \mu_n M_{n-1} + 2M_n = 6f[x_{n-1}, x_n, x_{n+1}] \end{cases}$$

$$(10.18)$$

将(10.18)写成矩阵与向量形式

$$
\begin{bmatrix}
2 & \lambda_1 & & \cdots & \mu_1 \\
\mu_2 & 2 & \lambda_2 & & \\
\vdots & \ddots & \ddots & \ddots & \\
& & \mu_{n-1} & 2 & \lambda_{n-1} \\
\lambda_n & & & \mu_n & 2
\end{bmatrix}
\begin{bmatrix}
M_1 \\
M_2 \\
\vdots \\
M_{n-1} \\
M_n
\end{bmatrix}
=
\begin{bmatrix}
6f[x_0,x_1,x_2] \\
6f[x_1,x_2,x_3] \\
\vdots \\
\\
6f[x_{n-1},x_n,x_{n+1}]
\end{bmatrix}
$$

$$(10.19)$$

(10.19)可先将 M_n 作为参量,求解前 $n-1$ 个方程中的 $M_1,M_2,\cdots,M_{n-1}$（均依赖于 M_n). 然后代入最末一个方程,求得 M_n. 于是诸 M_i 获解. 将其代入(10.16)即得三次样条插值函数.

例7 给定结点和函数值(如表5.5所示)及端点条件 $S'(1)=f'(1)=1$,$S'(6)=f'(6)=\dfrac{1}{6}$,求第1°类边界条件样条插值函数在 $x=5$ 处的值.

表 5.5

x	1	2	3	4	6
$f(x)$	0	0.693147	1.09861	1.38629	1.79176

解 首先计算方程组(10.15)的右端,为此造差商表:

x_i	$f(x_i)$	$f[x_i,x_{i+1}]$	$f[x_i,x_{i+1},x_{i+2}]$
1	0		
1	0	1	
2	0.693147	0.693147	-0.306853
3	1.09861	0.405463	-0.143842
4	1.38629	0.28768	-0.0588915
6	1.79176	0.202735	-0.028315
6	1.79176	0.166667	-0.018034

其次求 $\mu_1=\dfrac{1}{2},\lambda_1=\dfrac{1}{2},\mu_2=\dfrac{1}{2},\lambda_2=\dfrac{1}{2},\mu_3=\dfrac{1}{3},\lambda_3=\dfrac{2}{3}$

将其代入(10.15),整理得

$$
\begin{cases}
2M_0 + M_1 = -1.84112 \\
M_0 + 4M_1 + M_2 = -1.726104 \\
M_1 + 4M_2 + M_3 = -0.706698 \\
M_2 + 6M_3 + 2M_4 = -0.50967 \\
M_3 + 2M_4 = -0.108204
\end{cases}
$$

解此方程组,得

$$M_0 = -0.82159$$
$$M_1 = -0.19794$$
$$M_2 = -0.112754$$
$$M_3 = -0.0577424$$
$$M_4 = -0.0252308$$

将所得结果代入(10.16),则在区间$[4,6]$上$S(x)$的表达式为

$$S(x) = 1.38629 + \frac{1.79176 - 1.38629}{6 - 4}(x - 4) - \left(\frac{1}{6}M_4 + \frac{1}{3}M_3\right)(6 - 4)$$

$$(x - 4) + \frac{M_3}{2}(x - 4)^2 + \frac{1}{6}\frac{M_4 - M_3}{6 - 4}(x - 4)^3$$

于是有

$$S(5) = 1.60977$$

以上我们比较详细地介绍了三次样条插值函数的三弯矩方程.其实我们也可以用结点上的一阶导数值作未知数导出三转角方程.现简述如下:

借助于分段三次埃尔米特插值基函数,则在$[x_i, x_{i+1}]$上,$S(x)$可以表为

$$S(x) = y_i\alpha_i(x) + y_{i+1}\alpha_{i+1}(x) + m_i\beta_i(x) + m_{i+1}\beta_{i+1}(x) \qquad (10.20)$$

其中$m_i = S'(x_i)$.同理,在$[x_{i-1}, x_i]$上,$S(x)$可以表为

$$S(x) = y_{i-1}\alpha_{i-1}(x) + y_i\alpha_i(x) + m_{i-1}\beta_{i-1}(x) + m_i\beta_i(x)$$

利用$S(x)$在$x = x_i (i = 1, 2, \cdots, n-1)$二阶导数连续条件:

$$y_i\alpha_i''(x_i) + y_{i+1}\alpha_{i+1}''(x_i) + m_i\beta_i''(x_i) + m_{i+1}\beta_{i+1}''(x_i)$$
$$= y_{i-1}\alpha_{i-1}''(x_i) + y_i\alpha_i''(x_i) + m_{i-1}\beta_{i-1}''(x) + m_i\beta_i''(x_i)$$

便得

$$\lambda_i m_{i-1} + 2m_i + \mu_i m_{i+1} = 3\mu_i f[x_i, x_{i+1}] + 3\lambda_i f[x_{i-1}, x_i]$$

其中

$$\lambda_i = \frac{x_{i+1} - x_i}{x_{i+1} - x_{i-1}}, \mu_i = \frac{x_i - x_{i-1}}{x_{i+1} - x_{i-1}} = 1 - \lambda_i \quad (i = 1, 2, \cdots, n-1)$$

再辅以相应边界条件即可唯一确定m_i,从而由(10.20)即可决定$S(x)$.此不详述.

5.10.2 三次样条插值函数的最佳逼近性质及收敛性

三次样条插值函数具有许多重要性质,在本节的这一部分,我们将首先证明其最小模性质和最佳逼近性质,然后证明其收敛性.

定理 5.3 设给定$[a, b]$上的一个剖分:

$$a = x_0 < x_1 < x_2 < \cdots < x_n = b$$

及函数集合 $\Phi = \left\{ f(x) \mid f(x) \in C^2[a,b], f(x_i) = y_i \quad (i = 0, 1, \cdots, n), f'(x_0) = y_0', f'(x_n) = y_n' \right\}$

若 $S(x)$ 为满足第 $1°$ 类边界条件的三次样条插值函数,即

$$S(x_i) = y_i \quad (i = 0, 1, \cdots, n)$$

$$S'(x_0) = y_0', \qquad S'(x_n) = y_n'$$

在 $[x_i, x_{i+1}]$ 上 $S(x)$ 为三次样条函数 $(i = 0, 1, \cdots, n-1)$. 则

$$\int_a^b [S''(x)]^2 \mathrm{d}x = \min_{f \in \Phi} \int_a^b [f''(x)]^2 \mathrm{d}x$$

证明 (略).

定理 5.4 设 $f(x) \in C^2[a,b], f(x_i) = y_i (i = 0, 1, \cdots, n), f'(x_0) = y_0', f'(x_n) = y_n', s(x)$ 为 $f(x)$ 的第 $1°$ 类边界条件的三次样条插值函数,则对 $\forall \sigma(x) \in \Phi(x_0, \cdots, x_n)$ 都有

$$\int_a^b (f'' - s'')^2 \mathrm{d}x \leqslant \int_a^b (f'' - \sigma'')^2 \mathrm{d}x$$

证明 $f - \sigma = f - s + s - \sigma$

注意

$$(f - s)\big|_{x_i} = 0, \quad (f - s)'\big|_{x_0} = 0, \quad (f - s)'\big|_{x_n} = 0$$

$$\int_a^b (f'' - \sigma'')^2 \mathrm{d}x = \int_a^b (f'' - s'' + s'' - \sigma'')^2 \mathrm{d}x$$

$$= \int_a^b (f'' - s'')^2 \mathrm{d}x + \int_a^b (s'' - \sigma'')^2 \mathrm{d}x$$

$$+ 2\int_a^b (s'' - \sigma'')(f'' - s'') \mathrm{d}x$$

注意

$$\int_a^b (f'' - s'')(s'' - \sigma'') \mathrm{d}x$$

$$= \sum_{i=0}^{n-1} \int_{x_i}^{x_{i+1}} (f'' - s'')(s'' - \sigma'') \mathrm{d}x$$

$$= \sum_{i=0}^{n-1} (s'' - \sigma'')(f' - s')\Big|_{x_i}^{x_{i+1}} - \sum_{i=0}^{n-1} \int_{x_i}^{x_{i+1}} (s''' - \sigma''')(f' - s') \mathrm{d}x$$

$$= (s'' - \sigma'')(f' - s')\Big|_a^b - \sum_{i=0}^{n-1} (s''' - \sigma''')(f - s)\Big|_{x_i}^{x_{i+1}}$$

$$+ \sum_{i=0}^{n-1} \int_{x_i}^{x_{i+1}} (s^{(4)} - \sigma^{(4)})(f - \sigma) \mathrm{d}x$$

$$= 0$$

于是

$$\int_a^b (f'' - \sigma'')^2 \mathrm{d}x = \int_a^b (f'' - s'')^2 + \int_a^b (s'' - \sigma'')^2 \mathrm{d}x \geqslant \int_a^b (f'' - s'')^2 \mathrm{d}x$$

现在我们来分析三次样条插值函数 $S(x)$ 的收敛性. 为方便记, 我们引进下列记号:

$$h_i = x_{i+1} - x_i \quad (i = 0, 1, \cdots, n-1), \quad h = \max_{0 \leqslant i \leqslant n-1} h_i$$

定理5.5 设 $f(x) \in C^4[a, b]$ 是被插函数, $S(x)$ 是它的满足第 1°类(或第 2°类)边界条件三次样条插值函数. 则在插值区间 $[a, b]$ 上成立

$$|f^{(j)}(x) - S^{(j)}(x)| \leqslant C_j h^{4-j} \max_{a \leqslant x \leqslant b} |f^{(4)}(x)| \quad (j = 0, 1, 2)$$

其中

$$C_0 = \frac{1}{16}, \qquad C_1 = C_2 = \frac{1}{2}$$

证明 先估计 $|S''(x)|$ 的上界. 由于 $S''(x)$ 在 $[x_i, x_{i+1}]$ 上是线性函数. 因此它的绝对值的最大值在端点处取到. 从而 $|S''(x)|$ 的最大值在 $|M_0|$, $|M_1|, \cdots, |M_n|$ 这 n 个数中, 先考虑第 1°类边界条件插值情形. 若 $|S''(x)|$ 的最大值是 $|M_l|$, $n > l > 0$, 则由三弯矩方程, 有

$$M_l = 3f[x_{l-1}, x_l, x_{l+1}] - \frac{\lambda_l}{2} M_{l+1} - \frac{\mu_l}{2} M_{l-1}$$

$$|M_l| \leqslant \frac{3}{2} |f''(\eta_l)| + \frac{1}{2} |M_l|, \quad \eta_l \in (x_{l-1}, x_{l+1})$$

即 $\quad |M_l| \leqslant 3|f''(\eta_l)| \leqslant 3 \max\limits_{a \leqslant x \leqslant b} |f''(x)|$, 也就是

$$|S''(x)| \leqslant 3 \max_{a \leqslant x \leqslant b} |f''(x)|, \quad \forall x \in [a, b]$$

如果 $|S''(x)|$ 的最大值在 x_0 点取到, 即为 $|M_0|$, 同样

$$|M_0| \leqslant 3|f[x_0, x_0, x_1]| + \frac{1}{2} |M_0| \leqslant \frac{3}{2} |f''(\eta_0)| + \frac{1}{2} |M_0|$$

也有

$$|M_0| \leqslant 3 \max_{a \leqslant x \leqslant b} |f''(x)|, \quad |S''(x)| \leqslant 3 \max_{a \leqslant x \leqslant b} |f''(x)|, \qquad \forall x \in [a, b]$$

同样可以证明: 若 $|S''(x)|$ 的最大值为 $|M_n|$, 也有

$$|S''(x)| \leqslant 3 \max_{a \leqslant x \leqslant b} |f''(x)|$$

总之, 不论何种情形, 都有

$$|S''(x)| \leqslant 3 \max_{a \leqslant x \leqslant b} |f''(x)| \tag{10.21}$$

对于第 2°类边界条件的三次样条插值问题, (10.21)同样是正确的.

现在引进一个辅助函数 $S_1(x)$, 它在 $[a, b]$ 上二阶导数连续, 在 $[x_i, x_{i+1}]$ 上是三次多项式. 且满足

$$S_1''(x_i) = f''(x_i) \quad (i = 0,1,2,\cdots,n) \tag{10.22}$$

对函数值和导数则没有限制.显然 $S_1(x)$ 是一个样条函数,且能够证明这样的函数 $S_1(x)$ 是存在的(见习题 $B.15$).将 $S_1(x)$ 作为被插函数,对它作第 $1°$ 类(或第 $2°$ 类)边界条件三次样条插值.由于插值的唯一性,因此 $S_1(x)$ 的三次样条插值函数就是它自己.于是,$f(x) - S_1(x)$ 的三次样条插值是 $S(x) - S_1(x)$,按(10.21)有

$$\left| S''(x) - S_1''(x) \right| \leqslant 3 \max_{a \leqslant x \leqslant b} \left| f''(x) - S_1''(x) \right|, \qquad \forall \, x \in [a,b]$$

又

$$\begin{aligned} \left| f''(x) - S''(x) \right| &\leqslant \left| f''(x) - S_1''(x) \right| + \left| S''(x) - S_1''(x) \right| \\ &\leqslant 4 \max_{a \leqslant x \leqslant b} \left| f''(x) - S_1''(x) \right|, \quad \forall \, x \in [a,b] \end{aligned} \tag{10.23}$$

现在来考察 $\max\limits_{a \leqslant x \leqslant b} \left| f''(x) - S_1''(x) \right|$.注意(10.22),则 $S_1''(x)$ 是 $f''(x)$ 在 $[x_i, x_{i+1}]$ $(i = 0,1,\cdots,n-1)$ 上的线性插值函数.于是

$$S_1''(x) = f''(x_i) + f''[x_i, x_{i+1}](x - x_i)$$

其中 $f''[x_i, x_{i+1}] = \dfrac{f''(x_{i+1}) - f''(x_i)}{x_{i+1} - x_i}$. 由插值多项式的余项我们有

$$f''(x) - S_1''(x) = f''[x_i, x_{i+1}, x](x - x_i)(x - x_{i+1})$$

从而有 $\eta_i \in [x_i, x_{i+1}]$ 使得

$$\begin{aligned} \left| f''(x) - S_1''(x) \right| &= \left| f''[x_i, x_{i+1}, x](x - x_i)(x - x_{i+1}) \right| \\ &\leqslant \frac{1}{8} h_i^2 \left| f^{(4)}(\eta_i) \right| \\ &\leqslant \frac{h^2}{8} \max_{a \leqslant x \leqslant b} \left| f^{(4)}(x) \right|, \quad \forall \, x \in [a,b] \end{aligned}$$

于是

$$\max_{a \leqslant x \leqslant b} \left| f''(x) - S_1''(x) \right| \leqslant \frac{1}{8} h^2 \max_{a \leqslant x \leqslant b} \left| f^{(4)}(x) \right|$$

再由(10.23)就得到关于二阶导数的误差估计:

$$\left| f''(x) - S''(x) \right| \leqslant \frac{1}{2} h^2 \max_{a \leqslant x \leqslant b} \left| f^{(4)}(x) \right| \tag{10.24}$$

此即为定理中的 $j = 2$ 情形.显然当 $h \to 0$ 时,$S''(x) \to f''(x)$.且这种收敛是一致的.

现在再来估计 $\left| f'(x) - S'(x) \right|$.为此,注意到

$f(x) - S(x)$ 在 $[x_i, x_{i+1}]$ $(i = 0,1,\cdots,n-1)$ 的端点为 0,由此知 $\exists \, \xi_i \in [x_i, x_{i+1}]$

$$f'(\xi_i) - S'(\xi_i) = 0$$

于是

$$f'(x) - S'(x) = \int_{\xi_i}^{x} [f''(t) - S''(t)] \mathrm{d}t$$

立刻得到

$$|f'(x) - S'(x)| \leqslant |x - \xi_i| \max_{a \leqslant x \leqslant b} |f''(x) - S''(x)|$$

$$\leqslant \frac{h^3}{2} \max_{a \leqslant x \leqslant b} |f^{(4)}(x)| \qquad (10.25)$$

这样就证明了定理中 $j=1$ 的情形.

最后来考虑 $R(x) = f(x) - S(x)$. 在 $[x_i, x_{i+1}](i=0,1,\cdots,n-1)$ 上作 $R(x)$ 的一次插值多项式 $P_1(x)$, 则 $P_1(x) = 0$. 因而

$$R(x) = R(x) - P_1(x) = R[x_i, x_{i+1}, x](x - x_i)(x - x_{i+1})$$

于是

$$|R(x)| \leqslant |R''(\eta_i)| \frac{h_i^2}{8} = |f''(\eta_i) - S''(\eta_i)| \frac{h_i^2}{8} \qquad (10.26)$$

其中 $\eta_i \in (x_i, x_{i+1})$.

将(10.24)代入(10.26)即有

$$|R(x)| \leqslant \frac{h^2}{8} \cdot \frac{h^2}{2} \max_{a \leqslant x \leqslant b} |f^{(4)}(x)| = \frac{h^4}{16} \max_{a \leqslant x \leqslant b} |f^{(4)}(x)|$$

这样就完成了定理的证明.

从定理的证明中,我们看到:$f(x)$ 的第 $1°$、第 $2°$ 类边界条件三次样条插值函数 $S(x)$ 不仅一致收敛于 $f(x)(h \to 0)$ 而且 $S^{(j)}(x)$ 也一致收敛于 $f^{(j)}(x)$ $(j=1,2)$ 且收敛速度分别为 $O(h^4)$, $O(h^3)$ 和 $O(h^2)$. 即收敛速度都是很快的. 其实我们还可以证明:若 $h = \max h_i, \tau = \min h_i$ $\beta = \frac{h}{\tau}$, 若 β 一致有界,则当 $h \to 0$ 时,$S^{(3)}(x)$ 也一致收敛于 $f^{(3)}(x)$. 具体情形就不详细介绍了. 三次样条函数这种优良的逼近性质(即不仅 $S(x)$ 本身收敛于 $f(x)$, 且 $S'(x)$, $S''(x)$ 也分别收敛于 $f'(x)$, $f''(x)$)使得它获得了广泛的应用.

习 题

A.

1. 试编写一标准拉格朗日插值的程序,并根据下列数表来补插 $x = 0.54$ 的近似值.

x	0.4	0.5	0.6	0.7	0.8	0.9
$\ln x$	-0.916291	-0.693147	-0.510826	-0.357765	-0.223144	-0.105361

2．试编写一个三次样条插值函数的标准程序．并用其生成船体放样的一条曲线，设该曲线的型值点如下：

x	0	1.5	2	3	4.5	5.45	6.	7.5	9	9.8	10.5	12	13.38	14.48
y	0.28	1.75	2.	3.43	3.29	4	4.48	6	7.37	8	8.48	9.27	9.68	9.89

B.

1．设 x_j 为互异节点 $(j=0,1,\cdots,n)$，求证

(1) $\displaystyle\sum_{j=0}^{n} x_j^k l_j(x) = x^k \quad (k=0,1,2,\cdots,n)$

(2) $\displaystyle\sum_{j=0}^{n} (x_j - x)^k l_j(x) = 0 \quad (k=1,2,\cdots,n)$

2．设 $f(x)\in C^2[a,b]$ 且 $f(a)=f(b)=0$．证明

$$\max_{a\leqslant x\leqslant b} |f(x)| \leqslant \frac{1}{8}(b-a)^2 \max_{a\leqslant x\leqslant b} |f''(x)|$$

3．(1)假定 $f(x)=\varphi(x)\psi(x)$，那么有

$$f[x_0,x_1,\cdots,x_n] = \sum_{j=0}^{n} \varphi[x_0,x_1,\cdots,x_j]\psi[x_j,x_{j+1},\cdots,x_n]$$

(2)设 $x=-1,0,1.2,1.8$ 时，$f(x)$ 的值为 $-3,0,2,4$，试构造 $f(x)$ 的三次插值多项式．

4．若 $f(x)=x^6+4x^3+3$，试求 $f[2^0,2^1,2^2,2^3,2^4,2^5,2^6]$ 及 $f[2^0,2^1,\cdots,2^7]$ 的值．

5．若 $\Delta^n f(x)\equiv$ 常数，$f(x)$ 是否为一多项式？试举例说明之．

6．能否从 $\dfrac{\Delta^n f(x_0)}{h^n}$ 在 $h\to 0$ 时有极限存在，推出 $f^{(n)}(x_0)$ 存在？试举例说明．

7．试证明：若 $f(x)\in C^{2n+2}[a,b]$，$H_{2n+1}(x)$ 为 $f(x)$ 的埃尔米特插值多项式，则 $\exists \xi \in(a,b)$ 使

$$R(x) = f(x) - H_{2n+1}(x) = \frac{f^{(2n+2)}(\xi)}{(2n+2)!} w_{n+1}^2(x)$$

关于 $|f^{(j)}(x)-H_{2n+1}^{(j)}(x)|$，试给出估计式．

8．若 $f(x)=\displaystyle\sum_{k=0}^{n} a_k x^k$ 有 n 个不同的实根 $x_1,x_2,\cdots,x_n$，证明

$$\sum_{j=1}^{n} \frac{x_j^k}{f'(x_j)} = \begin{cases} 0, & 0\leqslant k \leqslant n-2 \\ a_n^{-1}, & k=n-1. \end{cases}$$

9．求一个次数不高于 4 次的多项式 $P(x)$ 使它满足 $P(0)=P'(0)=0$，$P(1)=P'(1)=1$，$P(2)=1$．并求插值余项．

10．已知 $x_0\neq x_2$，证明有唯一的三次多项式 $P(x)$ 满足插值条件：

$$P(x_0) = f(x_0), \qquad P(x_2) = f(x_2)$$
$$P'(x_1) = f'(x_1), \qquad P''(x_1) = f''(x_1)$$

并求出 $P(x)$，如果 $x_0=-1,x_1=0,x_2=1,f(x)\in C^4[-1,1]$，则对 $\forall x\in[-1,1]$ 有

$$f(x) - P(x) = \frac{x^4 - 1}{4!} f^{(4)}(\xi), \quad \xi \in [-1,1]$$

11. 假定 $f(x) \in C^{n+1}[a,b], a = x_0 < x_1 < x_2 < \cdots < x_n = b, h = \max\limits_{1 \le i \le n}(x_i - x_{i-1})$，则

$$\max\limits_{a \le x \le b} |f(x) - P(x)| \le \frac{h^{n+1}}{4(n+1)} \max\limits_{a \le x \le b} |f^{(n+1)}(x)|$$

其中 $P(x)$ 为以 $x_0, x_1, \cdots, x_n$ 为结点的 $f(x)$ 的 n 次插值多项式. 一般地，若记 $\|f - P\|_\infty = \max\limits_{a \le x \le b} |f(x) - P(x)|$，则有

$$\|f^{(j)} - P^{(j)}\|_\infty \le \frac{n! h^{n+1-j}}{(j-1)!(n-j+1)!} \|f^{(n+1)}(x)\|_\infty, \quad j = 1, 2, \cdots, n$$

12. 设 $x_0, x_1, \cdots, x_n$ 是不同的结点，$f(x)$ 在包含这些结点的开区间中 n 次连续可微，证明差商

$$f[x_0, x_1, \cdots, x_n] = \int \cdots \int\limits_{\tau_n} f^{(n)}(t_0 x_0 + t_1 x_1 + \cdots + t_n x_n) \mathrm{d}t_1 \mathrm{d}t_2 \cdots \mathrm{d}t_n$$

其中

$$\tau_n = \left\{ (t_1, t_2, \cdots, t_n) \mid t_1 \ge 0, t_2 \ge 0, \cdots, t_n \ge 0, \sum_{i=1}^n t_i \le 1 \right\}, \quad t_0 = 1 - \sum_{i=1}^n t_i$$

13. 若已构造出 $f(x)$ 的 $2n-1$ 次埃尔米特插值多项式 $H_{2n-1}(x)$ 满足

$$H_{2n-1}(x_i) = f(x_i)$$
$$H'_{2n-1}(x_i) = f'(x_i), \quad i = 1, 2, \cdots, n$$

现再增加一结点 x_0，构造 $H_{2n+1}(x)$，使其满足

$$H_{2n+1}(x_i) = f(x_i)$$
$$H'_{2n+1}(x_i) = f'(x_i), \quad i = 0, 1, \cdots, n$$

能否从 $H_{2n-1}(x)$ 导出 $H_{2n+1}(x)$.

14. 对 $y = \sin x$ 在 $[0, \frac{\pi}{2}]$ 中构造步长为 h 的等距节点函数表，若函数表中的值正确到小数点后 8 位. 如果要求线性插值的截断误差小于 0.5×10^{-8}，步长 h 应为多少？

15. 设 π: $a = x_0 < x_1 < x_2 < \cdots < x_n = b$ 为 $[a,b]$ 的一个剖分. 证明存在一个函数 $S(x)$ 满足

(1) $S(x) \in C^2[a,b]$；

(2) 在 $[x_i, x_{i+1}]$ 上，$S(x)$ 是三次多项式 （$k = 0, 1, \cdots, n-1$）；

(3) $S''(x_i) = f''(x_i), \quad i = 0, 1, \cdots, n$.

16. 证明满足周期边界条件的三次样条插值函数 $S(x)$ 也具有极小模性质，即

$$\int_a^b [S''(x)]^2 \mathrm{d}x \le \int_a^b [g''(x)]^2 \mathrm{d}x$$

其中 $g(x)$ 为任一个于 $[a,b]$ 上两次连续可微的函数，且 $g(x_i) = y_i = S(x_i), \quad i = 0, 1, \cdots, n, g(x_0) = g(x_n), g'(x_0) = g'(x_n), g''(x_0) = g''(x_n)$.

第六章　最佳平方逼近与曲线拟合

§6.1　引　　言

在上一章,我们研究了插值逼近,概括起来无非是说:设 M 是线性空间 X 的子集,若 $f \in X$,设 $\varphi_i \in M (0 \leqslant i \leqslant n)$,问能否在 M 中求得一个"接近"于 f 的 $\varphi = \sum c_i \varphi_i$. 如第五章的引言中所述,这类问题的解决首先须确定 M,其次则是确定 φ 与 $f(x)$ 之间接近程度的度量. 在上一章内,我们曾先后取 M 为次数不超过 n 次的多项式集合 $\Phi(c_0, c_1, \cdots, c_n)$ 及三次样条函数空间 $\Phi(x_0, x_1, \cdots, x_n)$,而用以衡量 φ 与 f 接近程度的则是插值条件. 这种确定 $\varphi(x)$ 的方法有其优点:度量简单,方便易行,在插值结点上,被插函数与插值函数精确相等,但也有其不足之处,这种接近的程度不够均匀,如我们已看到的,在非插值结点,$\varphi(x)$ 未必能很好地接近 $f(x)$. 由此而得到启发,在寻求 $f(x)$ 的近似函数 φ 时,或者说用 φ 去逼近函数 $f(x)$ 时,我们必须确定一个度量标准,只有确定了度量"接近的标准"之后,我们才能按此标准来衡量 φ 与 f 的接近是"好"还是"不好". 例如:如果采用标准 $\max\limits_{a \leqslant x \leqslant b} |f(x) - \varphi(x)| < \varepsilon$ 时,则从几何上我们看到:以 $y = f(x)$ 为中心轴线作一宽度为 2ε 的"条带",则 $\varphi(x)$ 定在此条带内,值得注意的是这种情形对 $\forall x \in [a, b]$ 都成立. 因此,用它来度量函数 f 与 φ 的接近程度称为一致逼近. 具体地说,若取线性空间 X 为 $C[a, b]$,取 M 为不超过 n 次的实系数多项式集合,用记号 $\| \cdot \|_\infty$ 表 $\max\limits_{a \leqslant x \leqslant b} |\cdot|$,则上述问题便可表示为

若 $f \in C[a, b]$ 寻求 $\varphi^* \in M$,使

$$\| f - \varphi^* \|_\infty \leqslant \| f - \varphi \|_\infty, \qquad \forall \varphi \in M$$

上述问题的解决有着重大的理论价值与广阔的应用前景. 但鉴于数学分析中对这类问题已有稍许接触及本课程的时数所限. 我们不拟详细介绍这类逼近. 除了上述所介绍的度量外,我们知道

$$\left\{ \int_a^b (f(x) - \varphi(x))^2 \mathrm{d}x \right\}^{\frac{1}{2}}$$ 也可以作为 $\varphi(x)$ 接近于 $f(x)$ 的度量. 于是我们还可以提出如下类型的逼近问题:若 $f(x) \in C[a, b]$,寻求 $\varphi^* \in M$,使

$$\left\{\int_a^b (f(x) - \varphi^*(x))^2 \mathrm{d}x\right\}^{\frac{1}{2}} \leqslant \left\{\int_a^b (f(x) - \varphi(x))^2 \mathrm{d}x\right\}^{\frac{1}{2}}, \quad \forall \varphi(x) \in M$$

这便是本章内将要研究的最佳平方逼近,或称为连续情形的最佳平方逼近.与之相对应的,便是离散情形的最佳平方逼近,即

$$\sum_{i=0}^m (f(x_i) - \varphi^*(x_i))^2 = \min \sum_{i=0}^m (f(x_i) - \varphi(x_i))^2$$

这便是通常所说的最小二乘法.在本章的后一部分将对其予以介绍.

§6.2 连续函数的最佳平方逼近

6.2.1 预备知识

在讨论连续函数的最佳平方逼近问题之前先介绍一些有关的预备知识.

定义 6.1 区间 $[a,b]$ 上非负函数 $\rho(x)$,若满足条件

1) $\int_a^b |x|^n \rho(x) \mathrm{d}x$ 存在 $(n = 0,1,\cdots)$;

2)对非负的连续函数 $g(x)$,若 $\int_a^b g(x)\rho(x)\mathrm{d}x = 0$,则在 (a,b) 上 $g(x) \equiv 0$;则称 $\rho(x)$ 为区间 $[a,b]$ 上的权函数.

定义 6.2 设 $f(x),g(x) \in C[a,b]$,$\rho(x)$ 是 $[a,b]$ 上权函数,积分

$$(f,g) = \int_a^b \rho(x)f(x)g(x)\mathrm{d}x$$

称为 $f(x)$ 与 $g(x)$ 在 $[a,b]$ 上的内积.

容易验证这样定义的内积满足下列四条公理:

1) $(f,f) \geqslant 0$,当且仅当 $f = 0$ 时 $(f,f) = 0$;

2) $(f,g) = (g,f)$;

3) $(cf,g) = c(f,g)$,c 为常数;

4) $(f_1 + f_2, g) = (f_1, g) + (f_2, g)$.

事实上,这里内积的定义是 n 维欧氏空间 R^n 中两个向量内积定义的推广,再将向量范数的概念进行推广就有下面定义.

若 $f(x) \in C[a,b]$,容易验证

$$\|f\|_2 = \sqrt{\int_a^b \rho(x)f^2(x)\mathrm{d}x} = \sqrt{(f,f)} \tag{2.1}$$

满足范数的三条性质:

1) $\|f\|_2 \geqslant 0$,当且仅当 $f \equiv 0$ 时 $\|f\|_2 = 0$;

2) $\|af\|_2 = |a|\|f\|_2$,对 $\forall f \in C[a,b]$ 成立,a 为任意实数;

3)对 $\forall f,g \in C[a,b]$,有

$$\| f + g \|_2 \leqslant \| f \|_2 + \| g \|_2 \qquad (2.2)$$

(2.2)式又称为三角不等式.

定义 6.3 若 $f(x) \in C[a,b]$,称

$$\| f \|_2 = \sqrt{\int_a^b \rho(x) f^2(x) \mathrm{d}x} = \sqrt{(f,f)}$$

为 $f(x)$ 的欧氏范数.

定义 6.4 设 $\varphi_0(x), \varphi_1(x), \cdots, \varphi_{n-1}(x) \in C[a,b]$,如果

$$a_0 \varphi_0(x) + a_1 \varphi_1(x) + \cdots + a_{n-1} \varphi_{n-1}(x) = 0$$

当且仅当 $a_0 = a_1 = \cdots = a_{n-1} = 0$ 时成立,则称 $\varphi_0(x), \cdots, \varphi_{n-1}(x)$ 在 $[a,b]$ 上是线性无关的,若函数族 $\{\varphi_k\}(k = 0,1,\cdots)$ 中的任何有限个 φ_k 线性无关,则称 $\{\varphi_k\}$ 为线性无关函数族.

例如 $1, x, \cdots, x^n, \cdots$ 就是 $[a,b]$ 上的线性无关函数族.

若 $\varphi_0(x), \varphi_1(x), \cdots, \varphi_{n-1}(x)$ 是 $C[a,b]$ 的线性无关函数,且 $a_0, a_1, \cdots, a_{n-1}$ 是任意实数,则

$$S(x) = a_0 \varphi_0(x) + a_1 \varphi_1(x) + \cdots + a_{n-1} \varphi_{n-1}(x)$$

的全体是 $C[a,b]$ 中的一个子集,记作

$$\Phi = \operatorname{span}\{\varphi_0, \varphi_1, \cdots, \varphi_{n-1}\} \qquad (2.3)$$

下面给出判断函数族 $\{\varphi_k(x)\}(k = 0,1,\cdots,n-1)$ 线性无关的充要条件.

定理 6.1 $\varphi_0(x), \varphi_1(x), \cdots, \varphi_{n-1}(x)$ 在 $[a,b]$ 上线性无关的充分必要条件是它的克拉默(Cramer)行列式 $G_{n-1} \neq 0$,其中

$$G_{n-1} = \begin{vmatrix} (\varphi_0, \varphi_0) & (\varphi_0, \varphi_1) & \cdots & (\varphi_0, \varphi_{n-1}) \\ (\varphi_1, \varphi_0) & (\varphi_1, \varphi_1) & \cdots & (\varphi_1, \varphi_{n-1}) \\ \vdots & & & \vdots \\ (\varphi_{n-1}, \varphi_0) & (\varphi_{n-1}, \varphi_1) & \cdots & (\varphi_{n-1}, \varphi_{n-1}) \end{vmatrix} \qquad (2.4)$$

证明 设存在实数 $a_0, \cdots, a_{n-1}$ 使

$$a_0 \varphi_0 + a_1 \varphi_1 + \cdots + a_{n-1} \varphi_{n-1} = 0$$

等式两边分别与 φ_j 做内积,由内积的定义知

$$a_0(\varphi_j, \varphi_0) + a_1(\varphi_j, \varphi_1) + \cdots + a_{n-1}(\varphi_j, \varphi_{n-1}) = 0$$

令 $j = 0,1,\cdots,n-1$,得到方程组

$$\widetilde{G}_{n-1} a = 0, \qquad a = (a_0, a_1, \cdots, a_{n-1})^{\mathrm{T}}$$

这是一个齐次线性方程组,方程组只有零解的充分必要条件是 $\det(\widetilde{G}_{n-1}) = G_{n-1} \neq 0$.也就是说 $a_0 = a_1 = \cdots = a_{n-1} = 0$ 的充要条件是 $G_{n-1} \neq 0$.证毕.

6.2.2 最佳平方逼近函数及其求法

在 §6.1 中已指出,最佳平方逼近函数就是使均方误差达到最小的函数,

精确定义可叙述为：

定义 6.5 对给定的函数 $f(x) \in C[a,b]$，及 $C[a,b]$ 中的一个子集 $\Phi = \text{span}\{\varphi_0, \varphi_1, \cdots, \varphi_n\}$，若存在 $S^*(x) \in \Phi$，使

$$\|f - S^*\|_2^2 = \inf_{s \in \Phi} \|f - S\|_2^2 = \inf_{s \in \Phi} \int_a^b \rho(x)[f(x) - S(x)]^2 \mathrm{d}x \quad (2.5)$$

则称 $S^*(x)$ 是 $f(x)$ 在子集 $\Phi \subset C[a,b]$ 中的最佳平方逼近函数.

下面我们证明最佳平方逼近函数是存在唯一的，并将其构造出来. 由 $S^*(x) \in \Phi$，则 $S^*(x)$ 可表示为 $S^*(x) = \sum_{k=0}^{n} a_k^* \varphi_k(x)$，$a_k^*$ 是实数，可见，求 $S^*(x)$ 的关键在于求系数 a_k^*. 由 (2.5) 我们知道，$(a_0^*, a_1^*, \cdots, a_n^*)$ 必然是多元函数

$$I(a_0, a_1, \cdots, a_n) = \int_a^b \rho(x) \left[\sum_{j=0}^{n} a_j \varphi_j(x) - f(x) \right]^2 \mathrm{d}x \quad (2.6)$$

的极值点，由多元函数求极值的必要条件

$$\frac{\partial I}{\partial a_k} = 0 \quad (k = 0, 1, \cdots, n)$$

即

$$\frac{\partial I}{\partial a_k} = 2 \int_a^b \rho(x) \left[\sum_{j=0}^{n} a_j \varphi_j(x) - f(x) \right] \varphi_k(x) \mathrm{d}x = 0 \quad (k = 0, 1, \cdots, n)$$

我们得到 $a_k^* (k = 0, \cdots, n)$ 应满足方程组

$$\sum_{j=0}^{n} (\varphi_k, \varphi_j) a_j = (f, \varphi_k) \quad (k = 0, 1, \cdots, n) \quad (2.7)$$

这是一个关于 $a_0, a_1, \cdots, a_n$ 的线性方程组，称为法方程. 由于 $\varphi_1, \cdots, \varphi_n$ 线性无关，由定理 6.1 知系数行列式 $G_n \neq 0$，于是方程组 (2.7) 存在唯一解 $a_k = a_k^* (k = 0, 1, \cdots, n)$. 从而得到 $S^*(x) = a_0^* \varphi_0(x) + a_1^* \varphi_1(x) + \cdots + a_n^* \varphi_n(x)$.

到此，我们还不能简单的说这样得到的 $S^*(x)$ 就是满足条件 (2.5) 的最佳平方逼近函数. 还必须给出进一步的证明，也就是要证明对任何 $S(x) \in \Phi$，有

$$\int_a^b \rho(x)[f(x) - S^*(x)]^2 \mathrm{d}x \leqslant \int_a^b \rho(x)[f(x) - S(x)]^2 \mathrm{d}x \quad (2.8)$$

为此考虑

$$D = \int_a^b \rho(x)[f(x) - S(x)]^2 \mathrm{d}x - \int_a^b \rho(x)[f(x) - S^*(x)]^2 \mathrm{d}x$$

$$= \int_a^b \rho(x)[S(x) - S^*(x)]^2 \mathrm{d}x$$

$$+ 2\int_a^b \rho(x)[S^*(x) - S(x)][f(x) - S^*(x)]dx$$

由于 $S^*(x)$ 的系数 a_k^* 是方程组(2.7)的解,故

$$\int_a^b \rho(x)[f(x) - S^*(x)]\varphi_k(x)dx = 0 \quad (k = 0,1,\cdots,n)$$

从而上式的第二个积分为 0,于是

$$D = \int_a^b \rho(x)[S(x) - S^*(x)]^2dx \geqslant 0$$

故(2.8)式成立.

这样我们就证明了 $S^*(x)$ 确实是 $f(x)$ 在 Φ 中的最佳平方逼近函数.由上面的推导过程,我们实际上也得到了 $S^*(x)$ 的构造方法.下面我们给出均方误差表达式.

令 $\delta = f(x) - S^*(x)$,则均方误差为

$$\| \delta \|_2^2 = (f - S^*, f - S^*) = (f,f) - (S^*,f)$$

$$= \| f \|_2^2 - \sum_{k=0}^n a_k^*(\varphi_k, f) \tag{2.9}$$

至此,关于连续函数空间的最佳平方逼近函数的存在唯一性,构造方法及均方误差已全部论述清楚了.我们再给出关于它的几何解释,由于 $\delta = f - S^*$,那么有

$$(f,f) = (\delta + S^*, \delta + S^*) = (\delta,\delta) + (S^*,S^*)$$

即

$$\| f \|_2^2 = \| \delta \|_2^2 + \| S^* \|_2^2 \tag{2.10}$$

如果将 $f = \delta + S^*$ 理解为向量的加法,将范数理解为向量的长度,那么(2.10)式恰好是直角三角形斜边 f 的平方等于二直角边 S^*, δ 的平方和,也就是说,f 在 Φ 中的最佳平方逼近函数就是 f 在 Φ 上的正交投影如图 6.1 所示.

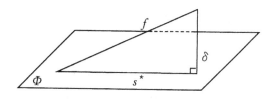

图 6.1

上面我们讨论了一般的最佳平方逼近问题,接下来考虑一种特殊的逼近

问题——多项式平方逼近. 若取 $\varphi_k(x) = x^k, \rho(x) \equiv 1, f(x) \in C[0,1]$, 则要在 $\Phi = \mathrm{span}\{1, x, x^2, \cdots, x^n\}$ 中求 n 次最佳平方逼近多项式

$$S^*(x) = a_0^* + a_1^* x + \cdots + a_n^* x^n$$

此时

$$(\varphi_j, \varphi_k) = \int_0^1 x^{k+j} \mathrm{d}x = \frac{1}{k+j+1}$$

$$(f, \varphi_k) = \int_0^1 f(x) x^k \mathrm{d}x = d_k \quad (j, k = 0, 1, \cdots, n)$$

若用 H 表示 G_n 对应的矩阵, 即

$$H = \begin{bmatrix} 1 & \dfrac{1}{2} & \cdots & \dfrac{1}{n+1} \\ \dfrac{1}{2} & \dfrac{1}{3} & \cdots & \dfrac{1}{n+2} \\ \vdots & & & \\ \dfrac{1}{n+1} & \dfrac{1}{n+2} & \cdots & \dfrac{1}{2n+1} \end{bmatrix} \tag{2.11}$$

此矩阵 H 称为希尔伯特(Hilbert)矩阵, 记 $d = (d_0, \cdots, d_n)^{\mathrm{T}}, a = (a_0, \cdots, a_n)^{\mathrm{T}}$, 则

$$Ha = d \tag{2.12}$$

的解 $a_k = a_k^* (k = 0, 1, \cdots, n)$ 即为所求.

例 1 设 $f(x) = \sqrt{1 + x^2}$, 求 $[0,1]$ 上的一次最佳平方逼近多项式, 并估计误差.

解 取 $\varphi_0 = 1, \varphi_1 = x, \rho(x) = 1$, 则根据(2.7)得

$$d_0 = \int_0^1 \sqrt{1 + x^2} \mathrm{d}x = \frac{1}{2} \ln(1 + \sqrt{2}) + \frac{\sqrt{2}}{2} \approx 1.147$$

$$d_1 = \int_0^1 x \sqrt{1 + x^2} \mathrm{d}x = \frac{1}{3} (1 + x^2)^{\frac{3}{2}} \Big|_0^1 = \frac{2\sqrt{2} - 1}{3} \approx 0.609$$

得方程组

$$\begin{bmatrix} 1 & \dfrac{1}{2} \\ \dfrac{1}{2} & \dfrac{1}{3} \end{bmatrix} \begin{bmatrix} a_0 \\ a_1 \end{bmatrix} = \begin{bmatrix} 1.147 \\ 0.609 \end{bmatrix}$$

解出 $a_0 = 0.934, a_1 = 0.426$, 故

$$S_1^*(x) = 0.934 + 0.426x$$

平方误差

$$\| \delta \|_2^2 = (f,f) - (S_1^*, f) = \int_0^1 (1+x^2)\mathrm{d}x - 0.426d_1 - 0.934d_0 = 0.0026$$

现在再来分析一下方程组(2.12),当 n 较大时,由于方程组(2.12)的系数矩阵(2.11)是高度病态的,因而这给方程组的求解带来很多困难,也就是说,用通常方法求解(6.12)误差会很大,解决这个问题的途径有两条:一是选择有效的求解方程组(2.12)的方法,对此本书在第二章内已有介绍;二是通过适当选取 Φ 的基函数来改善(2.12)中的方程组系数矩阵的条件数,这类方法很多,在此仅介绍正交多项式方法.

6.2.3 正交多项式

定义 6.6 若首项系数 $a_n \neq 0$ 的 n 次多项式

$$g_n(x) = a_n x^n + \cdots + a_1 x + a_0, \quad n = 0,1,\cdots$$

满足下列关系式

$$\int_a^b \rho(x) g_j(x) g_k(x) \mathrm{d}x = \begin{cases} 0, & j \neq k \\ A_k > 0, & j = k \end{cases} \quad (j,k = 0,1,\cdots)$$

(2.13)

就称多项式序列 $g_0(x), g_1(x), \cdots$,在 $[a,b]$ 上带权 $\rho(x)$ 正交,并称 $g_n(x)$ 是 $[a,b]$ 上带权 $\rho(x)$ 的 n 次正交多项式.

例如,很容易验证:$1, x, x^2 - \dfrac{1}{3}$ 在 $[-1,1]$ 上带权 $\rho(x) = 1$ 两两正交.一般来说,当 $\rho(x)$ 及区间 $[a,b]$ 给定后,用 Schmidt 正交化方法可从序列 $\{1, x, \cdots, x^n, \cdots\}$ 构造出正交多项式序列 $\{g_0(x), g_1(x), \cdots, g_n(x), \cdots\}$. 具体构造方法这里不再详述,请读者参考相关书籍.

由 §6.1 中的定理 6.1,我们知道如(2.13)定义的正交多项式族 $\{g_0(x), \cdots, g_n(x)\}$ 是线性无关的,因此可以作为 n 次多项式空间的一组基函数.于是任何次数不超过 n 的多项式 $q(x)$ 可由正交多项式 $g_0(x), \cdots, g_n(x)$ 线性表示,即

$$q(x) = \sum_{k=0}^n c_k g_k(x)$$

由此不难得到下列关系式

$$\int_a^b \rho(x) q(x) g_{n+1}(x) \mathrm{d}x = 0$$

(2.14)

特别地有

$$\int_a^b \rho(x) x^k g_{n+1}(x) \mathrm{d}x = 0, \quad k = 0,1,\cdots,n$$

记

$$g_n^*(x) = \frac{g_n(x)}{a_n} \qquad (2.15)$$

可以看出 $g_n^*(x)$ 的最高次项系数为 1,并且 $g_n^*(x)$ 也是在 $[a,b]$ 上带权 $\rho(x)$ 的 n 次正交多项式.

下面,我们叙述正交多项式的几个基本定理.

定理 6.2 由 (2.13) 及 (2.15) 所定义的次数相邻的三个正交多项式 $g_{k-1}^*(x), g_k^*(x), g_{k+1}^*(x)$ 存在着递推关系

$$g_{k+1}^*(x) = (x - \beta_k) g_k^*(x) - \gamma_k g_{k-1}^*(x), \quad k = 2, 3, \cdots \qquad (2.16)$$

其中

$$\beta_k = \int_a^b x \rho(x) [g_k^*(x)]^2 dx \Big/ \int_a^b \rho(x) [g_k^*(x)]^2 dx$$

$$\gamma_k = \int_a^b x \rho(x) [g_k^*(x)]^2 dx \Big/ \int_a^b \rho(x) [g_{k-1}^*(x)]^2 dx$$

证明 考虑 $k+1$ 次多项式 $x g_k^*(x)$,它可表示为

$$x g_k^*(x) = c_0 g_0^*(x) + c_1 g_1^*(x) + \cdots + c_k g_k^*(x) + g_{k+1}^*(x) \qquad (2.17)$$

两边乘 $\rho(x) g_s^*(x)$,并从 a 到 b 积分,由 (2.14) 式得

$$\int_a^b \rho(x) x g_k^*(x) g_s^*(x) dx = c_s \int_a^b \rho(x) [g_s^*(x)]^2 dx$$

当 $s \leqslant k-2$ 时,$x g_s^*(x)$ 的次数小于等于 $k-1$,上式左端积分为 0,故得 $c_s = 0$,所以 (2.17) 变成

$$x g_k^*(x) = c_{k-1} g_{k-1}^*(x) + c_k g_k^*(x) + g_{k+1}^*(x) \qquad (2.18)$$

现在我们就来确定 c_{k-1}, c_k.两边乘以 $\rho(x) g_{k-1}^*(x)$ 并积分有

$$\int_a^b \rho(x) x g_k^*(x) g_{k-1}^*(x) dx = c_{k-1} \int_a^b \rho(x) [g_{k-1}^*(x)]^2 dx$$

将上式左端的函数 $x g_{k-1}^*(x)$ 写成

$$x g_{k-1}^*(x) = g_k^*(x) + \sum_{j=0}^{k-1} b_j g_j^*(x)$$

再代入原式,运用正交性可得

$$c_{k-1} = \int_a^b \rho(x) [g_k^*(x)]^2 dx \Big/ \int_a^b \rho(x) [g_{k-1}^*(x)]^2 dx$$

同理可得

$$c_k = \int_a^b \rho(x) x [g_k^*(x)]^2 dx \Big/ \int_a^b \rho(x) [g_k^*(x)]^2 dx$$

将 c_{k-1}, c_k 代入 (2.18) 并整理就得到 (2.16) 式.证毕.

推论 6.1 对于形如 (2.13) 定义的正交多项式恒有递推关系式:

$$g_{k+1}(x) = \frac{a_{k+1}}{a_k}(x - \overset{\wedge}{\beta}_k)g_k(x)$$

$$- \frac{a_{k+1}a_{k-1}}{a_k^2}\overset{\wedge}{\gamma}_k g_{k-1}(x) \quad (k = 1,2,\cdots) \tag{2.19}$$

其中

$$\overset{\wedge}{\beta}_k = \int_a^b \rho(x)x[g_k(x)]^2 \mathrm{d}x \Big/ \int_a^b \rho(x)[g_k(x)]^2 \mathrm{d}x$$

$$\overset{\wedge}{\gamma}_k = \int_a^b \rho(x)[g_k(x)]^2 \mathrm{d}x \Big/ \int_a^b \rho(x)[g_{k-1}(x)]^2 \mathrm{d}x$$

定理6.3 n 次正交多项式 $g_n^*(x)$ 有 n 个互异的实根,并且全部位于区间 (a,b) 内 $(n \geqslant 1)$.

证明 对任意给定的 $n(n \geqslant 1)$,若 $g_n^*(x)$ 在 (a,b) 上恒正,那么

$$\int_a^b \rho(x)g_n^*(x)\mathrm{d}x = \int_a^b \rho(x)g_n^*(x)g_0^*(x)\mathrm{d}x > 0$$

这与正交多项式的定义相矛盾,于是至少存在某一数 $x_1 \in (a,b)$ 使 $g_n^*(x_1) = 0$.

现假设 x_1 是 $g_n^*(x)$ 的重根,那么

$$\frac{g_n^*(x)}{(x - x_1)^2}$$

是 $n-2$ 次多项式,由正交多项式定义有

$$\int_a^b \rho(x)g_n^*(x)\frac{g_n^*(x)}{(x-x_1)^2}\mathrm{d}x = 0$$

另一方面又有

$$\int_a^b \rho(x)g_n^*(x)\frac{g_n^*(x)}{(x-x_1)^2}\mathrm{d}x = \int_a^b \rho(x)\left[\frac{g_n^*(x)}{(x-x_1)}\right]^2 \mathrm{d}x > 0$$

这就得出 x_1 只能是 $g_n^*(x)$ 的单根.

现假设 $g_n^*(x)$ 在区间 (a,b) 内只有 j 个根 $x_1,\cdots,x_j(j < n)$. 于是

$$g_n^*(x)(x - x_1)\cdots(x - x_j) = q(x)(x - x_1)^2\cdots(x - x_j)^2$$

两端乘以 $\rho(x)$ 并于 $[a,b]$ 上积分,左端为 0,对右端来说,由于 $q(x)$ 不变号,所以积分值不为零,矛盾. 由此我们知道 j 必须等于 n. 证毕.

下面,我们介绍几类较重要的正交多项式.

1. 勒让德(Legendre)多项式

当区间为 $[-1,1]$,取函数 $\rho(x) \equiv 1$ 时,由 $\{1,x,\cdots,x^n,\cdots\}$ 正交化得到的多项式就称为勒让德多项式,其统一的表达式为

$$P_0(x) = 1, P_n(x) = \frac{1}{2^n n!} \frac{d^n}{dx^n}(x^2 - 1)^n \quad (n = 1, 2, \cdots) \quad (2.20)$$

显然,$P_n(x)$的首项系数为

$$a_n = \frac{(2n)!}{2^n (n!)^2}$$

勒让德多项式有下述几个重要性质:

(1)正交性.勒让德多项式 $P_n(x)$ 是$[-1,1]$带权 $\rho(x)=1$ 的 n 次正交多项式.

经积分计算

$$\int_{-1}^{1} P_n(x) P_m(x) dx = \begin{cases} 0, & m \neq n \\ \dfrac{2}{2n+1}, & m = n \end{cases}$$

(2)递推性

由推论 6.1 可计算出

$$P_{n+1}(x) = \frac{2n+1}{n+1} x P_n(x) - \frac{n}{n+1} P_{n-1}(x), n = 1, 2, \cdots$$

有了递推关系式,就很容易写出下列勒让德多项式的具体表达式.

$$P_0(x) = 1, P_1(x) = x$$

$$P_2(x) = \frac{3x^2 - 1}{2}$$

$$P_3(x) = \frac{5x^3 - 3x}{2}$$

$$P_4(x) = \frac{35x^4 - 30x^2 + 3}{8}$$

$$P_5(x) = \frac{63x^5 - 70x^3 + 15x}{8}$$

$$\vdots$$

(3)奇偶性.$P_n(-x) = (-1)^n P_n(x)$

由于 $\varphi(x) = (x^2 - 1)^n$ 是偶次多项式,经偶次求导仍为偶次多项式,经奇次求导仍为奇次多项式.故 n 为偶数时,$P_n(x)$ 为偶函数,n 为奇数时,$P_n(x)$ 为奇函数.

(4)$P_n(x)$ 在区间$[-1,1]$内有 n 个不同的实零点.

2.切比雪夫多项式

当区间为$[-1,1]$,权函数 $\rho(x) = \dfrac{1}{\sqrt{1-x^2}}$ 时,由 $\{1, x, \cdots, x^n, \cdots\}$ 正交化得到的多项式就是切比雪夫多项式.它可表示为

$$\mathrm{T}_n(x) = \cos(n \arccos x), \quad |x| \leqslant 1 \qquad (2.21)$$

切比雪夫多项式也有很多重要性质:

(1)正交性.切比雪夫多项式在区间[-1,1]带权 $\rho(x) = \dfrac{1}{\sqrt{1-x^2}}$ 正交.

且

$$\int_{-1}^{1} \frac{\mathrm{T}_n(x)\mathrm{T}_m(x)}{\sqrt{1-x^2}}\mathrm{d}x = \begin{cases} 0, & n \neq m \\ \dfrac{\pi}{2}, & n = m \neq 0 \\ \pi, & n = m = 0 \end{cases}$$

(2)递推性.

$$\mathrm{T}_{n+1}(x) = 2x\mathrm{T}_n(x) - \mathrm{T}_{n-1}(x), \quad n = 1, 2, \cdots$$

只要注意到 $\cos(n+1)\theta = 2\cos n\theta\cos\theta - \cos(n-1)\theta$ 即可得到上式.

由此可得各次多项式的具体表达形式

$$\mathrm{T}_0(x) = 1, \mathrm{T}_1(x) = x$$
$$\mathrm{T}_2(x) = 2x^2 - 1$$
$$\mathrm{T}_3(x) = 4x^3 - 3x$$
$$\mathrm{T}_4(x) = 8x^4 - 8x^2 + 1$$
$$\mathrm{T}_5(x) = 16x^5 - 20x^3 + 5x$$
$$\vdots$$

(3)奇偶性.

当 n 为偶数时,$\mathrm{T}_n(x)$ 为偶函数,当 n 为奇数时,$\mathrm{T}_n(x)$ 为奇函数.

(4)$\mathrm{T}_n(x)$ 在区间[-1,1]上有 n 个零点

$$x_k = \cos\frac{2k-1}{2n}\pi, \quad k = 1, \cdots, n$$

(5)$\mathrm{T}_n(x)$ 在[-1,1]上的点 $\cos\dfrac{k\pi}{n}(k=0,1,\cdots,n)$ 上轮流取到值 +1 或 -1.

3.其他常用的正交多项式

一般讲,如果给定的区间[a,b]不同,权函数不同,正交多项式也就不同.常用的正交多项式还有下列几种.

(1)第二类切比雪夫多项式

$$\mathrm{U}_n(x) = \frac{\sin((1+n)\arccos x)}{\sqrt{1-x^2}}$$

是在区间[-1,1]上带权 $(1-x^2)^{\frac{1}{2}}$ 的 n 次正交多项式.

(2)拉盖尔多项式

$$L_n(x) = e^x \frac{d^n}{dx^n}(x^n e^{-x})$$

是在区间$[0, +\infty)$上带权 e^{-x} 的 n 次正交多项式.

(3)埃尔米特多项式

$$H_n(x) = (-1)^n e^{x^2} \frac{d^n}{dx^n}(e^{-x^2})$$

是在区间$(-\infty, +\infty)$上带权 e^{-x^2} 的 n 次正交多项式.

6.2.4 用正交多项式做最佳平方逼近

设 $f(x) \in C[a, b]$,用正交多项式$\{g_0(x), g_1(x), \cdots, g_n(x)\}$作基,求最佳平方逼近多项式

$$S_n^*(x) = a_0 g_0(x) + a_1 g_1(x) + \cdots + a_n g_n(x)$$

由$(g_j, g_k) = 0(i \neq k)$,故法方程(6.7)得到最大程度的简化,成为对角形方程组,其系数矩阵为

$$\begin{bmatrix} (g_0, g_0) & & & \\ & (g_1, g_1) & & \\ & & \ddots & \\ & & & (g_n, g_n) \end{bmatrix}$$

于是直接得到

$$a_k^* = \frac{(f, g_k)}{(g_k, g_k)}, \quad k = 0, 1, \cdots, n$$

此时,$f(x)$的最佳平方逼近多项式为

$$S_n^*(x) = \sum_{k=0}^{n} \frac{(f, g_k)}{(g_k, g_k)} g_k(x) \tag{2.22}$$

均方误差为

$$\| \delta \|_2^2 = \| f - S_n^* \|_2^2 = \| f \|_2^2 - \sum_{k=0}^{n} \frac{(f, g_k)^2}{(g_k, g_k)} \tag{2.23}$$

下面考虑函数 $f(x) \in C[-1, 1]$,用勒让德多项式作基,求最佳平方逼近多项式.

$$S_n^*(x) = a_0^* P_0(x) + a_1^* P_1(x) + \cdots + a_n^*(x) P_n(x)$$

其中

$$a_k^* = \frac{(f, P_k)}{(P_k, P_k)} = \frac{2k+1}{2} \int_{-1}^{1} f(x) P_k(x) dx \tag{2.24}$$

根据(2.23)均方误差为

$$\| \delta_n \|_2^2 = \int_{-1}^1 f^2(x)\mathrm{d}x - \sum_{k=0}^n \frac{2}{2k+1}{a_k^*}^2 \qquad (2.25)$$

例2 求 $f(x) = \mathrm{e}^x$ 在 $[-1,1]$ 上的三次最佳平方逼近多项式并估计误差.

解 将基函数选为勒让德多项式. 因为

$$(f, \mathrm{P}_0) = \int_{-1}^1 \mathrm{e}^x\mathrm{d}x \approx 2.3504$$

$$(f, \mathrm{P}_1) = \int_{-1}^1 x\mathrm{e}^x\mathrm{d}x \approx 0.7358$$

$$(f, \mathrm{P}_2) = \int_{-1}^1 (\frac{3}{2}x^2 - \frac{1}{2})\mathrm{e}^x\mathrm{d}x \approx 0.1431$$

$$(f, \mathrm{P}_3) = \int_{-1}^1 (\frac{5}{2}x^3 - \frac{3}{2}x)\mathrm{e}^x\mathrm{d}x \approx 0.02013$$

$$a_0^* = \frac{(f, \mathrm{P}_0)}{2} = 1.1752, \qquad a_1^* = \frac{3(f, \mathrm{P}_1)}{2} = 1.1036$$

$$a_2^* = \frac{5(f, \mathrm{P}_2)}{2} = 0.3578, \qquad a_3^* = \frac{7(f, \mathrm{P}_3)}{2} = 0.07046$$

则有

$$S_3^*(x) = 1.1752\mathrm{P}_0 + 1.1036\mathrm{P}_1 + 0.3578\mathrm{P}_2 + 0.07046\mathrm{P}_3$$

写成 x 的乘幂

$$S_3^*(x) = 0.9963 + 0.9979x + 0.5376x^2 + 0.1761x^3$$

均方误差

$$\| \delta_3 \|_2 = \| \mathrm{e}^x - S_3^*(x) \|_2 = \sqrt{\int_{-1}^1 \mathrm{e}^{2x}\mathrm{d}x - \sum_{k=0}^3 \frac{2}{2k+1}{a_k^*}^2} \leqslant 0.0084$$

对于任意一个有限区间 $[a,b]$ 上的最佳平方逼近问题, 可以通过变量替换

$$x = \frac{a+b}{2} + \frac{b-a}{2}t \qquad (-1 \leqslant t \leqslant 1)$$

将它转化为区间 $[-1,1]$ 上的情形来处理.

§6.3 曲线拟合的最小二乘方法

在科学实验及统计方法的研究中, 由于因素的复杂性或其它原因, 往往难以得到量与量之间一种完全确定的关系. 例如鱼的活动与海水温度, 合成纤维的强度与其拉伸倍数等, 这些量之间存在着密切关系, 但在实践中, 只能获得大量的实验数据, 我们要从这些数据中找出其潜在的关系来. 为简单起见, 先

考虑两个变量 x,y 的情况. 也就是说, 现在有一组数据 $(x_i,y_i)(i=0,1,\cdots,m)$, 要找出 y 与 x 之间的函数关系 $y=F(x)$. 这与上一章的插值问题类似, 但又不完全相同, 插值法要求插值函数 $f(x)$ 在插值节点上满足 $y_i=f(x_i)$, 即要求所求曲线通过所有的点 (x_i,y_i), 但是一般实验中给出的数据总是有观测误差的, 因此要求曲线 $y=f(x)$ 通过所有的点会使曲线保留全部观测误差的影响, 这是我们所不希望的. 另一方面, 所得数据的数目又较大, 运用插值法也是不适当的. 下面我们考虑建立近似函数的另一种方法, 最小二乘法.

最小二乘法的一般提法是: 对给定的一组数据 $(x_i,y_i)(i=0,1,\cdots,m)$, 要求在函数类 $\Phi=\mathrm{span}(\varphi_0,\varphi_1,\cdots,\varphi_n)$ 中找一个函数 $y=S^*(x)$, 使误差的平方和满足

$$\|\delta\|_2^2=\sum_{i=0}^m W(x_i)\left[S^*(x_i)-y_i\right]^2$$

$$=\min_{S\in\Phi}\sum_{i=0}^m W(x_i)\left[S(x_i)-y_i\right]^2 \qquad (3.1)$$

这里

$$S(x)=a_0\varphi_0(x)+a_1\varphi_1(x)+\cdots+a_n\varphi_n(x)\quad(n\leqslant m)\qquad(3.2)$$

$W(x)$ 是 $[a,b]$ 上的权函数, 点 (x_i,y_i) 处的权 $W(x_i)$ 表示该点数据的重要程度.

这就是一般的最小二乘逼近, 用几何语言说, 就称为曲线拟合的最小二乘法.

6.3.1 最小二乘解的存在唯一性

求最小二乘曲线问题, 可转化为求多元函数

$$I(a_0,a_1,\cdots,a_n)=\sum_{i=0}^m W(x_i)\left[\sum_{j=0}^n a_j\varphi_j(x_i)-f(x_i)\right]^2 \qquad (3.3)$$

的极值问题. 与 §6.2 讨论类似, 由多元函数求极值的必要条件, 有

$$\frac{\partial I}{\partial a_k}=2\sum_{i=0}^m W(x_i)\left[\sum_{j=0}^n a_j\varphi_j(x_i)-f(x_i)\right]\varphi_k(x_i)\quad(k=0,1,\cdots,n)$$

引入记号

$$(\varphi_k,\varphi_j)=\sum_{i=0}^m W(x_i)\varphi_j(x_i)\varphi_k(x_i)$$

$$(f,\varphi_k)=\sum_{i=0}^m W(x_i)f(x_i)\varphi_k(x_i)\qquad(k=0,1,\cdots,n)$$

则上式改写为

$$\sum_{j=0}^n(\varphi_k,\varphi_j)a_j=d_k\quad(k=0,1,\cdots,n)\qquad(3.4)$$

其中 $d_k = (f, \varphi_k)$，写成矩阵形式为

$$Ga = d \tag{3.5}$$

其中 $a = (a_0, a_1, \cdots, a_n)^{\mathrm{T}}, d = (d_0, d_1, \cdots, d_n)^{\mathrm{T}}$，而

$$G = \begin{bmatrix} (\varphi_0, \varphi_0) & (\varphi_0, \varphi_1) & \cdots & (\varphi_0, \varphi_n) \\ (\varphi_1, \varphi_0) & (\varphi_1, \varphi_1) & \cdots & (\varphi_1, \varphi_n) \\ & \vdots & & \\ (\varphi_n, \varphi_0) & (\varphi_n, \varphi_1) & \cdots & (\varphi_n, \varphi_n) \end{bmatrix}$$

显然，方程组(3.5)的解存在唯一的充要条件是矩阵 G 可逆，那么什么情况下矩阵 G 可逆呢？这不能简单的由序列 $\{\varphi_j\}$ 线性无关得到. 例如，考虑简单的情形，取 $n = 1, \varphi_0 = 1, \varphi_1 = \prod\limits_{i=0}^{m}(x - x_i), m \geqslant 2$. 显然 φ_1, φ_0 线性无关. 但此时

$$G = \begin{bmatrix} (\varphi_0, \varphi_0) & (\varphi_0, \varphi_1) \\ (\varphi_1, \varphi_0) & (\varphi_1, \varphi_1) \end{bmatrix}$$

却为不可逆矩阵.

下面我们就来解决这个问题.

记 $\Phi_k = (\varphi_k(x_0), \varphi_k(x_1), \cdots, \varphi_k(x_m))^{\mathrm{T}}, k = 0, 1, \cdots, n$，则有以下定理.

定理 6.4 矩阵 G 可逆的充分必要条件是 $\Phi_0, \Phi_1, \cdots, \Phi_n$ 线性无关.

证明 （略）.

显然，定理 6.4 有其不便应用之处，即对每选定的一组 $x_k, 0 \leqslant k \leqslant m$，均须判定 $\Phi_0, \Phi_1, \cdots, \Phi_n$ 是否线性无关. 因此，有必要给出一个便于应用的条件. 为此，我们有

定理 6.5 对任意选定的 $m + 1$ 个互异点 $x_k \in [a, b], 0 \leqslant k \leqslant m, m \geqslant n$，$\Phi_0, \Phi_1, \Phi_2, \cdots, \Phi_n$ 为线性无关的充要条件是：$\varphi_0, \varphi_1, \cdots, \varphi_n$ 线性无关，且对 $\forall \varphi \in U = \mathrm{span}\{\varphi_0, \varphi_1, \cdots, \varphi_n\}$，若 φ 不恒为零，则于 $[a, b]$ 上至多有 n 个互异零点.

证明（充分性） 设对某一选定的 $x_k \in [a, b], 0 \leqslant k \leqslant m, m \geqslant n, \Phi_0, \Phi_1, \cdots, \Phi_n$ 线性相关，即存在不全为零的常数 $c_0, c_1, \cdots, c_n$ 使

$$\sum_{j=0}^{n} c_j \Phi_j = \theta$$

其中 θ 为零向量，由此即知

$$\sum_{j=0}^{n} c_j \varphi_j(x_k) = 0, \quad 0 \leqslant k \leqslant m$$

记 $g(x) = \sum\limits_{j=0}^{n} c_j \varphi_j(x)$，则 $g(x) \in \mathrm{span}\{\varphi_0(x), \varphi_1(x), \cdots, \varphi_n(x)\}$，且 $g(x_k)$

$=0, 0 \leqslant k \leqslant m, m \geqslant n$，由充分性假设知 $g(x) \equiv 0$. 由此即可推知 $\varphi_0(x)$，$\varphi_1(x), \cdots, \varphi_n(x)$ 线性相关. 与已知矛盾. 故对任意选定的 $x_k \in [a, b], 0 \leqslant k \leqslant m, m \geqslant n, \Phi_0, \Phi_1, \Phi_2, \cdots, \Phi_n$ 均线性无关.

（必要性） 反过来,首先,对任意选定的 $x_k \in [a, b], 0 \leqslant k \leqslant m, \Phi_0, \Phi_1, \cdots, \Phi_n$ 均线性无关就足以保证 $\varphi_0(x), \varphi_1(x), \cdots, \varphi_n(x)$ 线性无关. 其次,若存在 $\varphi(x) \in \mathrm{span}\{\varphi_0(x), \varphi_1(x), \cdots, \varphi_n(x)\}$ 且 $\varphi(x) \not\equiv 0$, 但在 $[a, b]$ 上有 m 个互异零点, $m \geqslant n$, 不妨设诸零点 $x_0, x_1, \cdots, x_m$, 显然, $\varphi(x) = \sum\limits_{j=0}^{n} c_j \varphi_j(x)$ 且诸 c_j 不全为零, 但 $\varphi(x_k) = \sum\limits_{j=0}^{n} c_j \varphi_j(x_k) = 0, 0 \leqslant k \leqslant m$, 此即说明若 $x_0, x_1, \cdots, x_m$ 即为所选之点, 则相应的 $\Phi_0, \Phi_1, \cdots, \Phi_n$ 线性相关. 与必要性假设矛盾. 证毕.

事实上, 加于 $\varphi_0(x), \varphi_1(x), \cdots, \varphi_n(x)$ 上的条件不是别的, 正是 $\varphi_0(x), \varphi_1(x), \cdots, \varphi_n(x)$ 要形成切比雪夫系, 而 U 则是其张成的哈尔空间. 有关这部分内容, 请大家参看其它书籍.

记 (3.5) 的解为 $a_k^*(k = 0, 1, \cdots, n)$, 记

$$S^*(x) = a_0^* \varphi_0(x) + a_1^* \varphi_1(x) + \cdots + a_n^* \varphi_n(x)$$

可以证明这样得到的 $S^*(x)$, 对任何形如 (3.2) 的 $S(x)$ 都有

$$\sum_{i=0}^{m} W(x_i)[S^*(x_i) - f(x_i)]^2 \leqslant \sum_{i=0}^{m} W(x_i)[S(x_i) - f(x_i)]^2$$

故 $S^*(x)$ 确是所求的最小二乘解. 证明与 §6.2 中的证明类似.

这样我们就解决了最小二乘问题解的存在唯一性问题.

对于一组数据, 如何选择拟合曲线 $S(x)$, 其主要步骤如下:

(1) 将已知数据 (x_i, y_i) $i = 0, \cdots, m$, 描在坐标纸上;

(2) 仔细观察各点之间的关系, 寻找一定的规律, 设立数学模型, 给出 φ_0, $\varphi_1, \cdots, \varphi_n$;

(3) 用最小二乘法求出 $S^*(x)$;

(4) 检验拟合曲线 $S^*(x)$ 的合理性, 如不合理, 就要重新设计, 重复 (2), (3). 最后, 以总体均方误差最小者为最佳选择.

例 3 设有一组实验数据如下:

i	0	1	2	3	4
x_i	0	0.25	0.5	0.75	1.00
y_i	1.0000	1.2840	1.6487	2.1170	2.7183

求其拟合曲线.

解 据实验数据描图如图 6.2

先取线性函数拟合曲线，设 $\varphi_0=1,\varphi_1=x$，则方程为

$$S_1^*(x) = a_0^* + a_1^* x$$

这里 $m=4,W(x)\equiv1$，故

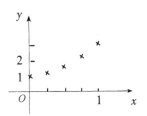

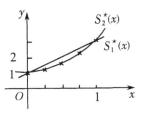

图 6.2   图 6.3

$$(\varphi_0,\varphi_0) = \sum_{i=0}^{4} 1 = 5, \qquad (\varphi_0,\varphi_1) = (\varphi_1,\varphi_0) = \sum_{i=0}^{4} x_i = 2.5$$

$$(\varphi_1,\varphi_1) = \sum_{i=0}^{4} x_i^2 = 1.875, \qquad (f,\varphi_0) = \sum_{i=0}^{4} y_i = 8.7680$$

$$(f,\varphi_1) = \sum_{i=0}^{4} y_i x_i = 5.4514$$

于是得法方程为

$$\begin{cases} 5a_0 + 2.5a_1 = 8.7680 \\ 2.5a_0 + 1.875a_1 = 5.4514 \end{cases}$$

解得

$$a_0^* = 0.89968, \qquad a_1^* = 1.70784$$

所得拟合曲线为

$$S_1^*(x) = 0.89968 + 1.70784x$$

其误差为

$$\| \delta \|_2^2 = \| f \|_2^2 - \sum_{i=0}^{1} (f,\varphi_i) a_i^* = 3.92 \times 10^{-2}$$

现在,我们取二次多项式空间 $\mathrm{span}\{1,x,x^2\}$，$m=4,n=2,W(x)\equiv1$. 再求拟合曲线:

$$S_2^*(x) = a_0^* + a_1^* x + a_2^* x^2$$

则有

$$(\varphi_0,\varphi_0) = 5, \qquad (\varphi_0,\varphi_1) = (\varphi_1,\varphi_0) = 2.5$$

$(\varphi_0, \varphi_2) = (\varphi_1, \varphi_1) = (\varphi_2, \varphi_0) = 1.875, (\varphi_1, \varphi_2) = (\varphi_2, \varphi_1) = 1.5625$

$(\varphi_2, \varphi_2) = 1.3828, (f, \varphi_0) = 8.7680, (f, \varphi_1) = 5.4514$

$(f, \varphi_2) = 4.4015$

法方程为

$$\begin{cases} 5a_0 + 2.5a_1 + 1.875a_2 = 8.7680 \\ 2.5a_0 + 1.875a_1 + 1.5625a_2 = 5.4514 \\ 1.875a_0 + 1.5625a_1 + 1.3828a_2 = 4.4015 \end{cases}$$

解得

$$a_0^* = 1.0052, \quad a_1^* = 0.8641, \quad a_2^* = 0.8437$$

故所求二次拟合曲线方程为

$$S_2^*(x) = 1.0052 + 0.8641x + 0.8437x^2$$

误差

$$\| \delta_2 \|_2^2 \approx 2.76 \times 10^{-4}$$

从图 6.3,我们也可以看出 $S_2^*(x)$ 比 $S_1^*(x)$ 能更好地吻合原始数据. 因此,用 $S_2^*(x)$ 作为拟合曲线更合理.

6.3.2 用正交函数作最小二乘拟合

在用代数多项式做曲线拟合时,和最佳平方逼近一样,也会遇到系数矩阵病态的问题,我们仍可采用正交多项式作基函数的办法.

定义 6.7 若函数族 $\varphi_0(x), \varphi_1(x), \cdots, \varphi_n(x)$ 在结点 $x_0, \cdots, x_m$ 处满足

$$(\varphi_j, \varphi_k) = \sum_{i=0}^{m} W(x_i) \varphi_j(x_i) \varphi_k(x_i) = \begin{cases} 0, & j \neq k \\ A_k > 0, & j = k \end{cases} \quad (3.6)$$

则称 $\{\varphi_j\}(j = 0, \cdots, n)$ 是关于点集 $x_j(j = 0, 1, \cdots, m)$ 带权 $W(x_j)(j = 0, 1, \cdots, m)$ 的正交函数族.

若以正交函数族 $\varphi_0(x), \varphi_1(x), \cdots, \varphi_n(x)$ 作基函数,最小二乘法中的法方程简化为对角方程,系数可直接得到

$$a_k^* = \frac{(f, \varphi_k)}{(\varphi_k, \varphi_k)} = \frac{\sum\limits_{i=0}^{m} W(x_i) f(x_i) \varphi_k(x_i)}{\sum\limits_{i=0}^{m} W(x_i) \varphi_k^2(x_i)}, \quad k = 0, 1, \cdots, n \quad (3.7)$$

且平方误差为

$$\| \delta \|_2^2 = \| f \|_2^2 - \sum_{k=0}^{n} A_k (a_k^*)^2$$

现在我们根据给定结点 $x_0, x_1, \cdots, x_m$ 及权函数 $W(x) > 0$,造出带权 $W(x)$

正交的多项式族$\{P_n(x)\},(n\leqslant m)$,用递推公式表示$P_k(x)$,有

$$\begin{cases} P_0(x) = 1 \\ P_1(x) = (x - \alpha_1)P_0(x) \\ P_{k+1}(x) = (x - \alpha_{k+1})P_k(x) - \beta_k P_{k-1}(x), \quad k = 1,2,\cdots,n-1 \end{cases}$$

$$(3.8)$$

其中

$$\begin{cases} \alpha_{k+1} = \dfrac{\displaystyle\sum_{i=0}^{m} W(x_i)x_i P_k^2(x_i)}{\displaystyle\sum_{i=0}^{m} W(x_i) P_k^2(x_i)} = \dfrac{(xP_k(x),P_k(x))}{(P_k(x),P_k(x))} \\ \beta_k = \dfrac{\displaystyle\sum_{i=0}^{m} W(x_i) P_k^2(x_i)}{\displaystyle\sum_{i=0}^{m} W(x_i) P_{k-1}^2(x_i)} = \dfrac{(P_k(x),P_k(x))}{(P_{k-1}(x),P_{k-1}(x))} \end{cases} \quad (k = 0,1,\cdots,n-1)$$

$$(3.9)$$

这样给出的$\{P_k(x)\}$是正交的,这一点可用归纳法证明,请同学们自己完成.

上面介绍的最小二乘法的有关概念与方法可推广到多元函数,有关内容请参阅相关文献.

习　　题

A.

1. 已知$f(x)\in C[a,b]$,$\Phi=\text{Span}\{l_0(x),l_1(x),\cdots,l_n(x)\}$. $l_k(x)$是将$[a,b]$ n等分后逐段线性插值基函数$(k=0,1,\cdots,n)$. 试求$\varphi^*\in\Phi$,使

(a)$\|f(x)-\varphi^*\|_2\leqslant\|f-\varphi\|_2$,　$\forall\varphi\in\Phi$;

(b)证明$n\to\infty$时,$\|f(x)-\varphi^*\|_2\to 0$;

(c)编写一程序,求当$n=100$时,$f(x)=\dfrac{1}{1+x^2}$在$[-5,5]$上的最佳平方逼近函数$\varphi^*(x)\in\Phi$;

(d)能否给出所得方程组的系数矩阵的条件数的一个估值.

2. 在某化学反应内,根据实验所得分解物的浓度与时间关系如下:

t(时间)	0	5	10	15	20	25	30	35	40	45	50	55
$y\times 10^{-4}$(浓度)	0	1.27	2.16	2.86	3.44	3.87	4.15	4.37	4.51	4.58	4.62	4.64

用最小二乘拟合求$y=F(t)$

B.

1. 设 $f, g \in C[a, b]$, (f, g) 为内积, 证明

$$| (f, g) | \leqslant \| f \| \| g \|$$

其中 $\| f \| = (f, f)^{\frac{1}{2}}$. 从而证明 $\| f \| = (f, f)^{\frac{1}{2}}$ 是范数.

2. 若 $A \in R^{n \times m}$ 是秩为 m 的矩阵, 试求解问题 $\| Ax - b \|_2 = \min$, 其中 $b \in R^n$, $x \in R^m$. 若 A 的秩为 r 且 $r < \min(m, n)$, 上述问题的解又如何?

3. 若连续函数列 $\{\varphi_0(x), \varphi_1(x), \cdots, \varphi_n(x), \cdots\}$ 在 $[a, b]$ 上带权 $P(x)$ 正交, 且 $\varphi_0(x)$ 恒正. 证明: 对任意 n 个数 $c_1, c_2, \cdots, c_n$, 广义多项式 $\sum c_i \varphi_i(x)$ 在 $[a, b]$ 上至少有一个零点.

4. 设 $Q_n(x)$ 为 $[a, b]$ 上关于 $\rho(x) \equiv 1$ 的正交多项式, $f(x) \in C[a, b]$, $L_n(f)$ 为以 $Q_n(x)$ 的 n 个根为插值结点的 $f(x)$ 的 $n-1$ 次插值多项式. 试证明

$$\int_a^b [f(x) - L_n(f)]^2 \mathrm{d}x \to 0 \quad (n \to \infty)$$

5. 把 $y = \arccos x$ 在 $[-1, 1]$ 上展成切比雪夫级数.

6. 已知数据

x_i	-2	-1	0	1	2
y_i	-1	-1	0	1	1

求拟合这些数据的 1, 2, 3 次多项式.

7. 给定数据表

x_i	1.00	1.25	1.50	1.75	2.00
y_i	5.10	5.79	6.53	7.45	8.46

试确定经验公式 $y = a \mathrm{e}^{bx}$.

8. 证明由公式(3.8)、(3.9)构造的多项式序列 $\{P_k(x)\}$ 是正交的.

9. 求下列函数在指定区间里的一次、二次最佳平方逼近多项式.

(1) $f(x) = x^3 - 1, x \in [0, 2]$

(2) $f(x) = \mathrm{e}^{-x}, x \in [0, 1]$

(3) $f(x) = \sin \pi x, x \in [0, 1]$

(4) $f(x) = \ln x, x \in [1, 2]$

10. 用正交多项式作基, 求 9 题中各函数在指定区间里的一次、二次最佳平方逼近多项式.

第七章　数值积分与数值微分

数值积分与数值微分是数值逼近的重要内容.它既是函数插值的最直接应用,又在数值分析的其它分支中扮演重要角色.

大量的实际问题要求我们计算形如下式的积分

$$I(f) = \int_a^b f(x)\mathrm{d}x \tag{0.1}$$

但往往 $f(x)$ 的原函数要么难以求得,要么过分复杂,更有甚者,$f(x)$ 仅由一组观测值或计算值给出,连解析表达式都没有,更不用说求原函数了.因而必须借助于近似方法计算 $I(f)$.

在本章的第一部分,我们将介绍基于函数插值方法来计算 $I(f)$ 的各种求积公式.其基本内容如下:

(1)求积公式的构造,精度刻化及误差分析.

(2)提高求积公式精度的方法.

(3)求积过程的收敛性及数值稳定性.

应该注意的是:我们所介绍的求积方法都囿于如下形式

$$I(f) = \int_a^b f(x)\mathrm{d}x = \sum_{i=0}^n A_i^{(n)} f(x_i^{(n)}) + E_n(f) = I_n(f) + E_n(f) \tag{0.2}$$

其中 $I_n(f) = \sum_{i=0}^n A_i^{(n)} f(x_i^{(n)})$ 称为求积公式. $x_i^{(n)} \in [a,b]$ 称为求积结点,$A_i^{(n)}$ 称为求积系数.在讨论具体求积公式时,n 已事先指定,故可以将其简写为 x_i 和 A_i.称 $E_n(f)$ 为该求积公式的求积余项,显然:

$$E_n(f) = I(f) - I_n(f) \tag{0.3}$$

构造求积公式的原则是寻求 $f(x)$ 的一个近似函数 $f_n(x)$,使得 $f_n(x)$ 的积分是便于计算的.于是将计算 $I(f)$ 的问题转化为计算 $I(f_n)$ 的问题,而将 $I(f_n)$ 看作是 $I(f)$ 的近似值.即

$$I(f) \approx I(f_n) = I_n(f)$$

如何在选定的函数类内依据指定的度量来构造 $f(x)$ 的近似函数 $f_n(x)$,前两章中已有详细介绍.在本章内,我们将只介绍用 $f(x)$ 的插值多项式

$f_n(x)$ 来近似替代 $f(x)$ 的情形所导出的求积方法. 把由此构造出的求积公式 $I_n(f)$ 称为插值型求积公式. 其求积系数为 $A_i = \int_a^b l_i(x)\mathrm{d}x$. 其中 $l_i(x)$ 为 n 次拉氏插值基函数.

注意到
$$E_n(f) = I(f) - I_n(f)$$
故 $E_n(f)$ 为求积公式 $I_n(f)$ 精确与否的一个重要标志. 另外, 鉴于连续函数可由多项式一致逼近, 那么, 一个求积公式对多项式类函数精确程度如何, 应当也能反映出该求积公式的优劣. 故我们又引入求积公式的代数精确度概念:

定义 7.1 称一个求积公式 $I_n(f) = \sum_{i=0}^n A_i^{(n)} f(x_i^{(n)})$ 具有 m 次代数精确度, 若它对所有次数不超过 m 次的多项式均为准确, 而存在一个 $m+1$ 次的多项式不能准确成立. 这里所谓准确成立, 是指 $E_n(p) = I(p) - I_n(p) = 0$. 其中 p 为任一次数不超过 m 次的多项式.

"准确、可靠、经济" 一直是数值计算工作中始终应该追求的目标, 因此, 如何提高求积公式的精度, 减少计算量和存储量, 保证收敛性和稳定性, 自然应该包括在我们对求积公式的介绍之中.

在本章的第二部分, 将集中介绍数值微分的若干方法, 也就是要解决如下问题: 若函数 $f(x)$ 仅在若干离散点上给出, 如何近似求其导数? 在本章内, 我们将主要介绍如何利用 $f(x)$ 的插值函数来近似求出其在指定点的导数, 并给出截断误差. 对利用样条插值函数求导数, 我们也有所述及.

§7.1 牛顿-科茨求积公式

由前所述, 欲计算积分
$$I(f) = \int_a^b f(x)\mathrm{d}x$$
我们可以在 $[a,b]$ 上任选 $n+1$ 个点 $a \leqslant x_0 < x_1 < x_2 < \cdots < x_n \leqslant b$ 作为插值结点, 构造函数 $f(x)$ 的 n 次插值多项式 $P_n(x) = \sum_{i=0}^n f(x_i) l_i(x)$, 其中 $l_i(x)$ 为 n 次拉格朗日插值基函数. 用 $P_n(x)$ 代替 $f(x)$, 则有
$$I(f) = \int_a^b f(x)\mathrm{d}x = \int_a^b P_n(x)\mathrm{d}x + E_n(f) = I_n(f) + E_n(f) \tag{1.1}$$
其中
$$I_n(f) = \int_a^b P_n(x)\mathrm{d}x = \int_a^b \sum_{i=0}^n f(x_i) l_i(x)\mathrm{d}x = \sum_{i=0}^n A_i f(x_i)$$

$$A_i = \int_a^b l_i(x)\mathrm{d}x$$

$$= \int_a^b \frac{(x-x_0)(x-x_1)\cdots(x-x_{i-1})(x-x_{i+1})\cdots(x-x_n)}{(x_i-x_0)(x_i-x_1)\cdots(x_i-x_{i-1})(x_i-x_{i+1})\cdots(x_i-x_n)}\mathrm{d}x$$

$$E_n(f) = \int_a^b (f(x)-P_n(x))\mathrm{d}x$$

$$= \int_a^b f[x,x_0,\cdots,x_n](x-x_0)\cdots(x-x_n)\mathrm{d}x$$

可以证明,如此构造求积公式 $I_n(f)$ 的代数精确度至少为 n 次,反过来也可以证明:若某求积公式 $I_n(f) = \sum_{i=0}^n A_i f(x_i)$ 的代数精确度至少为 n 次,则其一定为插值型求积公式,即其求积系数

$$A_i = \int_a^b l_i(x)\mathrm{d}x$$

由 $I_n(f)$ 的构造可知:A_i 与 $f(x)$ 无关,而与 x_i 及积分区间 $[a,b]$ 有关,对于不同的一组求积结点,A_i 不同.显然这不便于应用.为方便起见,取求积结点 x_i 为 $[a,b]$ 的等分点.即 $x_i = a+ih$, $i=0,1,2,\cdots,n$, $h = \dfrac{b-a}{n}$.由求积结点 x_i 为 $[a,b]$ 的等距剖分点且 $x_0=a$, $x_n=b$ 而构造出的插值型求积公式 $I_n(f)$ 称为牛顿-科茨(Newton-Cotes)公式.此时

$$A_i = \int_a^b l_i(x)\mathrm{d}x$$

引进变换 $x = x_0 + th$,则 A_i 可写为

$$A_i = \int_a^b l_i(x)\mathrm{d}x = h\int_0^n \prod_{\substack{k=0\\k\neq i}}^n \frac{t-k}{i-k}\mathrm{d}t = \frac{b-a}{n}\int_0^n \prod_{\substack{k=0\\k\neq i}}^n \frac{t-k}{i-k}\mathrm{d}t = (b-a)C_i$$

其中 $C_i = \dfrac{1}{n}\displaystyle\int_0^n \prod_{\substack{k=0\\k\neq i}}^n \frac{t-k}{i-k}\mathrm{d}t$ 与积分区间 $[a,b]$ 及 $f(x)$ 均无关,称为科茨系数.此时求积公式 $I_n(f)$ 可写为

$$I_n(f) = \sum_{i=0}^n A_i f(x_i) = (b-a)\sum_{i=0}^n C_i f(x_i) \tag{1.2}$$

求积余项为

$$E_n(f) = \int_a^b f[x,x_0,\cdots,x_n](x-x_0)(x-x_1)\cdots(x-x_n)\mathrm{d}x \tag{1.3}$$

注意到科茨系数 C_i 的表达式,可证明其具有如下性质:

① $\sum_{i=0}^n C_i = 1$;

②C_i 与被积函数 $f(x)$ 及积分区间 $[a,b]$ 无关,而仅与积分区间的等分个数 n 有关;

③C_i 具有"对称性",即 $C_i = C_{n-i}, i = 0,1,\cdots,\left[\dfrac{n}{2}\right]$;

④C_i 可由下列方程组直接求得

$$\sum_{i=0}^{n} C_i x_i^k = \frac{1}{k+1}, \quad k = 0,1,2,\cdots,n, \quad x_i = \frac{i}{n}, i = 0,1,\cdots,n$$

由性质②和③可列出科茨系数表如下:

n	$C_i^{(n)}$
1	$\dfrac{1}{2}$
2	$\dfrac{1}{6}, \dfrac{4}{6}$
3	$\dfrac{1}{8}, \dfrac{3}{8}$
4	$\dfrac{7}{90}, \dfrac{32}{90}, \dfrac{12}{90}$
5	$\dfrac{19}{288}, \dfrac{75}{288}, \dfrac{50}{288}$
6	$\dfrac{41}{840}, \dfrac{216}{840}, \dfrac{27}{840}, \dfrac{272}{840}$
7	$\dfrac{751}{17280}, \dfrac{3577}{17280}, \dfrac{1323}{17280}, \dfrac{2989}{17280},$
8	$\dfrac{989}{28350}, \dfrac{5888}{28350}, \dfrac{-928}{28350}, \dfrac{10496}{28350}, \dfrac{-4540}{28350}$

稍后我们将会指出高次牛顿-科茨公式的不尽如人意之处,实际上常用的是 $n=1,2$ 两种情形.现详细介绍如下.

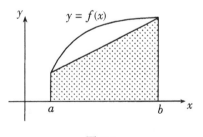

图 7.1

1. 梯形公式

$n = 1, x_0 = a, x_1 = b, h = b - a$

$$I_1(f) = \frac{b-a}{2}(f(b) + f(a)) \quad (1.4)$$

求积公式 (1.4) 又称为梯形公式.如图 7.1 所示,其几何意义就在于我们用图中带有阴影的梯形面积来近似替代 $I(f) = \int_a^b f(x)\mathrm{d}x$.

关于梯形公式的求积余项,我们有

170

定理 7.1 若 $f(x) \in C^2[a,b]$,则梯形公式的求积余项为

$$E_1(f) = -\frac{1}{12}f''(\eta)(b-a)^3 \qquad (a < \eta < b)$$

$$= -\frac{1}{12}f''(\eta)h^3 \tag{1.5}$$

证明

$$E_1(f) = \int_a^b f(x)\mathrm{d}x - \frac{b-a}{2}(f(b) + f(a))$$

$$= \int_a^b f(x)\mathrm{d}x - \int_a^b \left(\frac{b-x}{b-a}f(a) + \frac{x-a}{b-a}f(b)\right)\mathrm{d}x$$

$$= \int_a^b f[x,a,b](x-a)(x-b)\mathrm{d}x$$

引用积分中值定理,$\exists \xi \in [a,b]$,使得

$$E_1(f) = f[\xi,a,b]\int_a^b (x-a)(x-b)\mathrm{d}x$$

$$= -\frac{1}{12}f''(\eta)(b-a)^3$$

$$= -\frac{1}{12}h^3 f''(\eta) \qquad \eta \in (a,b)$$

由定理 7.1,不难看出,梯形公式的代数精确度为 1 次.

2. 辛普森(Simpson)公式

$$n = 2, x_0 = a, x_1 = \frac{b+a}{2}, x_2 = b$$

$$I_2(f) = \frac{b-a}{6}\left(f(a) + 4f\left(\frac{b+a}{2}\right) + f(b)\right)$$

求积公式 $I_2(f)$ 又称为辛普森公式或抛物型求积公式.其几何意义请读者自己给出.关于辛普森公式的求积余项,我们有

定理 7.2 若 $f(x) \in C^4[a,b]$,则辛普森公式的求积余项为

$$E_2(f) = -\frac{1}{90}h^5 f^{(4)}(\eta) \tag{1.6}$$

其中 $h = \frac{b-a}{2}$,$\eta \in (a,b)$.

证明

$$E_2(f) = I(f) - I_2(f)$$

$$= \int_a^b \left(f(x) - \sum_{i=0}^2 f(x_i)l_i(x)\right)\mathrm{d}x$$

$$= \int_a^b f[x,x_0,x_1,x_2](x-x_0)(x-x_1)(x-x_2)\mathrm{d}x$$

其中 $l_i(x) = \dfrac{(x-x_0)(x-x_1)(x-x_2)}{(x-x_i)\omega'(x_i)}$，$(i=0,1,2)$，$\omega(x)=(x-x_0)(x-x_1)(x-x_2)$.

由于 $x_1 = \dfrac{b+a}{2}$，故

$$E_2 = \frac{1}{2}\int_a^b f[x,x_0,x_1,x_2](x-x_0)(x-x_2)\mathrm{d}((x-x_0)(x-x_2))$$

$$= \frac{1}{4}\int_a^b f[x,x_0,x_1,x_2]\mathrm{d}((x-x_0)(x-x_2))^2$$

$$= \frac{1}{4}f[x,x_0,x_1,x_2]((x-x_0)(x-x_2))^2\Big|_a^b$$

$$\quad -\frac{1}{4}\int_a^b f[x,x,x_0,x_1,x_2](x-x_0)^2(x-x_2)^2\mathrm{d}x$$

$$= -\frac{1}{4}f[\xi,\xi,x_0,x_1,x_2]\int_a^b(x-a)^2(x-b)^2\mathrm{d}x \qquad \xi\in(a,b)$$

$$= -\frac{1}{4}\frac{f^{(4)}(\eta)}{4!}\int_a^b(x-a)^2(x-b)^2\mathrm{d}x \qquad \eta\in(a,b)$$

$$= -\frac{1}{90}h^5 f^{(4)}(\eta)$$

由定理 7.2，立即可知辛普森公式的代数精确度为 3 次. 更一般地，类似于定理 7.1 和 7.2，我们有定理 7.3 和 7.4，在此将证明留给读者.

定理 7.3 若 n 为奇数，$f(x)\in C^{n+1}[a,b]$，则 n 等分 $[a,b]$ 的牛顿-科茨公式的求积余项为

$$E_n(f) = C_n h^{n+2} f^{(n+1)}(\eta) \tag{1.7}$$

其中

$$C_n = \frac{1}{(n+1)!}\int_0^n t(t-1)\cdots(t-n)\mathrm{d}t$$

$$h = \frac{b-a}{n}, \qquad \eta\in(a,b)$$

由此立得：n 为奇数时，牛顿-科茨求积公式的代数精确度为 n 次.

定理 7.4 若 n 为偶数，$f(x)\in C^{n+2}[a,b]$，则 n 等分 $[a,b]$ 的牛顿-科茨公式的求积余项为

$$E_n(f) = C_n h^{n+3} f^{(n+2)}(\eta) \tag{1.8}$$

其中

$$C_n = \frac{1}{(n+2)!}\int_0^n t^2(t-1)\cdots(t-n)\mathrm{d}t$$

$$h = \frac{b-a}{n}, \qquad \eta\in(a,b)$$

显然,当 n 为偶数时,牛顿-科茨公式的代数确精度为 $n+1$ 次.

§7.2　复化求积公式

在 §7.1 内,我们比较详细地介绍了牛顿-科茨公式.依此公式,我们就可以近似计算一给定函数的定积分了.但是,如我们在 §7.1 中所指出的那样,牛顿-科茨公式确有不尽如人意之处,为说明此问题,先看下例:

例 1　计算 $\displaystyle\int_{-4}^{4}\frac{\mathrm{d}x}{1+x^2}=2\mathrm{arctg}4\approx 2.6516$.

解　用 $n+1$ 点的牛顿-科茨公式计算该积分的近似值,结果如下:

n	1	2	4	6	8	10
$I_n(f)$	0.4706	5.4902	2.2776	3.3288	1.9411	3.5956

从上例我们看出:n 很大时,$I_n(f)$ 并不接近于 $I(f)$.事实上,我们能够证明:确实存在这样的连续函数 $f(x)$,使得 $n\to\infty$ 时,使用牛顿-科茨公式计算的结果 $I_n(f)$ 并不收敛于 $I(f)$.

有鉴于此,人们在实际计算积分 $I(f)$ 时,并不使用阶数很高的牛顿-科茨公式.那么,由什么来保证数值结果的精度呢? 让我们重新审视定理 7.3 和定理 7.4,不难看出,若 h 取得很小,则求积余项会很快变小.显然,令 h 变小的方法有两种,一种是将 n 取得很大,由前所述,此路不通,另一种是不在整个区间上使用牛顿-科茨公式,而是将整个积分区间分为若干个长度很小的子区间,在每个子区间上用阶数较低的牛顿-科茨公式(通常使用梯形公式或辛普森公式),然后对所有子区间求和.有理由相信,只要每个子区间的长度足够小,相应地 h 也很小,从而可以保证所得结果足够准确.在我们定义定积分时使用过的黎曼(Riemann)和就是这种方法的最简单情形.这种思想导致了定积分近似计算的一个有效方法——复化牛顿-科茨方法,其中最常用的当推复化梯形公式和复化辛普森公式,我们在下面予以详细介绍.

1.复化梯形公式

将积分区间 $[a,b]$ n 等分,分点为 $x_i=a+ih$, $i=0,1,2,\cdots n$, $h=\dfrac{b-a}{n}$ 称为积分步长,在每个子区间 $[x_i,x_{i+1}]$ 上用梯形公式,然后对各子区间求和,便得公式:

$$\int_a^b f(x)\mathrm{d}x=\sum_{i=0}^{n-1}\int_{x_i}^{x_{i+1}}f(x)\mathrm{d}x$$

$$= \sum_{i=0}^{n-1} \frac{h}{2}(f(x_i) + f(x_{i+1})) + \sum_{i=0}^{n-1}\left(-\frac{h^3}{12}f''(\eta_i)\right)$$

其中

$$\eta_i \in (x_i, x_{i+1})$$

由上式,复化梯形公式:

$$T_n = \frac{h}{2}\sum_{i=0}^{n-1}(f(x_i) + f(x_{i+1})) \tag{2.1}$$

的误差余项为

$$E_n(f) = I(f) - T_n(f) = \sum_{i=0}^{n-1}\left(-\frac{h^3}{12}f''(\eta_i)\right)$$

若 $f(x) \in C^2[a,b]$,则上式又可写为

$$E_n(f) = -\sum_{i=0}^{n-1}\frac{h^3}{12}f''(\eta_i)$$

$$= -\frac{h^2}{12}(b-a)\frac{1}{n}\sum_{i=0}^{n-1}f''(\eta_i)$$

$$= -\frac{h^2}{12}(b-a)f''(\eta), \qquad a < \eta < b \tag{2.2}$$

$$\approx -\frac{h^2}{12}[f'(b) - f'(a)] \tag{2.3}$$

2. 复化辛普森公式

将 $[a,b]$ n 等分,此时 n 为偶数,不妨设 $n = 2m$, $h = \frac{b-a}{n}$, $x_i = a + ih$, $i = 0, 1, 2, \cdots, n$. 在每个子区间 $[x_{2i}, x_{2i+2}]$ 上用辛普森公式计算积分 $\int_{x_{2i}}^{x_{2i+2}} f(x)\mathrm{d}x$,则有

$$\int_a^b f(x)\mathrm{d}x = \sum_{i=0}^{m-1}\int_{x_{2i}}^{x_{2i+2}} f(x)\mathrm{d}x$$

$$= \sum_{i=0}^{m-1}\frac{2h}{6}[f(x_{2i}) + 4f(x_{2i+1}) + f(x_{2i+2})] + \sum_{i=0}^{m-1}\left(-\frac{h^5}{90}\right)f^{(4)}(\eta_i)$$

$$x_{2i} < \eta_i < x_{2i+2}$$

由上式,我们便可得复化辛普森公式

$$S_n = \frac{h}{3}\sum_{i=0}^{m-1}[f(x_{2i}) + 4f(x_{2i+1}) + f(x_{2i+2})] \tag{2.4}$$

$$E_n(f) = -\frac{h^5}{90}\sum_{i=0}^{m-1}f^{(4)}(\eta_i)$$

若 $f(x) \in C^4[a,b]$,则求积余项又可写为

$$E_n(f) = -\frac{h^5}{90}m \cdot \frac{1}{m}\sum_{i=0}^{m-1}f^{(4)}(\eta_i)$$

$$= -\frac{h^4}{180}(b-a)f^{(4)}(\eta) \qquad (a < \eta < b) \qquad (2.5)$$

$$\approx -\frac{h^4}{180}(f^{(3)}(b) - f^{(3)}(a)) \qquad (2.6)$$

从(2.2)及(2.5)可以看出,只要 $f(x)$ 有足够的光滑性,则当 $h \to 0(n \to \infty)$ 时, T_n 和 S_n 都收敛于 $I(f)$.这便证明了 T_n 和 S_n 的收敛性.但这种证明似乎告诉我们:仅仅当 $f(x)$ 具有较好的光滑性时, T_n 和 S_n 才收敛于 $I(f)$.其实这是一种错觉.产生这种错觉的原因在于我们要利用求积余项去证明 T_n 和 S_n 的收敛性.如我们所看到的,在推导求积余项时须假定 $f(x)$ 具有较高光滑性.事实上我们可以在弱得多的条件下[比如仅假定 $f(x)$ 连续]证明 T_n 与 S_n 均收敛于 $I(f)$.我们将其留给读者证明.

例2 若用复化辛普森公式计算 $\int_0^1 \frac{\sin x}{x}dx$,需将 $[0,1]$ 多少等分才能保证误差不超过 10^{-6}?用实际计算验证你的结论.

解 由复化辛普森公式的求积余项(2.5)

$$E_n = -\frac{h^4}{180}(b-a)f^{(4)}(\eta)$$

$$= -\frac{1}{180}(\frac{1}{2m})^4 f^{(4)}(\eta)$$

$n = 2m$ 为等分 $[0,1]$ 数.注意

$$f(x) = \frac{\sin x}{x} = \int_0^1 \cos(xt)dt$$

故

$$f^{(4)}(x) = \int_0^1 t^4 \cos(xt)dt$$

从而有

$$|f^{(4)}(x)| \leqslant \int_0^1 t^4 dt = \frac{1}{5}$$

于是欲使 $|E_n| < 10^{-6}$,只要 $\frac{1}{180} \times \frac{1}{5} \times (\frac{1}{2m})^4 \leqslant 10^{-6}$ 即可.由此可推知 $m \geqslant \frac{5}{3}\sqrt{3}$,再注意 m 为正整数,故只要 $m \geqslant 3$ 即可.从而将 $[0,1]$ 六等分,即可保证 $|E_n|$ 不超过 10^{-6}. $I(f) = \int_0^1 \frac{\sin x}{x}dx$ 有 7 位有效数字的准确解为 0.9460831.

x	0	$\frac{1}{6}$	$\frac{1}{3}$	$\frac{1}{2}$	$\frac{2}{3}$	$\frac{5}{6}$	1
$\frac{\sin x}{x}$	1	0.9953768	0.9815841	0.9588511	0.9275547	0.8882122	0.8414710

由计算 $S_n = 0.9460838$,显然与我们的估计吻合.

3.事后误差估计

在上例中,我们借助于求积余项给出了积分区间等分数 n 的下限,从而确定了满足精度要求的所需结点数,这种估计方法称为先验估计.上例表明这种先验估计的有效性.但是这种先验估计方法本身带有两方面的局限:

①在求积余项内含有被积函数的导数,在估计该项时往往放大过多,为满足精度要求,求积步长势必要相应取得很小,因而导致求积结点较多,使得计算不经济.

②若被积函数以数表形式给出,则导数估计更为困难甚至无法进行.

正因为如此,我们有必要寻求一种根据计算结果来判定该计算是否有必要再进行下去的估计方法——事后估计方法.为此,让我们先从复化梯形公式(2.1)谈起.

在将积分区间 $[a,b]$ n 等分时,$h = \frac{b-a}{n}$,我们有

$$E_n(f) = I(f) - T_n \approx -\frac{h^2}{12}[f'(b) - f'(a)] \tag{2.3}$$

现再将 $[a,b]$ $2n$ 等分,$h_1 = \frac{h}{2}$,则有

$$E_{2n}(f) = I(f) - T_{2n} \approx -\frac{h_1^2}{12}[f'(b) - f'(a)] = -\frac{h^2}{48}[f'(b) - f'(a)] \tag{2.7}$$

利用此两式及已计算出的结果 T_n 和 T_{2n} 即可估出 $E_{2n}(f)$,这只须将(2.3)式的两边分别减去(2.7)的两边即可.

$$T_{2n} - T_n \approx -\frac{3h^2}{48}[f'(b) - f'(a)] \tag{2.8}$$

注意到(2.7),立刻得出

$$E_{2n}(f) \approx \frac{1}{3}(T_{2n} - T_n) \tag{2.9}$$

由此可知,若 T_{2n} 和 T_n 之差的绝对值小于允许误差时,$|E_{2n}(f)|$ 当也能小于允许误差,即可以预示 $|I(f) - T_{2n}|$ 在允许误差范围之内,从而可以结束计算,否则再将区间 $[a,b]$ $4n$ 等分,考察 $|T_{4n} - T_{2n}|$ 的值是否在误差允许之内,如此往复计算,直到达到允许范围即不再进行计算.这种利用计算结果来

进行误差估计的方法,称为后天估计或事后估计,它在数值分析的各分支中都有着重要应用.

4.逐次分半技术

在推导事后误差估计式(2.9)时,我们使用了如下技巧:先将积分区间$[a,b]n$等分,然后再将其$2n$等分,$4n$等分,$\cdots$,等等.这便是实际计算中所采用的逐次分半技术.

实际计算时,人们常常采用如下的逐次分半方法:先将$[a,b]$一等分计算T_1,然后二等分计算T_2,$\cdots\cdots$依次类推,直到$|T_{2n}-T_n|<\varepsilon$为止,T_{2n}即为所求.

注意到

$$
\begin{aligned}
T_{2n} &= \frac{1}{2}\frac{b-a}{2n}\sum_{i=0}^{2n-1}\big[f(x_i)+f(x_{i+1})\big]\\
&= \frac{1}{2}\frac{b-a}{2n}\Big[f(b)+f(a)+2\sum_{i=1}^{2n-1}f(x_i)\Big]\\
&= \frac{1}{2}\frac{b-a}{2n}\Big[f(b)+f(a)+2\sum_{j=1}^{n-1}f(x_{2j})+2\sum_{j=1}^{n}f(x_{2j-1})\Big]\\
&= \frac{1}{2}\frac{b-a}{2n}\Big[f(b)+f(a)+2\sum_{j=1}^{n-1}f(a+\frac{b-a}{2n}2j)+2\sum_{j=1}^{n}f(x_{2j-1})\Big]\\
&= \frac{1}{2}\frac{b-a}{2n}\Big[f(b)+f(a)+2\sum_{j=1}^{n-1}f(a+\frac{b-a}{n}j)+2\sum_{j=1}^{n}f(x_{2j-1})\Big]\\
&= \frac{1}{2}T_n+\frac{1}{2}H_n
\end{aligned}
\tag{2.10}
$$

其中$T_n=\frac{1}{2}\frac{b-a}{n}\Big[f(b)+f(a)+2\sum_{j=1}^{n-1}f(a+\frac{b-a}{n}j)\Big]$为$n$等分$[a,b]$的复化梯形公式,

$H_n=\frac{b-a}{n}\sum_{j=1}^{n}f(x_{2j-1})$为$n$等分$[a,b]$后以每一等分区间中点的函数值为高的小矩形面积和.

至此,我们看到,在计算T_{2n}时,只要在已计算出T_n的基础之上,再计算出新增结点的函数值的和就可以了,从而可使整个计算更经济.

由(2.10)我们看到,T_{2n}与T_n之间有着内在的递推关系.其实这不是采用逐次分半技术下的复化梯形公式所独有的.稍后就会明白,很多复化求积公式都具有这种良好的递推关系,例如复化辛普森公式便也如此.推导如下:

将积分区间$[a,b]2n$等分,求积结点为$x_i=a+ih_1,i=0,1,2,\cdots,2n$,$h_1=\frac{(b-a)}{2n}=\frac{h}{2}$.则

$$S_{2n} = \sum_{i=0}^{n-1} \frac{h}{6} \left[f(x_{2i}) + 4f(x_{2i+1}) + f(x_{2i+2}) \right]$$

$$= \frac{h}{6} \sum_{i=0}^{n-1} \left[f(x_{2i}) + f(x_{2i+2}) \right] + \frac{2h}{3} \sum_{i=0}^{n-1} f(x_{2i+1})$$

$$= \frac{1}{3} T_n + \frac{2}{3} H_n \tag{2.11}$$

由(2.10)$H_n = 2T_{2n} - T_n$, 于是有

$$S_{2n} = \frac{4}{3} T_{2n} - \frac{1}{3} T_n \tag{2.12}$$

从(2.12)知, 若已求出 T_{2n} 及 T_n, 则 S_{2n} 唾手可得. 这便是复化辛普森公式的递推公式.

例3 计算 $I(f) = \int_0^\pi \mathrm{e}^x \cos x \, \mathrm{d}x$.

此式的准确值为 -12.0703463164(准确到小数点后 9 位), 现列出使用逐次分半技术计算出的 T_n 及 S_n.

n	T_n	S_n
2	-17.382959	-11.5928395534
4	-13.336023	-11.9849440198
8	-12.382162	-12.0642089572
16	-12.148004	-12.0699513233
32	-12.089742	-12.0703214561
64	-12.075194	-12.0703447599
128	-12.071558	
256	-12.070649	
512	-12.070422	

通过以上两列数据的对比, 可以看出, 在结点数相同的情况下, 复化辛普森公式要比复化梯形公式准确得多. 但从递推公式(2.12)可以看出, 复化辛普森公式并没有比复化梯形公式增加多少计算量, 原因何在?

§7.3 外 推 法

上节末的例子表明: 在求积结点相同的情况下, 复化辛普森公式要远较复化梯形公式来得准确. 细心的读者可能已从(2.7)与(2.9)中看出端倪.

按定义:

$$I(f) = T_{2n} + E_{2n}(f)$$

由(2.9) $E_{2n}(f) \approx \dfrac{1}{3}(T_{2n} - T_n)$,从而

$$I(f) \approx T_{2n} + \frac{1}{3}(T_{2n} - T_n) = \frac{4T_{2n} - T_n}{3} \qquad (3.1)$$

(3.1)式右端不是别的,正是复化辛普森公式(2.12),只不过我们推导该公式的出发点不同而已.(2.12)是直接由逐次分半程序而来,(3.1)则是通过将求积余项的主部近似表出加至 T_{2n} 而得,也即是通过两个比较粗糙的近似 T_{2n} 和 T_n 的线性组合来近似表出 T_{2n} 的求积余项再将其迭加到 T_{2n} 上,因而得到较 T_{2n} 更为准确的求积公式,沿着这条思路,我们还可以继续递推下去,例如对于复化辛普森公式,有

$$S_n = \frac{4}{3}T_n - \frac{1}{3}T_{\frac{n}{2}} \qquad (n \text{ 为偶数})$$

$$E_n(f) \approx -\frac{h^4}{180}(f^{(3)}(b) - f^{(3)}(a))$$

$$S_{2n} = \frac{4}{3}T_{2n} - \frac{1}{3}T_n$$

$$E_{2n}(f) \approx -\frac{h_1^4}{180}(f^{(3)}(b) - f^{(3)}(a))$$

其中 $h_1 = \dfrac{h}{2}$.由此便知:$E_{2n}(f) \approx \dfrac{E_n(f)}{16}$,于是有

$$E_{2n}(f) \approx \frac{1}{15}(S_{2n} - S_n)$$

$$I(f) - S_{2n}(f) \approx \frac{1}{15}(S_{2n} - S_n)$$

即是

$$I(f) \approx \frac{16S_{2n} - S_n}{15} \qquad (3.2)$$

(3.2)的右边正是复化科茨公式.(即在积分区间上用 $n = 4$ 的牛顿-科茨公式的复化形式).按照复化科茨公式的余项估计式又可以进行递推,从而可以构造出精度更高的求积公式.以上所述的递推程序,便是我们将要介绍的理查森(Richardson)外推法的原型.

若 $I(f)$ 为一待求量,$T(h)$ 为 $I(f)$ 的一个依赖于 h 的近似,且有如下关系:

$$\lim_{h \to 0} T(h) = I(f) \qquad (3.3)$$

又,若 $T(h)$ 可写成如下渐近形式:

$$T(h) = I(f) + \sum_{i=k}^{m} d_i h^i + d_{m+1}(h) h^{m+1} \qquad (3.4)$$

其中 k、m 均为确定正整数，且 $k<m$，$d_i(i=k,k+1,\cdots,m)$ 为与 h 无关的量且 $d_k\neq0$，$d_{m+1}(h)$ 为 h 的函数. 可通过下述方法，在基本不增加多少计算量的前提下，提高计算精度，加快收敛速度，收到事半功倍的效果.

这类方法的出发点是选定一单调下降序列 $h_1>h_2>h_3>\cdots$ 逐次计算 $T(h_1),T(h_2),\cdots,T(h_n),\cdots$，然后通过 $T(h_1)$ 与 $T(h_2)$ 的某种线性组合对 $T(h_2)$ 进行修正，这种修正旨在消去求积余项中的首部 d_kh^k，从而使精度得以提高. 不妨将如此求得 $I(f)$ 的新的近似值，即 $T(h_1)$ 与 $T(h_2)$ 的某种线性组合记之为 $T_1(h_1)$，则类似可计算 $T_1(h_2)$，注意到 $T_1(h_1)$ 及 $T_1(h_2)$ 还具有 (3.4)型式的渐近式，因而又可对 $T_1(h_1)$ 及 $T_1(h_2)$ 采用类似的递推，以产生 $T_2(h_1),\cdots$ 这便是理查森外推算法. 下面取特殊的一列 h_i 为例加以说明：

取定 $h_0=h,h_j=r^jh_0=r^jh,r\in(0,1)$，由(3.4)有

$$T(rh)=I(f)+\sum_{i=k}^{m}d_ih^ir^i+d_{m+1}(rh)r^{m+1}h^{m+1} \qquad (3.5)$$

(3.5)减去(3.4)的 r^k 倍，稍加整理，有

$$\frac{T(rh)-r^kT(h)}{1-r^k}=I(f)+\sum_{i=k+1}^{m}\widetilde{d_i}h^i+\widetilde{d}_{m+1}(h)h^{m+1} \qquad (3.6)$$

其中

$$\widetilde{d_i}=\frac{d_i(r^i-r^k)}{1-r^k},\quad i=k+1,\cdots,m$$

$$\widetilde{d}_{m+1}(h)=\frac{(d_{m+1}(rh)r^{m+1}-d_{m+1}(h)r^k)}{1-r^k}$$

记

$$T_1(h)=\frac{T(rh)-r^kT(h)}{1-r^k} \qquad (3.7)$$

一般地，我们可通过 $T(r^{i+1}h)$ 与 $T(r^ih)$ 求得

$$T_1(r^ih)=\frac{T(r^{i+1}h)-r^kT(r^ih)}{1-r^k} \qquad (i=0,1,\cdots) \qquad (3.8)$$

显然，当 $h\to0$ 时，$T_1(r^ih)$ 是较 $T(r^ih)$ 更接近于 $I(f)$ 的，再注意 $T_1(r^ih)$ 仍然具有类似于(3.4)的渐近展开式. 故又可以进行类似的递推，从而求得更为接近于 $I(f)$ 的近似值 $T_2(r^ih)\cdots\cdots$

以上所描述的方法称为理查森外推法. 一般说来，若用一数值方法求得 $I(f)$ 的一个依赖于 h 的近似值 $T(h)$，其满足(3.3)和(3.4). 显然，若能用 $h=0$ 来计算，结果最佳. 但实际上这绝无可能，而只能使用较小的 h 值来计算，然后通过对较为粗糙的计算结果(如 $T(rh)$ 和 $T(h)$)作某种线性组合来对其进行修正，这种修正之目的在于吸收截断误差项的首部进入到计算结果中来，

从而提高了逼近精度,而实行某种线性组合的基本依据是计算多项式 $I(f) + \sum_{i=k}^{m} d_i h^i$ 在 $h = 0$ 点的值,这是通过逐次线性插值外推至零的办法来实现的,这便是为什么称为外推法的原因.

若引进下列记号: $T_{0,q} = T(r^q h)$,则用

$$T_{1,q} = \frac{T_{0,q+1} - r^k T_{0,q}}{1 - r^k}$$

表示用 $T_{0,q}$ 及 $T_{0,q+1}$ 进行第一次外推所得的值.一般地,有

$$T_{i+1,q} = \frac{T_{i,q+1} - r^{k+i} T_{i,q}}{1 - r^{k+i}} \tag{3.9}$$

表示第 $i+1$ 次外推值.

由(3.9),可列出理查森外推表如下,表中所列元素的计算次序为按横行依次计算:

$$
\begin{array}{lllll}
T_{0,0} & & & & \\
T_{0,1} & T_{1,0} & & & \\
T_{0,2} & T_{1,1} & T_{2,0} & & \\
T_{0,3} & T_{1,2} & T_{2,1} & T_{3,0} & \\
\vdots & & & & \\
T_{0,n} & T_{1,n-1} & \cdots & & T_{n,0}
\end{array}
$$

关于理查森外推法,有以下几点要加以说明:

(1)实施理查森外推,关键要有形如(3.4)的渐近展开式,至于对其中出现的诸系数 $d_i (i = k+1, k+2, \cdots, m)$ 可不必确切知悉.

(2)倘若在外推过程中的某一步出现截断误差的首部系数为0(如 $d_{k+1} = 0$),则继续使用上述办法进行外推会得出错误结果.

(3)显而易见,外推法可以提高精度,加速收敛,但由于 $r \in (0,1)$,故而外推次数不宜过多,过多往往会造成有效数字的丢失.

至此,读者可能会提出如下问题:复化梯形公式是否具有形如(3.4)的渐近展开式,如有,该呈何种形式,怎样外推等等,在下一节中,我们将集中回答这个问题.

§7.4　龙贝格积分

龙贝格(Romberg)积分实际上是联合使用复化梯形公式,逐次分半技术和外推加速过程的数值求积方法.

可以证明:若 $f(x) \in C^{2m+2}[a,b]$,则复化梯形求积公式具有如下渐近

展开式：

$$T(h) = I(f) + \sum_{j=1}^{m} d_j h^{2j} + d_{m+1}(h) h^{2m+2} \qquad (4.1)$$

其中 $I(f) = \int_a^b f(x)\mathrm{d}x, h$ 为复化梯形求积公式的步长, $d_j(j=1,2,\cdots,m)$ 为与 h 无关的常数, $d_{m+1}(h)$ 为 h 的函数. 由(4.1), 我们可以实施如下数值求积策略——龙贝格积分:

在复化梯形公式的基础上, 结合上节所述的理查森外推, 取 $r = \dfrac{1}{2}$ 即逐次分半加速外推, 并采用如下的记号, $T_{0,i} = T(r^i h), (i=0,1,\cdots)$ 则有

$$T_{0,i} = I(f) + \sum_{j=1}^{m} d_j (r^i h)^{2j} + d_{m+1}(r^i h)(r^i h)^{2m+2}, \qquad i = 0,1,2,\cdots$$

由此, 即可求得第一步外推值:

$$T_{1,i} = \frac{T_{0,i+1} - r^2 T_{0,i}}{1 - r^2} = \frac{4 T_{0,i+1} - T_{0,i}}{3} = I(f) + \sum_{j=2}^{m} d_j^{(1,i)} h^{2j} + d_{m+1}^{(1,i)} h^{2m+2}$$

由上式, 知 $T_{1,i}$ 仍具有形如(4.1)的渐进展开形式, 还可外推. 一般地说, 若第 $k-1$ 次外推已完成, 则可求出第 k 次外推, 具体如下:

$$T_{k,i} = \frac{4^k T_{k-1,i+1} - T_{k-1,i}}{4^k - 1}, \qquad \begin{matrix} k = 1,2,\cdots,j; i = 1,2,\cdots,j-k \\ j = 0,1,\cdots \end{matrix}$$

$$(4.2)$$

由此即可列出龙贝格算法的递推表如下:

$$
\begin{matrix}
T_{0,0} & & & & \\
T_{0,1} & T_{1,0} & & & \\
T_{0,2} & T_{1,1} & T_{2,0} & & \\
T_{0,3} & T_{1,2} & T_{2,1} & T_{3,0} & \\
\vdots & & & & \\
T_{0,j} & T_{1,j-1} & \cdots & & T_{j,0}
\end{matrix}
$$

关于龙贝格算法递推表, 我们说明如下:

(1)表中第一列元素 $T_{0,i}(i=0,1,\cdots,j)$ 系用 2^i 等分积分区间的复化梯形公式求得的值, 具体计算时, 当已算出 $T_{0,i-1}$ 后, 需再计算 $T_{0,i}$ 时, 只须计算出在新增结点上的值即可, 具体见(2.10).

(2)表中各元素的值的计算次序: 依横行次序进行计算, 在每一横行内, 依自左至右次序进行计算.

(3)每一横行中各元素所用求积结点数相同, 但求积精度逐步提高.

(4)当表中两相邻对角元素之差的绝对值小于预先指定的精度时, 计算即可停止.

(5)龙贝格积分方法是一种外推加速方法,应注意之处见外推法的注意事项说明.由于龙贝格积分具有算法简单,易于编制程序,精度高,可靠性好等优点,因而获得了巨大的成功.现给出其具体算法如下:

1.$0 \rightarrow j$ (将积分区间 2^j 等分),计算

$$T_{0,0} = \frac{b-a}{2}[f(b) + f(a)]$$

2.$j+1 \rightarrow j$(将积分区间 2^j 等分)按(2.10)计算 $T_{0,j}$

3.开始外推,按(4.2)逐个求出龙贝格算法递推表中第 $j+1$ 行内各元素值 $T_{k,i}(k=1,2,\cdots,j;i=j-k\geq0)$

4.若 $i\geq1$ 则转去执行3;否则比较:若 $|T_{k,0} - T_{k-1,0}| < \varepsilon$($\varepsilon$ 为指定误差限)则停止计算,否则执行2.

例4 应用龙贝格积分方法计算 $\int_0^1 \frac{\sin x}{x}\mathrm{d}x$

解 依据上面给出的龙贝格积分方法的算法描述,逐次求得下面龙贝格积分递推表

$T_{k,i}$ \ k / i	0	1	2	3
0	0.9207355			
1	0.9397933	0.9461459		
2	0.9445135	0.9460869	0.9460830	
3	0.9456901	0.9460833	0.9460831	0.9460831

通过上例可以看到:仅仅通过使用 9 个求积结点的复化梯形公式及进行三次外推,便得到每一位都是有效数字的近似值 $T_{3,0} = 0.9460831$,与前面的逐次分半复化梯形求积相比,龙贝格积分的加速效率是十分显著的.须知若用逐次分半复化梯形公式求解此积分时,求积结点须达到 1000 多点才能使之与此结果吻合.

§7.5 高斯型求积公式

迄今为止,我们已就求积结点为积分区间 $[a,b]$ 的等分点情形,对插值型求积公式的构造、误差分析及提高求积公式精度的方法进行了比较仔细地讨论,在本节内将针对如下形式

$$\int_a^b \rho(x)f(x)\mathrm{d}x$$

的积分,构造求积公式,其中 $\rho(x)$ 为权函数,其定义可参看最佳平方逼近一章,在前几节内讨论的是当 $\rho(x)\equiv 1$ 的特殊情形,$f(x)\in C[a,b]$ 为被积函数.

仿照前面的想法,在 $[a,b]$ 上选定求积节点 $x_0 < x_1 < x_2 < \cdots < x_n$,构造 $f(x)$ 的 n 次插值多项式 $P_n(x) = \sum\limits_{i=0}^{n} f(x_i)l_i(x)$,则有

$$
\begin{aligned}
\int_a^b \rho(x)f(x)\mathrm{d}x &= \int_a^b \rho(x)\sum_{i=0}^{n} f(x_i)l_i(x)\mathrm{d}x \\
&\quad + \int_a^b \rho(x)(f(x) - \sum_{i=0}^{n} f(x_i)l_i(x))\mathrm{d}x \\
&= I_n(f) + E_n(f)
\end{aligned}
$$

其中

$$
I_n(f) = \sum_{i=0}^{n} A_i f(x_i), \qquad A_i = \int_a^b \rho(x)l_i(x)\mathrm{d}x
$$

$$
E_n(f) = \int_a^b \rho(x)f[x_0,x_1,\cdots,x_n,x]\omega_{n+1}(x)\mathrm{d}x \tag{5.1}
$$

$$
\omega_{n+1}(x) = \prod_{i=0}^{n}(x-x_i)
$$

由求积余项(5.1)可知

$$
I_n(f) = \sum_{i=0}^{n} A_i f(x_i) \tag{5.2}
$$

的代数精度至少为 n 次.由前所述,求积公式的代数精度反映了该求积公式的准确程度,那么,设法构造具有尽可能高次代数精度的求积公式,当是我们不懈的追求.在求积结点为等距分布情形,求积公式(5.2)的代数精度已分别由定理 7.3 及 7.4 给出,且不可改进,故欲提高求积公式的代数精度,首选措施当是去掉求积结点等距分布这一约束.这样一来,对于任意选定的求积结点 $x_i(i=0,1,\cdots,n)$ 满足 $a \leqslant x_0 < x_1 < \cdots < x_n \leqslant b$,求积公式(5.2)的代数精度最高不会超过多少?

定理 7.5 不论如何选择求积结点 $x_0,x_1,\cdots,x_n \in [a,b]$,求积公式 (5.2)的代数精度都不会超过 $2n+1$.

证明 只要对 $f(x) = \prod\limits_{i=0}^{n}(x-x_i)^2$ 来计算 $I(f)$ 和 $I_n(f)$,便知 $I_n(f) \neq I(f)$,注意 $f(x)$ 为 $2n+2$ 次多项式,从而知其代数精度不会超过 $2n+1$.

由上述定理,知求积公式(5.2)的代数精度不会超过 $2n+1$,那么会不会是 $2n+1$ 呢? 让我们来考察求积余项;

$$E_n(f) = \int_a^b \rho(x) f[x_0, x_1, \cdots, x_n, x] \omega_{n+1}(x) \mathrm{d}x$$

若 $f(x)$ 为任一次数不超过 $2n+1$ 次的多项式,则 $f[x_0, x_1, \cdots, x_n, x]$ 必为一次数不超过 n 次的多项式,由此可知,欲使 $E_n(f) = 0$. 当且仅当 $\omega_{n+1}(x)$ 与任一次数不超过 n 的多项式关于权函数 $\rho(x)$ 在 $[a, b]$ 上正交就可以了. 这样的多项式 $\omega_{n+1}(x)$ 是否存在? 回答是肯定的. 在最佳平方逼近一章内我们就已指出过:在 $[a, b]$ 上关于权函数 $\rho(x)$ 的 n 次正交多项式 $p_n(x)$ 恰有 n 个单重实零点位于 $[a, b]$ 内,故有

定理 7.6 插值型求积公式(5.2)具有 $2n+1$ 次代数精度的充要条件是以 $[a, b]$ 上关于权函数 $\rho(x)$ 的 $n+1$ 次正交多项式的零点为求积结点.

为以后叙述方便,我们引入下述定义:

定义 7.2 称具有 $2n+1$ 次代数精度的求积公式(5.2)为高斯型求积公式,其求积结点为高斯点.

高斯型求积公式具有如下性质:

① $\sum_{i=0}^{n} A_i = \int_a^b \rho(x) \mathrm{d}x < +\infty$;

② $A_i = \int_a^b \rho(x) l_i^2(x) \mathrm{d}x > 0$, $\quad l_i(x) = \dfrac{\omega_{n+1}(x)}{(x - x_i) \omega'_{n+1}(x_i)}$ $\quad (i = 0, 1, \cdots, n)$.

高斯型求积公式的许多好的性质都源自于上述两条性质. 关于它们的证明留给读者. 现转去分析高斯型求积公式的误差余项,为此我们有

定理 7.7 设 $f(x) \in C^{2n+2}[a, b]$,则高斯型求积公式(5.2)的求积余项为

$$E_n(f) = \frac{f^{(2n+2)}(\xi)}{(2n+2)!} \int_a^b \rho(x) \omega_{n+1}^2(x) \mathrm{d}x, \qquad \xi \in [a, b]$$

证明 以 $x_0, x_1, \cdots, x_n$ 为插值结点构造次数不超过 $2n+1$ 次的多项式 $H(x)$,使其满足:$H(x_i) = f(x_i), H'(x_i) = f'(x_i), (i = 0, 1, \cdots, n)$,由插值逼近一章可知,这样的多项式 $H(x)$ 是存在的,且具有如下插值余项:

$$f(x) - H(x) = \frac{f^{(2n+2)}(\eta)}{(2n+2)!} \omega_{n+1}^2(x)$$

将上式两边同乘以 $\rho(x)$,再于 $[a, b]$ 上积分,便有

$$\int_a^b \rho(x) f(x) \mathrm{d}x - \int_a^b \rho(x) H(x) \mathrm{d}x = \int_a^b \rho(x) \frac{f^{(2n+2)}(\eta)}{(2n+2)!} \omega_{n+1}^2(x) \mathrm{d}x$$

由于高斯型求积公式(5.2)为 $2n+1$ 次代数精度,故有

$$\int_a^b \rho(x) H(x) \mathrm{d}x = \sum_{i=0}^{n} A_i H(x_i) = \sum_{i=0}^{n} A_i f(x_i)$$

于是得

$$\int_a^b \rho(x)f(x)\mathrm{d}x - \sum_{i=0}^n A_i f(x_i) = \int_a^b \rho(x)\frac{f^{(2n+2)}(\eta)}{(2n+2)!}\omega_{n+1}^2(x)\mathrm{d}x$$

再注意 $\rho(x)\omega_{n+1}^2(x)$ 于 $[a,b]$ 上恒非负，$f^{(2n+2)}(x)$ 于 $[a,b]$ 上连续，由积分中值定理，知 $\exists \xi \in [a,b]$ 使

$$E_n(f) = \int_a^b \rho(x)f(x)\mathrm{d}x - \sum_{i=0}^n A_i f(x_i) = \frac{f^{(2n+2)}(\xi)}{(2n+2)!}\int_a^b \rho(x)\omega_{n+1}^2(x)\mathrm{d}x$$

这便证明了定理 7.7.

从定理 7.7 也不难看出：高斯求积公式(5.2)的代数精度为 $2n+1$ 次.

现在让我们具体构造一个高斯型求积公式来结束本节.

例 5 试构造一求解形如 $\int_0^1 \sqrt{x}f(x)\mathrm{d}x$ 的两结点的插值型求积公式，使其代数精度尽可能高.

解 设所构造之求积公式的求积结点为 x_0、x_1，相应地求积系数为 A_0 和 A_1，欲使其求积公式的代数精度尽可能高，由定理 7.5，其代数精度最高为 3 次.

于是，可通过下列方程组来确定 x_0、x_1 和 A_0、A_1：

$$\int_0^1 \sqrt{x}x^k\mathrm{d}x = \sum_{i=0}^1 A_i x_i^k \quad (k=0,1,2,3)$$

得关于 A_0、A_1、x_0、x_1 的非线性方程组：

$$\sum_{i=0}^1 A_i x_i^k = \frac{2}{2k+3} \quad (k=0,1,2,3) \tag{5.3}$$

解此非线性方程组，得

$$x_0 = 0.289949197, \qquad x_1 = 0.821161912$$
$$A_0 = 0.277555999, \qquad A_1 = 0.389110665$$

所求的高斯型求积公式为

$$I_2(f) = 0.277555999 f(0.289949197) + 0.389110665 f(0.821161912)$$

上述解法，我们是通过待定系数来确定 x_0、x_1、A_0、A_1 的. 这种方法固然不错，且通常都循此途径获得问题的解. 但应注意的是：若待定系数过多时，求解与(5.3)相类似的非线性方程组并非易事. 下面再介绍另一方法，其出发点则是定理 7.6. 我们知道，$[a,b]$ 上关于权函数 $\rho(x)$ 正交的 n 次多项式恒存在，那么，以其零点为求积结点，进而求出求积系数，从而可构造出相应的高斯型求积公式. 现用上述思想解前例.

解 先求 $[0,1]$ 上关于权函数 $\sqrt{x}$ 的正交多项式 $\alpha_0(x)$、$\alpha_1(x)$、$\alpha_2(x)$，不妨令 $\alpha_0(x)\equiv 1$，设 $\alpha_1(x)=x+\alpha_{10}$，$\alpha_{10}$ 由 $\alpha_0(x)$ 与 $\alpha_1(x)$ 正交来定，即

$$\int_0^1 \sqrt{x}\,\alpha_0(x)\alpha_1(x)\mathrm{d}x = 0$$

由此得： $\alpha_{10} = -\dfrac{3}{5}$，那么 $\alpha_1(x) = x - \dfrac{3}{5}$.

再来确定 $\alpha_2(x)$，设 $\alpha_2(x) = x^2 + \alpha_{21}x + \alpha_{20}$，其中 α_{21} 和 α_{20} 由 $\alpha_2(x)$ 分别和 $\alpha_0(x)$，$\alpha_1(x)$ 正交来确定，即

$$\begin{cases} \alpha_{21}\displaystyle\int_0^1 \sqrt{x}\,x\,\mathrm{d}x + \alpha_{20}\int_0^1 \sqrt{x}\,\mathrm{d}x = -\int_0^1 \sqrt{x}\,x^2\,\mathrm{d}x \\ \alpha_{21}\displaystyle\int_0^1 \sqrt{x}\,x\left(x - \frac{3}{5}\right)\mathrm{d}x + \alpha_{20}\int_0^1 \sqrt{x}\left(x - \frac{3}{5}\right)\mathrm{d}x = -\int_0^1 \sqrt{x}\,x^2\left(x - \frac{3}{5}\right)\mathrm{d}x \end{cases}$$

解此方程组，得 $\alpha_{20} = \dfrac{5}{21}$，$\alpha_{21} = -\dfrac{10}{9}$，于是可得 $\alpha_2(x)$ 为

$$\alpha_2(x) = x^2 - \frac{10}{9}x + \frac{5}{21}$$

$\alpha_2(x)$ 的两零点分别为

$$x_0 = 0.289949197,\ x_1 = 0.821161912$$

再求解下述线性代数方程组：

$$\begin{cases} A_0 + A_1 = \dfrac{2}{3} \\ A_0 x_0 + A_1 x_1 = \dfrac{2}{5} \end{cases}$$

即可求得 A_0 和 A_1：

$$A_0 = 0.277555999, \qquad A_1 = 0.389110665$$

由此得高斯型求积公式同前.

§7.6　两个常用的高斯型求积公式

7.6.1　高斯-勒让德求积公式

此时 $\rho(x) \equiv 1$，$[a,b] = [-1,1]$，求积结点为首项系数为 1 的勒让德多项式

$$P_{n+1}(x) = \frac{(n+1)!}{(2(n+1))!}\frac{\mathrm{d}^{n+1}}{\mathrm{d}x^{n+1}}\big((x^2-1)^{n+1}\big) \qquad (n \geqslant 0)$$

的零点，求积系数

$$A_i = \int_{-1}^1 \frac{\omega_{n+1}(x)}{(x-x_i)\omega'_{n+1}(x_i)}\mathrm{d}x \qquad (i = 0,1,\cdots,n)$$

高斯-勒让德求积公式的求积结点和求积系数见下表：

n	x_i	A_i
0	0.000000	2.00000
1	±0.5773503	1.00000
2	±0.7745967 0.000000	0.5555556 0.8888889
3	±0.8611363 ±0.3398810	0.3478548 0.6521452
4	±0.9061793 ±0.5384693 0.000000	0.2369269 0.4786287 0.5688889

求积公式为

$$\int_{-1}^{1} f(x)\mathrm{d}x \approx \sum_{i=0}^{n} A_i f(x_i)$$

对一般积分区间为 $[a,b] \neq [-1,1]$ 情形,可通过坐标变换

$$x = \frac{1}{2}(a+b) + \frac{1}{2}t(b-a)$$

将积分 $\int_{a}^{b} f(x)\mathrm{d}x$ 变为积分: $\dfrac{b-a}{2}\int_{-1}^{1} f\left(\dfrac{b+a}{2} + \dfrac{b-a}{2}t\right)\mathrm{d}t$, 此时只要

对积分 $\int_{-1}^{1} f\left(\dfrac{b+a}{2} + \dfrac{b-a}{2}t\right)\mathrm{d}t$ 使用高斯-勒让德求积公式近似计算即可.

例 6 用高斯-勒让德公式计算定积分

$$I(f) = \int_{0}^{\pi} \mathrm{e}^{x}\cos x\,\mathrm{d}x = -12.0703463164\cdots\cdots$$

解 利用变换 $x = \dfrac{\pi}{2} + \dfrac{\pi}{2}t$ 将积分区间 $[0,\pi]$ 变为 $[-1,1]$,则

$$I(f) = \int_{0}^{\pi} \mathrm{e}^{x}\cos x\,\mathrm{d}x = -\frac{\pi}{2}\int_{-1}^{1} \mathrm{e}^{\frac{\pi}{2}+\frac{\pi}{2}t}\sin\left(\frac{\pi t}{2}\right)\mathrm{d}t$$

分别用两点、三点、四点及五点公式计算上述积分,结果如下:

$$I_1(f) = -12.33621047$$
$$I_2(f) = -12.12742045$$
$$I_3(f) = -12.07018949$$
$$I_4(f) = -12.07032854$$

计算结果与复化梯形与复化辛普森公式相比,在同等计算量的情况下,高斯-勒让德求积公式要准确得多.

7.6.2 切比雪夫-高斯求积公式

此时权函数为 $\rho(x) = (1-x^2)^{-\frac{1}{2}}$,求积区间为 $[a,b] = [-1,1]$,求积结

点为首项系数为 1 的多项式

$$T_n(x) = \frac{1}{2^{n-1}}\cos(n\arccos x) \qquad (n \geqslant 1)$$

的零点:

$$x_i = \cos\frac{2i+1}{2n}\pi \qquad (i = 0,1,\cdots,n-1)$$

相应的求积系数为:

$$A_i = \frac{\pi}{n} \qquad (i = 0,1,\cdots,n-1)$$

求积公式为

$$\int_{-1}^{1}\rho(x)f(x)\mathrm{d}x \approx \sum_{i=0}^{n}A_if(x_i)$$

§7.7 求积公式的收敛性与稳定性

在本节内,我们将介绍求积过程的收敛性和稳定性,为此,我们列出两个无穷三角阵:

$$
\begin{array}{llllllll}
x_0^{(0)} & & & & A_0^{(0)} & & & \\
x_0^{(1)} & x_1^{(1)} & & & A_0^{(1)} & A_1^{(1)} & & \\
x_0^{(2)} & x_1^{(2)} & x_2^{(2)} & & A_0^{(2)} & A_1^{(2)} & A_2^{(2)} & \\
\vdots & & & & \vdots & & & \\
x_0^{(n)} & x_1^{(n)}\cdots & & x_n^{(n)} & A_0^{(n)} & A_1^{(n)} & A_2^{(n)}\cdots & A_n^{(n)} \\
\vdots & & & & \vdots & & &
\end{array}
\qquad (7.1)
$$

其中

$$a \leqslant x_i^{(n)} \leqslant b, \quad i = 0,1,2,\cdots,n, \quad n = 0,1,2,\cdots$$

对于任何于 $[a,b]$ 上连续的函数 $f(x)$,考虑和数

$$I_n(f) = \sum_{i=0}^{n}A_i^{(n)}f(x_i^{(n)}) \qquad (7.2)$$

我们称(7.2)为求积公式.问题是:$x_i^{(n)}$ 和 $A_i^{(n)}$ 应该满足什么条件,才能保证

$$\lim_{n\to\infty}I_n(f) = \lim_{n\to\infty}\sum_{i=0}^{n}A_i^{(n)}f(x_i^{(n)}) = \int_{a}^{b}\rho(x)f(x)\mathrm{d}x \qquad (7.3)$$

这便是求积过程的收敛性问题.显然若由(7.1)确定的求积过程(7.2)收敛,则可以通过增加求积结点的办法来提高计算积分

$$I(f) = \int_{a}^{b}\rho(x)f(x)\mathrm{d}x$$

的准确性,那么,怎样才能保证(7.3)成立呢? 我们有

定理 7.8 由求积结点和求积系数三角阵(7.1)所确定的求积过程

$$I_n(f) = \sum_{i=0}^{n} A_i^{(n)} f(x_i^{(n)}) \quad (n = 0,1,2,\cdots)$$

对于任何于$[a,b]$上连续的函数$f(x)$均收敛的充要条件是下列两条件同时满足:

(1)求积过程(7.2)对任何多项式都收敛;

(2)$\exists K > 0$,使对$\forall n > 0$,

$$\sum_{i=0}^{n} | A_i^{(n)} | < K$$

证明 (略)

由于插值型求积过程对任何多项式都收敛,于是有

定理 7.9 插值型求积过程对于所有连续函数都收敛的充要条件是:$\exists K > 0$,对$\forall n > 0$有

$$\sum_{i=0}^{n} | A_i^{(n)} | < K$$

注意到插值型求积系数之和为一常数:$\sum_{i=0}^{n} A_i^{(n)} = \int_a^b \rho(x) \mathrm{d}x$(当$\rho(x) \equiv 1$时$\sum_{i=0}^{n} A_i^{(n)} = b - a$). 因此,当插值型求积公式的系数$A_i^{(n)}$均为正数,则定理7.9的条件自然满足. 于是我们有

定理 7.10 若插值型求积公式的求积系数$A_i^{(n)}(i = 0,1,\cdots,n; n = 0,1,\cdots)$均为正数,则求积过程(7.2)对任何连续函数$f(x)$都收敛. 即

$$\lim_{n \to \infty} I_n(f) = \lim_{n \to \infty} \sum_{i=0}^{n} A_i^{(n)} f(x_i^{(n)}) = \int_a^b \rho(x) f(x) \mathrm{d}x$$

由于高斯型求积公式的求积系数均为正数,故有

推论 高斯型求积公式$I_n(f) = \sum_{i=0}^{n} A_i^{(n)} f(x_i^{(n)})$,当$n \to \infty$时收敛于$I(f) = \int_a^b \rho(x) f(x) \mathrm{d}x$.

对任何m次多项式$f(x)$,只要n充分大,$\sum_{i=0}^{n} A_i^{(n)} f(x_i^{(n)})$收敛于$I(f) = \int_a^b \rho(x) f(x) \mathrm{d}x$不成问题. 那么,由定理7.8,求积过程$I_n(f) = \sum_{i=0}^{n} A_i^{(n)} f(x_i^{(n)})$是否对任何连续函数均收敛,就转化为是否存在常数$K > 0$,使对任何$n > 0$,$\sum_{i=0}^{n} | A_i^{(n)} | < K$的判定. 对于求积结点等距分布情形,在$n$比较大时

$(n \geqslant 7$ 时$)$,求积系数 $A_i^{(n)}$ 出现了负数.因此 $\sigma_n = \sum_{i=0}^{n} |A_i^{(n)}|$ 是否有界(对 $\forall\, n > 0$),乃是该求积过程是否能保证收敛的关键.库兹明证明了:

定理 7.11 在 $[-1,1]$ 上求积结点等距分布且 $x_0^{(n)} = -1, x_n^{(n)} = 1$,插值型求积过程不满足

$$\sigma_n = \sum_{i=0}^{n} |A_i^{(n)}| < K \qquad (对 \forall\, n > 0)$$

基于定理 7.11,不难推知

定理 7.12 对 $[a,b]$ 上给定的等距分布的求积结点三角阵,其中 $x_0^{(n)} = a, x_n^{(n)} = b$ 及与之相应的求积系数三角阵所构成的插值型求积公式 $I_n(f) = \sum_{i=0}^{n} A_i^{(n)} f(x_i^{(n)})$,恒有 $[a,b]$ 上的连续函数 $f(x)$,当 $n \to \infty$ 时,$I_n(f)$ 不收敛于 $I(f) = \int_a^b \rho(x) f(x) \mathrm{d}x$.

证明 用反证法,由定理 7.11 及定理 7.9 可得.

由上述定理可知:牛顿-科茨公式不能保证对任何连续函数 $f(x)$,$I_n(f)$ 均收敛于 $I(f)(n \to \infty)$.这正是我们不提倡使用高阶牛顿-科茨公式的理由之一.这一点我们在 §7.2 内曾提出过,只不过当时没有叙述得这么明确罢了.

利用求积公式 $\sum_{i=0}^{n} A_i^{(n)} f(x_i^{(n)})$ 计算积分 $\int_a^b \rho(x) f(x) \mathrm{d}x$,须计算 $f(x)$ 在诸求积结点的值 $f(x_i^{(n)})$,故而会有误差出现,即实际计算中是 $\tilde{f}(x_i^{(n)})$ 而不是 $f(x_i^{(n)})$.这种函数求值的误差会对求积结果有什么影响? 特别是,对给定的求积结点三角阵和相应的求积系数三角阵而言,当 $n \to \infty$ 时,这种误差会不会被无限放大? 从数值计算角度来讲,我们自然希望这种函数求值造成的误差不会被无限放大,这便是数值求积过程的稳定性问题:

定义 7.3 对 $\forall\, \varepsilon > 0, \exists\, \delta > 0$,当 $\max_{0 \leqslant k \leqslant n} |f(x_k^{(n)}) - \tilde{f}(x_k^{(n)})| < \delta$ 时,若对任何 $n > 0$ 及任何连续函数 $f(x)$ 均成立:

$$\left| \sum_{k=0}^{n} A_k^{(n)} f(x_k^{(n)}) - \sum_{k=0}^{n} A_k^{(n)} \tilde{f}(x_k^{(n)}) \right| < \varepsilon$$

则称求积过程(7.2)为稳定的.

从实际计算来看,求积过程的稳定性更为本质和重要,那么如何判定一求积过程是否稳定呢.我们有如下定理.

定理 7.13 求积过程稳定的充分必要条件是 $\exists\, K > 0$,使 $\sum_{k=0}^{n} |A_k^{(n)}| < K(n = 1,2,\cdots)$.

证明 充分性 若 $\exists K$，使 $\sum\limits_{k=0}^{n} |A_k^{(n)}| < K$. 则对 $\forall \varepsilon > 0, \exists \delta = \dfrac{\varepsilon}{K}$，

当
$$\max_{0 \leqslant k \leqslant n} |f(x_k^{(n)}) - \widetilde{f}(x_k^{(n)})| < \delta \text{ 时，}$$

$$\left| \sum A_k^{(n)} f(x_k^{(n)}) - \sum A_k^{(n)} \widetilde{f}(x_k^{(n)}) \right|$$

$$\leqslant \sum_{k=0}^{n} |A_k^{(n)}| |f(x_k^{(n)}) - \widetilde{f}(x_k^{(n)})|$$

$$\leqslant \max_{0 \leqslant k \leqslant n} |f(x_k^{(n)}) - \widetilde{f}(x_k^{(n)})| \sum |A_k^{(n)}| < \varepsilon$$

必要性 即由求积的稳定性导出 $\sum\limits_{k=0}^{n} |A_k^{(n)}|$ 有界. 用反证法证明之.

设 $\sum\limits_{k=0}^{n} |A_k^{(n)}|$ 无界，意即 $\forall K > 0, \exists n$，使 $\sum\limits_{k=0}^{n} |A_k^{(n)}| > K$. 由此，$\exists \varepsilon_0 > 0$，

对 $\forall \delta = \dfrac{\varepsilon_0}{K}$，令 $f(x_k^{(n)}) - \widetilde{f}(x_k^{(n)}) = \delta \, \mathrm{sign}(A_k^{(n)})$. 则有

$$\left| \sum_{k=0}^{n} A_k^{(n)} f(x_k^{(n)}) - \sum_{k=0}^{n} A_k^{(n)} \widetilde{f}(x_k^{(n)}) \right|$$

$$= \left| \sum_{k=0}^{n} A_k^{(n)} (f(x_k^{(n)}) - \widetilde{f}(x_k^{(n)})) \right|$$

$$= \left| \delta \sum_{k=0}^{n} A_k^{(n)} \mathrm{sign}(A_k^{(n)}) \right|$$

$$= \left| \delta \sum_{k=0}^{n} |A_k^{(n)}| \right| > \frac{\varepsilon_0}{K} K = \varepsilon_0$$

从而该求积过程不稳定，与已知矛盾. 故 $\sum\limits_{k=0}^{n} |A_k^{(n)}|$ 一定有界.

从定理 7.13 知，判定求积过程是否稳定转化为判定求积系数的绝对值之和是否有界. 因此，对插值型求积公式，不难知道：

定理 7.14 高斯型求积过程是数值稳定的. 而牛顿-科茨求积过程是数值不稳定的.

从数值计算角度来看，计算 $f(x_k^{(n)})$ 是不可能没有误差的. 正因为如此，我们说数值求积过程的稳定性更为重要. 那么定理 7.14 便是我们为什么不提倡使用高阶牛顿-科茨公式的理由之二. 要注意的是，我们这里谈的是求积过程的稳定性，至于具体谈论某一个求积公式，那就另当别论了.

作为本节的结束，我们给出如下定理而不加证明：

定理 7.15 插值型求积过程的收敛性与稳定性等价.

§7.8 数值微分

当我们需要求函数在某点的导数,而该函数仅仅是列表函数时,我们就必须使用近似方法去计算函数的导数,这便是数值微分的内容.在这一部分我们主要介绍两种方法.

7.8.1 用插值多项式来求数值导数

设 $P_n(x)$ 是函数 $f(x)$ 在 $n+1$ 个点 $x_i(i=0,1,\cdots,n)$ 上的 n 次插值多项式.为了得到 $f(x)$ 的导函数的近似表达式.我们可以用 $P_n(x)$ 来近似代替 $f(x)$,从而用 $P'_n(x)$ 作为 $f'(x)$ 的近似式.但是应该注意的是:虽然两个函数可能很接近,但它们的导函数却可能相差甚大,更何况 $f(x)$ 的插值多项式 $P_n(x)$ 尚不能保证收敛到 $f(x)$.因此在使用这类求导公式时,一般不宜使用高次多项式.

一、一阶导数情形

若 $f(x) \in C^2[a,b]$,则
$$f(x) = P_1(x) + f[x,x_0,x_1](x-x_0)(x-x_1)$$
从而
$$f'(x) = P'_1(x) + \frac{\mathrm{d}}{\mathrm{d}x}\big[f[x,x_0,x_1](x-x_0)(x-x_1)\big] \quad (8.1)$$
特别地,当 $x=x_0$ 或 x_1 时,有
$$f'(x_i) = P'_1(x_i) + f[x_i,x_0,x_1](x_i-x_0+x_i-x_1) \quad (i=0,1)$$
故有
$$f'(x_i) \approx P'_1(x_i) = f[x_0,x_1] \quad (8.2)$$
截断误差为
$$E(f')\big|_{x=x_i} = f[x_i,x_0,x_1](2x_i-x_0-x_i) \quad (8.3)$$
$$= \frac{f''(\xi)}{2!}(2x_i-x_0-x_1) \quad \xi \in [x_0,x_1]$$

由(8.2)我们知道,可以通过函数 $f(x)$ 在 x_0、x_1 点的差商来逼近 $f'(x_i)$ $(i=0,1)$.注意到导数的定义,我们现在所做的便是将一个连续的极限过程离散化了,因此从理论上讲,若 x_1 与 x_0 越接近,则(8.2)越"精确",其实这只看见了问题的一个方面,即注意了截断误差(8.3),当 x_0 与 x_1 充分接近时,误差项 $E(f')\big|_{x=x_i} = \frac{f''(\xi)}{2!}(2x_i-x_0-x_1)$ 很小.但同时也要看到,x_0 与 x_1 很

接近时, $f(x_0)$ 与 $f(x_1)$ 也很接近,这将造成有效数字的大量丢失.实际计算时为回避这类弊端通常有两条途径:一是选取有效的数值计算程序以减少有效数字的丢失;二是采用合适的结点间距(或称之为步长)进行外推,以期在步长适中(即舍入误差影响不大)的前提下,达到高阶精度的逼近;甚至还可双管齐下,既采用合适有效的计算方案,又合理地进行外推.

例 试用中心差商公式 $\dfrac{f(x+\frac{h}{2})-f(x-\frac{h}{2})}{h}$ 来近似计算 $\sqrt{x}$ 在 $x=2$ 点的值. $\dfrac{\mathrm{d}\sqrt{x}}{\mathrm{d}x}\Big|_{x=2}=\dfrac{1}{2\sqrt{2}}\approx 0.353553$. 计算中取五位数字,对不同的 h 值,计算结果如下表:

h	$\sqrt{2+\dfrac{h}{2}}$	$\sqrt{2-\dfrac{h}{2}}$	u_h	E_u	v_h	E_v
1	1.5811	1.2247	0.3564	-0.002874	0.3564	-0.002847
0.2	1.4491	1.3734	0.3535	0.000053	0.3543	-0.000747
0.1	1.4317	1.3964	0.3530	0.000553	0.3536	-0.000047
0.01	1.4160	1.4124	0.3500	0.003553	0.3536	-0.000047
0.001	1.4143	1.4140	0.3000	0.053553	0.3536	-0.000047
0.0002	1.4142	1.4141	0.5000	-0.146447	0.3536	-0.000047

注:

$$u_h=\frac{\sqrt{2+\frac{h}{2}}-\sqrt{2-\frac{h}{2}}}{h}, \qquad E_u=0.353553-u_h, E_v=0.353553-v_h$$

$$v_h=\frac{\left(\sqrt{2+\frac{h}{2}}\right)^2-\left(\sqrt{2-\frac{h}{2}}\right)^2}{\left(\sqrt{2+\frac{h}{2}}+\sqrt{2-\frac{h}{2}}\right)h}=\frac{1}{\sqrt{2+\frac{h}{2}}+\sqrt{2-\frac{h}{2}}}$$

从上表可看出:若采用 u_h 公式来计算 $\sqrt{x}$ 在 $x=2$ 点的导数的近似值,由于计算上舍入误差的影响,步长 h 很小时,所得结果并不理想,而以 $h=0.2$ 时的计算结果为最好.而用 v_h 来计算时,计算精度则大为提高.

注意到中心差商公式 $\dfrac{f(x+\frac{h}{2})-f(x-\frac{h}{2})}{h}$,若 $f(x)$ 充分光滑,则易知

$$\frac{f(x+\frac{h}{2})-f(x-\frac{h}{2})}{h}=f'(x)+\sum_{k\geqslant 1}\frac{1}{(2k+1)!}f^{(2k+1)}(x)(\frac{h}{2})^{2k}$$

$$(8.4)$$

从(8.4)不难看出,利用外推方法求 $f'(x)$ 的近似值的条件已经具备,具体算例我们留作习题,就不在此进行有关的讨论了.

二、高阶导数情形

设 $f(x)$ 仅在 $x_0,x_1,\cdots,x_n$ 等 $n+1$ 个点的值为已知,欲近似求得 $f(x)$ 在某点 t 的 k 阶导数值($k \leqslant n$).此时可构造一通过 $[x_i,f(x_i)](i=0,1,\cdots,n)$ 的插值多项式 $P_n(x)$.则可用 $P_n^{(k)}(x)\big|_{x=t}$ 来近似替代 $f^{(k)}(t)$.即

$$f^{(k)}(x)\big|_{x=t} = P_n^{(k)}(x)\big|_{x=t} + \left[\frac{f^{(n+1)}(\xi)}{(n+1)!}(x-x_0)\cdots(x-x_n)\right]^{(k)}\bigg|_{x=t}$$

在利用插值多项式 $P_n(x)$ 来近似求 $f(x)$ 在 $x=t$ 处的 k 阶导数时,多项式的次数不宜过高(一般地讲,当然须 $n \geqslant k$).另外要注意到截断误差.关于截断误差,我们有如下定理.

定理 7.16 若 $f(x) \in C^{n+1}[a,b]$,$P_n(x)$ 为 $f(x)$ 过点 $(x_i,f(x_i))$($i=0,1,\cdots,n$)的 n 次插值多项式.记 $R(x)=f(x)-P_n(x)$,则有

$$R^{(j)}(x) = \frac{(x-x_0^{(j)})(x-x_1^{(j)})\cdots(x-x_{n-j}^{(j)})}{(n-j+1)!}f^{(n+1)}(\xi)$$

其中 $j=1,2,\cdots,n$,ξ 依赖于 x 和 j,而 $x_i < x_i^{(j)} < x_{i+j}$ $i=0,1,\cdots,n-j$.$a \leqslant x_0 < x_1 < \cdots < x_n \leqslant b$.

证明 由于 $R(x_i)=0,i=0,1,2,\cdots,n$.由罗尔定理,$R'(x)$ 在 (a,b) 上至少有 n 个零点,记之为 $x_i^{(1)}$,$x_i < x_i^{(1)} < x_{i+1}$,$i=0,1,\cdots,n-1$.由 $R'(x_i^{(1)})=0$,知 $R''(x)$ 在 $[a,b]$ 上至少有 $n-1$ 个零点 $x_i^{(2)}$,$x_i^{(1)} < x_i^{(2)} < x_{i+1}^{(1)}$, $i=0,1,\cdots,n-2$.反复进行如此推理,便知 $R^{(j)}(x)$ 在 (a,b) 上至少有 $n-j+1$ 个零点 $x_i^{(j)}$,$i=0,1,\cdots,n-j$,显然 $x_i^{(j)}$ 满足

$$x_i < x_i^{(1)} < \cdots < x_i^{(j-1)} < x_i^{(j)} < x_{i+1}^{(j-1)} < x_{i+2}^{(j-2)} < \cdots < x_{i+j}$$

注意到 $R^{(j)}(x_i^{(j)}) = f^{(j)}(x_i^{(j)}) - P_n^{(j)}(x_i^{(j)}) = 0,i=0,1,\cdots,n-j$.而 $P_n^{(j)}(x)$ 为 $n-j$ 次多项式,故 $P_n^{(j)}(x)$ 为 $f^{(j)}(x)$ 的 $n-j$ 次插值多项式.插值结点为 $(x_i^{(j)},f^{(j)}(x_i^{(j)}))$ $i=0,1,\cdots,n-j$.

由此不难推得(仿照插值余项的证明)所需之结论.

7.8.2 用三次样条插值方法求数值导数

若 $S(x)$ 为满足下列条件的三次样条插值函数:

$$S(x_i)=f(x_i),   i=0,1,\cdots,n.$$
$$S'(x_0)=f'(x_0),   S'(x_m)=f'(x_m),   x_i=x_0+ih(\text{结点等距})$$

记 $m_i=S'(x_i)$ $i=0,1,\cdots,n$.则有

$$\begin{cases} m_{i-1} + 4m_i + m_{i+1} = \dfrac{3}{h}(f(x_{i+1}) - f(x_{i-1})) \\ m_0 = f'(x_0), \qquad m_n = f'(x_n), \quad i = 1, \cdots, n-1 \end{cases}$$

解这个方程组,可以求得 m_i,此即为 $f'(x_i)$ 的近似值.用这种方法求数值导数,有两点要予以特别注意:(1)须提供边界条件;(2)用此种方法须求解一个线性代数方程组.相应地得到的不是一点的数值导数,而是全部结点上的数值导数.关于这种求数值导数方法,我们有如下误差估计.

定理 7.17 若 $f(x) \in C^5[a,b], a = x_0 < x_1 < \cdots < x_n = b, h = \dfrac{b-a}{n}$,

$x_i = x_0 + ih$, 则

$$\max_{1 \leqslant i \leqslant n-1} \left| f'(x_i) - m_i \right| \leqslant \frac{h^4}{60} \| f^{(5)} \|_\infty$$

其中 $\| f^{(5)} \|_\infty = \max\limits_{a \leqslant x \leqslant b} | f^{(5)}(x) |$.

证明 (留作习题)

从定理 7.17 可以看出,m_i 逼近 $f'(x_i)$ 达到 $O(h^4)$,即精度是非常高的.定理 7.17 仅处理了结点上的误差.其实在 $[a,b]$ 上,$S'(x)$ 是一致收敛到 $f'(x)$ 的,但收敛阶不是 $O(h^4)$ 而是 $O(h^3)$.关于用三次样条插值方法求二阶数值导数,可通过使用三弯矩方程得到.我们不再详细对其进行讨论了.

附录:

龙贝格积分流程图

说明:a:积分下限　　b:积分上限　　$f(x)$:被积函数,须自编

EPS:指定误差限,小的正数　　N:$N+1$ 即为求 $f(x)$ 的次数

S:积分结果　　　　　P:$W[1 \cdots P, 1 \cdots P]$

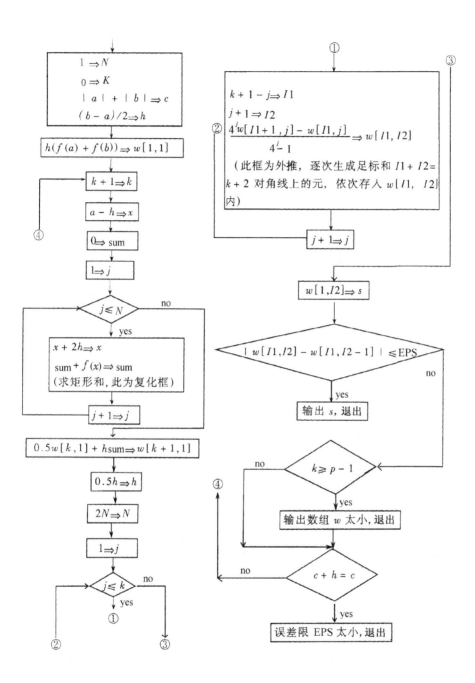

习　题

A.

1. 编写逐次分半梯形求积标准程序.

2. 在问题 1 的基础上编写一个龙贝格积分的标准程序.

3. 试用自己编写的程序解决下述问题:

我们第一颗人造地球卫星近地点距离 $h = 439$ 千米, 远地点距离 $H = 2384$ 千米, 地球半径 $R = 6371$ 千米. 试求该卫星轨道的周长.

B.

1. 证明牛顿-科茨系数具有"对称性": $C_i = C_{n-i}$.

2. 证明牛顿-科茨系数 $C_i^{(n)}$ 可由方程组

$$\begin{pmatrix} 1 & 2 & \cdots & n \\ 1 & 2^2 & \cdots & n^2 \\ \vdots & \vdots & & \vdots \\ 1 & 2^n & \cdots & n^n \end{pmatrix} \begin{pmatrix} C_1^{(n)} \\ \vdots \\ C_n^{(n)} \end{pmatrix} = \begin{pmatrix} \dfrac{n}{2} \\ \dfrac{n^2}{3} \\ \vdots \\ \dfrac{n^n}{n+1} \end{pmatrix}$$

所决定, 而 $C_0^{(n)}$ 可由 $\displaystyle\sum_{i=0}^{n} C_i^{(n)} = 1$ 求出.

3. 设 $\omega_n(x) = (x - x_0)(x - x_1)\cdots(x - x_n)$, 则有下述命题:

(a) $\omega_n\left(\dfrac{a+b}{2} + \xi\right) = (-1)^{n+1} \omega_n\left(\dfrac{a+b}{2} - \xi\right)$;

(b) 如果 ξ 不是结点, 且满足 $a < \xi + h \leqslant \dfrac{(a+b)}{2}$, 则 $|\omega_n(\xi + h)| < |\omega_n(\xi)|$;

(c) 如果 ξ 不是结点, 且满足 $\dfrac{(a+b)}{2} \leqslant \xi < b$, 则 $|\omega_n(\xi)| < |\omega_n(\xi + h)|$.

4. 设 $\Omega_n(x) = \displaystyle\int_a^x \omega_n(t)\mathrm{d}t$, $n = 1, 2, \cdots$, 则当 n 为偶数时, $\Omega_n(a) = \Omega_n(b) = 0$, 且 $\Omega_n(x) > 0$, $\forall x \in (a, b)$.

5. 试证明定理 7.3 和定理 7.4.

6. 试确定下列求积公式中的待定参数, 使其代数精度尽可能高, 并指明其代数精度.

(a) $\displaystyle\int_{-2a}^{2a} f(x)\mathrm{d}x \approx A_{-1} f(-a) + A_0 f(0) + A_1 f(a)$, A_i 为参数;

(b) $\displaystyle\int_0^h f(x)\mathrm{d}x \approx \dfrac{h}{2}[f(0) + f(h)] + ah^2[f'(0) - f'(h)]$, a 为参数;

(c) $\displaystyle\int_{x_0}^{x_1} (x - x_0) f(x)\mathrm{d}x \approx h^2(Af(x_0) + Bf(x_1)) + h^3(Cf'(x_0) + Df'(x_1))$, 其中 $h = x_1 - x_0$, A、B、C、D 为参数.

7. 设 $P_2(x)$ 是 $f(x)$ 在 $x = 0, x = h$, 及 $x = 2h$ 三点上的二次插值多项式. 试用其计算

$I_2 = \int_0^{3h} f(x)\mathrm{d}x$ 的三点求积公式：$\tilde{I}_2 = \int_0^{3h} P_2(x)\mathrm{d}x$. 且证明若 $f(x) \in C^4[0,3h]$，则有

$$I_2 - \tilde{I}_2 = \frac{3}{8}h^4 f^{(3)}(0) + \mathrm{O}(h^5)$$

8.若 $f(x)$ 于 $[a,b]$ 上可积，试证明复化梯形公式(2.1)和复化辛普森公式(2.4)当 $n \to \infty$ 时，均收敛到 $\int_a^b f(x)\mathrm{d}x$.

9.试给出题 6 中 (b) 的余项表达式.

10.用复化梯形公式计算 $\int_{-4}^4 \dfrac{\mathrm{d}x}{1+x^2}$，试用误差余项表达式进行分析，欲保证误差不超过指定的 ε，须至少将区间 $[-4,4]$ 多少等分？将此结果与实际计算结果进行比较.

11.设 $T(h)$ 为 $\sqrt{x}$ 关于步长 h 的复化梯形公式.证明

$$\int_0^1 \sqrt{x}\,\mathrm{d}x = T(h) + \alpha_1 h^{\frac{3}{2}} + \alpha_2 h^2 + \alpha_3 h^4 + \alpha_4 h^6 + \cdots$$

其中 $\alpha_1, \alpha_2, \cdots$ 是与 h 无关的常数，试设计利用此结果进行外推的方案.

12.在半径为 $R=1$ 的圆内，作圆内接正 n 边形.证明

1) $n \to \infty$ 时，正 n 边形的面积 S_n 以外接圆的面积 π 为极限；

2) 试导出 S_n 的渐近展开式，并由此设计一外推方案以求 π 的近似值.

13.证明高斯求积系数 $A_i(i=0,1,\cdots,n)$ 满足

1) $\displaystyle\sum_{i=0}^n A_i = \int_a^b \rho(x)\mathrm{d}x$；

2) $A_i > 0$.

14.试构造如下的高斯型求积公式

$$\int_0^1 xf(x)\mathrm{d}x = A_1 f(x_1) + A_2 f(x_2)$$

15.证明定理 7.17.

16.试构造近似计算二重积分

$$\int_a^b \int_c^d f(x,y)\mathrm{d}x\mathrm{d}y$$

的辛普森公式.并试进行误差分析.

第八章　非线性方程求根

科学技术及生产实践中的许多问题常常归结为求解一元函数方程 $f(x)=0$. 如果 $f(x)$ 是多项式,则上述方程称为代数方程;如果 $f(x)$ 是超越函数,则其称为超越方程. 方程 $f(x)=0$ 的解通称为方程的(实)根或函数 $f(x)$ 的零点.

与二次代数方程相比较,一代又一代的数学工作者为了找出 n 次代数方程的求根公式而付出了艰苦的努力,但最后发现只有不高于 4 次的代数方程能有求根公式,而对较 n 次代数方程复杂得多的一般的非线性方程,要想找到求根公式并用其直接求得该方程的精确解,简直就是天方夜谭! 另一方面实际问题并非一定要寻找到解的精确表达式,只要能求出满足一定精度要求的近似解就可以了. 本章主要讨论求非线性方程实根的近似计算方法.

对于函数方程 $f(x)=0$,具体求根一般分三步:

1. 分析并估计方程根的分布情况,从而确定其有根区间;
2. 在有根区间内确定根的某个粗糙的近似值,即确定所谓初始近似根;
3. 将初始近似根逐步加工成满足精度要求的结果.

由以上三步可以看出,非线性方程求根的方法,一般均为迭代法.

§8.1　初始近似根的确定

8.1.1　有根区间的确定

设 $f(x)$ 为定义在实轴上某区间内的连续函数,方程 $f(x)=0$ 根的分布可能很复杂. 然而,我们可以根据方程本身的特点,用数学分析的方法来推导、判断其有根区间,亦可借助某些数学工具软件(如 Matlab, Mathematica 等)描绘出函数的图像,直观地了解函数方程根的分布情况.

例 1　试确定 $f(x)=x^6-x-1=0$ 的有根区间.

解　由于 $f'(x)=6x^5-1$,故在 $x>\sqrt[5]{\dfrac{1}{6}}\approx0.698827$ 范围内,$f(x)$ 严格上升;而在 $x<\sqrt[5]{\dfrac{1}{6}}$ 范围内严格下降. 但 $f\left(\sqrt[5]{\dfrac{1}{6}}\right)<0$, $f(\pm\infty)>0$,因而

$f(x)=0$ 只有两个实根.

进一步分析由 $f(1)f(2)<0$,可知方程在 $[1,2]$ 内有一实根;再由 $f(-1)$ $f(0)<0$,确定方程的另一实根在 $[-1,0]$ 区间内.

例 2 确定超越方程 $f(x)=\sin x-\dfrac{1}{2}x=0$ 的正实根所在区间.

解 将原方程化为 $\begin{cases} y=\sin x \\ y=\dfrac{x}{2} \end{cases}$,则原问题就转化为求曲线 $y=\sin x$ 与直线 $y=\dfrac{1}{2}x$ 的交点所在区间.

画出函数图像的草图(图 8.1),即可确定其正实根存在区间为 $\left[\dfrac{\pi}{2},\pi\right]$.

例 3 确定方程 $f(x)=2x^3-7x+2=0$ 的有根区间.

解 易知(图 8.2),方程的三个实根分别存在于区间 $[-3,-1],[0,1]$ 和 $[1,2]$.

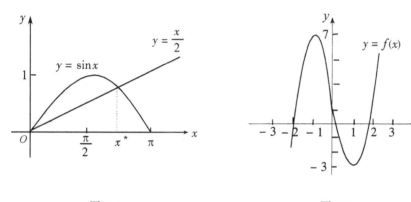

图 8.1　　　　　　　　　　　　　图 8.2

通过上述的讨论,我们不难将函数 $f(x)$ 的定义域分成若干个只含一个实根的区间.于是,我们总可假设 $f(x)$ 在某个区间 (a,b) 内有且仅有一个实根 x^*.

8.1.2　二分法

设实函数 $y=f(x)$ 在 $[a,b]$ 上连续,且 $f(a)f(b)<0$,则由连续函数的介值定理知 $f(x)=0$ 在 $[a,b]$ 上至少有一实根 x^*.

现用逐次减半有限区间的办法来求 $f(x)=0$ 的根,也就是通常所说的二分法.不妨设 $y=f(x)$ 在 $[a,b]$ 上单调连续,且 $f(a)<0,f(b)>0$,则方程 $f(x)=0$ 在区间 $[a,b]$ 上有且仅有一个实根 x^*.

1. 令 $a_0 = a$，$b_0 = b$，$x_0 = \dfrac{a_0 + b_0}{2}$.

若 $f(x_0) = 0$，则 x_0 为所求；否则，若 $f(x_0) < 0$，取 $[x_0, b_0]$ 为有根区间；若 $f(x_0) > 0$，取 $[a_0, x_0]$ 为有根区间，并记新的有根区间为 $[a_1, b_1]$.

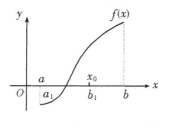

图 8.3   图 8.4

2. 在 $[a_1, b_1]$ 上实施与 1. 完全相同的运算与操作，类似得 $[a_2, b_2]$，依此类推，得 $[a_3, b_3]$，$[a_4, b_5]$，$\cdots$，$[a_k, b_k]$，$\cdots$

若上述步骤进行到某一步有 $x_i = \dfrac{a_i + b_i}{2}$，使 $f(x_i) = 0$，则 x_i 即为 $f(x) = 0$ 的根. 否则得一区间套：

$$[a_0, b_0] \supset [a_1, b_1] \supset [a_2, b_2] \supset \cdots \supset [a_k, b_k] \supset \cdots$$

由此知

$$a_0 \leqslant a_1 \leqslant a_2 \leqslant \cdots \leqslant a_k \leqslant \cdots \leqslant b_0 \tag{1.1}$$

$$b_0 \geqslant b_1 \geqslant b_2 \geqslant \cdots \geqslant b_k \geqslant \cdots \geqslant a_0 \tag{1.2}$$

$$x_k = \frac{a_k + b_k}{2}, \quad a_k \leqslant x_k \leqslant b_k \tag{1.3}$$

$$b_k - a_k = \frac{b - a}{2^k} \tag{1.4}$$

由 (1.1) 知 $\{a_k\}$ 有极限，设为 a^*，即

$$\lim a_k = a^*$$

由 (1.2) 知 $\{b_k\}$ 有极限，设为 b^*，即

$$\lim_{k \to \infty} b_k = b^*$$

由 (1.4) 知 $a^* = b^*$，再由 (1.3) 有

$$\lim_{k \to \infty} x_k = x^* = a^* = b^*$$

又

$$f(a_k) < 0, \quad f(b_k) > 0$$

故

$$f(a^*) \leqslant 0, \quad f(b^*) \geqslant 0$$

从而

$$f(x^*) = 0$$

由上可知,若诸 x_k 均不满足 $f(x_k)=0$,则上述这种二分有根区间的过程为一无限过程.但实际上我们不可能也没必要进行这一无限过程,而只要进行到某一步,使得 $\dfrac{b-a}{2^k}$ 小于预先指定的误差限 ε 就可以保证 $|x_k - x^*| < \varepsilon$.从而 x_k 就可以作为 x^* 的近似值.其实此时区间 $[a_k, b_k]$ 内的任何值都可以作为 x^* 的近似值.

由 $|x^* - x_k| \leqslant \dfrac{b_k - a_k}{2} = b_{k+1} - a_{k+1}$ 及(1.4)式可得误差估计式

$$|x^* - x_k| \leqslant \frac{b-a}{2^{k+1}} \tag{1.5}$$

对预先给定的精度 ε,从(1.5)易求得所需二分的次数 k.欲使 $|x^* - x_k| < \varepsilon$,则只要

$$\frac{b-a}{2^{k+1}} < \varepsilon$$

两边取对数得

$$k > \frac{\lg\left(\dfrac{b-a}{\varepsilon}\right)}{\lg 2} - 1 \tag{1.6}$$

于是可取 k 为大于 $\dfrac{\lg(b-a) - \lg\varepsilon}{\lg 2} - 1$ 的最小整数.这就给我们提供了一个算法终止的准则.

下面给出二分法的计算步骤:

步 1 输入有根区间的端点 a, b 及预定的精度 ε;

步 2 计算 $x = \dfrac{a+b}{2}$;若 $f(x)=0$ 则输出 x,计算结束;否则转步 3.

步 3 若 $f(a)f(x)<0$,则 $x \Rightarrow b$;否则 $x \Rightarrow a$;转步 4.

步 4 若 $b-a < \varepsilon$,则输出方程满足精度要求的根 x,结束;否则转步 2.

例 4 求方程 $f(x) = x^3 - x - 1 = 0$ 在区间 $[1,2]$ 内的一个实根.要求根 x^* 的近似值的绝对误差不超过 10^{-4}.

解 使用二分法来求 x^* 的近似值.根据(1.4)式,可知,取 $k \geqslant 14$ 时,可使 $|x^* - x_k| < 10^{-4}$.该例的计算结果见下表:

k	a_k	b_k	x_k	$f(x_k)$
1	1	2	1.5	0.875
2	1	1.5	1.25	-0.297
3	1.25	1.5	1.375	0.2246
4	1.25	1.375	1.3125	-0.0515
5	1.3125	1.375	1.34375	0.0826
6	1.3125	1.34375	1.328125	0.01458
7	1.3125	1.328125	1.3203125	-0.0187
8	1.3203125	1.328125	1.32421875	-0.023
9	1.32421875	1.328125	1.32617185	6.2×10^{-3}
10	1.32421875	1.326171875	1.325195312	2.04×10^{-3}
11	1.32421875	1.325195312	1.324707031	-4.7×10^{-5}
12	1.324707031	1.325195312	1.32495117	9.95×10^{-4}
13	1.324707031	1.3241951171	1.324829101	4.74×10^{-4}
14	1.324707031	1.324829101	1.324768066	1.5×10^{-4}

二分法思想简单,逻辑清晰,只要确定了有根区间,则一定能求得 $f(x)$ $=0$ 的根,因而算法安全可靠.在机器字长允许的条件下,可达很高精度,且便于并行计算.缺点是收敛较慢,在实际应用中,常常用它来确定方程根的初始近似值,以便进一步使用收敛速度较快的其它算法来求得满足较高精度要求的近似根.

§8.2 迭 代 法

8.2.1 迭代法

迭代法在数学的各个分支中都有着重要应用.在本书第三、四章内,我们已经看到了其在求解线性方程组及矩阵特征值问题中的非凡功效.本节则讨论其在非线性方程求根方面的应用.

正如本章开头所述,对于一般的非线性方程,没有通常所说的求根公式可用以求其精确解,因此需要设计近似求解方法,而这些近似求解方法,一般说来都是迭代法.

为求解非线性方程

$$f(x) = 0 \tag{2.1}$$

的根,先将其写成便于迭代的等价方程

$$x = \varphi(x) \tag{2.2}$$

然后在(2.1)的有根区间内选定根的初始近似值 x_0,按下式

$$x_{k+1} = \varphi(x_k) \tag{2.3}$$

构造序列 $\{x_k\}$.我们称 φ 为迭代函数,由(2.3)产生的序列 $\{x_k\}$ 称为迭代序列.

更一般地,若 x_{k+1} 是由 $x_k, x_{k-1}, \cdots, x_{k-r}$ 及相应点的函数值 $f(x_k), \cdots,$ $f(x_{k-r})$ 和若干阶导数值决定而不仅仅由 x_k 点的有关信息来决定,我们将由 $x_k, x_{k-1}, \cdots, x_{k-r}$ 等点上的有关信息来决定 x_{k+1} 这一关系记为映射 φ_k,即

$$x_{k+1} = \varphi_k(x_k, x_{k-1}, \cdots, x_{k-r}) \tag{2.4}$$

此时也称 φ_k 为迭代函数,若 φ_k 与 k 无关,则称迭代为定常的,否则称为非定常的.在定常情形,我们记迭代(2.4)为

$$x_{k+1} = \varphi(x_k, x_{k-1}, \cdots, x_{k-r}) \tag{2.5}$$

显然,(2.3)为(2.5)的特例.习惯上,我们称(2.3)为单点迭代,而称(2.5)当 $r \geqslant 1$ 时为多点迭代.本章将在§8.4 研究多点迭代的一种特殊情形——割线法.其它几节将主要介绍单点迭代.

现在我们来考察迭代格式(2.3):

首先,我们设 $\varphi(x)$ 的定义域为 I,由(2.3),若记 $\varphi(x)$ 的值域为 K,为使迭代不致中断,则必须有 $K \subset I$.

第二,我们希望迭代序列 $\{x_k\}$ 有极限,且极限就是(2.1)的根.为此,若设 $\varphi(x)$ 在 I 上连续,且 $K \subset I$,$\lim\limits_{k \to \infty} x_k = x^*$,则须 I 为闭集(闭区间).若上述假设均满足,则有

$$\lim_{k \to \infty} x_{k+1} = \lim_{k \to \infty} \varphi(x_k)$$

即 $x^* = \varphi(x^*)$.这就是说,φ 将 x^* 映射为自身,即 x^* 为 φ 的不动点,是与 $f(x) = 0$ 等价的方程 $x = \varphi(x)$ 的根,从而为 $f(x) = 0$ 的根.

为直观说明问题,我们给出迭代格式(2.3)的几何解释:

图 8.5 表明迭代函数 $\varphi(x)$ 对任何 $x_0 \in I$,均有 $\lim\limits_{k \to \infty} x_k = \lim\limits_{k \to \infty} \varphi(x_{k-1}) = x^*$.

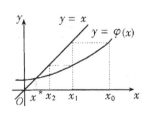

图 8.5

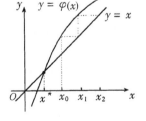

图 8.6

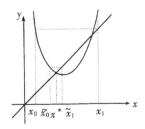

图 8.7

图 8.6 表明迭代函数 $\varphi(x)$ 对任何不等于 x^* 的 $x_0 \in I$, $\{x_k\}$ 都不收敛于 x^*.

图 8.7 表明迭代函数 $\varphi(x)$, 对由 x_0 产生的迭代序列 $\{x_k\}$ 不收敛于 x^*, 但由 $\tilde{x}_0$ 产生的迭代序列 $\{\tilde{x}_k\}$ 却收敛于 x^*.

由上述图 8.5, 图 8.6 我们看到: 并非将方程 $f(x)=0$ 写成等价形式 $x = \varphi(x)$, 由此构造出来的迭代序列都收敛. 从图 8.7 我们看到, 对一给定的迭代格式 $x = \varphi(x)$, 并非对任意给定的迭代初值 x_0, 由此产生的迭代序列都收敛. 因此, 用迭代法求解方程 $f(x)=0$, 既要注意迭代函数的设计, 又要注意迭代初值的选取.

例 5 求方程 $x^3 - x - 1 = 0$ 在 $x = 1.5$ 附近的一个根(用六位有效数字计算). (2.6)

(1)我们可以将方程改写成如下等价形式:
$$x = \sqrt[3]{x+1} \tag{2.7}$$
将所给的初始近似值 $x_0 = 1.5$ 代入(2.7)式的右端便可得到 $x_1 = \sqrt[3]{x_0 + 1}$ $= 1.35721$, 其计算结果说明 x_0 并不满足方程(2.6), 再用 x_1 作为近似根代入(2.7)式的右端又得

$$x_2 = \sqrt[3]{x_1 + 1} = 1.33086$$

可见 x_2 与 x_1 仍有偏差, 即 x_1 仍不满足(2.6), 故再取 x_2 作为近似根, 并重复这个步骤, 如此继续下去. 显然, 我们选用的迭代公式为

$$x_{k+1} = \sqrt[3]{x_k + 1} \quad (k = 0,1,2,\cdots) \tag{2.8}$$

其各次迭代结果见下表:

k	x_k	k	x_k
0	1.5	5	1.32476
1	1.35721	6	1.32476
2	1.33086	6	1.32473
3	1.325881	7	1.32472
4	1.32494	8	1.32472

可见若取六位有效数字, 则 x_7 与 x_8 完全相同, 这时可以认为 x_7 实际上已满足方程(2.6). 从而得到满足预定精度要求的根 $x = 1.32472$.

(2)对于上例, 若将方程(2.6)改写成另一种等价形式
$$x = x^3 - 1 \tag{2.9}$$
由此建立迭代格式
$$x_{k+1} = x_k^3 - 1 \quad (k = 0,1,2,\cdots)$$

仍取初始值 $x_0 = 1.5$,则迭代结果

$$x_1 = 2.375$$
$$x_2 = 12.3965$$

其结果越来越大,不可能趋向于某个极限.可见迭代法不一定都是收敛的.

通过迭代法的几何解释和上面的数值例子,便可知道,使用迭代法求解非线性方程(2.1),须要解决的问题是:

(1)迭代格式的构造;

(2)迭代初值的选取;

(3)迭代序列的收敛性分析;

(4)收敛速度与误差分析.

在本节的后半部分,将首先来讨论迭代序列的收敛性或迭代方法的收敛性问题.由于寻求方程 $f(x)=0$ 的根等同于寻求等价方程 $x=\varphi(x)$ 的不动点,而 $x_{k+1}=\varphi(x_k)$ 就是 Picard 迭代.这就启发我们使用压缩映象原理(Banach 不动点定理)来给出迭代 $x_{k+1}=\varphi(x_k)$ 收敛的充分条件.凭此条件,我们就可以针对具体问题构造出一些保证收敛的迭代格式.从而解决了问题(1).为了便于进行迭代法的收敛速度分析和误差估计,我们还将给出收敛阶的定义.至于初值的选取,则留到下一节——牛顿法中去讨论.

8.2.2 迭代法的收敛性分析

为进行迭代方法(2.3)的收敛性分析,首先引进如下定义

定义 8.1 设 $\varphi(x)$ 为定义在闭区间 I 上的函数,且 $\forall x \in I$,均有 $\varphi(x) \in I$,则称 $\varphi(x)$ 为 I 自身上的一个映射.

定义 8.2 设 $\varphi(x)$ 为闭区间 I 自身的映射,且存在 $0 < L < 1$,对 $\forall x_1, x_2 \in I$ 时,有

$$|\varphi(x_2) - \varphi(x_1)| \leqslant L |x_2 - x_1|$$

则称 $\varphi(x)$ 为 I 上的一个压缩映射,L 称为利普希茨(Lipschitz)常数.

定理 8.1 若 $\varphi(x)$ 为 I 上的压缩映射,则 $\varphi(x)$ 必为 I 上的连续函数.

证明 x 为 I 上任一点,任给 $\varepsilon > 0$,只需取 $\delta = \varepsilon$,则当 $|\Delta x| < \delta$ 时,就有

$$|\varphi(x + \Delta x) - \varphi(x)| \leqslant L |\Delta x| \leqslant L\varepsilon < \varepsilon$$

定理 8.2 若 $\varphi(x)$ 为有限闭区间 I 上的压缩映射,则 I 上存在唯一的一个不动点 x^*,且对 $\forall x \in I$,由迭代

$$x_{k+1} = \varphi(x_k)$$

决定的序列 $\{x_k\}$ 收敛于 $\varphi(x)$ 的这个不动点 x^*,并有误差估计式

$$|x_k - x^*| \leqslant \frac{1}{1-L} |x_{k+1} - x_k|$$

$$\leqslant \frac{L^k}{1-L}|x_1 - x_0| \tag{2.10}$$

成立.

证明 (1) 作函数 $h(x) = \varphi(x) - x$, 记 $I = [a, b]$, 由于 $x \in I$ 时 $\varphi(x) \in I$, 则 $h(a) = \varphi(a) - a \geqslant 0$, $h(b) = \varphi(b) - b \leqslant 0$, 由 $\varphi(x)$ 的连续性, 必存在 $x^* \in I$, 使 $h(x^*) = \varphi(x^*) - x^* = 0$, 即 $x^* = \varphi(x^*)$. x^* 就是 $\varphi(x)$ 的不动点.

另一方面, 若有 $x, y \in I$ 均为 $\varphi(x)$ 的不动点, 则有
$$|\varphi(x) - \varphi(y)| = |x - y|$$

及
$$|\varphi(x) - \varphi(y)| \leqslant L|x - y| < |x - y|$$

于是只能 $x = y$, 即 $\varphi(x)$ 在 I 上仅有一个不动点.

(2) $\forall x_0 \in I$, 由于 $\varphi(x)$ 为 I 上自身映射, 于是
$$x_1 = \varphi(x_0) \in I$$

这样可归纳证明迭代序列 $\{x_k\} \subset I$. 设 x^* 为 $\varphi(x)$ 的不动点, 则
$$|x_{k+1} - x^*| = |\varphi(x_k) - \varphi(x^*)| \leqslant L|x_k - x^*|$$
$$\leqslant L^2|x_{k-1} - x^*| \leqslant \cdots \leqslant L^{k+1}|x_0 - x^*|$$

由于 $0 < L < 1$, 故有 $\lim_{k \to \infty} x_k = x^*$.

(3) 由于
$$|x_k - x^*| = |x_k - x_{k+1} + x_{k+1} - x^*|$$
$$\leqslant |x_k - x_{k+1}| + |x_{k+1} - x^*|$$
$$\leqslant |x_k - x_{k+1}| + L|x_k - x^*|$$

则
$$|x_k - x^*| \leqslant \frac{1}{1-L}|x_{k+1} - x_k| \leqslant \frac{L^k}{1-L}|x_1 - x_0|$$

误差估计式(2.10)说明: 只要迭代值的偏差 $|x_{k+1} - x_k|$ 相当小就能保证迭代误差 $|x^* - x_k|$ 足够小. 因此可用条件
$$|x_{k+1} - x_k| < \varepsilon$$

来控制迭代过程结束.

实际上我们常常使用定理 8.2 的推论来判敛.

推论 若迭代函数 $\varphi(x)$ 将 I 映射于自身, 对 $\forall x \in I$, $\varphi'(x)$ 存在, 且 $|\varphi'(x)| \leqslant L < 1$, 则对 $\forall x_0 \in I$, 迭代格式(2.3)收敛.

例 6 求方程 $f(x) = 9x^2 - \sin x - 1 = 0$ 在 $[0, 1]$ 内的一个根.

解 将方程化为其等价形式

$$x = \frac{1}{3}\sqrt{\sin x + 1}$$

此时迭代函数

$$\varphi(x) = \frac{1}{3}\sqrt{\sin x + 1}$$

由此建立迭代格式

$$x_{k+1} = \frac{1}{3}\sqrt{\sin x_k + 1}$$

容易验证 $\varphi(x)$ 满足定理 8.2 的条件,故对 $\forall x_0 \in [0,1]$,迭代过程均收敛.事实上,若取 $x_0 = 0.4$,当迭代 9 次后,再迭代已无变化,故方程 $f(x) = 0$ 的近似根为 $x_9 = 0.391846907$.

然而,若将原方程化为另一种等价形式

$$x = \arcsin(9x^2 - 1)$$

由此而建立的迭代格式为

$$x_{k+1} = \arcsin(9x_k^2 - 1)$$

同样取 $x_0 = 0.4$ 依上式迭代得

$$x_1 = 0.4559867$$
$$x_2 = 1.0514249$$
$$x_3 = \arcsin(8.94944888)$$

至此由于 x 的取值超出 $\varphi(x)$ 的定义域 $\left[-\frac{\sqrt{2}}{3}, \frac{\sqrt{2}}{3}\right]$. 而使迭代过程中断.其实可以证明,这个迭代格式对 $[0,1]$ 内任意初值(除 $\varphi(x)$ 的不动点)注定在某一步中断.(请读者思考为什么?)

此例说明,随便构造 $x_{k+1} = \varphi(x_k)$,不仅有收敛与不收敛的区别,而且还有使迭代中断的可能.

例7 求 $x = 2x(1-x)$ 在 $(0,1)$ 上的根.

解 这里 $\varphi(x) = 2x(1-x)$

显然当 $x \in (0, \frac{1}{4})$ 时,$\varphi'(x) = 2 - 4x > 1$ 不满足定理 8.2 推论的条件.但迭代过程对 $\forall x_0 \in (0,1)$ 均收敛(如取 $x_0 = 0.0001$,迭代 17 次得 $x_{17} = 0.5000 = x^*$).(请读者证明这个事实.)

此例说明定理 8.2 的推论仅是个充分条件,而非必要条件.

在定理 8.2 的证明中,我们看到:若 $L \ll 1$,则收敛很快,若 L 接近 1,则收敛会很慢.由于 L 是 $\varphi(x)$ 在 I 上的 Lipschitz 常数.用其来刻化收敛快慢难免有粗疏之嫌.为此我们引进收敛阶的概念.它具体刻化了当 x_k 收敛于 x 时,收敛速度的快慢.

定义 8.3 若迭代格式(2.3)收敛,即 $\lim x_k = x^*$.如果迭代误差 $e_k = x_k - x^*$,当 $k \to \infty$ 时满足下列关系式

$$\lim_{k \to \infty} \frac{|e_{k+1}|}{|e_k|^P} = c$$

其中 P 和 c 均为正常数,则称该迭代法为 P 阶收敛.若 $P = 1$(此时 c 须比 1 小)则称该迭代法为线性收敛;若 $P > 1$,则称该迭代法为超线性收敛;$P = 2$ 称为平方收敛.

这个定义刻化了一个 P 阶收敛的迭代格式当 k 充分大时,$x_k \to x^*$ 的速度.显然,设法构造高阶收敛的迭代格式当是我们追求的目标.同时我们也不难证明:若迭代格式(2.3)中的迭代函数 $\varphi(x)$ 连续可微,且满足定理 8.2 推论的条件,则迭代格式(2.3)至少是一阶收敛的.这是因为

$$\lim_{k \to \infty} \frac{|x_{k+1} - x^*|}{|x_k - x^*|} = \lim_{k \to \infty} \frac{|\varphi(x_k) - \varphi(x^*)|}{|x_k - x^*|}$$

$$= \lim_{k \to \infty} |\varphi'(x_k + \theta(x_k - x^*))| \quad 0 \leqslant \theta \leqslant 1$$

$$= |\varphi'(x^*)|$$

由此,若 $\varphi'(x^*) \neq 0$,则 $|\varphi'(x^*)| < 1$ 为一常数.此时迭代格式(2.3)为一阶收敛.若 $\varphi'(x^*) = 0$,说明 $|x_{k+1} - x^*|$ 是较 $|x_k - x^*|$ 为高阶的无穷小.故迭代格式(2.3)收敛,且收敛阶至少为 1 阶.通过这一段说明,我们也可以看出:欲构造超线性收敛格式,必须 $\varphi'(x^*) = 0$.

现在再来看定理 8.2,在迭代法判敛中该定理的作用非同寻常.若满足该定理的条件:$\varphi(x)$ 为有限区间 I 上的压缩映射,则结论是 $\varphi(x)$ 有唯一不动点 x^*,且对 $\forall x_0 \in I$,迭代

$$x_{k+1} = \varphi(x_k)$$

均收敛,即 $x_k \to x^* \quad (k \to \infty)$.

在前述的讨论中,我们已看到这个定理的作用.但是我们注意到使用此定理时,首先要做的事是

①寻找有根区间 I;

②证明 $\varphi(x)$ 为 I 上的压缩映射.

为便于确定迭代初值和减少确定有根区间 I 的工作量,往往将有根区间定得较大.甚至有根区间就取为 $\varphi(x)$ 的定义区间.这种情形下若迭代收敛称之为大范围收敛.这种迭代方法当然是求之不得的.但实际上,范围越大,证明迭代 $x_{k+1} = \varphi(x_k)$ 收敛越困难.

为便于证明 $\varphi(x)$ 为有根区间上的压缩映射,从而即可断定迭代 $x_{k+1} = \varphi(x_k)$ 收敛,我们可以仅取 $x = \varphi(x)$ 的根 x^* 的某一邻域 $U(x^*)$,利用 $\varphi(x)$

及其导数等的连续性,可以证明 $\varphi(x)$ 为 $U(x^*)$ 上的压缩映射.一般地说,这一步相对容易,从而只要迭代初值选在 $U(x^*)$ 内,迭代 $x_{k+1}=\varphi(x_k)$ 便收敛.这种收敛称为局部收敛.显然,对于局部收敛的迭代格式而言,迭代初值的选择便非常重要但又有了一定难度.之所以有一定难度,关键在于我们由 $\varphi(x)$ 及其导数的连续性,仅可断定存在一个 $U(x^*)$,但其到底有多大,并不知晓.

现在讨论迭代格式(2.3)的局部收敛性,我们有

定理 8.3 设 x^* 为方程 $x=\varphi(x)$ 的根,$\varphi'(x)$ 在 x^* 的邻域 U 内连续,且 $|\varphi'(x^*)|<1$,则迭代过程 $x_{k+1}=\varphi(x_k)$ 在 x^* 邻近具有局部收敛性.

证明 因 $|\varphi'(x^*)|<1$,又由 $\varphi'(x)$ 在 x^* 邻近连续,则存在 x^* 的某邻域 $U_{x^*}\subset U:|x-x^*|\leqslant\delta$,使对 $\forall x\in U_{x^*}$ 都有 $|\varphi'(x)|\leqslant L<1$ 成立.又对 $\forall x\in U_{x^*}$,

$$|\varphi(x)-x^*|=|\varphi(x)-\varphi(x^*)|=|\varphi'(\xi)(x-x^*)| \quad \xi\text{介于}x,x^*\text{之间}.$$
$$\leqslant|x-x^*|$$

由此便知

$$\varphi(x)\in U_{x^*}$$

据定理 8.1 知迭代过程 $x_{k+1}=\varphi(x_k)$ 在 x^* 的邻近局部收敛.

推论 设 $\varphi(x)$ 在方程 $x=\varphi(x)$ 根 x^* 邻近具有连续的 $p(\geqslant2)$ 阶导数,且 $\varphi'(x^*)=\varphi''(x^*)=\cdots=\varphi^{(p-1)}(x^*)=0.$ 而 $\varphi^{(p)}(x^*)\neq0.$ 则迭代过程 $x_{k+1}=\varphi(x_k)$ 为 p 阶收敛.

证明 由 $\varphi'(x^*)=0$,据定理 8.3 知迭代过程局部收敛.

由 *Taylor* 公式及推论的条件,有

$$\varphi(x_k)=\varphi(x^*)+\frac{\varphi^{(p)}(\xi)}{p!}(x_k-x^*)^p$$

ξ 介于 x_k 与 x^* 之间.即

$$x_{k+1}-x^*=\frac{\varphi^{(p)}(\xi)}{p!}(x_k-x^*)^p$$

即有

$$\lim_{k\to\infty}\frac{|e_{k+1}|}{|e_k|^p}=\frac{|\varphi^{(p)}(x^*)|}{p!}$$

此即说明迭代过程为局部 p 阶收敛的.

应当指出,使用迭代法前最好先确定所使用的迭代格式是否收敛,但当 $\varphi'(x)$ 较难求或较繁时,也可试算看是否收敛.

以上给出的收敛定理中的条件要严格验证都较困难,实际中常用以下不严格的标准:有根区间 $[a,b]$ 较小,对某一 $x_0\in[a,b]$,若 $|\varphi'(x_0)|$ 明显地小

于 1,则迭代收敛.

例 8 对方程 $f(x) = x^3 - 3x + 1 = 0$ 分析其实根的分布情况,并考察下列三种迭代形式在根附近的收敛情况.

1° $x_{k+1} = \dfrac{x_k^3 + 1}{3}$, $k = 0, 1, 2, \cdots$

2° $x_{k+1} = \dfrac{1}{3 - x_k^2}$, $k = 0, 1, 2, \cdots$

3° $x_{k+1} = \sqrt[3]{3x_k - 1}$, $k = 0, 1, 2, \cdots$

解 因为 $f(-4) = -51 < 0, f(4) = 53 > 0$.所以初步判断方程在 $[-4, 4]$ 区间内至少有一个实根.

用二分法大致确定根的分布情况:计算 $f(x) = x^3 - 3x + 1$ 的函数值,列表如下:

x	-4	-3	-2	-1	0	1	2	3	4
$f(x)$	-51	-17	-1	3	1	-1	3	19	53

可见,在区间 $[-2, -1], [0, 1], [1, 2]$ 内各有一个实根.

考察三种迭代形式在三个根附近的收敛情况,分别取此三根的初始近似值为 $-1.8, 0.3, 1.5$.

1° $x_{k+1} = \dfrac{x_k^3 + 1}{3}$, 此时迭代函数 $\varphi_1(x) = \dfrac{x^3 + 1}{3}$,而

$$\varphi_1'(x) = x^2, |\varphi_1'(-1.8)| = 3.24 > 1, 不收敛(很可能不收敛,下同)$$
$$|\varphi_1'(0.3)| = 0.09 < 1, 收敛(很可能收敛,下同)$$
$$|\varphi_1'(1.5)| = 2.25 > 1, 不收敛$$

2° $x_{k+1} = \dfrac{1}{3 - x_k^2}$, 此时迭代函数 $\varphi_2(x) = \dfrac{1}{3 - x_k^2}$,而

$$\varphi_2'(x) = \dfrac{2x}{(3 - x^2)^2} \quad |\varphi_2'(-1.8)| = 62.5, \quad 不收敛$$
$$|\varphi_2'(0.3)| = 0.07, \quad 收敛$$
$$|\varphi_2'(1.5)| = 5.3, \quad 不收敛$$

3° $x_{k+1} = \sqrt[3]{3x_k - 1}$, 此时迭代函数 $\varphi_3(x) = \sqrt[3]{3x - 1}$,而

$$\varphi_3'(x) = (3x - 1)^{-\frac{2}{3}}, \quad |\varphi_3'(-1.8)| = 0.29, \quad 收敛$$
$$|\varphi_3'(0.3)| = 4.64, \quad 不收敛$$
$$|\varphi_3'(1.5)| = 0.43, \quad 收敛$$

可见迭代格式 $x_{k+1} = \dfrac{x_k^3 + 1}{3}$ 及 $x_{k+1} = \dfrac{1}{3 - x_k^2}$ 不适于求方程在 -1.8 和 1.5 附近的根,而 $x_{k+1} = \sqrt[3]{3x_k - 1}$ 不宜用来求 0.3 附近的根.

8.2.3 迭代过程的加速

对于收敛的迭代过程,只要迭代足够多次,就可以使结果达到任意的精度,但有时迭代过程收敛极为缓慢,从而使计算量变得很大而失去实际应用的意义.因此迭代过程的加速是个重要的课题.

假设 $\{x_k\}$ 是方程 $x = \varphi(x)$ 的近似根序列,且具线性收敛速度.

设 $\tilde{x}_{k+1}$ 为近似值 x_k 经过一次迭代得到的结果,即

$$\tilde{x}_{k+1} = \varphi(x_k)$$

又设 x^* 为迭代方程的根,即

$$x^* = \varphi(x^*)$$

由微分中值定理,有

$$x^* - \tilde{x}_{k+1} = \varphi'(\xi)(x^* - x_k)$$

其中 ξ 为 x^* 与 x_k 之间的某个点.

假定 $\varphi'(x)$ 在求根范围内改变不大,则可近似地取某个定值 L,即有

$$x^* - \tilde{x}_{k+1} \approx L(x^* - x_k) \tag{2.11}$$

再将迭代值 $\tilde{x}_{k+1}$ 用迭代公式校正一次得

$$\bar{x}_{k+1} = \varphi(\tilde{x}_{k+1})$$

同样地,有 $x^* - \bar{x}_{k+1} \approx L(x^* - \tilde{x}_{k+1})$,两式相除得 $\tag{2.12}$

$$\frac{x^* - \bar{x}_{k+1}}{x^* - \tilde{x}_{k+1}} \approx \frac{x^* - \tilde{x}_{k+1}}{x^* - x_k}$$

整理得

$$x^* \approx \frac{x_k \bar{x}_{k+1} - \tilde{x}_{k+1}^2}{x_k - 2\tilde{x}_{k+1} + \bar{x}_{k+1}} = \bar{x}_{k+1} - \frac{(\bar{x}_{k+1} - \tilde{x}_{k+1})^2}{\bar{x}_{k+1} - 2\tilde{x}_{k+1} + x_k}$$

记

$$x_{k+1} = \bar{x}_{k+1} - \frac{(\bar{x}_{k+1} - \tilde{x}_{k+1})^2}{\bar{x}_{k+1} - 2\tilde{x}_{k+1} + x_k}$$

则 x_{k+1} 就是比 $\tilde{x}_{k+1}, \bar{x}_{k+1}$ 更好的近似值.

上述预测—校正处理过程称作艾特肯(Aitken)方法.

对 $x = \varphi(x)$ 方程,构造加速过程算法如下:

预测 $\tilde{x}_{k+1} = \varphi(x_k)$

校正 $\bar{x}_{k+1} = \varphi(\tilde{x}_{k+1})$

改进　$x_{k+1} = \bar{x}_{k+1} - \dfrac{(\bar{x}_{k+1} - \tilde{x}_{k+1})^2}{\bar{x}_{k+1} - 2\tilde{x}_{k+1} + x_k}$

在迭代加速公式中,加速过程不必计算迭代函数 $\varphi(x)$,故使用此加速过程可取得显著的效果.

例9　用加速收敛的方法求方程 $x^3 - x - 1 = 0$ 在 $x = 1.5$ 附近的一个根.

解　迭代加速公式的具体形式为

$$\tilde{x}_{k+1} = x_k^3 - 1$$
$$\bar{x}_{k+1} = \tilde{x}_{k+1}^3 - 1$$
$$x_{k+1} = \bar{x}_{k+1} - \frac{(\bar{x}_{k+1} - \tilde{x}_{k+1})^2}{\bar{x}_{k+1} - 2\tilde{x}_{k+1} + x_k}$$

其计算结果列表如下:

k	x_k
0	1.5
1	1.41629
2	1.35565
3	1.32895
4	1.32480
5	1.32472

上例在前面用一般迭代法 $x_{k+1} = x_k^3 - 1$,取 $x_0 = 1.5$ 是发散的,而将发散的迭代公式通过艾特肯方法处理,竟获得了相当好的收敛性.

这种方法的几何解释非常直观地说明了这一有趣的现象(图8.8).

设 x_0 为方程 $x = \varphi(x)$ 的一个近似根,依据迭代值 $x_1 = \varphi(x_0)$,$x_2 = \varphi(x_1)$ 在曲线 $y = \varphi(x)$ 上定出两点 $P_0(x_0, x_1)$ 和 $P_1(x_1, x_2)$,引弦线 $\overline{P_0P_1}$ 设与直线 $y = x$ 交于一点 P_3,则点 P_3 的坐标 x_3(其横坐标与纵坐标相等)满足

$$x_3 = x_1 + \frac{x_2 - x_1}{x_1 - x_0}(x_3 - x_0)$$

整理出

$$x_3 = \frac{x_0 x_2 - x_1^2}{x_0 - 2x_1 + x_2}$$

此即艾特肯加速公式.

从图8.8上可以看出,所求根 x^* 是曲线 $y = \varphi(x)$ 与 $y = x$ 交点 P^* 的横坐标,尽管迭代值 x_2 比 x_0 和 x_1 更远地偏离了 x^*,但按上式定出的 x_3 却明显地扭转了这种发散的趋势.

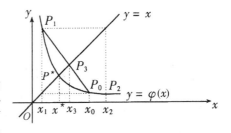

图 8.8

§8.3 牛 顿 法

牛顿法是解非线性方程

$$f(x) = 0$$

的最著名的和最有效的数值方法之一.若所选的迭代初值充分接近于根,则牛顿法的收敛速度很快.

8.3.1 牛顿迭代格式

设 x_k 是 $f(x)=0$ 的一个近似根,把 $f(x)$ 在 x_k 处泰勒展开:

$$f(x) = f(x_k) + f'(x_k)(x - x_k) + \frac{f''(x_k)}{2!}(x - x_k)^2 + \cdots$$

若取前两项来近似代替 $f(x)$,则得 $f(x)=0$ 的近似的线性方程

$$f(x_k) + f'(x_k)(x - x_k) = 0$$

设 $f'(x_k) \neq 0$,令上方程解为 x_{k+1},得

$$x_{k+1} = x_k - \frac{f(x_k)}{f'(x_k)} \tag{3.1}$$

它对应的方程为

$$x = x - \frac{f(x)}{f'(x)} \quad (f'(x) \neq 0)$$

显然这是与 $f(x)=0$ 同解的方程.

我们称(3.1)为牛顿迭代公式,其迭代函数是 $\varphi(x) = x - \dfrac{f(x)}{f'(x)}$.

牛顿法有明显的几何解释(图8.9)

方程 $f(x)$ 的根 x^* 可解释为曲线 $y=f(x)$ 与 x 轴交点的横坐标,设 x_k 是根 x^* 的某个近似值,过曲线 $y=f(x)$ 上横坐标为 x_k 的点 P_k 做 $y=f(x)$ 的切线交 x 轴于点 $(x_{k+1},0)$.此切线方程为

$$y - f(x_k) = f'(x_k)(x_{k+1} - x_k)$$

由此可得

$$x_{k+1} = x_k - \frac{f(x_k)}{f'(x_k)}$$

由于这种几何背景,牛顿法也称切线法.

下面给出牛顿法计算步骤:

步1 选定初始值 x_0,误差限 ε 及最大迭代次数 m.

步2 $P_0 \leftarrow x_0$

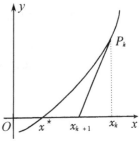

图 8.9

步 3 对 $i = 1, 2, \cdots, m$, 做步 4 ~ 5.

步 4 $P \leftarrow P_0 - \dfrac{f(P_0)}{f'(P_0)}$

步 5 若 $|P - P_0| < \varepsilon$, 则输出 P, 停机; 否则 $P_0 \leftarrow P$.

步 6 输出('method failed'); 停机.

在步 5 中的迭代终止准则亦可用

$$\frac{|P - P_0|}{|P|} < \varepsilon$$

或

$$\frac{|P - P_0|}{|P|} < \varepsilon \ \text{且} \ |f(P)| < \varepsilon$$

例10 应用牛顿法求方程 $f(x) = x^3 + 2x^2 + 10x - 20 = 0$ 在 $[1, 2]$ 内的一个根 (取 $\varepsilon \leqslant 10^{-8}$).

解 由于 $f(1) = -7, f(2) = 16$. 因此方程在 $[1, 2]$ 内至少有一个根. 又因 $f'(x) = 3x^2 + 4x + 10 \neq 0, \forall x \in [1, 2]$. 所以方程 $f(x) = 0$ 在区间 $[1, 2]$ 内有唯一根.

据牛顿迭代公式

$$x_{k+1} = x_k - \frac{x_k^3 + 2x_k^2 + 10x_k - 20}{3x_k^2 + 4x_k + 10}, \quad k = 0, 1, 2, \cdots$$

取初始值 $x_0 = 1$, 得

$$x_1 = 1.411764706$$
$$x_2 = 1.369336471$$
$$x_3 = 1.368808189$$
$$x_4 = 1.368808108$$
$$x_5 = 1.368808108$$

输出 $x_5 = 1.368808108$.

8.3.2 牛顿法的收敛性

定理 8.4 假设函数 $f(x)$ 在包含 x^* 的某邻域内有 $p (> 2)$ 阶连续导数, x^* 是方程 $f(x) = 0$ 的单根, 则当 x_0 充分接近 x^* 时, 牛顿法收敛, 且至少为二阶收敛.

证明 令 $\varphi(x) = x - \dfrac{f(x)}{f'(x)}$, 因此有

$$\varphi'(x) = 1 - \frac{f'(x) f'(x) - f(x) f''(x)}{[f'(x)]^2} = \frac{f(x) f''(x)}{[f'(x)]^2}$$

又 x^* 是 $f(x)$ 的单重零点, 即有 $f(x^*) = 0, f'(x^*) \neq 0$, 从而 $\varphi'(x^*) =$

0,于是据定理 8.3 的推论可以断定,牛顿法在根 x^* 邻近至少是 2 阶收敛(平方收敛)的.

例 11 用牛顿法解方程 $x\mathrm{e}^x - 1 = 0$.

解 牛顿迭代公式为

$$x_{k+1} = x_k - \frac{x_k - \mathrm{e}^{-x_k}}{1 + x_k}$$

取初始值 $x_0 = 0.5$,迭代结果列表如下:

k	x_k
0	0.5
1	0.57102
2	0.56716
3	0.56714

若用迭代过程 $x_{k+1} = \mathrm{e}^{-x_k}$,则需迭代 18 次才能得到相同的结果.

例12 应用牛顿法求 $f(x) = \sin x - \dfrac{1}{2}x = 0$ 的正实根(要求 $|f(x_k)|$ $< 0.5 \times 10^{-7}$).

解 由 §8.1 中例 2 可知,此方程只有一个正根,且在区间 $\left[\dfrac{\pi}{2}, \pi\right]$ 上,取初始近似值 $x_0 = \dfrac{\pi}{2}$,用牛顿法 $x_{k+1} = x_k - \dfrac{\sin x_k - 0.5 x_k}{\cos x_k - 0.5}$,只须迭代 4 次,即可得满足精度要求的解 $x \approx 1.8954267$.

若用迭代格式 $x_{k+1} = 2\sin x_k$,同样取 $x_0 = \dfrac{\pi}{2}$,须迭代 35 次,才能得到同样精度要求的解.

虽然在单根附近牛顿迭代格式比一般迭代格式有较快的收敛速度.但是,应该注意的是:首先牛顿法求根对迭代初值选取要求较严,初值选取不好,可能导致迭代不收敛.其次,牛顿法每迭代一次要计算 $f'(x_k)$ 的值.这无疑会增加很多计算量,为回避这个问题,通常并不是每次都去计算 $f'(x_k)$ 的值,而是用一个固定的 $f'(x_k)$ 迭代若干步后再求一次 $f'(x_k)$.显然这样做减少了工作量,但以降低收敛速度为代价.另外,用牛顿法求重根,一般只有线性收敛速度.有关这方面的内容,我们就不拟详细讨论了.最后,若方程 $f(x) = 0$ 中的非线性函数 $f(x)$ 仅仅连续而不可微,则显然不可对其求导数,即或有时 $f(x)$ 虽然可求导数,但导数计算比较复杂.对于这两种情形,都可用函数在已知点 x_k 和 x_{k-1} 的差商来代替导数,这便是下节要介绍的割线法.

§8.4 割　线　法

8.4.1　解一元函数方程的插值方法

用牛顿方法解一元函数方程 $f(x)=0$,虽然在单根附近具有较高收敛速度,但需要计算导数 $f'(x)$.若 $f(x)$ 较复杂,计算导数 $f'(x)$ 可能有困难;而如果不用计算导数的迭代方法,又往往只有线性收敛速度.可以设想,若在迭代法中,计算 x_{k+1} 时不仅使用 x_k 及 x_k 点上的函数值 $f(x_k)$,而且还使用已知的 $x_{k-1},x_{k-2},\cdots$ 等点上的函数值来构造迭代函数,就有可能提高收敛速度.

插值法解非线性方程就是利用曲线 $y=f(x)$ 上 $r+1$ 个点 $(x_k,f(x_k))$,$(x_{k-1},f(x_{k-1})),\cdots,(x_{k-r},f(x_{k-r}))$ 构造 r 次插值多项式 $P_r(x)$ 来近似替代 $f(x)$,且求出 $P_r(x)$ 的根作为 $f(x)=0$ 根的近似值.这里我们仅讨论 $r=1$ 的情形.

8.4.2　割线法

设已知 $f(x)=0$ 的两个近似根 x_{k-1},x_k 过两点 $(x_{k-1},f(x_{k-1}))$,$(x_k,f(x_k))$ 构造线性插值多项式

$$P(x)=f(x_k)+\frac{f(x_k)-f(x_{k-1})}{x_k-x_{k-1}}(x-x_k)$$

来替代 $f(x)$.并将 $P(x)=0$ 的零点记为 x_{k+1} 作为 $f(x)=0$ 的根 x^* 的新的近似值.即

$$x_{k+1}=x_k-\frac{x_k-x_{k-1}}{f(x_k)-f(x_{k-1})}f(x_k),\qquad k=1,2,\cdots \qquad (4.1)$$

其中 x_0、x_1 为初始近似值,我们称(4.1)为割线法或线性插值法.它的几何意义如图 8.10.

割线法公式(4.1)可以看作是牛顿公式

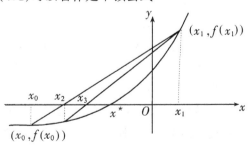

图　8.10

$$x_{k+1} = x_k - \frac{f(x_k)}{f'(x_k)}$$

中的导数 $f'(x_k)$ 用差商 $\dfrac{f(x_k)-f(x_{k-1})}{x_k-x_{k-1}}$ 取代的结果.

例 13 用割线法求 $x^3-3x+1=0$ 在 0.5 附近的根,精确到小数后第六位.

解

$$f(x) = x^3 - 3x + 1$$

$$x_{k+1} = x_k - \frac{x_k-x_{k-1}}{f(x_k)-f(x_{k-1})} f(x_k), \qquad k=1,2,\cdots$$

取 $x_0=0.5, x_1=0.1,$ 计算结果列表如下:

k	x_{k-1}	x_k
1	0.5	0.2
2	0.2	0.356322
3	0.356322	0.347731
4	0.347731	0.347295
5	0.347295	0.347296

割线法的收敛速度稍慢于牛顿法. 下述定理断言,割线法具有超线性收敛性.

定理 8.5 假设 $f(x)$ 在根 x^* 某个充分小的邻域 $U_{x^*}: |x-x^*| \leqslant \delta$ 内具有二阶连续导数,且 $f'(x) \neq 0$,则对任意 $x_0, x_1 \in U_{x^*}$,由割线法产生的序列 $\{x_k\}$ 收敛于 x^*,且收敛阶 $P=1.618$.

我们还可以借助二次插值来求非线性方程的近似解. 相应的方法称之为抛物线法或二次插值法. 插值方法与前述单点迭代法的明显不同点在于计算 x_{k+1} 时要用到前几步的结果(在迭代前进一次的直接计算中),因此称这类方法为多步迭代法.

§8.5 非线性方程组求解方法简介

考虑方程组

$$\begin{cases} f_1(x_1,x_2,\cdots,x_n) = 0 \\ f_2(x_1,x_2,\cdots,x_n) = 0 \\ \cdots\cdots \\ f_n(x_1,x_2,\cdots,x_n) = 0 \end{cases} \tag{5.1}$$

其中 $f_1, f_2, \cdots, f_n$ 均为 $(x_1, x_2, \cdots, x_n)$ 的连续函数. 用向量记号来写(5.1),则有

$$F(x) = 0 \tag{5.2}$$

其中 $F(x) = (f_1(x), f_2(x), \cdots, f_n(x))^{\mathrm{T}}$, 而

$$x = (x_1, x_2, \cdots, x_n)^{\mathrm{T}}$$

为了寻求方程(5.2)的根, 现将其写成等价形式:

$$x = \Phi(x) \tag{5.3}$$

其中 $\Phi(x) = (\varphi_1(x), \varphi_2(x), \cdots, \varphi_n(x))^{\mathrm{T}}$, 于是求方程 $F(x) = 0$ 的根就转化为求(5.3)的根. 即 $\Phi(x)$ 的不动点

$$x^* = \Phi(x^*)$$

适当选取初始向量 $x^{(0)}$, 构造迭代格式

$$x^{(k+1)} = \Phi(x^{(k)}) \tag{5.4}$$

其中 $x^{(k)} = (x_1^{(k)}, x_2^{(k)}, \cdots, x_n^{(k)})$, $k = 0, 1, 2, \cdots$.

若 Φ 满足某种条件, 则如此得到的向量序列 $\{x^{(k)}\}$ 收敛, 且其极限便是 $\Phi(x)$ 的不动点. 这便是下面的定理:

定理 8.6 设 $\Phi: D \subset R^n \to R^n$ 在闭区域 $D_0 \subset D$ 上满足如下条件:

1. $\| \Phi(x) - \Phi(y) \| \leqslant L \| x - y \|$　　$(0 < L < 1)$ (5.5)

2. $\Phi(D_0) \subset D_0$

则对任意 $x^{(0)} \in D_0$, (5.4)产生的迭代序列 $\{x^{(k)}\} \subset D_0$ 收敛于方程组 (5.3)的唯一解 $x^* \in D_0$, 同时有估计式:

$$\| x^{(k)} - x^* \| \leqslant \frac{L}{1 - L} \| x^{(k)} - x^{(k-1)} \| \quad (k \geqslant 1) \tag{5.6}$$

证明 (与一维空间的定理 8.2 类似, 此定理为 n 维空间的压缩映射原理)由 $x^{(0)} \in D_0$ 及 $\Phi(D_0) \subset D_0$ 知 $x^{(k)} \in D_0 (k = 0, 1, 2, \cdots)$. 又由(5.5)

$$\| x^{(k+1)} - x^{(k)} \| = \| \Phi(x_1^{(k)}) - \Phi(x^{(k-1)}) \| \leqslant L \| x^{(k)} - x^{(k-1)} \|$$

于是有

$$\| x^{(k+P)} - x^{(k)} \| \leqslant \sum_{i=1}^{P} \| x^{(k+i)} - x^{(k+i-1)} \|$$

$$\leqslant (L^{P-1} + L^{P-2} + \cdots + 1) \| x^{(k+1)} - x^{(k)} \|$$

$$= \frac{1 - L^P}{1 - L} \| x^{(k+1)} - x^{(k)} \| \leqslant \frac{L^k}{1 - L} \| x^{(1)} - x^{(0)} \| \tag{5.7}$$

从而 $\{x^{(k)}\}$ 为 D_0 内的柯西(Cauchy)序列. 注意 D_0 为闭域, 故有 $x^* \in D_0$, 使 $\lim_{k \to \infty} x^{(k)} = x^*$, 而条件(5.5)保证了 $\Phi(x)$ 为 D_0 上的连续向量函数. 于是, 由 $x^{(k+1)} = \Phi(x^{(k)})$ 两端取极限(令 $k \to \infty$)便有

$$x^* = \Phi(x^*)$$

从而迭代序列 $\{x^{(k)}\}$ 的极限 x^* 即为(5.3)的解,唯一性可由条件(5.5)立得. 注意(5.7)

$$\| x^{(k+P)} - x^{(k)} \| \leqslant \frac{1-L^P}{1-L} \| x^{(k+1)} - x^{(k)} \|$$

在上式两端令 $P \to \infty$,$L < 1$,故有

$$\| x^* - x^{(k)} \| \leqslant \frac{1}{1-L} \| x^{(k+1)} - x^{(k)} \|$$

此即

$$\| x^* - x^{(k)} \| \leqslant \frac{L}{1-L} \| x^{(k)} - x^{(k-1)} \|$$

值得注意的是(5.6)给出了一个具有实际意义的估计式,若已知 $L \ll 1$ 时,则当 $\| x^{(k)} - x^{(k-1)} \| < \varepsilon$(允许误差限),便知 $\| x^{(k)} - x^* \|$ 也小于 ε,从而迭代可以停止.但若 L 很靠近1,则迭代格式(5.4)收敛很慢.甚至会使迭代失去实际意义.

与一维空间类似,若假设 $\Phi(x)$ 在 D_0 上连续可微,则压缩条件(5.5)可用 $\Phi(x)$ 的雅可比矩阵的范数小于 L 来替代,即要求 $\| J(\Phi(x)) \| \leqslant L < 1$ ($\forall x \in D_0$,D_0 应具有凸性),其中

$$J(\Phi) = \begin{bmatrix} \dfrac{\partial \varphi_1}{\partial x_1} & \dfrac{\partial \varphi_1}{\partial x_2} & \cdots & \dfrac{\partial \varphi_1}{\partial x_n} \\[2mm] \dfrac{\partial \varphi_2}{\partial x_1} & \dfrac{\partial \varphi_2}{\partial x_2} & \cdots & \dfrac{\partial \varphi_2}{\partial x_n} \\[2mm] \vdots & & & \\[2mm] \dfrac{\partial \varphi_n}{\partial x_1} & \dfrac{\partial \varphi_n}{\partial x_2} & \cdots & \dfrac{\partial \varphi_n}{\partial x_n} \end{bmatrix}$$

$\| J(\Phi) \|$ 表示与向量范数 $\| x^{(k)} \|$ 相容的矩阵范数.与定理8.2的推论类似,我们也可以将上述的叙述看作是定理8.6的推论,且由此可知:定理8.6的推论显然适用于线性方程组,即要求迭代矩阵的范数小于1.

以下举例说明如何运用不动点迭代法.

例14 求方程组

$$\begin{cases} 3x_1^2 + 4x_2^2 = 1 \\ -8x_1^3 + x_2^3 = 1 \end{cases}$$

在 $x^{(0)} = (-0.5, 0.25)^T$ 附近的解.

解 将方程组写成 $F(x) = 0$,其中

$$F(x) = \begin{bmatrix} 3x_1^2 + 4x_2^2 - 1 \\ -8x_1^3 + x_2^3 - 1 \end{bmatrix}$$

将上述方程组写成等价形式 $x = \Phi(x)$. 例如可考虑

$$\Phi(x) = x + AF(x)$$

其中 A 为 2×2 常数矩阵. $\Phi(x)$ 的雅可比矩阵(用 $\Phi'(x)$ 表示)

$$\Phi'(x) = I + AF'(x)$$

其中 I 为 2×2 单位矩阵. 为使 $\| \Phi'(x^*) \| < 1$, 取 $A = -F'(x^*)^{-1}$ 当然很好, 但 x^* 尚未求出. 选 x_0 使 $F'(x^{(0)})$ 可逆, 我们取 $A = -F(x^{(0)})^{-1}$, 其中 $x^{(0)} = (-0.5, 0.25)^T$, 就得到

$$A = -\begin{bmatrix} 0.016 & -0.17 \\ 0.52 & -0.26 \end{bmatrix}$$

这样就构造了一个不动点迭代公式

$$\begin{bmatrix} x_1^{(k+1)} \\ x_2^{(k+1)} \end{bmatrix} = \begin{bmatrix} x_1^{(k)} \\ x_2^{(k)} \end{bmatrix} - \begin{bmatrix} 0.016 & -0.17 \\ 0.52 & -0.26 \end{bmatrix} \begin{bmatrix} 3(x_1^{(k)})^2 + 4(x_2^{(k)})^2 - 1 \\ -8(x_1^{(k)})^3 + (x_2^{(k)})^3 - 1 \end{bmatrix}$$

迭代结果如下表:

k	$x_1^{(k)}$	$x_2^{(k)}$
0	-0.5	0.25
1	-0.4973438	0.2540625
2	-0.4972548	0.2540625
3	-0.4972513	0.2540786
4	-0.4972512	0.2540786

在求出 $x^{(4)} = (-0.4972512, 0.2540786)^T$ 后, 验证

$$\Phi'(x^{(4)}) = \begin{bmatrix} 0.0389 & 0.0004 \\ 0.0085 & -0.0066 \end{bmatrix}$$

可以看出 $\| \Phi'(x^{(4)}) \|_\infty < 1$. 取 $x^* \approx x^{(4)}$.

上面例子中, 若 A 不取为常数矩阵, 而取为与 $x^{(k)}$ 有关的 $A = -F(x^{(k)})^{-1}$, 即

$$x^{(k+1)} = x^{(k)} - F'(x^{(k)})^{-1}F(x^{(k)}) \tag{5.8}$$

这就是解非线性方程组的牛顿迭代法. 在维数 $n = 1$ 时, 它就是单个方程的牛顿迭代法. 其实如此得到的迭代格式(5.8)也可由将非线性方程组线性化得到.

可以证明, 在一定条件下, 牛顿迭代法是局部二阶收敛的, 在实际计算中, 为避免求逆矩阵 $F'(x^{(k)})^{-1}$, 只要求解线性方程组

$$F'(x^{(k)})y = -F(x^{(k)})$$

解出 y 作为 $x^{(k)}$ 的修正值, $x^{(k+1)} = x^{(k)} + y$ 即可.

例 15 用牛顿法解方程组

$$\begin{cases} x_1{}^2 - x_2 - 1 = 0 \\ (x_1 - 2)^2 + (x_2 - 0.5)^2 - 1 = 0 \end{cases}$$

解 容易算出

$$F'(x) = \begin{bmatrix} 2x_1 & -1 \\ 2x_1 - 4 & 2x_2 - 1 \end{bmatrix}$$

其牛顿迭代公式为

$$\begin{bmatrix} x_1^{(k+1)} \\ x_2^{(k+1)} \end{bmatrix} = \begin{bmatrix} x_1^{(k)} \\ x_2^{(k)} \end{bmatrix} - \frac{1}{4x_1^{(k)}x_2^{(k)} - 4} \begin{bmatrix} 2x_2^{(k)} - 1 & 1 \\ -2x_1^{(k)} + 4 & 2x_1^{(k)} \end{bmatrix}$$

$$\times \begin{bmatrix} (x_1^{(k)})^2 - x_2^{(k)} - 1 \\ (x_1^{(k)} - 2)^2 + (x_2^{(k)} - 0.5)^2 \end{bmatrix}$$

若取 $(x_1^{(0)}, x_2^{(0)})^{\mathrm{T}} = (0,0)^{\mathrm{T}}$. 则迭代 7 次可得 12 位数字的结果 $(1.54634288332, 1.39117631279)^{\mathrm{T}}$, 若用初值 $(1,0)^{\mathrm{T}}$, 则 4 次迭代可得同样结果. 若选用初值 $(2,2)^{\mathrm{T}}$, 5 次迭代求出另一解 $(1.06734608581, 0.139227666887)^{\mathrm{T}}$.

解非线性方程组的牛顿方法具有巨大的理论价值和实用价值. 但在实际应用时, 迭代初值的选取和每次均要解一个以雅可比矩阵为系数的线性代数方程组, 这两个问题的困难程度要远较用牛顿法解非线性方程时为甚. 时至今日人们已经构造出各种牛顿法的变形且给出了理论分析并投入实际应用. 在具体使用时, 请读者参考有关文献.

习 题

A.

1. 编写方程求根的逐次分半算法标准程序. 并求方程

$$e^x + 2^x + 2\cos x - 6 = 0$$

在区间 $[1,2]$ 内的根, 精确到 10^{-5}.

2. 编写方程求根的定点迭代算法标准程序. 并求

(1) $x^4 - 12x^3 + 25x + 116 = 0$ 在区间 $[11,12]$, $[2,3]$ 内的两实根, 精确到 10^{-5}.

(2) $\dfrac{1}{(x - 0.3)^2 + 0.01} + \dfrac{1}{(x - 0.9)^2 + 0.04} - 6 = 0$ 在区间 $[0.5,0]$, $[1,1.5]$ 内的两实根, 精确到 10^{-5}.

(3) $x^3 + 4x^2 - 10 = 0$ 在 $[1,2]$ 内的根, 精确到 10^{-8}. 试用下列三种迭代格式:

$$(a)\ x_{k+1} = \frac{1}{2}(10 - x_k^3)^{\frac{1}{2}};$$

$$(b) x_{k+1} = \left(\frac{10}{4+x_k}\right)^{\frac{1}{2}};$$

$$(c) x_{k+1} = x_k - \frac{x_k^3 + 4x_k^2 - 10}{3x_k^2 + 8x_k}.$$

都取 $x_0 = 1.5$, 比较迭代次数, 分析为什么?

3. 编写方程求根的牛顿迭代法标准程序, 并求题 2 中(3)中方程满足同样条件的根. 比较收敛的速度.

B.

1. 证明方程 $1 - x - \sin x = 0$ 在 $[0, 1]$ 中有一个根, 使用二分法求误差不大于 $\frac{1}{2} \times 10^{-4}$ 的根要迭代多少次?

2. 设函数 $f(x)$ 的导数存在, 对 $\forall x \in R$, 恒有 $0 < m \le f'(x) \le M$, 其中 m, M 均为常数. 证明, 对任意的初始值 x_0, 由迭代法

$$x_{k+1} = x_k - \lambda f(x_k), \qquad k = 0, 1, 2, \cdots$$

$(0 < \lambda < \frac{2}{M})$ 产生的序列都收敛于方程 $f(x) = 0$ 的唯一解.

3. 利用适当的迭代法证明

$$\lim_{k \to \infty} \sqrt{2 + \sqrt{2 + \sqrt{2 + \cdots \sqrt{2}}}} = 2.$$

4. 对于给定正数 C, 应用牛顿法求二次方程 $x^2 - C = 0$ 的算术根. 证明这种迭代对于任意初值 $x_0 > 0$ 都是收敛的.

5. 对于 $f(x) = 0$ 的牛顿迭代公式

$$x_{k+1} = x_k - \frac{f(x_k)}{f'(x_k)}$$

证明 $R_k = \frac{x_k - x_{k-1}}{(x_{k-1} - x_{k-2})^2}$ 收敛到 $-\frac{f''(x^*)}{2f'(x^*)}$. 这里 x^* 为 $f(x) = 0$ 的单根.

6. 证明迭代公式

$$x_{k+1} = \frac{x_k(x_k^2 + 3a)}{3x_k^2 + a}$$

是计算 $\sqrt{a}$ 的三阶方法.

7. 牛顿法可用到复变量 $Z = x + iy$(x, y 为实数)的复值函数 $f(z)$ 上.

$$Z_{k+1} = Z_k - \frac{f(Z_k)}{f'(Z_k)}$$

若要避免复数运算, 试证明

$$x_{k+1} = x_k - \frac{A_k C_k + B_k C_k}{C_k^2 + D_k^2}$$

$$y_{k+1} = y_k - \frac{A_k D_k + B_k D_k}{C_k^2 + D_k^2}$$

其中 $f(Z_k) = A_k + iB_k, f'(Z_k) = C_k + iD_k$. 并利用公式计算

$$f(z) = z^4 - 3z^3 + 20z^2 + 44z + 54$$

在 $z_0 = 2.5 + 4.5i$ 附近的零点.

8.用牛顿法求方程组

$$\begin{cases} \dfrac{1}{2}\sin(x_1 x_2) - \dfrac{x_2}{4\pi} - \dfrac{x_1}{2} = 0 \\ (1 - \dfrac{1}{4\pi})(e^{2x_1} - e) + \dfrac{e}{\pi}x_2 - 2ex_1 = 0 \end{cases}$$

的解,迭代直到 $\| x^{(i)} - x^{(i-1)} \|_\infty < 10^{-5}$ 为止 [取 $x^{(0)} = (0,0)^T$].

第九章　常微分方程初值问题的数值解法

本章主要讨论一阶常微分方程

$$\begin{cases} \dfrac{\mathrm{d}u}{\mathrm{d}t} = f(t,u) \\ u(t_0) = u_0 \end{cases}$$

的数值求解问题.

由常微分方程理论,只要 $f(t,u)$ 适当光滑,理论上就足以保证上述初值问题的解存在且唯一.并且已对某些类型的初值问题,提出了一些求解方法,但是满足不了生产实践与科学技术发展的需要.为此,需要研究近似求解方法.一般说来,近似求解方法可分为两类:其一是将近似解表为有限个独立函数之和的形式,截断幂级数法便属于此类方法.其二便是本章要介绍的数值解法.

何谓数值解法? 就是利用某些方法或手段,将常微分方程这一连续模型离散化,利用电子计算机求出初值问题的解 $u(t)$ 在指定离散点列:

$$t_0 < t_1 < t_2 < \cdots < t_n < \cdots$$

上的近似值 $u_0, u_1, u_2, \cdots, u_n, \cdots$

本章研究常微分方程初值问题的数值解法及与之相关的理论问题和若干实际应用技巧.包括如下内容:

1.连续模型离散化的几个基本途径,介绍常用的数值求解公式;

2.差分格式的逼近精度、数值解的收敛性及求解方法的稳定性问题;

3.实际使用数值方法的若干技巧.

本章均以一阶方程为模型展开讨论.通过 §9.1 所介绍的方法便不难把所构造的数值方法应用到高阶方程的初值问题或一阶方程组的初值问题中去,在有关的理论分析中,则须将有关函数理解为向量或矩阵,将绝对值理解为某种意义下的范数.

§9.1　常微分方程初值问题的一般形式

在本章内,我们将主要研究常微分方程初值问题

$$\begin{cases} u'(t) = f(t, u(t)), & t_0 < t < T \\ u(t_0) = u_0 \end{cases} \tag{1.1}$$

其中 f 是 t, u 的已知函数,称为右端函数. u_0 为一定数,称为初值.

对于带有初始条件

$$\begin{cases} u_1(t_0) = u_{10} \\ u_2(t_0) = u_{20} \\ \vdots \\ u_m(t_0) = u_{m0} \end{cases} \tag{1.2a}$$

的一阶常微分方程组:

$$\begin{cases} u'_1(t) = f_1(t, u_1, u_2, \cdots, u_m) \\ u'_2(t) = f_2(t, u_1, u_2, \cdots, u_m) \\ \vdots \\ u'_m(t) = f_m(t, u_1, u_2, \cdots, u_m) \quad (t_0 < t < T) \end{cases} \tag{1.2b}$$

通过引入向量记号:

$$u = (u_1, u_2, \cdots, u_m)^{\mathrm{T}}$$

$$u_0 = (u_{10}, u_{20}, \cdots, u_{m0})^{\mathrm{T}}$$

$$f(t, u) = (f_1(t, u), f_2(t, u), \cdots, f_m(t, u))^{\mathrm{T}}$$

可将初值问题(1.2b)、(1.2a)写成(1.1)的形式

$$\begin{cases} \dfrac{\mathrm{d}u(t)}{\mathrm{d}t} = f(t, u) \\ u(t_0) = u_0 \end{cases}$$

只是此时 u、f 及 u_0 均须理解为向量.

对于高阶常微分方程

$$y^{(m)} = f(t, y, y^{(1)}, \cdots, y^{(m-1)}) \tag{1.3a}$$

及初始条件

$$y(t_0) = y_0, y'(t_0) = y'_0, \cdots, y^{(m-1)}(t_0) = y_0^{(m-1)} \tag{1.3b}$$

引入下列代换: $u_1 = y, u_2 = y', \cdots, u_m = y^{(m-1)}$,则可将(1.3a)化为一阶常微分方程组:

$$\begin{cases} u'_1 = u_2 \\ u'_2 = u_3 \\ \vdots \\ u'_m = f(t, u_1, u_2, \cdots, u_m) \end{cases} \tag{1.4a}$$

相应地,初始条件(1.3b)则化为

$$\begin{cases} u_1(t_0) = y_0 \\ u_2(t_0) = y'_0 \\ \quad \vdots \\ u_m(t_0) = y_0^{(m-1)} \end{cases} \tag{1.4b}$$

再用处理(1.2a)、(1.2b)的方法,又可以将(1.4a)、(1.4b)写成(1.1)的形式,从而高阶常微分方程的初值问题也可以写成(1.1)形式.

有鉴于此,本章将以(1.1)为模型方程展开数值解法的讨论而不失一般性.当须解一阶方程组时,只须将本章所介绍的数值解法中的 u 及 $f(t,u)$ 理解为向量即可.

§9.2   常微分方程初值问题的适定性

本节主要引述常微分方程初值问题的两个基本概念和定理,有关定理的证明可在许多常微分方程的教材中找到,故此处从略.

定义 9.1   设函数 $f(t,u)$ 定义在区域 $D = \{(t,u) \mid t_0 \leqslant t \leqslant T, -\infty < u < +\infty\}$ 内,若存在常数 L,使不等式

$$|f(t,u_1) - f(t,u_2)| \leqslant L|u_1 - u_2|$$

对 D 内任意的 $(t,u_1),(t,u_2)$ 均成立,则称 $f(t,u)$ 关于 u 满足利普希茨条件,L 为利普希茨常数.

定理 9.1   设函数 $f(t,u)$ 在区域 $D = \{(t,u) \mid t_0 \leqslant t \leqslant T, -\infty < u < +\infty\}$ 内连续,且关于 u 满足利普希茨条件,则存在唯一的连续可微函数 $u(t)$ 满足

$$u'(t) = f(t,u(t)), \qquad t_0 < t < T$$

及初始条件 $u(t_0) = u_0$.

定义 9.2   称初值问题(1.1)为适定的,如果满足下列条件:

(1)(1.1)的解 $u(t)$ 存在且唯一;

(2)存在 $\varepsilon_0 > 0$,使得下述问题

$$\begin{cases} z'(t) = f(t,z) + \delta(t) \\ z(t_0) = u_0 + \varepsilon, \qquad t_0 < t < T \end{cases}$$

对任意 $|\varepsilon| < \varepsilon_0$,$|\delta(t)| < \varepsilon_0$ 都存在唯一解 $z(t)$;

(3)存在常数 K,使不等式

$$|z(t) - u(t)| < K\varepsilon_0$$

对任意的 $t_0 < t < T$ 均成立.

定理 9.2   若初值问题(1.1)中的 $f(t,u)$ 在区域 $D = \{(t,u) \mid t_0 \leqslant t \leqslant T,$

$-\infty < u < +\infty$ 内连续,且关于 u 满足利普希茨条件,则(1.1)为适定的.

定理 9.2 指出,若 $f(t,u)$ 满足所述条件,(1.1)的右端函数及初值的扰动对解的影响"有限",或者说扰动解对真解偏离的程度保持有界.显然,这一定理具有基本的重要性,事实上在建立数学模型以及测定初值和进行有关计算时,不可能没有扰动,我们所期望的是,诸如此类的小小扰动,不应给解带来巨大的变化.在本章所讨论的初值问题,都假定其是适定的.

§9.3 差分格式的构造

在本节内,我们将针对初值问题

$$\begin{cases} u' = f(t,u) \\ u(t_0) = u_0 \quad (t_0 < t < T) \end{cases} \tag{1.1}$$

构造一些数值求解的差分格式.

初值问题(1.1)的数值解法一般均采取步进式,即按照节点递增的次序逐次求出近似解 $u_1, u_2, \cdots, u_k, \cdots$.由于(1.1)关于 t 是连续的,而我们所要求的仅仅是在一系列离散节点 $t_1, t_2, \cdots, t_k, \cdots$ 上 $u(t_k)$ 的近似值 u_k,因此采取何种手段将连续方程离散化,以便用较少的计算,就能得到精度较高而对扰动又不敏感的解,自然是数值求解的关键所在.

为以后行文方便,我们做如下记号上的约定:但凡讲到数值求解(1.1)时,我们即已设定好了离散节点 $t_0 < t_1 < t_2 < \cdots < t_k < \cdots$,除非另有说明,均认为节点间距(步长)为等距,以 h 表示之.$u(t_j)$,$f(t_j, u(t_j))$ 和 u_j,f_j 分别表示真解及数值解在 $t = t_j$ 的值及相应导数值.

9.3.1 欧拉方法

将(1.1)中的微分方程自 t_k 到 t_{k+1} 积分:

$$\int_{t_k}^{t_{k+1}} u' \mathrm{d}t = \int_{t_k}^{t_{k+1}} f(t,u) \mathrm{d}t$$

此式即是

$$u(t_{k+1}) - u(t_k) = \int_{t_k}^{t_{k+1}} f(t,u) \mathrm{d}t$$

若在 $[t_k, t_{k+1}]$ 上将 $f(t,u)$ 近似地看做常数 $f(t_k, u_k)$,则有

$$u_{k+1} - u_k = hf(t_k, u_k) \tag{3.1}$$

(3.1)即为通常所说的欧拉格式,若已知 u_0,则可据(3.1)依次求出 $u_1, u_2, \cdots$

在推导欧拉格式时,我们使用了数值积分方法,其实我们也可以用数值微分的办法来导出欧拉格式,现简述如下:

设在 $[t_k, t_{k+1}]$ 上, $u(t)$ 可用线性插值函数近似表达. 即

$$u(t) \approx u_k \frac{t_{k+1} - t}{h} + u_{k+1} \frac{t - t_k}{h}$$

将上式代入(1.1)式中去,并令 $t = t_k$,则得

$$u_{k+1} - u_k = hf(t_k, u_k) \tag{3.1}$$

其实,我们还可以用级数展开的办法来构造欧拉格式. 设(1.1)的解 $u(t)$ $\in C^2$,将 $u(t_{k+1})$ 在 $t = t_k$ 处展开.

$$u(t_{k+1}) = u(t_k) + hu'(t_k) + \frac{h^2}{2} u''(\xi), \qquad t_k < \xi < t_{k+1}$$

略去 h 的二次项,并注意 $u'(t) = f(t, u)$,则有

$$u_{k+1} - u_k = hf(t_k, u_k) \tag{3.1}$$

至此,我们已经通过数值积分、数值微分、级数展开的办法推导出欧拉格式. 从几何上看,这三种方法的本质就是假设解曲线 $u(t)$ 在 $[t_k, t_{k+1}]$ 上为直线. 如图所示,因此,又称欧拉格式为欧拉折线法.

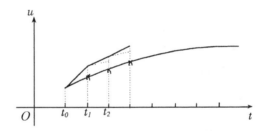

在推导欧拉格式(3.1)时,我们均将 $f(t, u)$ 在点 (t_k, u_k) 处取值. 细心的读者可能早已发现,采用同样手段,只是在点 (t_{k+1}, u_{k+1}) 处计算 $f(t, u)$ 的值而不是在 (t_k, u_k) 处计算,则有

$$u_{k+1} - u_k = hf(t_{k+1}, u_{k+1}) \tag{3.2}$$

注意(3.1)与(3.2)有着显著的不同之处:若给定初值 u_0,依据(3.1)则可以逐步地将 $u_1, u_2, \cdots, u_k, \cdots$ 计算出来. 而对于(3.2)来说,欲求出 u_{k+1} 则还需"解"一个方程. 这在 $f(t, u)$ 为 u 的非线性函数时,会带来不少问题. 我们称(3.1)为显式欧拉格式,(3.2)为隐式欧拉格式. 另(3.1)与(3.2)尚有一共同之处,即欲求解 u_{k+1} 仅需 u_k 的值即可. 这类方法称之为单步法.

例1 求解初值问题

$$\begin{cases} u' = u - \dfrac{2t}{u} & (0 < t < 1) \\ u(0) = 1 \end{cases} \tag{3.3}$$

解 依据欧拉格式(3.1),此时

$$u_{n+1} = u_n + h\left(u_n - \frac{2t_n}{u_n}\right)$$

取 $h = 0.1$,计算结果见下表.由于初值问题(3.3)有真解为 $u = \sqrt{1 + 2t}$,按此式计算出的精确值 $u(t_n)$ 与 u_n 一起列在表9.1中.

表9.1

t_n	u_n	$u(t_n)$	t_n	u_n	$u(t_n)$
0.1	1.1000	1.0954	0.6	1.5090	1.4832
0.2	1.1918	1.1832	0.7	1.5803	1.5492
0.3	1.2774	1.2649	0.8	1.6498	1.6125
0.4	1.3582	1.3416	0.9	1.7178	1.6733
0.5	1.4351	1.4142	1.0	1.7848	1.7321

从 u_n 与 $u(t_n)$ 的比较中看出,欧拉方法的精度较差,但值得注意的是,若初值问题的真解光滑性较差,则用欧拉方法还是可取的.

以上是用显式欧拉方法数值求解(3.3)的,若用隐式欧拉方法,则容易发现,每推进一步,都须解一个二次方程.显然,这为求解带来了不便,但隐式欧拉方法自有隐式的优点,这就是稳定性能好,这一点留待以后再谈.

在构造显式欧拉格式(3.1)及隐式欧拉格式(3.2)时,我们分别使用了三种方法:数值积分、数值微分和级数展开法.事实上,这三种方法也是迄今为止构造常微分方程初值问题差分格式的主要方法,因此,下面将用三小节给以逐一介绍.

9.3.2 基于数值积分方法构造差分格式——线性多步法(亚当斯方法)

在本小节内,我们将基于数值积分方法,导出数值求解初值问题

$$\begin{cases} u'(t) = f(t, u) & (t_0 < t < T) \\ u(t_0) = u_0 \end{cases} \tag{1.1}$$

的线性多步格式.设已用某种方法求得 $u_0, u_1, \cdots, u_k$,将(1.1)中的微分方程两边自 t_k 到 t_{k+1} 积分:

$$u(t_{k+1}) - u(t_k) = \int_{t_k}^{t_{k+1}} f(t, u)\mathrm{d}t \tag{3.4}$$

回想在推导显式欧拉方法(3.1)时,我们是用零次多项式 $f(t_k, u_k)$ 近似替代 $f(t, u)$ 来计算上式中的积分的.受此启发,我们可以构造 $f(t, u)$ 的插值多项式 $P_l(t)$,使其满足如下条件(此处 $l \leqslant k$):

$$P_l(t_i) = u'_i = f(t_i, u_i) \qquad (i = k, k-1, \cdots, k-l) \qquad (3.5)$$

由插值理论,满足条件(3.5)的插值多项式 $P_l(t)$ 存在唯一,可以写成如下形式:

$$P_l(t) = \sum_{j=0}^{l} f_{k-j} m_{k-j}(t) \approx f(t, u)$$

其中 $m_{k-j}(t)$ 为 l 次拉格朗日插值基函数.即其满足

$$m_{k-j}(t_i) = \begin{cases} 0, & i \neq k-j \\ 1, & i = k-j \end{cases} \qquad (i = k-l, k-l+1, \cdots, k)$$

现将 $P_l(t)$ 代替(3.4)中的 $f(t, u)$,并积分,则有

$$u_{k+1} - u_k = h \sum_{j=0}^{l} a_{lj} f_{k-j} \qquad (3.6)$$

其中

$$a_{lj} = \int_{t_k}^{t_{k+1}} m_{k-j}(t) \mathrm{d}t / h$$

$$= \int_{t_k}^{t_{k+1}} \frac{(t - t_{k-l}) \cdots (t - t_{k-j-1})(t - t_{k-j+1}) \cdots (t - t_k)}{(t_{k-j} - t_{k-l}) \cdots (t_{k-j} - t_{k-j-1})(t_{k-j} - t_{k-j+1}) \cdots (t_{k-j} - t_k)} \mathrm{d}t / h$$

$$= \int_0^1 \frac{(\tau + l) \cdots (\tau + j - 1)(\tau + j + 1) \cdots \tau}{(l - j)!(-1)^j j!} \mathrm{d}\tau$$

在表9.2里,我们列出当 $l \leqslant 5$ 时的诸 a_{lj}:

表9.2

a_{lj} $\diagdown$ j / l	0	1	2	3	4	5
0	1					
1	$\dfrac{3}{2}$	$-\dfrac{1}{2}$				
2	$\dfrac{23}{12}$	$-\dfrac{16}{12}$	$\dfrac{5}{12}$			
3	$\dfrac{55}{24}$	$-\dfrac{59}{24}$	$\dfrac{37}{24}$	$-\dfrac{9}{24}$		
4	$\dfrac{1901}{720}$	$-\dfrac{2774}{720}$	$\dfrac{2616}{720}$	$-\dfrac{1274}{720}$	$\dfrac{251}{720}$	
5	$\dfrac{4277}{1440}$	$-\dfrac{7923}{1440}$	$\dfrac{9982}{1440}$	$-\dfrac{7298}{1440}$	$\dfrac{2877}{1440}$	$-\dfrac{475}{1440}$

在推导(3.6)时,我们使用的是 $f(t, u)$ 在 $[t_k, t_{k+1}]$ 上的外插多项式 $P_l(t)$ 来近似计算(3.4)式中的积分.由插值理论知道,外插多项式的逼近精度要较与之同次的内插多项式的逼近精度为低.这启发我们在计算(3.4)式中的积分时使用内插多项式,即满足如下插值条件的 l 次插值多项式:

$$M_l(t_i) = u'_i = f_i \qquad (i = k+1, k, \cdots, k-l+1) \qquad (3.7)$$

用插值基函数将 $M_l(t)$ 表示出来

$$M_l(t) = \sum_{j=0}^{l} f_{k-j+1} m_{k-j+1}(t) \approx f(t, u)$$

余下来的讨论与推导(3.6)相同,我们就得到

$$u_{k+1} - u_k = h \sum_{j=0}^{l} b_{lj} f_{k-j+1} \tag{3.8}$$

现将 $l \leqslant 5$ 时的诸 b_{lj} 列于表 9.3 内.

表 9.3

b_{lj} \\ j l	0	1	2	3	4	5
0	1					
1	$\dfrac{1}{2}$	$\dfrac{1}{2}$				
2	$\dfrac{5}{12}$	$\dfrac{8}{12}$	$\dfrac{-1}{12}$			
3	$\dfrac{9}{24}$	$\dfrac{19}{24}$	$\dfrac{-5}{24}$	$\dfrac{1}{24}$		
4	$\dfrac{251}{720}$	$\dfrac{646}{720}$	$\dfrac{-264}{720}$	$\dfrac{106}{720}$	$\dfrac{-19}{720}$	
5	$\dfrac{475}{1440}$	$\dfrac{1427}{1440}$	$\dfrac{-798}{1440}$	$\dfrac{482}{1440}$	$\dfrac{-173}{1440}$	$\dfrac{27}{1440}$

   尽管我们在推导(3.6)和(3.8)时使用了相同手段,但粗略比较一下,就会发现两者之间有如下明显差别:其一,在 $u_{k-l}, u_{k-l+1}, \cdots, u_k$ 已知时,可以求得 $f_{k-l}, f_{k-l+1}, \cdots, f_k$. 此时再通过(3.6),则可明显地求得 u_{k+1}. 而由(3.8),欲求得 u_{k+1},则须解一个隐含 u_{k+1} 的方程.与欧拉方法的讨论类似,我们称(3.6)为亚当斯(Adams)显格式,而称(3.8)为亚当斯隐格式.其二,为求得 u_{k+1},当使用(3.6)时,须事先知道 $u_{k-l}, u_{k-l+1}, \cdots, u_k$,而使用(3.8)则仅需知道 $u_{k-l+1}, \cdots, u_k$,即较显格式少用一点 u_{k-l}.

   格式(3.6)与(3.8)也有许多共同之处.例如为计算 u_{k+1},须要预先知道其前面若干步的值.一般地,若计算 u_{k+1} 须要利用其前面 q 步的值 $u_k, u_{k-1}, \cdots, u_{k-q+1}$,则称其为 q 步法.显然,(3.6)为 $l+1$ 步方法,(3.8)为 l 步方法.再注意,在(3.6)及(3.8)内,关于 $f_{k+1}, f_k, \cdots, f_{k-l+1}, f_{k-l}$(若其出现的话),都是线性的.因此,又称(3.6)为显式线性 $l+1$ 步方法,而称(3.8)为隐式线性 l 步方法.一般称之为亚当斯线性多步法.欧拉方法为亚当斯方法的特例,即线性一步法.在亚当斯线性多步法的众多差分格式内,以 $l=3$ 为最常用.

   至此,我们已经推导出线性多步格式中的两个常用系列(3.6)和(3.8).须要指出的是,用类似的方法,还可以构造出许多有特点的多步格式.比如,将积

分区间适当变更,即在积分方程(1.1)时,积分区间不是$[t_k,t_{k+1}]$而是$[t_{k-q},t_{k+1}]$,其中q为一小于k的非负整数:

$$u(t_{k+1}) - u(t_{k-q}) = \int_{t_{k-q}}^{t_{k+1}} f(t,u(t))\mathrm{d}t \qquad (3.9)$$

将上式右端的$f(t,u)$做插值处理,也可构造出一些数值求解(1.1)的差分格式,例如当$q=1$时,取$f(t,u(t))\approx f(t_k,u_k)$,则有

$$u_{k+1} - u_{k-1} = 2hf(t_k,u_k) \qquad (3.10)$$

此即中点欧拉公式.又例如取$q=1$,通过点(t_j,f_j),$j=k-1,k,k+1$构造二次插值多项式以代替(3.9)右端的被积函数$f(t,u(t))$,则有

$$u_{k+1} - u_{k-1} = \frac{h}{3}(f_{k+1} + 4f_k + f_{k-1}) \qquad (3.11)$$

此即米尔恩(Milne)-辛普森公式

再比如,在处理(3.4)式(或(3.9)式)右端的积分时,我们采用了多项式插值的方法.若变更插值函数类,例如用$f(t,u(t))$在相应插值结点的埃尔米特插值多项式或样条(spline)插值函数代替$f(t,u(t))$,则又可得到一些差分格式,为简略起见,本书将不再进行这方面的讨论.

9.3.3 基于数值微分方法构造差分格式——BDF 方法

若推导差分格式时不是由(1.1)的积分形式(3.4)出发,而是直接由(1.1)入手,即通过构造满足插值条件

$$U(t_j) = u_j, \qquad j = k-l+1,k-l+2,\cdots,k-1,k,k+1$$

的$u(t)$的l次插值多项式

$$U(t) = \sum_{j=0}^{l} u_{k-j+1}m_{k-j+1}(t)$$

将其替代(1.1)中之$u(t)$,并令$t=t_k$则有显式差分格式:

$$\frac{1}{h}(\alpha_{l0}u_{k+1} + \alpha_{l1}u_k + \cdots + \alpha_{ll}u_{k-l+1}) = f_k \qquad (3.12)$$

其中

$$\alpha_{lj} = hm'_{k-j+1}(t_k), \qquad j = 0,1,2,\cdots,l$$

容易算出:$l=1$时,$\alpha_{10}=1$,$\alpha_{11}=-1$,即欧拉显式方法.

$l=2$时,$\alpha_{20}=\frac{1}{2}$,$\alpha_{21}=0$,$\alpha_{22}=-\frac{1}{2}$,即中点欧拉方法.

$l=3$时,$\alpha_{30}=\frac{1}{3}$,$\alpha_{31}=\frac{1}{2}$,$\alpha_{32}=-1$,$\alpha_{33}=\frac{1}{6}$

等等.稍后即能证明,当$l\geqslant 2$时,所得诸格式都是恒不稳定的.因此(3.12)基本上是一个无用的系列.

现用 $U(t)$ 代替(1.1)中的 $u(t)$,只是令 $t = t_{k+1}$,则有如下系列隐格式:

$$\frac{1}{h}(\alpha_{l0}u_{k+1} + \alpha_{l1}u_k + \cdots + \alpha_{ll}u_{k-l+1}) = f_{k+1} \tag{3.13}$$

其中

$$\alpha_{lj} = hm'_{k-j+1}(t_{k+1}), \qquad j = 0,1,2,\cdots,l$$

和显式格式(3.12)不同,当 $l \leqslant 6$ 时,隐式格式(3.13)具有很多优点,是一个相当有用的系列.在常微分方程数值解法研究的初始阶段,就有人对此系列差分格式进行研究过,但是直到 Gear 指出此系列差分格式的若干特有的优点之后,其应用才得以日益扩大.现将 $l \leqslant 6$ 时的诸 α_{lj} 列于表 9.4 内.

表 9.4

α_{lj} j / l	0	1	2	3	4	5	6
1	1	-1					
2	$\frac{3}{2}$	$\frac{-4}{2}$	$\frac{1}{2}$				
3	$\frac{11}{6}$	$\frac{-18}{6}$	$\frac{9}{6}$	$\frac{-2}{6}$			
4	$\frac{25}{12}$	$\frac{-48}{12}$	$\frac{36}{12}$	$\frac{-16}{12}$	$\frac{3}{12}$		
5	$\frac{137}{60}$	$\frac{-300}{60}$	$\frac{300}{60}$	$\frac{-200}{60}$	$\frac{75}{60}$	$\frac{-12}{60}$	
6	$\frac{147}{60}$	$\frac{-360}{60}$	$\frac{450}{60}$	$\frac{-400}{60}$	$\frac{225}{60}$	$\frac{-72}{60}$	$\frac{10}{60}$

9.3.4 基于级数展开方法构造差分格式

本小节分为两部分:首先在前两小节的基础上,谈谈如何用级数展开法来构造一般的线性多步法差分格式.在对线性差分格式的构造方法进行了比较详细地讨论之后,谈谈如何应用级数展开法构造非线性差分格式,其中以龙格-库塔(Runge‐Kutta)法为主要研究对象.

一、级数展开法的应用——线性多步格式

在 9.3.2 及 9.3.3 内,我们从数值积分和数值微分的方法出发,分别导出了差分格式(3.6),(3.8)及(3.13)等线性多步格式.其实上述诸差分格式都是如下差分格式

$$\sum_{j=0}^{l} \alpha_{lj}u_{k-j+1} = h\sum_{j=0}^{l} \beta_{lj}f_{k-j+1} \tag{3.14}$$

的特例,我们称差分格式(3.14)为一般线性多步格式,其中 α_{lj} 和 $\beta_{lj}(j = 0,1,\cdots,l)$ 为常数. $\alpha_{l0} \neq 0$, α_{ll} 和 β_{ll} 不能同时为零,否则不是 l 步方法. 显然,当 $\beta_{l0} = 0$ 时,格式(3.14)为显格式,而当 $\beta_{l0} \neq 0$ 时,(3.14)为隐格式.

现在来介绍构造一般线性多步法($l = 1,2,\cdots$)的一种方法——级数展开法. 为此,我们定义算符:

$$\mathscr{L}[u(t),h] = \sum_{j=0}^{l} \left[\alpha_{lj}u(t-jh) - h\beta_{lj}f(t-jh,u(t-jh)) \right]$$

$$= \sum_{j=0}^{l} \left[\alpha_{lj}u(t-jh) - h\beta_{lj}u'(t-jh) \right] \tag{3.15}$$

设微分方程(1.1)的真解足够光滑,将(3.15)内的 $u(t-hj)$ 及 $u'(t-hj)$ 在 $t^* = t - lh$ 点展开成泰勒级数:

$$\mathscr{L}[u(t),h] = C_0 u(t^*) + C_1 h u'(t^*) + \cdots$$

$$+ C_q h^q u^{(q)}(t^*) + C_{q+1} h^{q+1} u^{(q+1)}(t^*) + \cdots \tag{3.16}$$

其中 $C_0, C_1, \cdots, C_q, \cdots$ 为常数,其与 α_{lj}, β_{lj} 之间满足如下关系:

$$\begin{cases} C_0 = \alpha_{l0} + \alpha_{l1} + \cdots + \alpha_{ll} \\ C_1 = l\alpha_{l0} + (l-1)\alpha_{l1} + \cdots + \alpha_{l,l-1} - (\beta_{l0} + \beta_{l1} + \beta_{l2} + \cdots + \beta_{ll}) \\ C_2 = \dfrac{1}{2!}(l^2\alpha_{l0} + (l-1)^2\alpha_{l1} + \cdots + \alpha_{l,l-1}) - (l\beta_{l0} + (l-1)\beta_{l1} + \cdots + \beta_{l,l-1}) \\ \vdots \\ C_q = \dfrac{1}{q!}(l^q\alpha_{l0} + (l-1)^q\alpha_{l1} + \cdots + \alpha_{l,l-1}) \\ \quad - \dfrac{1}{(q-1)!}(l^{q-1}\beta_{l0} + (l-1)^{(q-1)}\beta_{l1} + \cdots + \beta_{l,l-1}) \end{cases} \tag{3.17}$$

$$q = 1,2,\cdots$$

容易看出,若 $u(t)$ 具有 $q+2$ 阶连续导数,则当 l 充分大时,恒可选出 α_{lj}, β_{lj},使下式成立:

$$C_0 = C_1 = C_2 = \cdots = C_q = 0, \qquad C_{q+1} \neq 0 \tag{3.18}$$

对如此选定的 α_{lj} 和 $\beta_{lj}(j = 0,1,2,\cdots,l)$,我们有

$$\mathscr{L}[u(t),h] = C_{q+1} h^{q+1} u^{(q+1)}(t^*) + O(h^{q+2})$$

即

$$\sum_{j=0}^{l} \left[\alpha_{lj}u(t-jh) - h\beta_{lj}u'(t-jh) \right] = C_{q+1} h^{q+1} u^{(q+1)}(t^*) + O(h^{q+2}) \tag{3.19}$$

舍去上式右端诸项而代之以零. 并注意 $u'(t) = f(t,u(t))$,令 $t = t_{k+1}$,则得

差分格式(3.14),其中 $\alpha_{lj},\beta_{lj}(j=0,1,2,\cdots,l)$ 由(3.17)及(3.18)确定. 对于如此确定的 α_{lj} 和 β_{lj},(3.19)其实说明了微分方程的真解如何好地适合差分格式. 再注意 C_{q+1} 并不依赖于在哪一点将(3.15)展开,其只依赖于 α_{lj} 和 β_{lj} 的选取. 最后,在(3.19)内通乘一非零因子并不改变格式(3.14),但这却使得 C_{q+1} 不能唯一确定,注意到我们规定 $\alpha_{l0}\neq 0$,故不妨可设 $\alpha_{l0}=1$,从而 C_{q+1} 就完全确定下来,我们称 C_{q+1} 为误差常数,并引进如下定义:

定义 9.3　称差分算子(3.15)及与之相关的差分格式(3.14)是 q 阶的,如果(3.18)得以满足.

显见,利用上述级数展开法,我们不仅可以重新推导出格式(3.6),(3.8)及(3.13),而且还可以构造出许多新的格式,以下我们以推导米尔恩方法和哈明(Harming)方法为例,具体说明如何利用级数展开法来构造差分格式.

例 2　试用级数展开法构造米尔恩格式(3.11):

$$u_{k+1}-u_{k-1}=\frac{h}{3}(f_{k+1}+4f_k+f_{k-1})$$

解　此为 $l=2$ 的情形,此时(3.14)取如下形式:

$$u_{k+1}+\alpha_{21}u_k+\alpha_{22}u_{k-1}=h(\beta_{20}f_{k+1}+\beta_{21}f_k+\beta_{22}f_{k-1}) \tag{3.20}$$

由(3.17)及(3.18)有

$$\begin{cases} 1+\alpha_{21}+\alpha_{22}=0 \\ 2+\alpha_{21}-(\beta_{20}+\beta_{21}+\beta_{22})=0 \\ \dfrac{1}{2!}(4+\alpha_{21})-(2\beta_{20}+\beta_{21})=0 \\ \dfrac{1}{6}(8+\alpha_{21})-\dfrac{1}{2}(4\beta_{20}+\beta_{21})=0 \\ \dfrac{1}{24}(16+\alpha_{21})-\dfrac{1}{6}(8\beta_{20}+\beta_{21})=0 \end{cases} \tag{3.21}$$

由于只有五个参数 $\alpha_{21},\alpha_{22},\beta_{20},\beta_{21},\beta_{22}$ 待定,故我们只列出五个方程. 一般说来,我们不能保证接下来的方程 $C_5=0$ 也成立,即不能保证下式也为零.

$$C_5=\frac{1}{120}(32+\alpha_{21})-\frac{1}{24}(16\beta_{20}+\beta_{21})$$

现仅考虑(3.21)的前四个方程,此时令 α_{22} 为自由参数,则有

$$\alpha_{21}=-1-\alpha_{22}$$

$$\beta_{22}=-\frac{1}{12}(1+5\alpha_{22})$$

$$\beta_{21}=\frac{2}{3}(1-\alpha_{22})$$

$$\beta_{20}=\frac{1}{12}(5+\alpha_{22})$$

此时一般的两步法可写成

$$u_{k+1} - (1 + \alpha_{22})u_k + \alpha_{22}u_{k-1}$$

$$= \frac{h}{12}\left[(5 + \alpha_{22})f_{k+1} + 8(1 - \alpha_{22})f_k - (1 + 5\alpha_{22})f_{k-1}\right] \quad (3.20)$$

而

$$C_4 = \frac{1}{24}(16 + \alpha_{21}) - \frac{1}{6}(8\beta_{20} + \beta_{21}) = -\frac{1}{24}(1 + \alpha_{22})$$

$$C_5 = \frac{1}{120}(32 + \alpha_{21}) - \frac{1}{24}(16\beta_{20} + \beta_{21}) = -\frac{1}{360}(17 + 13\alpha_{22})$$

由此可以看出,若 $\alpha_{22} \neq -1$,则 $C_4 \neq 0$,此时(3.20)为三阶格式,而当 $\alpha_{22} = -1$ 时,C_4 也等于零,(3.20)为 4 阶格式,相应的 $\alpha_{21}, \beta_{22}, \beta_{21}, \beta_{20}$ 均唯一确定.即 $\alpha_{20} = 1, \alpha_{21} = 0, \alpha_{22} = -1, \beta_{20} = \frac{1}{3}, \beta_{21} = \frac{4}{3}, \beta_{22} = \frac{1}{3}$,此即米尔恩-辛普森格式.仿此,也可推导出哈明格式:

$$u_{k+1} - \frac{9}{8}u_k + \frac{1}{8}u_{k-2} = \frac{3h}{8}(f_{k+1} + 2f_k - f_{k-1})$$

二、级数展开法的应用——非线性单步法(只介绍龙格-库塔格式)

回想在§3.1内,我们曾将微分方程(1.1)的解 $u(t)$ 在 $t = t_k$ 点展开,然后令 $t = t_{k+1}$,得如下泰勒展开式:

$$u(t_{k+1}) = u(t_k) + hu'(t_k) + \frac{h^2}{2!}u''(\xi) \quad (t_k \leqslant \xi \leqslant t_{k+1})$$

舍去上式右端最末一项,则得欧拉显格式:

$$u_{k+1} = u_k + hf_k$$

若(1.1)的解充分光滑,设其具有 $q+1$ 阶连续导数,则有

$$u(t_{k+1}) = u(t_k) + hu'(t_k) + \frac{h^2}{2!}u''(t_k) + \cdots$$

$$+ \frac{h^q}{q!}u^{(q)}(t_k) + \frac{h^{q+1}}{(q+1)!}u^{(q+1)}(\xi) \quad (3.22)$$

其中 $t_k \leqslant \xi \leqslant t_{k+1}$, $u'(t_k) = f(t_k, u(t_k))$,由此可得

$$u^{(2)}(t_k) = \frac{\mathrm{d}}{\mathrm{d}t}u'(t)\Big|_{t=t_k} = \frac{\mathrm{d}}{\mathrm{d}t}f(t, u(t))\Big|_{t=t_k} = \left(f\frac{\partial}{\partial u} + \frac{\partial}{\partial t}\right)f\Big|_{t=t_k}$$

$$\vdots$$

$$u^{(q)}(t_k) = \frac{\mathrm{d}^{q-1}}{\mathrm{d}t^{q-1}}u'(t)\Big|_{t=t_k} = \frac{\mathrm{d}^{q-1}}{\mathrm{d}t^{q-1}}f(t, u(t))\Big|_{t=t_k}$$

将以上所得之 u 的各阶导数代入(3.22)并舍去 $O(h^{q+1})$ 项,则有

$$u_{k+1} = u_k + h\Psi(t_k, u_k, h) \quad (3.23)$$

其中，

$$\Psi(t,u,h) = \sum_{j=1}^{q} \frac{h^{j-1}}{j!} u^{(j)}(t)$$

$$= f(t,u) + \frac{h}{2}\Big(f(t,u)\frac{\partial}{\partial u} + \frac{\partial}{\partial t}\Big)f(t,u)$$

$$+ \frac{h^2}{6}\Big(f(t,u)\frac{\partial}{\partial u} + \frac{\partial}{\partial t}\Big)^2 f(t,u) + \frac{h^2}{6}\Big(f\frac{\partial f}{\partial u} + \frac{\partial f}{\partial t}\Big)\frac{\partial f}{\partial u} + \cdots$$

显见，只要给定初值 u_0，由(3.23)便可逐步计算出 $u_1, u_2, \cdots, u_k, \cdots$，但在计算 $u_{k+1}(k=0,1,\cdots)$ 时，皆需要计算 f 及其直到 $q-1$ 阶的各偏导数在 $t=t_k$ 时的值. 对于一般的函数 $f(t,u)$ 而言，这种计算甚为不便. 因此，除了用于计算起初几步的 u_k 外(如线性多步法的初值)，这种展开方法已鲜于应用.

龙格-库塔法的要点在于计算自 t_k 起适当的 q 个点上 f 的值的加权平均作为替代 $\Psi(t_k, u_k, h)$ 而又使(3.23)达到 $O(h^{q+1})$ 阶精度，即试图寻求如下形式的差分格式

$$u_{k+1} = u_k + h\Phi(t_k, u_k, h) \tag{3.24}$$

其中

$$\Phi(t_k, u_k, h) = \sum_{j=1}^{q} c_j \varphi_j(t_k, u_k, h)$$

若令 $\varphi_j = \varphi_j(t_k, u_k, h)$，则

$$\begin{cases} \varphi_1 = f(t_k, u_k) \\ \varphi_j = f\Big(t_k + a_j h, u_k + h\sum_{l=1}^{j-1} b_{jl}\varphi_l\Big) \quad (j=2,3,\cdots,q) \\ a_j = \sum_{l=1}^{j-1} b_{jl} \end{cases} \tag{3.25}$$

我们称(3.24)为 q 级龙格-库塔法. 当 $q \geq 2$，f 为 u 的非线性函数时，(3.24)为非线性格式.

(3.24)中待定的系数 a_j、b_{jl}、c_j 是这样确定的：将(1.1)的真解分别代入(3.24)的两边，并将两边各自在 $t=t_k$ 处展开(当然要假定真解 $u(t)$ 充分光滑)，然后使左右两边 $h^j(j\leq q)$ 的系数分别对应相等，可列出关于 a_j、b_{jl} 及 c_j 的方程共 $2q-1$ 个(其中 q 个由比较两边 h 的同次幂的系数所得，另 $q-1$ 个由关系式 $a_j = \sum_{l=1}^{j-1} b_{jl}$ 提供). 共有未知数为 $\frac{q(q-1)}{2} + q - 1 + q$ 个. 故一般说来，当 $q \geq 2$ 时，诸未知数 a_j、b_{lj}、c_j 不能唯一确定，即在同级(都是 q 级)的限定之下，可以得到同一精度(以 $O(h^{q+1})$ 为表征)的若干个不同的龙格-库塔方法(以 a_j、b_{jl}、c_j 不尽相同为依据而言).

今仅就 $q \leqslant 3$ 的情形推导龙格-库塔方法,为行文方便,引进如下记号:

$$F = \left(\frac{\partial}{\partial t} + f \frac{\partial}{\partial u}\right) f, G = \left(\frac{\partial}{\partial t} + f \frac{\partial}{\partial u}\right)^2 f,$$ 于是我们有

$$u(t_{k+1}) = u(t_k) + \sum_{j=1}^{3} \frac{h^j}{j!} u^{(j)}(t_k) + O(h^4)$$

$$= \left[u + hf + \frac{1}{2} h^2 F + \frac{1}{6} h^3 (Ff'_u + G) \right] \Big|_{t=t_k} + O(h^4) \quad (3.26)$$

$$\varphi_1(t_k, u(t_k), h) = f(t_k, u(t_k))$$

$$\varphi_2(t_k, u(t_k), h) = f(t_k + a_2 h, u(t_k) + a_2 h \varphi_1) \Big|_{t=t_k}$$

$$= (f + a_2 hF + \frac{h^2}{2} a_2^2 G) \Big|_{t=t_k} + O(h^3)$$

$$\varphi_3(t_k, u(t_k), h) = f(t_k + a_3 h, u(t_k) + h(a_3 - b_{32}) \varphi_1 + h b_{32} \varphi_2) \Big|_{t=t_k}$$

$$= \left[f + a_3 hF + h^2 (a_2 b_{32} F f'_u + \frac{1}{2} a_3^2 G) \right] \Big|_{t=t_k} + O(h^3)$$

由此,即可得出当 $q = 1, 2, 3$ 时 $\Phi(t_k, u(t_k), h)$ 的展开式:

$$q = 1 \text{ 时}, \Phi(t_k, u(t_k), h) = c_1 \varphi_1(t_k, u(t_k), h)$$

$$= c_1 f(t_k, u(t_k))$$

通过比较(3.24)的左右两边,即得 $c_1 = 1$,此时两边在 h 的一阶项之后有差异.

$$q = 2 \text{ 时}, \Phi(t_k, u(t_k), h) = c_1 \varphi_1(t_k, u(t_k), h) + c_2 \varphi_2(t_k, u(t_k), h)$$

$$= \left[(c_1 + c_2) f + c_2 a_2 hF + \frac{h^2}{2} a_2^2 c_2 G \right] \Big|_{t=t_k} + O(h^3)$$

类似于 $q = 1$ 时的讨论,则得方程组

$$\begin{cases} c_1 + c_2 = 1 \\ c_2 a_2 = \frac{1}{2} \end{cases} \quad (3.27)$$

(3.27)内有两个方程,三个未知数,从而可求得含有一自由参数的解族. 即可以得到无穷多个二级的方法,但(3.24)左右两边在 h 的二阶项之后即存在差异,两个常用的二级格式是

(1) $c_1 = 0, c_2 = 1, a_2 = \frac{1}{2}$,

$$\Phi(t_k, u(t_k), h) = c_1 \varphi_1 + c_2 \varphi_2 = f(t_k + \frac{1}{2} h, u(t_k) + \frac{1}{2} hf(t_k, u(t_k)))$$

$$u_{k+1} = u_k + hf(t_k + \frac{1}{2} h, u_k + \frac{1}{2} hf(t_k, u_k)) \quad (3.28)$$

称(3.28)为中点格式,它是一种修正的欧拉方法.

(2) $c_1 = \dfrac{1}{2}, c_2 = \dfrac{1}{2}, a_2 = 1$ 导出的格式是

$$\Phi(t_k, u(t_k), h) = c_1 \varphi_1 + c_2 \varphi_2$$

$$= \frac{1}{2}\big[f(t_k, u(t_k)) + f(t_k + h, u(t_k) + hf(t_k, u(t_k))) \big]$$

$$u_{k+1} = u_k + \frac{1}{2} h \big[f(t_k, u_k) + f(t_{k+1}, u_k + hf(t_k, u_k)) \big] \quad (3.29)$$

类似地,我们也可以对 $q=3$ 时进行相同的讨论,即令(3.24)两边 h 的幂次不超过 3 的项对应相等,导出下列决定参数 c_j、b_{jl} 及 a_j 的方程组,注意此时 $q=3$,故有

$$\Phi(t_k, u(t_k), h) = c_1 \varphi_1 + c_2 \varphi_2 + c_3 \varphi_3$$

$$= c_1 f(t_k, u(t_k)) + c_2 \left(f + a_2 hF + \frac{h^2}{2} a_2^2 G \right)\Big|_{t=t_k}$$

$$+ c_3 \left[f + a_3 hF + h^2 \left(a_2 b_{32} F f_u' + \frac{1}{2} a_3^2 G \right) \right]\Big|_{t=t_k} + \mathrm{O}(h^3)$$

$$= (c_1 + c_2 + c_3) f(t_k, u(t_k)) + h(c_2 a_2 + c_3 a_3) F\Big|_{t=t_k}$$

$$+ h^2 \left[\left(\frac{1}{2} c_2 a_2^2 + \frac{1}{2} c_3 a_3^2 \right) G + c_3 a_2 b_{32} F f_u' \right]\Big|_{t=t_k} + \mathrm{O}(h^3)$$

通过比较,便有

$$\begin{cases} c_1 + c_2 + c_3 = 1 \\[2mm] c_2 a_2 + c_3 a_3 = \dfrac{1}{2} \\[2mm] c_2 a_2^2 + c_3 a_3^2 = \dfrac{1}{3} \\[2mm] c_3 a_2 b_{32} = \dfrac{1}{6} \end{cases}$$

此时四个方程,六个未知数,从而有含有两个自由参数的解族.容易看到,在 (3.24)的左右两边关于 h 的三阶项之后即有差异.与 $q=2$ 时相仿,我们也举两个常见的三级格式如下:

(1) $c_1 = \dfrac{1}{4}, c_2 = 0, c_3 = \dfrac{3}{4}, a_2 = \dfrac{1}{3}, a_3 = \dfrac{2}{3}, b_{32} = \dfrac{2}{3}$ 导出的格式是

$$\Phi(t_k, u(t_k), h) = c_1 \varphi_1 + c_2 \varphi_2 + c_3 \varphi_3$$
$$u_{k+1} = u_k + h\Phi(t_k, u_k, h) \qquad\qquad (3.30)$$
$$\varphi_1 = f(t_k, u_k), \quad \varphi_2 = f\left(t_k + \frac{1}{3} h, u_k + \frac{1}{3} h\varphi_1 \right),$$
$$\varphi_3 = f\left(t_k + \frac{2}{3} h, u_k + \frac{2}{3} h\varphi_2 \right)$$

称格式(3.30)为 Heun 方法.

(2) $c_1 = \dfrac{1}{6}, c_2 = \dfrac{2}{3}, c_3 = \dfrac{1}{6}, a_2 = \dfrac{1}{2}, a_3 = 1, b_{32} = 2,$

$$\Phi(t_k, u(t_k), h) = c_1\varphi_1 + c_2\varphi_2 + c_3\varphi_3$$

$$u_{k+1} = u_k + h\Phi(t_k, u_k, h) \tag{3.31}$$

$$\varphi_1 = f(t_k, u_k)$$

$$\varphi_2 = f\left(t_k + \frac{1}{2}h, u_k + \frac{1}{2}h\varphi_1\right)$$

$$\varphi_3 = f(t_k + h, u_k - h\varphi_1 + 2h\varphi_2)$$

此即一度较为流行的库塔方法.

在行将结束这一小节时,我们再例举一个常用的 4 级龙格-库塔方法:

$$u_{k+1} = u_k + \frac{h}{6}(\varphi_1 + 2\varphi_2 + 2\varphi_3 + \varphi_4) \tag{3.32}$$

$$\varphi_1 = f(t_k, u_k)$$

$$\varphi_2 = f\left(t_k + \frac{1}{2}h, u_k + \frac{1}{2}h\varphi_1\right)$$

$$\varphi_3 = f\left(t_k + \frac{1}{2}h, u_k + \frac{1}{2}h\varphi_2\right)$$

$$\varphi_4 = f(t_k + h, u_k + h\varphi_3)$$

(3.32)格式是在所有的龙格-库塔格式中最常用的,称之为龙格-库塔法.关于它的推导,我们在此从略.

以上我们仅限于显式龙格-库塔法的讨论.其实近年来关于隐式龙格-库塔法的讨论也很多.例如在(3.25)内允许 l 从 1 变化到 j 或 q,即成为隐式龙格-库塔法的一种,限于篇幅,就不能讨论了,有兴趣的读者可看有关文献.

在这一节内,我们集中精力于差分方法的构造:基于数值积分构造出亚当斯系列,基于数值微分的 BDF 格式,基于级数展开的龙格-库塔型格式及一般的线性多步格式.当用这些格式求解一具体问题时,不可避免地要遇到这些问题:

1. 如何估计数值解与真解的误差? 能否给出误差的上界?

2. 我们自然期望数值解逼近于真解.但若一差分格式或其等价变形不能在某种意义上逼近微分方程,就很难谈及数值解逼近于真解.也就是说,为使数值解逼近于真解,首先应该使产生数值解的差分格式是相应微分方程的合理近似,这就是相容性问题.

3. 利用差分格式求解(1.1)在某一点 $t = t_k$ 的近似解 u_k,当步长 h 无限变小时,计算步数 k 将无限变大,才能保证 $t_k = t_0 + kh$ 固定.若计算过程中除差分格式借以起步的初值有微小扰动外,其余计算皆为准确,容易知道,初值的

微小扰动会随着 k 的增大而传播开去. 问题是这种初值的扰动或微小误差的传播性态如何? 是恶性放大还是保持有界. 应该注意的是, 由于计算过程中没有舍入, 故误差的传播与舍入误差无关, 而纯系是差分格式自身的特征所致, 应该寻求一种方法, 据以揭示出差分格式的这种特征, 进而能够将初始扰动恶性放大的那类差分格式识别出来, 在应用中要小心使用或干脆不用. 从而能够保证若初值扰动较小, 解的变化也较小, 即差分格式的解连续地依赖于初值, 此即稳定性问题.

4. 当 $h \to 0$ 时, 对任意固定的 $t_k = t_0 + kh$, 我们期望: 依据所用的差分格式求得的数值解 u_k 在某种意义下收敛于 $u(t_k)$ ($h \to 0$, 或 $k \to \infty$, 但 $t_k = t_0 + kh$ 固定). 显然, 不能保证数值解收敛的差分格式是不能应用的. 问题是根据什么才能判定某差分格式所产生的解一定收敛. 这就是收敛性问题.

5. 在问题 3 中我们谈了对任意固定的 $t_k = t_0 + kh$, 当 $h \to 0$ 时的稳定性问题, 但是实际计算时, 几乎没有人会使用无限变小的步长解决具体问题. 与之相反, 往往是依据某些简单易行的原则选定一初始步长, 使自此之后所用的步长几乎不更改或稍有更改, 而一直计算下去, 于是随之而来的问题是: 对如此选定的步长 h, 当 $k \to \infty$, 初始误差也会传播开去, 那么依据什么原则来选定差分格式, 才能使这传播开来的误差保持有界而不会无限增长? 显然这是另一种意义下的稳定性, 且比问题 3 中的稳定性更有实用价值.

6. 在推导格式 (3.6)、(3.8) 及 (3.13) 时, 曾不止一次地假定过 $u_0, u_1, \cdots, u_k$ 已用某种方法求出. 众所周知, 问题 (1.1) 只提供一个初始值 u_0, 那么, 用什么方法才能提供余下的初值, 进而才能使多步法起步?

7. 容易看到: 数值解的精度或逼近真解的程度与步长 h 的选取密切相关, 为在某误差范围内计算真解 $u(t)$ 在任意固定点 $t_k = t_0 + kh$ 上的数值解 u_k, 显然, 若 h 过大则难以达到所要求的精度, 若 h 太小则既浪费机时又可能由于误差的传播积累太甚而致结果不十分可信. 那么如何选择合适的差分格式和计算步长 h? 在问题 5 中曾提及依据某些简单易行的原则来选取步长, 这些简单易行的原则是什么?

8. 在推导差分格式 (3.8) 和 (3.13) 时, 我们都一再指出过: 它们都是隐格式, 为求出 u_{k+1} 一般地说要解一非线性方程, 这无疑给方程 (1.1) 的数值求解增加了很大的工作量和某些意想不到的困难, 能否寻求一种简便易行的方法, 使得既保持了用隐格式求解稳定性能较好这一优点, 又回避了解非线性方程所带来的诸多问题, 这就是隐式格式的求解问题.

9. 在用差分格式求解 (1.1) 的数值解时, 我们关心的是精度问题, 能否注意到差分格式自身的特点, 从而在不增加较多计算量的同时, 将计算出的数值解的精度作进一步的提高. 这就是我们要谈的外推法.

诸如此类的问题,似乎还可罗列一些,我们用以下两节的内容来谈谈这些问题.问题1—5将于§9.4内讨论,其余的将在§9.5内给出初步的回答.

§9.4 差分格式的若干基本概念与定理

9.4.1 单步格式

一、局部截断误差与整体截断误差

在讨论和分析(1.1)的真解 $u(t_k)$ 与数值解 u_k 的误差时,引进下述所谓的局部化假设会带来很多方便:

局部化假设 在应用差分格式求(1.1)的数值解 u_{k+1} 时,假定在差分格式中所用到的 u_{k+1} 之前的各点值 $u_i(i=k,k-1,\cdots)$ 均为真解 $u(t)$ 在相应点的值 $u(t_i)$.

在9.3.4的第二部分,我们比较详细地讨论了龙格-库塔法:

$$\begin{cases} u_{k+1} = u_k + h\Phi(t_k,u_k,h) \\ \Phi(t_k,u_k,h) = \sum_{i=1}^{q} c_i\varphi_i \\ \varphi_1 = f(t_k,u_k) \\ \varphi_i = \cdots \qquad (i=2,\cdots,q) \end{cases}$$

其实,一般的显式单步格式都可以写成如下形式:

$$u_{k+1} = u_k + h\Phi(t_k,u_k,h) \tag{4.1}$$

比如,在显式欧拉格式内, $\Phi(t_k,u_k,h) = f(t_k,u_k)$,在龙格-库塔格式(3.32)内, Φ 取如下形式:

$$\Phi = \frac{h}{6}(\varphi_1 + 2\varphi_2 + 2\varphi_3 + \varphi_4)$$

有鉴于此,我们以下将针对单步法的一般形式(4.1)展开讨论,所得的结论自然可以应用于各种具体情形.为叙述方便,称 $\Phi(t_k,u_k,h)$ 为增量函数.

定义9.4 (单步法的局部截断误差)称

$$R_k = u(t_{k+1}) - u(t_k) - h\Phi(t_k,u(t_k),h) \tag{4.2}$$

为格式(4.1)的局部截断误差.其中 $u(t_k)$ 为微分方程(1.1)的真解 $u(t)$ 在 $t=t_k$ 的值.

关于这个定义我们做如下几点说明:

①局部截断误差说明了微分方程的真解"适合"差分格式到何种程度,有"理由"期望,这个误差越小,用此差分格式计算的数值解越准确.

②由局部化假设,在(4.1)内令 $u_k = u(t_k)$ 而求得

$$u_{k+1} = u(t_k) + h\Phi(t_k, u(t_k), h) \tag{4.3}$$

将(4.2)与(4.3)相加,便有

$$R_k = u(t_{k+1}) - u_{k+1} \tag{4.4}$$

由此观之,局部截断误差 R_k 实际上表示的是真解 $u(t_{k+1})$ 与局部化假设下的数值解 u_{k+1} 的差,此即所以称之为局部截断误差的来源.

③一般说来,可以采用如下手续将局部截断误差"具体化":设 $u(t)$ 充分光滑,在 $t = t_k$ 处展开(4.2)内的 $u(t_{k+1})$ 与 $\Phi(t_k, u(t_k), h)$,有

$$R_k = u(t_{k+1}) - u(t_k) - h\Phi(t_k, u(t_k), h) = O(h^{q+1}) \tag{4.5}$$

其中 q 是使得(4.5)成立的最大整数.类似于定义 3.1,称单步格式(4.1)为 q 阶格式,即其局部截断误差的阶为 $q+1$ 阶.

尽管局部截断误差 R_k 给出了度量误差 $u(t_k) - u_k$ 的方法,但不能不指出的是,这种度量方法显然是太理想化了,究其原因在于使用了局部化假设.实际计算 u_{k+1} 时的过程是由方程(1.1)给定的初值 u_0 起步,逐步推进,因而即或在计算中没有舍入误差.u_k 也不会与 $u(t_k)$ 全同,从而衡量真解与数值解的误差时不用局部化假设更为合理,这就是如下定义:

定义 9.5 设 u_k 为由初值 u_0 起步据格式(4.1)求得的数值解(其中没有舍入误差),称

$$\varepsilon_k = u(t_k) - u_k$$

为格式(4.1)的整体截断误差,也称为截断误差.其中 $u(t_k)$ 为真解在 $t = t_k$ 的值.

当利用(4.1)求数值解时,对于误差 $\varepsilon_k = u(t_k) - u_k$ 给予关心是必要的.但更为重要的是 ε_k 的上界.造成这种情况的原因是具体结点的误差难以准确给出,而在真解具有某种程度的光滑性假设(通常假定真解具有几阶连续导数)之下,通过分析论证便可以给出误差 ε_k 的上界.而此上界在差分格式的相容性、稳定性以及收敛性分析中占有举足轻重的地位.这就是为什么我们不花费过多的精力去探求具体结点上的误差而全神贯注地寻求各种差分格式的整体误差的上界的主要原因.

例 3 试分析显式欧拉格式的局部截断误差与整体截断误差的上界.

解 设(1.1)的真解 $u(t) \in C^2$,则由格式(3.1)

$$u_{k+1} = u_k + hf(t_k, u_k)$$

从而

$$R_k = \frac{1}{2} u''(\xi) h^2, \qquad t_k \leqslant \xi \leqslant t_{k+1}$$

若假定 $M = \max |u''(t)|$,则有

$$|R_k| \leqslant R = \frac{1}{2}h^2 M$$

在推导 Euler 方法局部截断误差的上界时,我们假定 $u(t) \in C^2$,这等价于要求 $f(t, u(t))$ 具有连续的一阶导数,因此这个误差界在使用中仅对具有二阶以上连续导数的函数 $u(t)$ 有效.实际上,对函数 $u(t)$ 的光滑性设定的愈高,该估计适用的范围愈窄.现在略微减弱这个要求,既用 $f(t, u(t))$ 关于 t 及 u 满足利普希茨条件来代替 $f(t, u(t))$ 关于 t 有连续一阶导数,且设关于 t 及 u 的利普希茨常数分别为 N 及 L,则能得到如下估计:

$$
\begin{aligned}
R_k &= u(t_{k+1}) - u(t_k) - hf(t_k, u(t_k)) \\
&= \int_{t_k}^{t_{k+1}} u'(t)\mathrm{d}t - \int_{t_k}^{t_{k+1}} f(t_k, u(t_k))\mathrm{d}t \\
&= \int_{t_k}^{t_{k+1}} f(t, u(t))\mathrm{d}t - \int_{t_k}^{t_{k+1}} f(t_k, u(t_k))\mathrm{d}t \\
&= \int_{t_k}^{t_{k+1}} f(t, u(t))\mathrm{d}t - \int_{t_k}^{t_{k+1}} f(t_k, u(t_k))\mathrm{d}t \\
&\quad + \int_{t_k}^{t_{k+1}} f(t_k, u(t))\mathrm{d}t - \int_{t_k}^{t_{k+1}} f(t_k, u(t))\mathrm{d}t \\
&= \int_{t_k}^{t_{k+1}} [f(t, u(t)) - f(t_k, u(t))]\mathrm{d}t \\
&\quad + \int_{t_k}^{t_{k+1}} [f(t_k, u(t)) - f(t_k, u(t_k))]\mathrm{d}t
\end{aligned}
$$

由于 $f(t, u)$ 关于 t 及 u 满足利普希茨条件.利普希茨常数分别为 N 及 L,容易推知 $f(t, u)$ 为 t 及 u 的连续函数.因此,不妨设 $F_0 = \max|f(t, u)|$,则有

$$
\begin{aligned}
|R_k| &\leqslant \int_{t_k}^{t_{k+1}} |f(t, u(t)) - f(t_k, u(t))|\mathrm{d}t \\
&\quad + \int_{t_k}^{t_{k+1}} |f(t_k, u(t)) - f(t_k, u(t_k))|\mathrm{d}t \\
&\leqslant \int_{t_k}^{t_{k+1}} N|t - t_k|\mathrm{d}t + \int_{t_k}^{t_{k+1}} L|u(t) - u(t_k)|\mathrm{d}t \\
&\leqslant \int_{t_k}^{t_{k+1}} N|t - t_k|\mathrm{d}t + \int_{t_k}^{t_{k+1}} L|u'(\xi)||t - t_k)|\mathrm{d}t \\
&\leqslant \frac{1}{2}(N + LF_0)h^2 = R
\end{aligned}
\tag{4.6}
$$

现在利用(4.6)式来推导欧拉方法的整体误差估计,由局部截断误差的定义:

$$u(t_{k+1}) = u(t_k) + hf(t_k, u(t_k)) + R_k$$

另,据欧拉格式:

$$u_{k+1} = u_k + hf(t_k, u_k)$$

将上两式相减,并令 $\varepsilon_k = u(t_k) - u_k$,

$$\varepsilon_{k+1} = \varepsilon_k + h[f(t_k, u(t_k)) - f(t_k, u_k)] + R_k$$

注意 $f(t, u)$ 关于 u 满足利普希茨条件,从而有

$$|\varepsilon_{k+1}| \leqslant (1 + hL)|\varepsilon_k| + R \qquad (4.7)$$

对 $k = n-1, n-2, \cdots, 0$,反复应用 (4.7) 式便有

$$|\varepsilon_n| \leqslant (1 + hL)|\varepsilon_{n-1}| + R$$
$$\leqslant (1 + hL)^2 |\varepsilon_{n-2}| + (1 + hL)R + R$$
$$\leqslant \cdots$$
$$\leqslant (1 + hL)^n |\varepsilon_0| + R \sum_{j=0}^{n-1} (1 + hL)^j$$

再由于对 $\forall n > 0, nh \leqslant T - t_0$,

$$(1 + hL)^n = [(1 + hL)^{\frac{1}{hL}}]^{nhL} \leqslant e^{(T-t_0)L}$$

于是有

$$|\varepsilon_n| \leqslant e^{(T-t_0)L}|\varepsilon_0| + \frac{1}{2}(N + LF_0)h \frac{e^{(T-t_0)L} - 1}{L} \qquad (4.8)$$

至此,实际上我们证明了:

定理 9.3 设 $f(t, u)$ 关于 t、u 均满足利普希茨条件,N、L 分别为相应的利普希茨常数,且当 $h \to 0$ 时(此时 $k \to \infty$,$kh = t_k - t_0$ 保持固定)数值初值 $u_0 \to u(t_0)$,则欧拉显格式 (3.1) 的解 u_k 收敛于 (1.1) 的真解 $u(t_k)$,并有如下估计式:

$$|\varepsilon_k| \leqslant e^{L(T-t_0)}|\varepsilon_0| + \frac{h}{2}(F_0 + \frac{N}{L})(e^{L(T-t_0)} - 1)$$

由 (4.8),我们看出,若取初值 $u_0 = u(t_0)$,则有 $|\varepsilon_k| = O(h)$,再注意 (4.6),即局部截断误差 $|R_k| = O(h^2)$,从而结论是对欧拉方法而言,局部截断误差较整体截断误差高一阶.其实这一结论对一般的单步格式 (4.1) 也是对的.因此,若不考虑初始误差,则整体误差的阶即由局部截断误差的阶所决定,欲提高整体误差的阶,可以从提高局部截断误差的阶入手,构造高精度的差分格式.此乃是判定微分方程数值解法优劣的主要依据之一.

二、单步法的相容性、稳定性与收敛性

首先我们来讨论一般单步格式 (4.1) 的相容性,假定 $\Phi(t, u, h)$ 在 $h = 0$

处连续,则易知对于(1.1)的真解 $u(t)$,由(4.1)有

$$\frac{u(t+h)-u(t)}{h} = \Phi(t,u(t),h) + \mathrm{O}(h^q) \tag{4.9}$$

我们当然希望(4.9)在极限状态下(即 $h \to 0$)逼近微分方程(1.1),注意对一般单步法而言,q 为正数,于是有 $\Phi(t,u(t),h) \to f(t,u)$,$(h \to 0)$,我们引进相容性定义以刻画差分格式是原微分方程的一个合理近似.

定义 9.6 称差分格式(4.1)与微分方程(1.1)是相容的,若

$$\Phi(t,u,0) = f(t,u) \tag{4.10}$$

式(4.10)称为相容性条件,由此显然可以得出,相容的单步格式其阶一定大于或等于 1.

其次我们再来谈谈稳定性,设若给定初始值 u_0,依据(4.1),我们便可以逐步推进,求出 $u_1, u_2, \cdots, u_k, \cdots$,问题是,即使在计算过程中完全准确无误,但若初始数据 u_0 有微小扰动,则这个扰动便会在求解过程中传播开去,我们所期望的是,只要扰动充分小,受扰动的解与差分方程在没有扰动情况下得到的解的差也应该不大.即差分格式的解对初始扰动并不十分"敏感".为此,我们引进下述稳定性定义:

定义 9.7 称差分格式(4.1)为稳定的,如存在常数 C 及 h_0,使得当 $0 < h < h_0, kh < T - t_0$ 时,对任意的初始值 u_0 及 v_0,(4.1)的相应解 u_k 及 v_k 满足

$$|u_k - v_k| \leqslant C|u_0 - v_0|$$

注意,定义 9.7 中的 u_k 及 v_k 分别是以 u_0 及 v_0 为初始值依据(4.1)在无舍入误差情况下求得的准确解.上述稳定性的意义是:对于满足 $0 < h < h_0$,$kh \leqslant T - t_0$ 的一切 h,即允许 h 无限变小,从而计算步数 k 无限变大,但相应的(4.1)的解连续地依赖于初始值.

关于差分格式(4.1)的稳定性,我们有如下定理:

定理 9.4 如果 $\Phi(t,u,h)$ 在区域 $D = \{(t,u,h) \mid t_0 < t < T, -\infty < u < +\infty, 0 < h < h_0\}$ 内连续,且关于 u 满足利普希茨条件,则(4.1)稳定.

证明 由(4.1)

$$u_{k+1} = u_k + h\Phi(t_k, u_k, h)$$
$$v_{k+1} = v_k + h\Phi(t_k, v_k, h)$$

故有

$$\begin{aligned}
|u_{k+1} - v_{k+1}| &\leqslant |u_k - v_k| + h|\Phi(t_k, u_k, h) - \Phi(t_k, v_k, h)| \\
&\leqslant (1 + Lh)|u_k - v_k| \\
&\leqslant \cdots \\
&\leqslant (1 + Lh)^{(k+1)}|u_0 - v_0|
\end{aligned}$$

$$\leqslant \left[(1 + Lh)^{\frac{1}{Lh}}\right]^{(k+1)hL} |u_0 - v_0|$$

$$\leqslant \mathrm{e}^{(T-t_0)L} |u_0 - v_0|$$

其中$(k+1)h < T - t_0$，L为$\varPhi$的利普希茨常数，由于T, t_0及L均为常数，故(4.1)的稳定性得证.

单步格式(4.1)是用来计算(1.1)的近似解而提出的,如果(4.1)不满足相容性条件,即(4.9)在$h \rightarrow 0$的极限状态下并不逼近于(1.1),那么由它所计算出的结果就不可能是(1.1)的近似解,这是相容性与收敛性在单步格式情形中相互关系的一个方面.另外,若(4.1)满足相容性条件,单步格式的解在$h \rightarrow 0$的极限情形下是否收敛于(1.1)的解,这则是两者之间关系的另一方面.下面定理9.5对单步格式的相容性与收敛性的关系给出了确切的回答.在给出定理9.5之前,我们先引进单步法收敛的定义.

定义9.8 称单步格式(4.1)是收敛的.若当$h \rightarrow 0$时,$u_0 \rightarrow u(t_0)$,且对任意固定的$t_k = t_0 + kh$($h \rightarrow 0$时$k \rightarrow \infty$,kh保持固定),有 $u_k \rightarrow u(t_k)$.

定理9.5 若单步格式(4.1)中的$\varPhi(t, u, h)$在区域

$$D = \left\{(t, u, h) \,\middle|\, t_0 \leqslant t \leqslant T, -\infty < u < +\infty, 0 \leqslant h \leqslant h_0 (h_0 > 0)\right\}$$

中连续,且关于变元u满足利普希茨条件,则单步法(4.1)收敛的充分必要条件是相容性条件成立.

关于定理9.5,我们想要说明的是:分析一差分格式的收敛性,一般说来较为困难,而分析一差分格式是否相容及$\varPhi(t, u, h)$是否满足利普希茨条件,相对而言,是比较容易的.由此,定理9.5是说,若单步格式(4.1)中的$\varPhi(t, u, h)$满足所述条件,则格式的收敛性与相容性等价,即欲证收敛性只要证相容性即可,从而实现了难向易方面的转化.由此可见,这类等价定理的巨大理论价值与实用价值.关于本定理的证明,此处略去,有兴趣的读者可参考有关文献.最后,我们给出单步格式(4.1)的收敛性条件及相应的误差估计:

定理9.6 若单步格式(4.1)中的$\varPhi(t, u, h)$在区域

$$D = \left\{(t, u, h) \,\middle|\, t_0 \leqslant t \leqslant T, -\infty < u < +\infty, 0 \leqslant h \leqslant h_0 (h_0 > 0)\right\}$$

内对t、u、h均满足利普希茨条件,则单步法(4.1)的解u_k收敛于$u(t_k)$的充要条件是格式(4.1)为相容.且有截断误差估计式如下:

$$|\varepsilon_k| \leqslant \mathrm{e}^{L(T-t_0)} |\varepsilon_0| + h^q \frac{C}{L} \left(\mathrm{e}^{L(T-t_0)} - 1\right)$$

其中C为与$\varPhi(t, u, h)$的利普希茨常数及$\max |u'(t)|$有关的常数.

本定理的证明可依照定理4.1进行,此不赘述.

9.4.2 线性多步格式

一、线性多步法的局部截断误差与整体误差

定义9.9 称

$$\mathscr{L}[u(t_k),h] = \sum_{j=0}^{l} \alpha_{lj}u(t_{k-j+1}) - h\sum_{j=0}^{l}\beta_{lj}f(t_{k-j+1},u(t_{k-j+1})) \qquad (3.19)$$

为线性多步格式(3.14)的局部截断误差.其中 $u(t_k)$ 为微分方程(1.1)的真解 $u(t)$ 在 $t=t_k$ 处的值.当 $u(t)$ 有足够的光滑性时,$\mathscr{L}[u(t_k),h]$ 取下列形式:

$$\mathscr{L}[u(t_k),h] = C_{q+1}h^{q+1}u^{(q+1)}(t_k) + O(h^{q+2})$$

关于这个定义,我们作如下说明:

(1)由定义9.9,有

$$\sum_{j=0}^{l}\alpha_{lj}u(t_{k-j+1}) = h\sum_{j=0}^{l}\beta_{lj}f(t_{k-j+1},u(t_{k-j+1})) + \mathscr{L}[u(t_k),h]$$

在局部化假设下,由格式(3.14)

$$\alpha_{l0}u_{k+1} + \sum_{j=1}^{l}\alpha_{lj}u(t_{k-j+1}) = h\sum_{j=1}^{l}\beta_{lj}f(t_{k-j+1},u(t_{k-j+1})) + h\beta_{l0}f(t_{k+1},u_{k+1})$$

将上两式相减,并注意 $\alpha_{l0}=1$ 的约定:

$$u(t_{k+1}) - u_{k+1} = h\beta_{l0}\big(f(t_{k+1},u(t_{k+1})) - f(t_{k+1},u_{k+1})\big) + \mathscr{L}[u(t_k),h]$$

$$= h\beta_{l0}\frac{\partial f}{\partial u}\Big|_{(t_{k+1},\eta)}(u(t_{k+1}) - u_{k+1}) + \mathscr{L}[u(t_k),h]$$

显然,对于显式线性多步格式,$\beta_{l0}=0$

$$u(t_{k+1}) - u_{k+1} = \mathscr{L}[u(t_k),h]$$

而对于隐式线性多步格式,$\beta_{l0}\neq 0$,则有

$$(u(t_{k+1}) - u_{k+1})\left(1 - h\beta_{l0}\frac{\partial f}{\partial u}\Big|_{(t_{k+1},\eta)}\right) = \mathscr{L}[u(t_k),h]$$

即

$$u(t_{k+1}) - u_{k+1} = \frac{\mathscr{L}[u(t_k),h]}{\left(1 - h\beta_{l0}\dfrac{\partial f}{\partial u}\Big|_{(t_{k+1},\eta)}\right)}$$

$$= \mathscr{L}[u(t_k),h]\left(1 + h\beta_{l0}\frac{\partial f}{\partial u}\Big|_{(t_{k+1},\eta)} + \cdots\right)$$

总之,无论是显式还是隐式多步法,就刻画真解 $u(t_{k+1})$ 与局部化假设下的解 u_{k+1} 的差而论,$\mathscr{L}[u(t_k),h]$ 明显地起主导作用.有鉴于此,我们将 (3.19)中出现的 q 称为线性多步法的阶,$C_{q+1}h^{q+1}$ 称为线性多步法局部截断

误差的主项，C_{q+1} 称为主项系数.

(2)局部截断误差表明微分方程的真解 $u(t)$"适合于"逼近其的差分格式到何种程度，有"理由"猜测，这个误差越小，用此差分格式计算得到的数值解精度会越高.

与单步法的情形一样，局部截断误差还是太理想化了，为此我们引进整体截断误差的概念.

定义 9.10 称 $\varepsilon_k = u(t_k) - u_k$ 为线性多步格式(3.14)的整体截断误差，其中 $u(t_k)$ 为真解 $u(t)$ 在 $t = t_k$ 处的值，u_k 为(3.14)的精确解.

二、线性多步格式的相容性，稳定性与收敛性

1.相容性

差分格式(3.14)被设计用来求(1.1)的数值解，因而自然期望在某种意义上说

$$\frac{1}{h}\sum_{j=0}^{l}\alpha_{lj}u(t_{k-j+1}) = \sum_{j=0}^{l}\beta_{lj}f(t_{k-j+1},u(t_{k-j+1})) + \frac{1}{h}\mathscr{L}[u(t_k),h]$$

是微分方程(1.1)的一个"逼近"$(h\to 0)$，由局部截断误差表达式(3.19)知，上述期望等价于 $\mathscr{L}[u(t_k),h]$ 的主部至少为 2 阶，于是我们引进：

定义 9.11 称求解一阶方程(1.1)的线性多步格式(3.14)为相容，若它至少是一阶的.

据上述定义，由(3.17)知，线性多步格式为相容等价于

$$\left.\begin{aligned}\sum_{j=0}^{l}\alpha_{lj} &= 0 \\ \sum_{j=0}^{l}(l-j)\alpha_{lj} &= \sum_{j=0}^{l}\beta_{lj}\end{aligned}\right\} \tag{4.11}$$

称(4.11)为线性多步格式的相容性条件.

线性多步格式(3.14)的相容性，稳定性与收敛性均由其自身结构所决定，为便于刻化这种自身结构特征，现引进两个 l 次的多项式：

定义 9.12 称

$$\rho(\xi) = \sum_{j=0}^{l}\alpha_{lj}\xi^{l-j}$$

$$\sigma(\xi) = \sum_{j=0}^{l}\beta_{lj}\xi^{l-j}$$

分别为线性多步格式(3.14)的第一特征多项式和第二特征多项式.

借助于差分格式的特征多项式，相容性条件又可写成如下形式：

$$\left.\begin{aligned}\rho(1) &= 0 \\ \rho'(1) &= \sigma(1)\end{aligned}\right\} \tag{4.12}$$

从而将差分格式相容性的验证代数化.

2.稳定性

类似于单步法内对稳定性的说明,我们引进下述稳定性定义:

定义 9.13 线性多步格式(3.14)称为稳定的,若存在常数 C 及 h_0,使得当 $0 < h < h_0$ 时,(3.14)的任何二个解 u_k 及 v_k 均满足.

$$\max_{kh \leq T} |u_k - v_k| \leq CM_0$$

其中 $M_0 = \max\limits_{0 \leq j < l} |u_j - v_j|$, u_j 和 $v_j (j = 0, 1, \cdots, l-1)$ 分别是依据(3.14)求解 u_k 及 v_k 的初值.

上述稳定性的定义十分清楚,它确切地刻化了当 h 充分小时稳定的多步格式的解连续地依赖于初值.

在这种稳定性的定义下,我们有

定理 9.7 线性多步格式(3.14)稳定的充分且必要条件是 $\rho(\xi)$ 满足根条件:$\rho(\xi)$ 的根均在单位圆内,并且位于单位圆上的根为单根.

利用定理9.7,将分析、判定一线性多步格式是否稳定的问题转化为分析其第一特征多项式的根的分布问题.关于这一定理以及以下两个定理,我们都略去证明.

3.收敛性

类似于单步法内有关收敛性的说明,所略有不同之处在于:当 $h \to 0$ 时,保持 $t_k = t_0 + kh$ 不变(意即 $k \to +\infty$),要求 $u_k \to u(t_k)(h \to 0)$这就是收敛性,但是当 $h \to 0$ 时,对于 $j = 0, 1, \cdots, l-1$(有限!),u_j 均应是 u_0 的某种逼近,即 $\lim\limits_{h \to 0} u_j = u_0$.有了上述说明,我们做出如下定义:

定义 9.14 称线性多步格式(3.14)为收敛的,若当 $h \to 0$ 时,$u_j \to u_0 (j = 0, 1, \cdots, l-1)$,且对任意固定的 $t_k = t_0 + kh$,$u_k \to u(t_k)$.

在如此定义的收敛意义之下,我们有

定理 9.8 若线性多步格式(3.14)相容且稳定,又当 $h \to 0$ 时 $u_j \to u(t_0)$($j = 0, 1, \cdots, l-1$),则线性多步格式(3.14)为收敛的,此外,若该格式为 q 阶的,且初始值的逼近阶不低于 $O(h^q)$,则整体截断误差为 $O(h^q)$.

定理9.8的重要之处在于:它不仅指明了在何种条件下,差分解收敛到真解,而且给出了真解与差分解的误差估计,判断一差分格式是否收敛,关键在于判断其是否相容与稳定,而判定这两点,都可经由研究其特征多项式 $\rho(\xi)$ 及 $\sigma(\xi)$ 来完成.从中可以看出,相容性、稳定性与收敛性有着密切关系,这就是下面这一重要定理:

定理 9.9 对于适定的初值问题(1.1)及其相容的差分逼近(3.14)来说,

差分格式的稳定性与收敛性等价.

我们再说一次,一般地讲判明差分格式(3.14)的收敛性是较为困难的,但通过定理9.9,判定其收敛与否可由其是否相容与稳定得出,而判别一差分格式的相容与稳定与否,只须仔细分析其特征多项式 $\rho(\xi)$ 及 $\sigma(\xi)$ 就可以了.从而,将一个比较困难的问题,转化为一个多项式的根的分布问题.由此可知这类等价定理的巨大理论价值与实际应用意义.

例4 试用格式 $y_{k+2} - 4y_{k+1} + 3y_k = -2hf_k$ 来求解 $y' = y, y(0) = 1$

解 差分格式的第一及第二特征多项式分别是

$$\rho(\xi) = \xi^2 - 4\xi + 3, \sigma(\xi) = -2$$

由于 $\rho(1) = 0, \rho'(1) = \sigma(1)$,故差分格式为相容.

$$\rho(\xi) = \xi^2 - 4\xi + 3 = (\xi - 3)(\xi - 1)$$

即 $\xi = 3$ 与 $\xi = 1$ 为 $\rho(\xi)$ 的根.显然违反根条件,即差分格式 $y_{k+2} - 4y_{k+1} + 3y_k = -2hf_k$ 为不稳定格式,从而也是不收敛的.

方程 $y' = y, y(0) = 1$ 的真解为 $y(x) = e^x$ 现以 $h = 0.1$ 为步长.

$y_0 = 1.00000, y_1 = 1.10517$ 为初值,计算结果如下:

表 9.5

x_k	y_k	$e^{x_k} - y_k$	x_k	y_k	$e^{x_k} - y_k$	
0	1.00000	0.00000	0.6	1.69419	0.12993	
0.1	1.10517	0.00000	0.7	1.63634	0.37741	
0.2	1.22068	0.00072	0.8	1.12395	1.10159	
0.3	1.34618	0.00368	0.9	-0.74049	3.20009	
0.4	1.47854	0.01329	1.0	-6.55860	9.27688	
0.5	1.60638	0.04234	...	...	...	

上述的计算也证实了稳定性分析的结论,由此可知:一个不稳定的差分格式基本上是无用的.

三、绝对稳定性

为说明问题起见,先看一个数值例子:

例5 设 $\begin{cases} u' = -10(u-1)^2 \\ u(0) = 2 \end{cases}$

试用米尔恩方法:

$$u_{n+2} = u_n + \frac{h}{3}(f_{n+2} + 4f_{n+1} + f_n)$$

来计算上述初值问题,$h = 0.1$,该初值问题的解析解为

$$u(t)=1+\frac{1}{10t+1}.$$ 计算数值解时 u_1 取 1.5,即 $u_1=u(0.1)=1.5$.

计算结果如下表

t_n	$u(t_n)$	u_n
0.2	1.333333	1.302776
0.3	1.250000	1.270115
0.4	1.200000	1.165775
$\vdots$	$\vdots$	$\vdots$
3.8	1.025641	0.867153
3.9	1.025000	0.953325
4.0	1.024390	0.850962
$\vdots$		$\vdots$
4.8	1.020408	0.040686
4.9	1.020000	-5.990968
5.0	1.019608	-394.086

上述计算结果是用步长 $h=0.1$ 经 40 余步计算得出.从表中可以看出当计算到 $t=5.0$ 时,数值解 u_n 与真解 $u(t_n)$ 相去甚远,全无可信.为什么一个二步四阶且 $h\to0$ 时为收敛的米尔恩方法,当用 $h=0.1$ 计算时结果会如此之差? 一个方法该具有什么特征才能避免上述现象发生?

迄今为止,我们是在 $h\to0$ 的条件下讨论数值解的收敛性与稳定性的.此时计算步骤 $k\to\infty$,但 $kh\leqslant T-t_0$.定理 9.9 深刻地揭示了相容的差分逼近,稳定性与收敛性等价这种差分格式的内在属性,从而只要在数值求解时使用稳定的差分格式,就足以保证当 $h\to0$ 时得到的数值解 u_k 收敛.但是实际上由于计算工具等条件的限制及考虑到计算效率、误差积累等因素,步长 h 不可能任意取小,更不消说趋于零了.这就是在 §9.3 末尾所说的,几乎没人用无限变小的步长 h 来数值求解具体的实际问题.一般都是选定一个较为合适的步长 h,从设定的初值出发,依据差分格式逐步求出数值解.这实质上相当于在 $[t_0,+\infty]$ 范围内用固定的步长 h 依选定的差分格式求解 (1.1).毫无疑问在求解过程的每一步都会有舍入误差,并且舍入误差还会传播开来.为达到简化问题和揭示本质起见,我们仅假定在初始状态有误差而以后计算则完全正确,我们的问题是:这种初始状态的误差在以后的计算过程中将按什么方式传播? 是被无限放大还是始终保持有界? 显然这也是稳定性问题,但又有别于上一节内讨论的稳定性,在数值分析中,称上节内讨论的稳定性为渐近稳定性或零-稳定性(国外文献上也称为 D 稳定性,以示对 Dahlquist 的尊重),其特征是考虑 $h\to0$ 时的计算稳定性问题.在本节内考虑的稳定性则是假定 h 为

某固定正常数的稳定性,文献上称其为绝对稳定性.为此引入下述定义:

定义 9.15 称一差分格式为绝对稳定的,若对给定的步长 $h>0$ 及给定的方程 $u'=f(t,u)$,在计算过程中的某一步引入扰动误差,对后继 u_k 的计算来说,扰动引起的误差不随着 $k\to+\infty$ 而无限增大.

从这个定义可以看出:要求在计算中的某一步引入的扰动误差在后继的计算中不被无界放大.这一点与前节的稳定性要求没有区别,注意的是这种误差在传播过程中不被放大(或保持有界的)的要求是以给定的 h 和给定的方程 $u'=f(t,u)$ 为对象得出的.那么,这种稳定性不仅与差分格式本身有关,而且与给定的微分方程 $u'=f(t,u)$ 也有关.我们采用模型方程 $u'=\mu u$ 来讨论给定的差分格式的绝对稳定性问题,其中 $\mathrm{Re}(\mu)<0$.

首先有必要说明:何以以模型方程 $u'=\mu u(\mathrm{Re}(\mu)<0)$ 来展开差分格式绝对稳定性的讨论.盖因为当 $\mathrm{Re}(\mu)>0$ 时,模型方程 $u'=\mu u$ 的解为 $u=u_0 e^{\mu(t-t_0)}$,显见,当初值 u_0 有一个小扰动 ε 时,相应解的扰动为 $\varepsilon(t)=\varepsilon_0 e^{\mu(t-t_0)}$,由此,当 $\mathrm{Re}(\mu)>0$ 时,$\varepsilon(t)$ 将随着 t 的无限增大而无界增大,此乃是不稳定的微分方程所特有的性态.因此,用差分格式求解这类微分方程且希望误差在传播过程中保持有界,这一要求本身就不合理,也就是说,绝对稳定的差分格式不适于数值求解这类不稳定的微分方程,因而只讨论稳定的微分方程,即 $u'=\mu u$ 中的 $\mathrm{Re}(\mu)<0$ 的情形,其次,这种类型的模型方程具有足够的一般性,例如,试考虑一般情形的微分方程:

$$u'=f(t,u)$$

相应于初值 u_0 的解为 $u(t)$,设当初值有一个扰动 ε_0 时,相应的扰动解为 $u(t)+\varepsilon(t)$.即

$$[u(t)+\varepsilon(t)]'=f(t,u(t)+\varepsilon(t))$$

将上式在 $(t,u(t))$ 展开,仅保留小扰动 ε 的线性项,则有

$$u'(t)+\varepsilon'(t)\approx f(t,u)+\frac{\partial f}{\partial u}\mid_{(t,u)}\varepsilon$$

因此,

$$\varepsilon'=f'_u\varepsilon$$

即 $\varepsilon(t)$ 满足关于 ε 的线性方程 $\varepsilon'(t)=\frac{\partial f}{\partial u}\mid_{(t,u)}\varepsilon(t)$,仿照常系数情形,我们仅讨论 $\frac{\partial f}{\partial u}<0$ 的情形.若所论为方程组,则 $\frac{\partial f}{\partial u}$ 为右端向量函数 $f(t,u)$ 的雅可比矩阵,此时与 μ 的角色相当的是 $\frac{\partial f}{\partial u}$ 的特征值.于是,我们只研究矩阵 $\frac{\partial f}{\partial u}$ 的特征值均具有负实部的情形.只不过此时 $\frac{\partial f}{\partial u}$ 依赖于 u,情形复杂一些罢了.

在做了上述的两点说明之后,现给出差分格式绝对稳定的一个更明晰的

定义:

定义 9.16 用一差分格式以定步长 $h>0$ 解模型方程 $u'=\mu u$，$\mathrm{Re}(u)<0$ 当 $k\to\infty$ 时，$u_k\to0$，则称用步长 h 的这个差分格式的求解过程为计算稳定的，或称为绝对稳定的，简称稳定的，否则称为计算不稳定的.

由这个定义，能够想到，同一个差分格式，对某些 h 与 μ，计算可能是绝对稳定的，而对另外的 h 与 μ，计算可能不是绝对稳定的，因此，有必要引进差分格式绝对稳定区域的概念.

定义 9.17 使得差分格式为稳定的所有 $\overline{h}=\mu h$ 的集合，称之为该差分格式的绝对稳定区域. 其中 $h>0$.

显然，在求解具体给定的微分方程时(此时相当于 μ 已知)，应该选取 h，使 $\overline{h}=\mu h$ 位于该差分格式的绝对稳定区域之内(关于如何确定绝对稳定区域，本书从略).

现在来讨论如何判定一差分格式的绝对稳定性，考虑线性多步法:

$$\sum_{j=0}^{l}\alpha_{lj}u_{k-j+1}=h\sum_{j=0}^{l}\beta_{l0}f(t_{k-j+1},u_{k-j+1})$$

将上式应用于模型方程 $u'=\mu u$，则有

$$\sum_{j=0}^{l}\alpha_{lj}u_{k-j+1}=h\mu\sum_{j=0}^{l}\beta_{lj}u_{k-j+1} \tag{4.13}$$

为此，我们引进如下定义:

定义 9.18 称 $\rho(\xi)-\overline{h}\sigma(\xi)=0$ 为差分格式(4.13)的特征方程，特征方程的根称为特征根. 其中 $\rho(\xi)$ 与 $\sigma(\xi)$ 如定义 4.9 中所给，$\overline{h}=h\mu$.

现在来讨论判断差分格式绝对稳定性的方法，为简明起见，假定模型方程 $u'=\mu u$ 的系数 $\mu<0$.

1. 显式欧拉格式

$$u_{k+1}=u_k+hf(t_k,u_k)$$

应用于模型方程，则为

$$u_{k+1}=u_k+\overline{h}u_k=(1+\overline{h})u_k$$

显然，欲使显式欧拉格式为绝对稳定，则必须且只须

$$|1+\overline{h}|<1 \tag{4.14}$$

即 $-2<\overline{h}<0$. 此即显式欧拉格式的绝对稳定域. 注意到格式的特征方程为 $\xi-1-\overline{h}=0$ 从而关于格式稳定的充要条件(4.14)也可以叙述为:特征根按模小于 1.

2. 隐式欧拉格式

$$u_{k+1}=u_k+hf(t_{k+1},u_{k+1})$$

应用于模型方程 $u'=\mu u$，则有

$$u_{k+1} = u_k + \overline{h} u_{k+1}$$

即

$$u_{k+1} = \frac{1}{1 - \overline{h}} u_k$$

从而欲使隐式欧拉格式绝对稳定的充要条件是

$$\left| \frac{1}{1 - \overline{h}} \right| < 1 \tag{4.15}$$

再注意 $\overline{h} = h\mu < 0$，故上式对任何 $h > 0$，$\mu < 0$ 恒成立．此时称相应的差分格式为无条件稳定格式．注意此格式的特征方程为 $\xi = 1 + \overline{h}\xi$，从而关于格式稳定的充要条件也可表为：特征根按模小于 1．

3. 梯形格式

$$u_{k+1} = u_k + \frac{h}{2}(f(t_k, u_k) + f(t_{k+1}, u_{k+1}))$$

应用于模型方程，则有

$$u_{k+1} = u_k + \frac{\overline{h}}{2}(u_k + u_{k+1})$$

于是

$$u_{k+1} = \frac{1 + \dfrac{\overline{h}}{2}}{1 - \dfrac{\overline{h}}{2}} u_k$$

因此，欲使梯形格式为绝对稳定，则必须且只须

$$\left| \frac{1 + \dfrac{\overline{h}}{2}}{1 - \dfrac{\overline{h}}{2}} \right| < 1 \tag{4.16}$$

由于 $\overline{h} = h\mu < 0$，故上式显然成立，即对任何 $h > 0$，$\mu < 0$ 均成立．
再来考虑此格式的特征方程：

$$\xi = 1 + \frac{\overline{h}}{2}(1 + \xi)$$

其特征根为

$$\xi = \frac{1 + \dfrac{\overline{h}}{2}}{1 - \dfrac{\overline{h}}{2}}$$

立即可得：差分格式稳定等价于要求其特征根按模小于 1．一般说来，若将一线性多步法

$$\sum_{j=0}^{l} \alpha_{lj} u_{k-j+1} = h \sum_{j=0}^{l} \beta_{lj} f_{k-j+1} \tag{4.17}$$

应用于模型方程 $u' = \mu u$ 来考察它的稳定性:

$$\sum_{j=0}^{l} \alpha_{lj} u_{k-j+1} = h \sum_{j=0}^{l} \beta_{lj} f_{k-j+1} = \overline{h} \sum_{j=0}^{l} \beta_{lj} u_{k-j+1}$$

其特征方程为

$$\rho(\xi) - \overline{h}\sigma(\xi) = 0 \tag{4.18}$$

于是,关于多步格式(4.17)有如下定理(关于此定理的证明略去)

定理 9.10 线性多步格式(4.17)绝对稳定的充分必要条件是:对于给定的 h 和 μ,其特征方程的根按模小于 1.

根据定理 9.10,可以求得 l 步亚当斯格式(3.6)及(3.8)的稳定区域分别为 $(a_E, 0)$ 和 $(b_I, 0)$,其中 a_E 和 b_I 的值如表 9.6 所列:

表 9.6

l	1	2	3	4
a_E	-2	-1	$-\dfrac{6}{11}$	$-\dfrac{3}{10}$
b_I	$-\infty$	-6	-3	$-\dfrac{90}{49}$

由表 9.6 可以看出,对于同一 l,亚当斯隐格式的稳定区域包含相应显格式的稳定区域,这也就是说,隐格式的稳定性较显格式的稳定性要好.以前曾在不同的场合,谈过隐格式有如下特点:初始值少用一点,诸系数 b_{lj} 要较 a_{lj} 均匀,局部截断误差项内的系数也较小.现在,我们通过表 9.6 又获悉,在计算精度允许的情况下,利用隐格式可以使用较大的步长.

现在转去考虑单步法的稳定性,以四阶龙格-库塔为例:

$$u_{k+1} = u_k + \frac{h}{6}(\varphi_1 + 2\varphi_2 + 2\varphi_3 + \varphi_4) \tag{3.32}$$

$$\varphi_1 = f(t_k, u_k)$$

$$\varphi_2 = f(t_k + \frac{1}{2}h, u_k + \frac{1}{2}h\varphi_1)$$

$$\varphi_3 = f(t_k + \frac{1}{2}h, u_k + \frac{1}{2}h\varphi_2)$$

$$\varphi_4 = f(t_k + h, u_k + h\varphi_3)$$

将(3.32)应用于模型方程 $u' = \mu u$. 便有

$$\varphi_1 = \mu u_k$$

$$\varphi_2 = \mu(u_k + \frac{1}{2}h\varphi_1) = \mu u_k + \frac{1}{2}\mu^2 h u_k$$

$$\varphi_3 = \mu\left(u_k + \frac{1}{2}h\varphi_2\right) = \mu u_k + \frac{1}{2}\mu h\varphi_2 = \mu uk + \frac{\mu h}{2}\mu_k + \frac{1}{4}\mu^3 h^2 u_k$$

$$\varphi_4 = \mu(u_k + h\varphi_3) = \mu u_k + \mu^2 h u_k + \frac{\mu^3 h_2}{2}u_k + \frac{\mu^4 h_3}{4}u_k$$

于是

$$\begin{aligned}
u_{k+1} &= u_k + \frac{h}{6}\Big(\mu u_k + 2\mu u_k + \frac{2}{2}\mu^2 h u_k + 2\mu u_k + \frac{2\mu^2 h}{2}u_k \\
&\quad + \frac{2\mu^3 h_2}{4}u_k + \mu u_k + \mu^2 h u_k + \frac{\mu^3 h_2}{2}u_k + \frac{\mu^4 h_3}{4}u_k\Big) \\
&= u_k + \frac{h}{6}\Big(6\mu u_k + 3\mu^2 h u_k + \mu^3 h^2 u_k + \frac{\mu^4 h^3}{4}u_k\Big) \\
&= u_k + \mu_k u_k + \frac{\mu^2 h_2}{2}u_k + \frac{\mu^3 h^3}{6}u_k + \frac{\mu^4 h^4}{24}u_k \\
&= \Big(1 + \mu h + \frac{\mu^2 h^2}{2} + \frac{\mu^3 h^3}{6} + \frac{\mu^4 h^4}{24}\Big)u_k = \xi u_k \qquad (4.19)
\end{aligned}$$

其中 $\xi = 1 + \mu h + \mu^2 h^2/2 + \mu^3 h^3/6 + \mu^4 h^4/24$. 其实(4.19)也可以用另外一种方法导出:将 $u' = \mu u$ 的解 $u(t)$ 在 $t = t_{k+1}$ 的值用 $t = t_k$ 的值及导数值表示:(即将 $u(t_{k+1})$ 在 t_k 处展开).

$$u(t_{k+1}) = \sum_{j=0}^{4} \frac{h^j}{j!}u^{(j)}(t_k) + \mathrm{O}(h^5)$$

注意 $u^{(j)}(t) = \mu^j u(t)$, 又龙格-库塔法准确到 4 阶, 因此

$$u_{k+1} = \sum_{j=0}^{4} \frac{(\mu h)^j}{j!}u_k = \xi u_k \qquad (4.20)$$

由(4.20)知,欲使 4 阶龙格-库塔法为绝对稳定,充分且必要条件为

$$\left| \sum_{j=0}^{4} \frac{(\mu h)^j}{j} \right| < 1$$

由此,可以得出 4 阶龙格-库塔法的稳定区域,类似地可求出一阶、二阶、三阶龙格-库塔法的稳定性区域,现将其列于表 9.7 内.

表 9.7

阶	ξ_1	绝对稳定区域
1	$1 + \overline{h}$	$(-2, 0)$
2	$1 + \overline{h} + \dfrac{\overline{h}^2}{2}$	$(-2, 0)$
3	$1 + \overline{h} + \dfrac{\overline{h}^2}{2} + \dfrac{\overline{h}^3}{6}$	$(-2.15, 0)$
4	$1 + \overline{h} + \dfrac{\overline{h}^2}{2} + \dfrac{\overline{h}^3}{6} + \dfrac{\overline{h}^4}{24}$	$(-2.78, 0)$

由表 9.7 可以看出,龙格-库塔法的绝对稳定区域一般地较同阶的线性多步法(显式)的稳定区域大些.因此,就计算到某一指定时刻 t^* 而言.尽管龙格-库塔法每步都要算若干次 $f(t,u)$ 的值,(例如 4 阶龙格-库塔法就须计算 4 次 $f(t,u)$ 的值).而常微初值问题的计算量主要取决于计算 $f(t,u)$ 的次数,故就每步来说,龙格-库塔法计算量大些.但由于其稳定性区域较大,可使计算步长适当放大.因此总的计算量可能减少,这也是为什么龙格-库塔法被广泛使用的原因.

在行将结束绝对稳定性这一节的讨论时,我们想通过下面这个例子来进一步说明:在对常微分方程进行数值求解时,一定要选择步长 h,使 $\overline{h}$ 属于所用格式的绝对稳定区域,这条原则若被违背,产生的后果可能是灾难性的.

例 6 试用 4 阶龙格-库塔法求解

$$\begin{cases} u' = -20u \\ u(0) = 1 \end{cases}$$

步长 h 分别取为 0.1 和 0.2.

解 由于 $\mu = -20, h = 0.1$,故 $\mu h = -2 \in (-2.78, 0)$,此时用 4 阶龙格-库塔法计算,绝对稳定.而当 $h = 0.2$ 时,$\mu h = -20 \times 0.2 = -4 \notin (-2.78, 0)$,此时用 4 阶龙格-库塔法计算,不稳定.现将计算的整体误差列表如下,从表中可以看出,计算结果与理论分析完全一致.

表 9.8

t_k	$h = 0.1$ 的整体误差	$h = 0.2$ 的整体误差
0.0	0.00000	0.00000
0.2	−0.092795	4.98
0.4	−0.012010	25.00
0.6	−0.001366	125.00
0.8	−0.000152	625.00
1.0	−0.000017	3125.00

§9.5 数值求解初值问题的若干注意事项

与前节相比,本节更具有实用味道,在本节内将主要讨论下列问题

1° 如何提供线性多步格式所需要的附加初值.

2° 如何实际估计计算解的误差.

3° 如何选择步长.

4° 隐式方法如何求解.

以下诸小节将对上述问题进行逐一讨论.

9.5.1 附加初值的确定

利用多步方法如(3.14)对(1.1)进行数值求解时.首先必须给出(1.1)所没有给出的附加初值 $u_l, u_{l-1}, u_{l-2}, \cdots, u_1$.这些附加初值可通过单步法求出.如用欧拉法、泰勒展开法、龙格-库塔法等等.由定理9.8知,初始值的精度对近似解的误差有直接影响.因此,为保证多步法的精度,初值的误差阶应至少不低于所拟采用的多步方法的阶.由此,当用低阶方法(如欧拉方法)计算附加初值时,应该采用小步长.再配之以提高解的精度的若干措施(如下面要谈到的外推方法)以提高所得附加初值的精度.在构造附加初值方面,最常用的是龙格-库塔法及泰勒展开法,无论用哪一种方法,均须验证所选步长满足精度要求.这可以通过外推技巧来实现.

9.5.2 外推技巧

外推方法在数值分析的很多分支中都有着重要应用.有鉴于此,我们希望用下面这个简单而有趣的问题,说明外推方法得以实现的依据和过程.

考虑在半径为 1 的圆内顺序做圆内接正 n 边形,正 $2n$ 边形,正 $4n$ 边形$\cdots(n \geqslant 3)$,显然,如此做出的圆内接正多边形的面积为

$$S_k = \frac{2^k n}{2} \sin \frac{2\pi}{2^k n} \qquad (k = 0, 1, 2, \cdots)$$

显然,

$$S_k = \frac{2^k n}{2} \sin \frac{2\pi}{2^k n} = \pi + A_2 (\frac{1}{2^k n})^2 + A_4 (\frac{1}{2^h n})^4 + \cdots \qquad (5.1)$$

在(5.1)中令 $k=0$,则得圆内接正 n 边形面积的渐近展开式

$$S_0 = \pi + A_2 \frac{1}{n^2} + A_4 \frac{1}{n^4} + \cdots \qquad (5.2)$$

其中 $A_2 = -\frac{(2\pi)^3}{12}, A_4 = \frac{(2\pi)^5}{240}, \cdots$,均为与 n 无关的常数.在(5.1)中我们令 $k=1$,即得圆内接正 $2n$ 边形的面积的展开式:

$$S_1 = \pi + A_2 \frac{1}{4n^2} + A^4 \frac{1}{16 n^4} + \cdots \qquad (5.3)$$

倘若令 $\varepsilon_0 = S_0 - \pi, \varepsilon_1 = S_1 - \pi$,尽管 ε_1 表示圆内接正 $2n$ 边形与其外接圆的面积的差,从直观上或从数值上都可以看出 $|\varepsilon_1|$ 较 $|\varepsilon_0|$ 为小.但就数量级而言,$|\varepsilon_1|$ 和 $|\varepsilon_0|$ 相比较,并没有发生本质上的或数量级上的变化,即它们都是 $O\left(\frac{1}{n^2}\right)$.现将(5.3)的两边同乘以 4,则有

$$4S_1 = 4\pi + A_2 \frac{1}{n^2} + A_4 \frac{1}{4n^4} + \cdots$$

将上式的两边与(5.2)的两边对应相减,有

$$4S_1 - S_0 = 3\pi - A_4 \frac{3}{4n^4} + \cdots$$

于是得

$$\frac{4S_1 - S_0}{3} = \pi - A_4 \frac{1}{4n^4} + \cdots$$

若记 $\tilde{S}_0 = \frac{4S_1 - S_0}{3}$,则显然 $\tilde{S}_0$ 具有如下一些显见的优点: $\tilde{S}_0$ 仅由 S_1 和 S_0 经过适当的组合而生成,因而一旦 S_0 与 S_1 已知,构造 $\tilde{S}_0$ 极易. 若令 $\tilde{\varepsilon}_0 = \tilde{S}_0 - \pi$,则显然, $|\tilde{\varepsilon}_0|$ 要远较 $|\varepsilon_1|$ 和 $|\varepsilon_0|$ 要小. 换句话说,如我们希望用此办法来求 π 的近似值的话,只要求出 S_0 和 S_1,即可经过简单的运算求出 $\tilde{S}_0$,此时之 $\tilde{\varepsilon}_0$ 与 ε_0 或 ε_1 比较,则发生了数量级的变化,确实是不可同日而语.

上述由 S_0 和 S_1 而生成 $\tilde{S}_0 = \frac{4}{3} S_1 - \frac{1}{3} S_0$ 的方法,称之为外推法,文献上也称其为理查森外推,由上述推导过程可以看出,欲利用外推技巧来提高计算的精度,首先须有如下两个条件:

1. 近似解与真解之间应有形如(5.1)的渐近展开关系.
2. 渐近展开式中各项的系数与 n 无关.

从上面的推导中看出,只要具备如上两点,我们甚至可以无须了解渐近展开式中各项系数的具体数值,就能利用外推方法来提高近似解的精度.

9.5.3 实用截断误差估计方法与步长的合理选择

在§9.4内,我们给出了截断误差的估计式,但这种估计式往往都过于保守而使其仅有理论价值. 这主要是基于如下两点而言:其一是对于给定的 h,截断误差估计的上界往往偏大,因而失去了度量或刻化误差大小的作用. 其二,实际计算中往往是预先指定精度范围. 例如要求计算解 u_k 与真解 $u(t_k)$ 的差不能超过预先指定的正数 ε. 即 $|u_k - u(t_k)| < \varepsilon$. 选择适当的方法之后,便是选择合适的步长 h 了. 若 h 过大,则难以满足精度要求,但 h 过小,则不仅会浪费机时,影响求解过程的速度,而且还要考虑舍入误差在众多计算步骤中的传播、积累带来的影响. 由于理论上的误差估计都偏于保守,因而据此上界而定出的步长 h 往往过小而失去意义. 于是,研究实用误差估计方法及合理选择步长的策略便被提到日程上来了.

为说明问题起见,让我们从欧拉显格式入手. 若忽略初始误差不计,则由误差估计式(4.8)有

$$|\varepsilon_k| \leqslant \frac{h}{2}(F_0 + N/L)(e^{L(T-t_0)}) - 1) \tag{4.8}$$

其实有人已经证明对于欧拉显格式的解 u_k, 有如下渐近展开式:

$$u_k - u(t_k) = A_1 h + A_2 h^2 + \cdots$$

其中 $A_1, A_2 \cdots$ 等系数均与微分方程有关, 而与 h 无关. 显然这给我们提供了使用外推法的极好机会. 令 u_k^h 表示以步长 h 按欧拉显格式算得的值, 则

$$u_k^h - u(t_k) = A_1 h + A_2 h^2 + \cdots \tag{5.4}$$

$$u_k^{\frac{h}{2}} - u(t_k) = A_1 h/2 + A_2 h^2/4 + \cdots \tag{5.5}$$

于是

$$2u_k^{\frac{h}{2}} - u_k^h - u(t_k) = O(h^2)$$

若令 $\tilde{u}_k = 2u_k^{\frac{h}{2}} - u_k^h$, 则显然, $\tilde{u}_k$ 是较 u_k 为更好的 $u(t_k)$ 的近似. 我们称 $\tilde{u}_k$ 为外推解. 一般地讲, 它可以这样产生, 先自 $t = t_k$ 用步长 h 计算 u_{k+1}, 其次再用 $\frac{h}{2}$ 做步长接连两次计算到 $t = t_{k+1}$ 的值 $u_{k+1}^{\frac{h}{2}}$, 然后外推得 $\tilde{u}_{k+1}$.

我们已经用外推法得到了精度较高的外推解, 现在来推导实用误差估计和合理选择步长的策略, 由 (5.4) 和 (5.5)

$$u_k^h = u(t_k) + A_1 h + A_2 h^2 + \cdots$$

$$u_k^{\frac{h}{2}} = u(t_k) + A_1 \frac{h}{2} + A_2 \frac{h^2}{4} + \cdots$$

在求解具体问题时, $u(t_k)$ 是未知的, 由上面之第一式, 知截断误差之主项为 $A_1 h$, 即其在误差中居主导地位. $u_k^h - u(t_k) \propto A_1 h$, 从而将上两式两边对应相减, 使得

$$u_k^h - u_k^{\frac{h}{2}} = \frac{A_1 h}{2} + \cdots$$

也即

$$2(u_k^h - u_k^{\frac{h}{2}}) \propto A_1 h \tag{5.6}$$

实际应用中, 可以这样来实际计算截断误差: 自 $t = t_k$ 始, 以 $\frac{h}{2}$ 为步长, 连续两次计算至 $t = t_{k+1}$ 得 $u_{k+1}^{\frac{h}{2}}$, 则得 $\varepsilon_{k+1} = 2(u_{k+1}^h - u_{k+1}^{\frac{h}{2}})$ 此即为截断误差的近似值.

例 7

$$\begin{cases} u' = -u \\ u(0) = 1 \end{cases}$$

试用欧拉显式方法及其外推算法计算 $t = 1$ 时 $u(1)$ 的近似值, 步长分别

取为:$h = 1, \frac{1}{2}, \frac{1}{4}, \frac{1}{8}, \frac{1}{16}, \frac{1}{32}, \frac{1}{64}, \cdots$,若 $u(1) = 0.3678794$,给出欧拉法的误差,及用外推法估出的误差.

解 根据计算,现将所需数据列表如下:

表 9.9

步长	欧拉解 $u^h(1)$	$u^h(1) - u(1)$	用(5.6)估计得的误差	$2u^{\frac{h}{2}}(1) - u^h(1)$	外推解误差
1	0.0000000	-0.3678794	-0.5000000	0.5000000	0.1321206
$\frac{1}{2}$	0.2500000	-0.1178794	-0.1328126	0.3828126	0.0149331
$\frac{1}{4}$	0.3164063	-0.0514793	-0.0544052	0.3708116	0.0029321
$\frac{1}{8}$	0.3436089	-0.0242705	-0.0249304	0.3685393	0.0006599
$\frac{1}{16}$	0.3560741	-0.0118053	-0.0119622	0.3680364	0.0001569
$\frac{1}{32}$	0.3620552	-0.0058242	-0.0058626	0.3679177	0.0000382
$\frac{1}{64}$	0.3649865				

从表中可以看出,用外推法估出来的误差与真正的误差十分接近,而用外推法得到的解要远较欧拉法得到的相应解准确,所谓相应解,指相同步长情况下得到的解.

一般地,若 u_k^h 的截断误差为 p 阶,此时若有渐近展开式:

$$u_k^h = u(t_k) + A_p h^p + A_{p+1} h^{p+1} + \cdots \tag{5.7}$$

$$u_k^{\frac{h}{2}} = u(t_k) + A_p \frac{h^p}{2^p} + A_{p+1} \frac{h^{p+1}}{2^{p+1}} + \cdots \tag{5.8}$$

将(5.8)乘以 2^p 减去(5.7)得

$$2^p u_k^{\frac{h}{2}} - u_k^h = (2^p - 1) u(t_k) - \frac{1}{2} A_{p+1} h^{p+1} + \cdots$$

由此得外推计算公式

$$\tilde{u}_k = \frac{1}{2^p - 1} (2^p u_k^{\frac{h}{2}} - u_k^h) \tag{5.9}$$

其截断误差为 $O(h^{p+1})$.若用 ε_k^h 及 $\varepsilon_k^{\frac{h}{2}}$ 分别表示 u_k^h 及 $u_k^{\frac{h}{2}}$ 的截断误差:

$$\varepsilon_k^h = u(t_k) - u_k^h, \quad \varepsilon_k^{\frac{h}{2}} = u(t_k) - u_k^{\frac{h}{2}}$$

则显然有 $\varepsilon_k^{\frac{h}{2}} = \frac{1}{2^p} \varepsilon_k^h + O(h^{p+1})$,因此有

$$u(t_k) = u_k^{\frac{h}{2}} + \varepsilon_k^{\frac{h}{2}} = u_k^{\frac{h}{2}} + \frac{1}{2^p} \varepsilon_k^h + O(h^{p+1})$$

故

$$\varepsilon_k^h = u(t_k) - u_k^h$$

$$= u_k^{\frac{h}{2}} + \frac{1}{2^p}\varepsilon_k^h + \mathrm{O}(h^{p+1}) - u_k^h$$

从而有

$$\varepsilon_k^h = \frac{2^p}{2^p - 1}[u_k^{\frac{h}{2}} - u_k^h] + \mathrm{O}(h^{p+1})$$

故可以取 $\tilde{\varepsilon}_k = 2^p[u_k^{\frac{h}{2}} - u_k^h]/(2^p - 1)$ 作为截断误差的估计式.

下面来谈谈合理选择步长的策略. 设已根据稳定性要求选出 h, 且已按选定格式算出满足精度要求的 u_k, 然后, 以 h 和 $\frac{h}{2}$ 分别计算 u_{k+1} 并按外推法估计它的误差 $\tilde{\varepsilon}_{k+1}$, 如果这个误差满足我们所要求的精度, 且相差不大, 则认为这个步长是适用的, 可接着按同一步长 h 计算 u_{k+2} 的值. 如果用外推法估计出的误差大于指定的精度, 这表明步长过大, 应取 $\frac{h}{2}$ 为步长重新计算, 直到外推误差估计 $\tilde{\varepsilon}_k$ 小于指定精度为止, 并在下一步计算中把这样选定的步长做为新的步长, 反之, 若外推误差估计 $\tilde{\varepsilon}_k$ 较允许精度小得多, 这表明步长过小, 应将步长加倍之后做为新步长, 重新计算, 如此继续下去. 值得注意的是, 按此选择步长的策略, 在多步法情形, 当步长缩小时, 须用插值的办法补插出 $u_{k-\frac{1}{2}}$, $u_{k-\frac{1}{4}}, \cdots$ 等的值.

还需要指出的是, 这种误差估计和步长选取策略基本上能够保证我们所求的解在指定精度之内和所用步长比较合理, 但也容易看出, 为确定合理步长所付出的代价是沉重的: 每次都要进行重复计算, 为稳妥起见, 这往往是迫不得已的事. 实际上也有人并不是每步都选择合理步长, 而是计算若干步之后再选择一次, 从而达到减少计算量的目的.

如上所述, 我们是在方法已经确定的情况下, 来谈步长的选择策略的, 现在来粗略地谈谈方法的选择.

首先, 注意到近似解的误差不仅依赖于步长 h 的大小, 也和真解的光滑性有关. 因此, 选择方法时, 应注意方法的阶数不应超过真解可微的次数, 对于可微次数较低的真解, 宜选择低阶方法来求近似解, 如欧拉方法. 此时宜通过缩小步长来提高精度. 其次, 高阶方法一般较低阶方法的稳定性差, 因此阶数很高的方法往往不宜采用, 最后, 若方程的系数或右端函数有间断, 则间断点宜取为积分节点.

我们已经指出: 在已知真解的光滑度时, 原则上可以用误差估计来确定步长, 但一般说来这是不适用的. 因为这种估计往往将误差过分地放大了, 在前面我们讲了在有渐近展开式的情况下,利用外推法可以近似求得误差界和制定选取步长的策略,但一般地说,这种渐近展开式的存在性证明是比较困难的.一般并无现成结论可以遵循,现在再介绍一种利用局部截断误差来进行外推及给出误差估计和确定步长的方法.这种方法在常微分方程的数值解法中几乎被普遍采用.

此处仅对单步方法加以叙述,关于多步法的相应处理则留待介绍预-校格式时再讨论.

设所要研究的单步方法为

$$u_{k+1} = u_k + h\Phi(t_k, u_k, h) \tag{4.1}$$

设(4.1)为 q 阶方法,设以真解 $u(t_k)$ 为 u_k 的值,以 h 为步长,计算 u_{k+1} 的值 u_{k+1}^h(即满足局部化假设).然后以 $\frac{h}{2}$ 为步长,连续计算两次,得 u_{k+1} 的值 $u_{k+1}^{\frac{h}{2}}$.以下的任务是:利用 u_{k+1}^h 及 $u_{k+1}^{\frac{h}{2}}$ 的值来给出近似误差估计,进行外推以提高数值解的精度,给出合理选择步长的策略.首先,

$$u_{k+1}^h = u_k + h\Phi(t_k, u_k, h) = u(t_k) + h\Phi(t_k, u(t_k), h)$$

$$u_{k+1}^{\frac{h}{2}} = u_{k+\frac{1}{2}}^{\frac{h}{2}} + \frac{h}{2}\Phi(t_{k+\frac{1}{2}}, u_{k+\frac{1}{2}}^{\frac{h}{2}}, \frac{h}{2})$$

其中

$$u_{k+\frac{1}{2}}^{\frac{h}{2}} = u_k + \frac{h}{2}\Phi(t_k, u_k, \frac{h}{2})$$

$$= u(t_k) + \frac{h}{2}\Phi(t_k, u(t_k), \frac{h}{2})$$

另设

$$\bar{u}_{k+1}^{\frac{h}{2}} = u(t_{k+\frac{1}{2}}) + \frac{h}{2}\Phi(t_{k+\frac{1}{2}}, u(t_{k+\frac{1}{2}}), \frac{h}{2})$$

以下推导均假定所涉及的函数有相应的光滑性,由局部截断误差定义:

$$u(t_{k+1}) - u_{k+1}^h = C_k h^{q+1} + \mathrm{O}(h^{q+2})$$

则易知

$$u(t_{k+1}) - u_{k+1}^{\frac{h}{2}} = u(t_{k+1}) - \bar{u}_{k+1}^{\frac{h}{2}} + \bar{u}_{k+1}^{\frac{h}{2}} - u_{k+1}^{\frac{h}{2}}$$

$$= C_{k+\frac{1}{2}} h^{q+1}/2^{q+1} + \mathrm{O}(h^{q+2}) + u(t_{k+\frac{1}{2}}) + \frac{h}{2}\Phi(t_{k+\frac{1}{2}}, u(t_{k+\frac{1}{2}}), \frac{h}{2})$$

$$- u_{k+\frac{1}{2}}^{\frac{h}{2}} - \frac{h}{2}\Phi(t_{k+\frac{1}{2}}, u_{k+\frac{1}{2}}^{\frac{h}{2}}, \frac{h}{2})$$

$$= C_{k+\frac{1}{2}} h^{q+1}/2^{q+1} + \mathrm{O}(h^{q+2}) + C_k h^{q+1}/2^{q+1}$$

$$+ \frac{h}{2}\frac{\partial\Phi}{\partial u}\Big|_{u^*} \left(u(t_{k+\frac{1}{2}}) - u_{k+\frac{1}{2}}^{\frac{h}{2}}\right)$$

$$= C_{k+\frac{1}{2}}h^{q+1}/2^{q+1} + C_k h^{q+1}/2^{q+1} + \mathrm{O}(h^{q+2})$$

注意:①u^*在$u_{k+\frac{1}{2}}^{\frac{h}{2}}$与$u(t_{k+\frac{1}{2}})$之间.

②局部截断误差表达式中C_k及$C_{k+\frac{1}{2}}$的具体表达形式及本段开初所做的光滑性假设.则C_{k+1}可在$t=t_k$处展开,从而有

$$u(t_{k+1}) - u_{k+1}^{\frac{h}{2}} = 2C_k h^{q+1}/2^{q+1} + \mathrm{O}(h^{q+2}) \tag{5.10}$$

至此,我们已有

$$u(t_{k+1}) - u_{k+1}^h = C_k h^{q+1} + \mathrm{O}(h^{q+2}) \tag{5.11}$$

$$u(t_{k+1}) - u_{k+1}^{\frac{h}{2}} = 2C_k h^{q+1}/2^{q+1} + \mathrm{O}(h^{q+2}) \tag{5.10}$$

从而有

$$u(t_{k+1}) = (2^q u_{k+1}^{\frac{h}{2}} - u_{k+1}^h)/(2^q - 1) + \mathrm{O}(h^{q+2})$$

若定义:$\tilde{u}_{k+1} = (2^q u_{k+1}^{\frac{h}{2}} - u_{k+1}^h)/(2^q - 1)$,则显然,$\tilde{u}_{k+1}$是较$u_{k+1}^h$更好的$u(t_{k+1})$的近似值.为有别于前边所述的依据渐近展开得到的外推解,称如此得到的为局部外推解.另外,由(5.10)和(5.11)则易于得到

$$2^q(u_{k+1}^{\frac{h}{2}} - u_{k+1}^h)/(2^q - 1) = C_k h^{q+1} + \mathrm{O}(h^{q+2}) \tag{5.12}$$

故而,$\tilde{\varepsilon}_h = 2^q(u_{k+1}^{\frac{h}{2}} - u_{k+1}^h)/(2^q-1)$可以作为$\varepsilon_h = u(t_{k+1}) - u_{k+1}^h$的一个很好的近似.从而得到一个实用外推误差估计式:

$$\varepsilon_h = 2^q(u_{k+1}^{\frac{h}{2}} - u_{k+1}^h)/(2^q - 1) \tag{5.13}$$

至于合理选取步长的策略,与前段论述相同.

本节讨论的重点是如何利用已经算出的值来进行误差估计,回避了两个困难:一是真解不知道,使$u(t_k) - u_k$难以进行.二是局部截断误差内的高阶导数难以求出.一般称这种利用计算出来的值进行误差估计为后验估计.显然,这种后验估计有很大的实用性.在行将结束这一节的时候,我们愿再重申一次,步长的选择一定要照顾到数值求解格式的稳定性,尤其是在步长被放大时,要考虑放大后的$\bar{h} = h\dfrac{\partial f}{\partial u}$是否在稳定区域之内.与之相反,若步长屡次缩小,仍不能满足精度要求,此时应该意识到这类正在求解的问题属于比较难于处理的坏条件方程的求解问题,即 stiff 问题,关于其数值解法研究,已深入广泛地展开,此不多谈,只推荐使用 BDF 格式求解它.

9.5.4 隐式格式的解法

在§9.4内我们已经将隐式多步格式和显式多步格式做了一些粗略地比较,现以亚当斯格式为例,择其主要特点列于表 9.10 内,其中 q 为该格式的

阶数，c_{q+1} 为局部截断误差主项的系数，a_E 和 b_I 的定义同表 9.6，即分别为显式和隐式格式隐定区域的左端点，l 表示格式的步数

表 9.10

Adams 显格式				
l	1	2	3	4
q	1	2	3	4
c_{q+1}	$\dfrac{1}{2}$	$\dfrac{5}{12}$	$\dfrac{3}{8}$	$\dfrac{251}{720}$
a_E	-2	-1	$-\dfrac{6}{11}$	$-\dfrac{3}{10}$
Adams 隐格式				
l	1	2	3	4
q	2	3	4	5
C_{q+1}	$-\dfrac{1}{12}$	$-\dfrac{1}{24}$	$-\dfrac{19}{720}$	$-\dfrac{3}{160}$
b_I	$-\infty$	-6	-3	$-\dfrac{90}{49}$

看过此表之后，就不难明白，尽管隐格式在求解方面具有这样那样的困难有待克服，但由于其在格式精度，误差首项系数，稳定性区域等方面均较相应的显格式占据优势，这就是人们为什么喜欢使用隐格式的道理.

本小节将主要讨论隐式格式的求解的方法，其中包括牛顿法、皮卡(Picard)迭代法，和预估-校正法(predictor - corrector methods).

1. 牛顿法

以亚当斯隐格式为例，考虑如下格式

$$u_{k+1} - u_k = \beta_{l0}hf(t_{k+1}, u_{k+1}) + \sum_{j=1}^{l} h\beta_{lj}f_{k-j+1} \qquad (5.14)$$

这是一关于 u_{k+1} 的方程，且一般地说是非线性方程，求解此方程的牛顿法如下：

$$u_{k+1}^{(n)} = u_{k+1}^{(n-1)} - \frac{u_{k+1}^{(n-1)} - \beta_{l0}hf(t_{k+1}, u_{k+1}^{(n-1)}) - u_k - h\sum_{j=1}^{l}\beta_{lj}f_{k-j+1}}{1 - \beta_{l0}h\dfrac{\partial f}{\partial u}(t_{k+1}, u_{k+1}^{(n-1)})}$$

$$\qquad (5.15)$$

其中 n 为迭代上脚标 $(n=1,2,\cdots)$.

一般说来，只要迭代初值 $u_{k+1}^{(0)}$ 选得比较好，且 h 比较小迭代收敛能够有保证，但这却使隐格式可以用较大步长计算这一优点大打折扣.另外用牛顿法求解隐格式的困难在于，对一个方程的情形，每次迭代均要计算 f 及 $\dfrac{\partial f}{\partial u}$ 的值，计算量

可想而知.更有甚者在于方程组的情形,此时不仅每次迭代要计算向量值 f,且须计算其雅可比矩阵.在此之后,尚须求解一个以矩阵 $I - h\beta_{l0}\frac{\partial f}{\partial u}$ 为系数矩阵的线性代数方程组.计算量之大可以想象,时下已有人并非每次迭代都去计算 $\frac{\partial f}{\partial u}$ 的值,而是若干步迭代之后再计算一次,以求计算量的减少,这方面的工作应该注意.

2. 皮卡迭代

仍以格式(5.14)为例:

$$u_{k+1} - u_k = \beta_{l0}hf(t_{k+1}, u_{k+1}) + \sum_{i=1}^{l} h\beta_{li}f_{k-j+1} \qquad (5.14)$$

采用如下皮卡迭代法:

$$u_{k+1}^{(n)} = h\beta_{l0}f(t_{k+1}, u_{k+1}^{(u-1)}) + h\sum_{i=1}^{l}\beta_{lj}f_{k-j+1} + u_k \quad (n = 1, 2, \cdots)$$

$$(5.16)$$

此即线性方程情形的雅可比迭代.

显然,为使迭代格式(5.16)收敛,须有

$$h \leqslant \frac{1}{L|\beta_{l0}|}$$

因此,当 $f(t, u)$ 关于 u 的利普希茨常数 L 很大时,上式对 h 的限制太苛刻,导致皮卡方法不适用.

3. 预估-校正方法.

受皮卡迭代法的启发,现在考虑一般多步格式情形的皮卡迭代.

$$u_{k+1}^{(n)} + \sum_{j=1}^{l}\alpha_{lj}u_{k-j+1} = h\beta_{l0}f(t_{k+1}, u_{k+1}^{(n-1)}) + h\sum_{j=1}^{l}\beta_{lj}f_{k-j+1} \quad (5.17)$$

显然,隐格式的皮卡迭代法的计算量主要由(5.17)中的迭代次数决定,因此,如何提供较好的初始值十分重要,十分自然地想法是,用显式格式来提供(5.17)的初始近似 $u_{k+1}^{(0)}$

$$u_{k+1}^{(0)} + \sum_{j=1}^{l}\alpha_{lj}^{*}u_{k-j+1} = h\sum_{j=1}^{l}\beta_{lj}^{*}f_{k-j+1} \qquad (5.18)$$

由(5.18),(5.17)构成的算法通称预估-校正算法,简称为预校算法或 PC 算法.(5.18)称为预估格式(P 格式),(5.17)称为校正格式(C 格式)

由于已经使用了预估格式,因此一般说来,校正次数并不很多,例如若事先指定了精度为 ε,一般只要校正二、三次就可以使 $|u_{k+1}^{(n)} - u_{k+1}^{(n-1)}| < \varepsilon$,校正次数过多的方法不宜采用.当出现校正次数过多而仍不能满足精度要求时,宜采取缩小步长的办法或改用其他的预校格式.

用预校算法进行计算时,首先利用预估格式求得 $u_{k+1}^{(0)}$,然后去计算 $f(t_{k+1}, u_{k+1}^{(0)})$,接着再使用校正格式,这样就完成了一步校正,然后对如此校正得到的 $u_{k+1}^{(1)}$ 重复进行上述过程,如此循环下去,设如果校正 N 次,则整个计算过程可以记成 $P(EC)^N$,E 表示计算 f 的值,现将进行此类预估校正的 PC 格式陈列如下:

$$
\begin{cases}
P: u_{k+1}^{(0)} + \sum_{j=1}^{l} \alpha_{lj}^{*} u_{k-j+1}^{(N)} = h \sum_{j=1}^{l} \beta_{lj}^{*} f_{k-j+1}^{(N-1)} \\
E: f_{k+1}^{(n)} = f(t_{k+1}, u_{k+1}^{(n)}) \qquad\qquad (n = 0, 1, 2, \cdots, N-1) \\
C: u_{k+1}^{(n+1)} + \sum_{j=1}^{l} \alpha_{lj} u_{k-j+1}^{(N)} = h \beta_{l0} f_{k+1}^{(n)} + h \sum_{j=1}^{l} \beta_{lj} f_{k-j+1}^{(N-1)}
\end{cases}
$$

$$(5.19)$$

预校格式(5.19)是以最后进行校正结束的,此时已经得到了 $u_{k+1}^{(N)}$,但并未计算 $f(t_{k+1}, u_{k+1}^{(N)})$,因此,下一步估算时仍须利用 $f_{k+1}^{(N-1)}$ 去预报 $u_{k+2}^{(0)}$,一般说来,$u_{k+1}^{(N)}$ 应比 $u_{k+1}^{(N-1)}$ 更精确,这提示我们在计算出 $u_{k+1}^{(N)}$ 之后,应该求出 $f_{k+1}^{(N)}$ 的值以供预估格式作预报 $u_{k+2}^{(0)}$ 时使用,于是有如下预估-校正算法. 称之为 $P(EC)^N E$ 算法:

$$
\begin{cases}
P: u_{k+1}^{(0)} + \sum_{j=1}^{l} \alpha_{lj}^{*} u_{k-j+1}^{(N)} = h \sum_{j=1}^{l} \beta_{lj}^{*} f_{k-j+1}^{(N)} \\
E: f_{k+1}^{(n)} = f(t_{k+1}, u_{k+1}^{(n)}) \\
C: u_{k+1}^{(n+1)} + \sum_{j=1}^{l} \alpha_{lj} u_{k-j+1}^{(N)} = h \beta_{l0} f_{k+1}^{(n)} + h \sum_{j=1}^{l} \beta_{lj} f_{k-j+1}^{(N)} \qquad (n = 0, 1, \cdots, N-1) \\
E: f_{k+1}^{(N)} = f(t_{k+1}, u_{k+1}^{(N)})
\end{cases}
$$

$$(5.20)$$

从理论分析上可知:(5.20)无论从格式精度上还是从稳定性上考虑都较 (5.19)更优越些.

现在来分析预校格式的局部截断误差,凭此给出以下诸问题的解答:

1. 选择何种显式和隐式格式匹配成预校格式较为适宜?

2. 能否给出预校格式的实用误差估计.

3. 能否给出合理选择步长的实用策略?

4. 可否进行外推以求得高精度的解?

以 L^{*} 和 L 分别表示相应算法(5.18)及(5.17)的局部截断误差,设微分方程(1.1)的解充分光滑,则有

$$
L^{*}[u(t_k), h] = C_{q^{*}+1}^{*} h^{q^{*}+1} u^{(q^{*}+1)}(t_k) + O(h^{q^{*}+2})
$$

$$L[u(t_k),h] = C_{q+1}h^{q+1}u^{(q+1)}(t_k) + O(h^{q+2})$$

从而,预估方法(5.18)的局部截断误差为

$$u(t_{k+1}) - u_{k+1}^{(0)} = C_{q^*+1}^{*}h^{q^*+1}u^{(q^*+1)}(t_k) + O(h^{q^*+2}) \qquad (5.21)$$

而校正格式的局部截断误差不能直接从 $L[u(t_k),h]$ 中得出,现在推导这个误差.

$$\sum_{j=0}^{l} \alpha_{lj}u_{k-j+1} = h\sum_{j=0}^{l} \beta_{lj}f_{k-j+1} \qquad (5.17)$$

因此有

$$\sum_{j=0}^{l} \alpha_{lj}u(t_{k-j+1}) = h\sum_{j=0}^{l} \beta_{lj}f(t_{k-j+1}, u(t_{k-j+1})) + L[u(t_k),h] \qquad (5.22)$$

再注意(5.19)和(5.20)的校正公式可以写成统一形式:

$$u_{k+1}^{(n+1)} + \sum_{j=1}^{l} \alpha_{lj}u_{(k-j+1)}^{(N)} = h\beta_{l0}f(t_{k+1}, u_{k+1}^{(n)}) + h\sum_{j=1}^{l} \beta_{lj}f(t_{k-j+1}, u_{k-j+1}^{(N-S)})$$

$(n=1,2,\cdots,N-1)$,当 $S=1$ 时为(5.19),$S=0$ 时为(5.20).按局部截断误差定义

$$u_{k-j+1}^{(N-S)} = u(t_{k-j+1}) \quad j=1,2,\cdots,l \quad 于是有$$

$$u(t_{k+1}) - u_{k+1}^{(n+1)} = h\beta_{l0}(f(t_{k+1}, u(t_{k+1})) - f(t_{k+1}, u_{k+1}^{(n)})) + L[u(t_k),h]$$

$$= h\beta_{l0}\frac{\partial f}{\partial u}\Big|_{\eta_n}[u(t_{k+1}) - u_{k+1}^{(n)}] + L[u(t_k),h] \qquad (5.23)$$

其中 η_n 为以 $u(t_{k+1})$ 及 $u_{k+1}^{(n)}$ 为端点的区间中的某点.当(5.23)中的 $n=0$ 时,将(5.21)代入(5.23)即有(为简略记,省去 η 不写,下同)

$$u(t_{k+1}) - u_{k+1}^{(1)} = h\beta_{l0}\frac{\partial f^{[1]}}{\partial u}C_{q^*+1}^{*}h^{q^*+1}u^{(q^*+1)}(t_k) + O(h^{q^*+3}) + L[u(t_k),h]$$

再令(5.23)中的 $n=1$,则有

$$u(t_{k+1}) - u_{k+1}^{(2)} = h\beta_{l0}^2\left[\frac{\partial f}{\partial u}\right]^{[2]}C_{q^*+1}^{*}h^{q^*+2}u^{q^*+1}(t_k)$$

$$+ O(h^{q^*+4}) + L[u(t_k),h](1 + O(h))$$

如此反复,直至 N 次则有

$$u(t_{k+1}) - u_{k+1}^{(N)} = \beta_{l0}^N\left[\frac{\partial f}{\partial u}\right]^{[N]}C_{q^*+1}^{*}h^{q^*+N+1}u^{q^*+1}(t_k)$$

$$+ O(h^{q^*+N+2}) + L[u(t_k),h](1 + O(h)) \qquad (5.24)$$

其中 $\left[\frac{\partial f}{\delta\partial u}\right]^{[N]}$ 表示 $\frac{\partial f}{\partial u}\Big|_{\eta_n}$ 连续乘积 N 次,再利用 $L[u(t_k),h]$ 的表达式,则(5.24)可写成

$$u(t_{k+1}) - u_{k+1}^{(N)} = C_{q+1}h^{q+1}u^{(q+1)}(t_k) + \beta_{l0}^N\left[\frac{\partial f}{\partial u}\right]^{[N]}C_{q^*+1}^{*}h^{q^*+N+1}u_{(tk)}^{q^*+1}$$

$$+ \mathrm{O}(h^{q^*+N+2}) + \mathrm{O}(h^{q+2}) \tag{5.25}$$

由此可以看出

①预估格式的精度不宜比校正格式的精度高,因为倘若 $q^* > q$,则最后校正的结果精度仍然只是 $\mathrm{O}(h^{q+1})$

②若预估算法的阶较校正算法的阶低一阶或者相等,则以迭代一次或不迭代为宜,因为在校正迭代中 N 取大于 1 的值于精度改善无补.

由此可知应如何选择显格式与隐格式相匹配以构成预估校正格式,即预估格式的阶数应比校正格式的阶低,低几阶可由校正格式迭代几次来弥补,但一般以取 $q^* = q - 1$ 和 $q^* = q$ 为宜.

在 $q^* = q$ 时,我们可以给出预估校正格式的实用误差并估计:

由(5.25)

$$u(t_{k+1}) - u_{k+1}^{(1)} = C_{q+1}h^{q+1}u^{(q+1)}(t_k) + \mathrm{O}(h^{q+2}) \tag{5.26}$$

由(5.21)

$$\begin{aligned}
u(t_{k+1}) - u_{k+1}^{(0)} &= C_{q^*+1}^* h^{(q^*+1)}u^{(p^*+1)}(t_k) + \mathrm{O}(h^{q+2}) \\
&= C_{q+1}^* h^{q+1}u^{q+1}(t_k) + \mathrm{O}(h^{q+2})
\end{aligned} \tag{5.27}$$

于是有

$$u_{k+1}^{(1)} - u_{k+1}^{(0)} = (C_{q+1}^* - C_{q+1})h^{(q+1)}u^{(q+1)}(t_k) + \mathrm{O}(h^{q+2})$$

从而

$$C_{q+1}(u_{k+1}^{(1)} - u_{k+1}^{(0)})/(C_{q+1}^* - C_{q+1}) = C_{q+1}h^{(q+1)}u^{(q+1)}(t_k) + \mathrm{O}(h^{q+2}) \tag{5.28}$$

故而,由(5.28)可得预校算法误差主项的一个实用误差估计:

$$\overline{\varepsilon}_k = C_{q+1}(u_{k+1}^{(1)} - u_{k+1}^{(0)})/(C_{q+1}^* - C_{q+1}) \tag{5.29}$$

显然,(5.29)为一后验误差估计,且可根据它,来选择合适步长 h,即:为使误差不超过它,只要取 h 使

$$|\overline{\varepsilon}_k| \leqslant \varepsilon$$

即可,利用这个控制条件,可以像上一小节那样,通过放大和缩小的步长来选取合乎要求的步长,值得注意的是,多步预校方法选择步长的策略与单步法选择步长的策略是不同的.显然,多步预校法选择步长的策略简便易行,几乎不增加额外工作量,这也是多步预校格式受人青睐的原因之一.

另外,由(5.26)和(5.27)两式,显然可推得外推公式,现推导如下:

$$C_{q+1}^*(u(t_{k+1}) - u_{k+1}^{(1)}) - C_{q+1}(u(t_{k+1}) - u_{k+1}^{(0)}) = \mathrm{O}(h^{q+2})$$

故 $u(t_{k+1}) - (C_{q+1}^* u_{k+1}^{(1)} - C_{q+1} u_{k+1}^{(0)})/(C_{q+1}^* - C_{q+1}) = \mathrm{O}(h^{q+2})$,记

$$\tilde{u}_{k+1} = (C_{q+1}^* u_{k+1}^{(1)} - C_{q+1} u_{k+1}^{(0)})/(C_{q+1}^* - C_{q+1})$$

$$= u_{(k+1)}^{(1)} + C_{q+1}(u_{k+1}^{(1)} - u_{k+1}^{(0)})/(C_{q+1}^* - C_{q+1}) \qquad (5.30)$$

则 $\tilde{u}_{k+1}$ 显然是较 $u_{k+1}^{(1)}$ 能更好地逼近于 $u(t_{k+1})$. 由 (5.30) 可知, $\tilde{u}_{k+1}$ 即为 $u(t_{k+1})$ 的预估-校正格式的局部外推解.

很多人的研究表明:亚当斯三步四阶预-校正方法是最常用的算法,特推荐如下:

$$P: u_{k+1} - u_k = \frac{h}{24}(55f_k - 59f_{k-1} + 37f_{k-2} - 9f_{k-3})$$
$$\qquad (5.31)$$
$$C: u_{k+1} - u_k = \frac{h}{24}(9f_{k+1} + 19f_k - 5f_{k-1} + f_{k-2})$$

上述预估-校正格式的常用模式为 PECE(或 PECME).其中 M 表示局部外推求 $\tilde{u}_{k+1}$,然后用其计算 $f(t_{k+1}, u_{k+1})$).上述预估校正格式的误差主项为

$$c_5 h^5 u^{(5)}(t_k) = \frac{19}{270}(u_{k+1}^{(1)} - u_{k+1}^{(0)})$$

在本章内,我们主要介绍了常微分方程数值解法,其中包括:通常构造差分格式的方法,数值解法的若干基本概念与基本定理,及使用数值方法应该注意的若干事项.我们相信,通过本章的学习,读者会对常微分方程初值问题的数值解法及其实际应用有一个基本的了解.

习　题

A.

1.编写四阶龙格-库塔法(3.32)标准程序,并用于求解方程:

$$\begin{cases} \dfrac{\partial u}{\partial t} = \dfrac{3u}{1+t} \\ u(0) = 1 \end{cases}$$

即以 $h = 0.1$ 为步长求数值解.

2.编写三步四阶预估一校正格式(5.31)的 PECE 模式标准程序,并用来求解问题 1 中的初值问题.

B.

1.试用欧拉折线法(3.1)分别求解

$$a. \begin{cases} \dfrac{\partial u}{\partial t} = 100u, \\ u(0) = 1, \end{cases} \qquad b. \begin{cases} \dfrac{\partial u}{\partial t} = -100u \\ u(0) = 1 \end{cases}$$

步长 h 分别取 $0.1, 0.01, \cdots$,试说明:

(1)两个方程在 $t = 1$ 处的数值是否满足 §9.4 内关于欧拉折线性的误差估计?

(2)步长缩小时,两个方程的数值解的误差性态如何,怎样解释这种性态?

2.试由数值积分的办法,直接给出亚当斯显格式(3.6)和亚当斯隐格式(3.8)的局部截断误差,并将其与相应的局部截断误差定义式(3.19)相比较.

3.若线性多步方法是收敛的,则其一定相容.

4.试分析梯形法的收敛性,并给出整体误差估计.

5.求局部截断误差阶达到最高时三步方法的系数.

6.研究局部截断误差阶达到最高时的三步方法的绝对稳定性.

7.已知二步方法

$$u_{k+1} - (1 + \alpha)u_k + \alpha u_{k-1} = \frac{h}{12}((5 + \alpha)f_{k+1} + 8(1 - \alpha)f_k - (1 + 5\alpha)f_{k-1})$$

(a)欲使此格式整体截断误差达到最高阶,α 应取何值.此时能达到几阶?

(b)若 $-1 \leqslant \alpha < 1$,试求该方法的绝对稳定区间.

8.已给显式方法

$$u_{k+1} + \alpha_1 u_k + \alpha_2 u_{k-1} = h(\beta_1 f_k + \beta_2 f_{k-1})$$

(a)取 α_1 为参数,确定 $\alpha_2, \beta_1, \beta_2$ 使方法至少为 2 阶.

(b)α_1 为何值时,所确定的方法满足根条件?

(c)当 $\alpha_1 = 0$ 和 $\alpha_1 = -1$ 时,得到哪个方法?

(d)能否选择 α_1,使所得方法是三阶的且满足根条件?

9.与 n 阶齐次常微分方程

$$a_0 y^{(n)} + a_1 y^{(n-1)} + \cdots + a_n y = 0$$

的解的结构进行类比,试分析

$$\alpha_0 u_{k+1} + \alpha_1 u_k + \cdots + \alpha_l u_{k+1-l} = 0$$

的解的结构,其中 $\alpha_0, \alpha_1, \cdots \alpha_l$ 为常数,$\alpha_0 \neq 0$.

10.方程 $\alpha_0 u_{k+1} + \alpha_1 u_k + \cdots + \alpha_l u_{k+1-l} = 0$ 的特征方程

$$\rho(\lambda) = \sum_{i=0}^{l} \alpha_i \lambda^{l-i}$$

满足根条件,当且仅当 $\lim_{n \to \infty} \frac{u_n}{n} = 0$.

11.试证明:实系数二次方程 $\lambda^2 - b\lambda - c = 0$ 的根按模不大于 1 的充要条件为 $|b| \leqslant 1 - c \leqslant 2$.

主要参考书目

[1] 曹志浩,数值线性代数,复旦大学出版社,1996

[2] 冯果忱等,数值代数基础,吉林大学出版社,1991

[3] 徐树方,矩阵计算的理论与方法,北京大学出版社,1995

[4] G.W.斯图尔特,矩阵计算引论,王国荣等译,上海科学技术出版社,1980

[5] J.H.威尔金森,代数特征值问题,石钟慈等译,科学出版社,1987

[6] G.E.福赛思,C.B.莫勒,线性代数方程组的计算机解法,徐树荣译,科学出版社, 1979

[7] G.H.Golub,C.F.Van Loan ,Matrix Computations,Second edition, The Johns Hopkins University Press,1989

[8] 黄友谦等,数值逼近,高等教育出版社,1987

[9] 周蕴时等,数值逼近,吉林大学出版社,1992

[10] 蒋尔雄等,数值逼近,复旦大学出版社,1996

[11] И.П那汤松,函数构造论,何旭初译,科学出版社,1958

[12] 徐利治等,函数逼近的理论与方法,上海科学技术出版社,1983

[13] J. H Ahlberg 等,The Theory of Splires and Their Applications, Academic Press, 1967

[14] P.J.Davis 等,Methods of Nemerical Integration,1975

[15] A.M.Ostrowski,欧几里得和巴拿赫空间内方程的解法,黎益等译,四川大学出版社,1988

[16] 李荣华等,微分方程数值解法(第三版),高等教育出版社,1996

[17] 胡健伟等,微分方程数值解法,科学出版社,1999

[18] C.W.吉尔,常微分方程初值问题的数值解法,费景高等译,科学出版社,1978

[19] J.D.Lambert, Computational Methods in O.D.E,John Wiley & Sons (1973)

[20] E.Hairer 等,Solving Ordinary Differential Equations I Nonstiff Problems,Springer-Verlag,1987

[21] G.I.Marchuk 等,迭代法与二次泛函,梁振珊译(未出版)